材料成型检测与控制

主　编　王艳晶
副主编　刘光明　王安国　秦　敏

北京理工大学出版社
BEIJING INSTITUTE OF TECHNOLOGY PRESS

内 容 简 介

本书以自动检测—自动控制—智能制造为主线，结合热加工的特点安排教材内容。全书共分 6 章，依次为绪论、材料成型检测技术、材料成型自动控制系统、材料成型中的电动机控制技术、可编程控制器、机器人技术，内容由浅入深，前后呼应。为丰富教材内容，书中还以二维码形式加入了液压与气压传动、显示仪表等相关知识，供读者学习。

本书可作为大学本科和高职高专材料成型及控制工程专业，以及其他热加工类专业相关课程的教材，也可供材料加工及成型领域的工程技术人员参考。

图书在版编目（CIP）数据

材料成型检测与控制 / 王艳晶主编. --北京 ：北京理工大学出版社，2023.4

ISBN 978-7-5763-2234-7

Ⅰ. ①材…　Ⅱ. ①王…　Ⅲ. ①工程材料-成型　Ⅳ. ①TB302

中国国家版本馆 CIP 数据核字（2023）第 057008 号

出版发行 / 北京理工大学出版社有限责任公司
社　　址 / 北京市海淀区中关村南大街 5 号
邮　　编 / 100081
电　　话 / （010）68914775（总编室）
（010）82562903（教材售后服务热线）
（010）68944723（其他图书服务热线）
网　　址 / http：//www. bitpress. com. cn
经　　销 / 全国各地新华书店
印　　刷 / 北京广达印刷有限公司
开　　本 / 787 毫米×1092 毫米　1/16
印　　张 / 17. 5
字　　数 / 410 千字
版　　次 / 2023 年 4 月第 1 版　2023 年 4 月第 1 次印刷
定　　价 / 98. 00 元

责任编辑 / 江　立
文案编辑 / 李　硕
责任校对 / 刘亚男
责任印制 / 李志强

前言

党的二十大报告中提出“推动绿色发展”，而且铸造、锻压、焊接等热加工生产的自动化、智能化已成为行业发展趋势，因此培养面向新工科需要的热加工人才成为必要。本书以自动检测—自动控制—智能制造为主线，结合热加工的特点，介绍了材料成型检测技术、自动控制系统、驱动技术、可编程控制器技术、机器人技术等内容，以适应新时期人才培养的需要。

本书内容安排逐层支撑，理论知识与实际应用相结合，注重培养学生工程实践的能力；开设特色栏目，拓宽视野；设二维码资料储备库，丰富承载的内容。

本书共分6章。其中，第1、2、5章由沈阳航空航天大学王艳晶编写，第3章由太原科技大学刘光明编写，第4章由沈阳航空航天大学王安国编写，第6章由太原科技大学秦敏编写。沈阳铸造研究所有限公司李万青，天津市天锻压力机有限公司王世明、崔明光，沈阳旭风电子科技开发有限公司陈东旭、张瑜为本书提供了企业案例。全书由王艳晶统稿。

本书可以作为大学本科和高职高专材料成型及控制工程专业，以及其他热加工类专业相关课程的教材，也可供材料加工及成型领域的工程技术人员参考。

由于编者水平有限，书中难免存在疏漏之处，恳请读者批评指正。

编　者

目录

第 1 章　绪　论

【本章导读】

金属材料成型技术包括铸造、锻压、焊接技术，是制造业中传统的重要工序，广泛应用于机械制造、交通运输、航空航天、造船、冶金等诸多领域。金属材料成型属于热加工，成型工艺复杂，涉及的装备多，且成型过程往往伴随着温度、压力、速度、位移、电压、电流等多种物理量的变化。控制成型装备按照成型工艺协调运行、准确检测和控制成型过程中涉及的物理量的变化，是保证成型产品质量、提高生产效率的重要保证。

随着工业自动化和智能制造的发展，检测与控制技术越来越受到重视。认识影响成型过程主要因素，是开展检测、进而进行控制的基础。本章介绍了检测与控制的关系，材料成型中的检测与控制，以及检测与控制的发展趋势，并明确了课程的学习目的和整体学习要求。

本章知识架构如图 1-1 所示。针对不同的成型工艺，主要检测与控制参量有所不同，本章从铸造、锻压、焊接 3 个方面进行阐述。

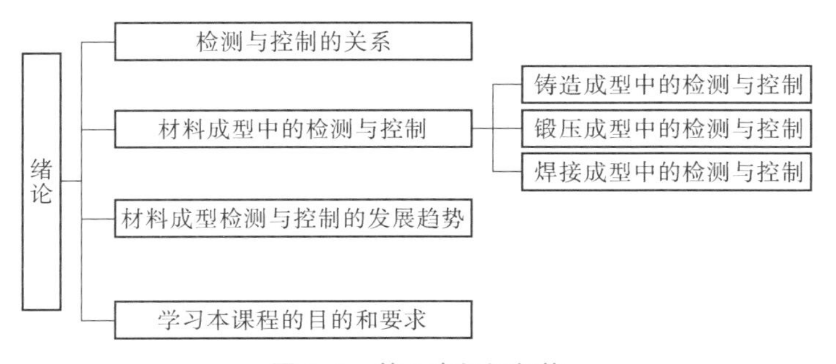

图 1-1　第 1 章知识架构

1.1　检测与控制的关系

检测是人们认识客观事物的重要手段，通过检测可以揭示事物内在联系和变化规律。检

测在生产中起着至关重要的作用，不仅能为产品的质量和性能提供客观的评价，为生产技术的合理改进提供基础数据，还是进行一切探索性、开发性、创造性的科学发现或技术发明的重要甚至必须的手段。同时，检测是自动化系统的基础，随着自动控制生产系统的广泛应用，为了保证系统高效率运行，必须对生产流程中的有关参数进行采集、测试，以准确地对系统进行自动控制。

1.2　材料成型中的检测与控制

在铸造、锻压、焊接等成型技术中包含多种成型方法，涉及多种成型装备，需要多种参数的检测和控制。表 1-1 列出了常见金属材料成型的主要设备和主要的检测与控制内容。

表 1-1　常见金属材料成型的主要设备和主要的检测与控制内容

<table>
<tr><th colspan="3">金属材料的成型方法</th><th>主要设备</th><th>主要的检测与控制内容</th></tr>
<tr><td rowspan="8">铸造成型</td><td rowspan="4">重力作用下的铸造成型</td><td>砂型铸造</td><td>各类造型机（如震压、压实、射压等）、制芯机（如热芯盒、冷芯盒等）、浇注机、砂型输送机及辅助装备、落砂机、砂处理设备、清理设备等</td><td rowspan="8">温度控制
液位控制
压力控制
湿度控制
称重控制
速度控制
程序控制
液压控制
气动控制</td></tr>
<tr><td>金属型铸造</td><td>金属型铸造机</td></tr>
<tr><td>熔模铸造</td><td>压蜡机、浇注生产线、焙烧炉等</td></tr>
<tr><td>消失模铸造</td><td>模样成型机、振动紧实台、热干砂冷却系统、真空系统等</td></tr>
<tr><td rowspan="4">外力作用下的铸造成型</td><td>离心铸造</td><td>离心铸造机</td></tr>
<tr><td>压力铸造</td><td>冷室压铸机、热室压铸机</td></tr>
<tr><td>低压铸造</td><td>低压铸造机</td></tr>
<tr><td>挤压铸造</td><td>挤压铸造机</td></tr>
<tr><td rowspan="6">锻压成型</td><td colspan="2">轧制</td><td>各类轧机</td><td rowspan="6">温度控制
压力控制
速度控制
位置控制
程序控制
气动控制
液压控制</td></tr>
<tr><td colspan="2">挤压</td><td>各类挤压机</td></tr>
<tr><td colspan="2">拉拔</td><td>各类拉拔（或拉力）机</td></tr>
<tr><td colspan="2">自由锻</td><td>各类锻压设备</td></tr>
<tr><td colspan="2">模锻</td><td>各类模压设备</td></tr>
<tr><td colspan="2">冲压</td><td>各类压力机</td></tr>
</table>

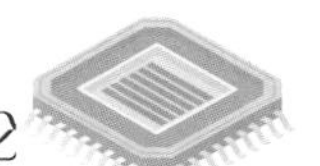

续表

<table>
<tr><th colspan="3">金属材料的成型方法</th><th>主要设备</th><th>主要的检测
与控制内容</th></tr>
<tr><td rowspan="8">焊接
成型</td><td rowspan="5">熔焊</td><td>电弧焊</td><td>焊条电弧焊、熔化极气体保护焊、非熔化极气体保护焊设备</td><td rowspan="8">电流控制
电压控制
温度控制
压力控制
速度控制
位置控制
程序控制
气动控制
液压控制</td></tr>
<tr><td>电渣焊</td><td>电渣焊设备</td></tr>
<tr><td>电子束焊</td><td>电子束焊设备</td></tr>
<tr><td>激光焊</td><td>激光焊设备</td></tr>
<tr><td>等离子焊</td><td>等离子焊设备</td></tr>
<tr><td rowspan="2">压焊</td><td>电阻焊</td><td>电阻点焊、电阻缝焊、电阻对焊、闪光焊设备</td></tr>
<tr><td>摩擦焊</td><td>摩擦焊、导电摩擦焊设备</td></tr>
<tr><td colspan="2">钎焊</td><td>电炉和盐浴炉、电弧、激光、电子束钎焊设备</td></tr>
</table>

1.2.1　铸造成型中的检测与控制

铸造成型中的检测与控制内容如下。

（1）温度检测与控制。铸造过程中的温度控制是重要的一环，金属在熔炼炉中的加热和熔化、砂处理中的型砂温度、压铸中的金属型温度、感应熔炼中的冷却水温度等都涉及温度检测与控制。

（2）液位控制。铝合金扁锭铸造中广泛采用PID闭环液位自动控制技术，即控制铝液，保证其以一定速度向下流（由激光等传感器检测、由步进电动机和气缸控制栓塞，得到合适的开度，让铝液以几乎相同的速度经铸嘴流出），使金属液位实现自动稳定控制，从而实现铝合金扁锭的低液位铸造，既可以提高扁锭内部质量和表面质量，又可以减少铣削量。

（3）流量控制。感应熔炼中需要对电源冷却水流量进行检测与控制，以保证熔炼的稳定性。对铸造结晶器冷却水的流量的控制，可以保证铸锭结晶均匀，铸锭内部质量得以改善，表面光洁度得以提高。

（4）压力控制。冲天炉熔炼中涉及热风压力控制，砂型铸造用到的气压式自动浇注机通过金属熔体表面压力的控制实现定量浇注，压力铸造中需要对系统油压、压射压力、合型力等进行检测与控制，低压铸造工艺中通过保温炉内气体压力的检测与调节保证充型工艺。

（5）程序控制。现代化铸造车间，为了提高生产率、改善铸件质量，大量采用各种形式的生产设备，这些生产设备按照一定的生产工序连续生产，采用程序控制。

对砂型造型机而言，工作顺序一般为工作台上升—加砂—紧实—起模—工作台下降；对混砂机而言，工作顺序一般为加原料—干混—加水—湿混—卸料；对压铸机而言，工作顺序一般为合型—压射—开型—顶出—顶回。它们的共同特点是在现场开关信号的作用下，启动某一机构动作；启动后的这一机构在完成工作程序中，发出另一现场开关信号，随之又启动另一机构动作，如此按步进行下去，直至全部工艺过程结束。这种由开关元件控制的按步控制方式，一般称为程序控制。

1.2.2 锻压成型中的检测与控制

金属材料的锻压成型生产过程涉及的参数和信息也极为复杂，包括温度、压力、位置、加速度、应力、应变、振动等。以快锻液压机组的控制为例，快锻液压机组包括锻造操作机、两台锻造液压机、运料小车和其他一些辅助控制设备。其主要功能是实现锻造操作机纵向位移和夹钳的旋转运动等的自动控制，以及锻造液压机与操作机的联动。需要控制的参数包括操作机左右钳杆的位置、左右操作车/夹钳的位置、压力机主缸/回程缸/充液罐的压力、锻件加热炉的温度等。

锻压生产中最常见的控制参数是压力、位置、温度。对于锻造工艺来说，工件锻造加工前需要在加热炉中加热，因此涉及温度控制，对于窄锻造温度区间的高温合金、钛合金等材料而言，锻件温度控制更为重要，往往选取等温锻造工艺，该锻造工艺中需要模具加热和控温。同时，锻压设备必须产生很大的锻压力，此锻压力通过滑块作用于工件及轴承上，当润滑油不足或润滑油中有杂质时，可能导致轴承温度过高，因此往往需要检测与控制润滑油油温和轴承温度。

锻压设备中的程序控制也很常见，尤其对一些简单的设备，如通用液压机、冲床等。以冲床为例，一般工作顺序为上料—压紧—冲裁—回程等，程序控制很容易实现。

1.2.3 焊接成型中的检测与控制

焊接成型中的检测与控制内容如下。

（1）电流的检测与控制：包括电弧焊电源恒流外特性检测与控制、电阻焊电流的恒值检测与控制等。

（2）电压的检测与控制：包括电弧焊电源恒压外特性检测与控制、弧压自动跟踪检测与控制等。

（3）位移、速度的检测与控制：包括拖动机构、送丝机构、行走小车的速度检测与控制，电阻点焊、电阻对焊、闪光焊和摩擦焊等位移的检测与控制等。

（4）温度的检测与控制：包括钎焊、真空炉等温度的检测与控制。

（5）压力的检测与控制：包括电阻点焊、电阻缝焊、电阻对焊、闪光焊和摩擦焊等压力的检测与控制。

（6）焊缝质量参数的检测与控制：如熔深和熔宽的检测与控制。

（7）焊接过程的控制：如气体保护焊的提前送气—引弧—电源缓升—正常焊接—电弧缓降—收弧，电阻点焊的预压—加压—焊接—维持—休止等程序控制。

1.3 材料成型检测与控制的发展趋势

自动控制技术、数字技术、计算机网络信息技术的发展和应用，使材料成型检测与控制技术发展较快，主要体现在以下4个方面。

1. 智能化

所谓智能化，是指在检测与控制过程中利用计算机及其系统来执行人类的某些智力功能，如判断、理解、推理、识别、规划和学习求解等。随着计算机技术及智能控制理论的发展和完善，智能仪表及智能控制系统在材料加工领域的应用日益广泛，代表了检测与控制系统的主要发展方向。

与传统检测仪表相比，智能仪表及智能控制系统具有明显优势。智能化检测仪表在被测参数发生变化时，自动选择测量方案，进行自动校正、补偿、检测、诊断，并可进行远程设定、状态组合、信息存储及网络接入等。

智能控制的基本特点是不依赖或不完全依赖被控对象的数学模型，主要是利用人的操作经验、知识和推理技术，以及智能控制系统的某些信息和性能得出相应的控制动作。这些控制方式非常适合材料加工过程的控制。智能控制主要包括专家系统、模糊控制及人工神经网络。智能控制的发展，为材料加工过程的建模和控制提供了全新的途径。由于材料加工过程是一个多参数相互耦合的时变非线性系统，影响材料加工质量的因素较多，并带有明显的随机性，因此专家系统、模糊控制、神经网络及其相互结合的控制方式在材料加工过程中展示了广阔的应用前景。

2. 集成化

为了提高对材料加工过程参数的全面监视、检测、控制，以及检测与控制过程的高灵敏度、高精度、高分辨率和高稳定性，必须提高检测与控制系统的综合能力。现代检测与控制系统结构采用模块化、集成化设计，根据用户需求，进行模块组合。其控制功能也采用模块化、集成化设计，根据用户需要，可以提供不同的软件模块，从而提供不同控制功能。

模块化、集成化使检测与控制系统功能的扩充、更新和升级变得极为方便。

3. 信息化

随着计算机技术、网络技术和通信技术的发展和应用，材料成型信息化已经成为现代制造业实现可持续发展和提高市场竞争力的重要保障。材料成型检测与控制系统信息化是将信息技术、自动化技术、现代管理技术和成型技术相结合，带动成型制造工艺设计的创新、企业管理模式的创新，实现产品成型制造和管理的信息化、生产过程控制的智能化、成型装备的数字化和咨询服务的网络化。

在成型制造过程中，应用网络信息技术可以实现多台成型装备的集中控制，包括工艺参数的修改、备份，成型过程、成型装备的实时监测和调节，故障诊断等。

4. 人性化

目前大多数成型自动化系统都具有人机交互功能，使材料成型检测与控制系统更加人性化。触摸屏、数字显示技术在人机交互、程序参数实时监控中得到了普遍应用。

1.4 学习本课程的目的和要求

材料成型检测与控制这门课涉及材料、机械、电子、信息、控制等多学科交叉领域知识，包括检测技术、自动控制基本理论、电动机及其控制技术、PLC 控制技术、机器人技术及这些技术在材料成型中的典型应用等。

材料成型检测与控制是材料成型及控制工程专业的专业基础课。通过对本课程的学习，学生可以掌握材料成型检测与控制技术的基本内容，并与所学习的基础课、学科基础课及专业基础课的相关内容建立有机联系，掌握系统分析问题的方法，提高多学科融合、积极创新的思维能力。

本课程的先修课程是电工电子学、液压与气动。

通过对本课程的学习，学生应该理解材料成型中各类传感器的原理、特点及适用范围，并可以结合工程实际选用适当的传感器；理解成型自动控制的基本原理和特点、理解各类电动机特点及工作原理；理解可编程逻辑控制器（Programmable Logic Controller，PLC）基本知识，并具备运用的能力，可以将其用于材料成型系统的控制中；了解机器人技术。

【拓展阅读】

“优质、高效、智能、绿色”的铸造技术已成行业共识，面向2030年的铸造技术见二维码1-1。

二维码1-1　面向2030年的铸造技术

复习思考题

1. 简述检测的目的及其与控制的关系。
2. 查阅资料，了解各种材料成型方法检测和控制技术的发展现状。
3. 解释材料成型领域的智能铸造和绿色铸造。

第 2 章　材料成型检测技术

【本章导读】

电测法是指利用各种传感器，将温度、速度、位移等非电量信号转换为相应的电量信号，再借助相关的测量电路对这些信号进行滤波、放大等处理，最后将处理结果显示出来。电测法检测系统由被测量、传感器、中间电路（测量电路）、显示记录仪组成，当检测后需要自动控制时，系统组成中还应包括控制系统。

传感器检测属于电测量技术，广泛应用于工业生产中。通过传感器检测，结合显示仪表，人们可以了解生产过程中一些关键参数（物理量），如力、温度、速度等的变化情况；结合相应的控制装置，可实现对参数的控制；传感器检测也是工业自动化、智能制造的关键环节。

本章首先介绍检测系统的基础知识，后续内容中依次介绍热电式传感器与辐射测温、电阻应变式传感器、电容式传感器、电感式传感器、压电式传感器、光电式传感器、霍尔传感器。本章知识架构如图 2-1 所示，在内容安排上突出了传感器原理的介绍，结合材料成型中的应用举例，利于读者深入理解不同传感器的特点。

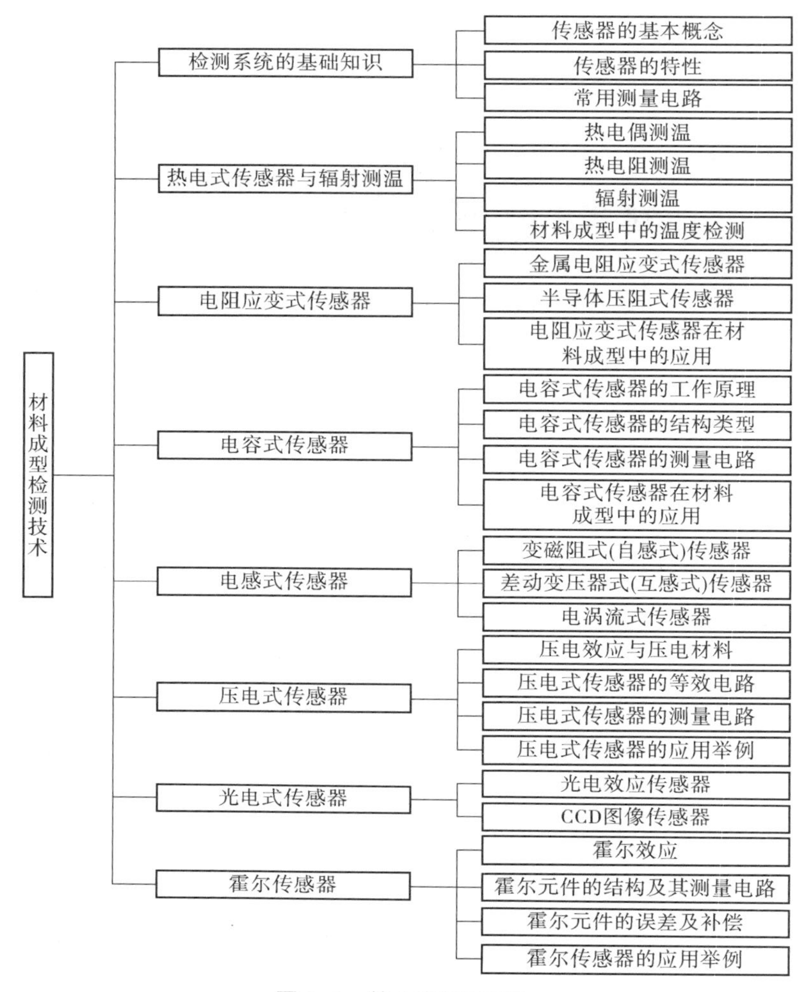

图 2-1　第 2 章知识架构

2.1　检测系统的基础知识

2.1.1　传感器的基本概念

传感器是检测系统与被测对象直接发生联系的器件或装置，它将被测非电量信号转换为与之有确定对应关系的输出信号（通常为电量信号）。传感器又称变换器、换能器、变送器或探测器等，是实现自动检测和自动控制的首要环节。

传感器一般由敏感元件、转换元件和基本转换电路组成，如图 2-2 所示。

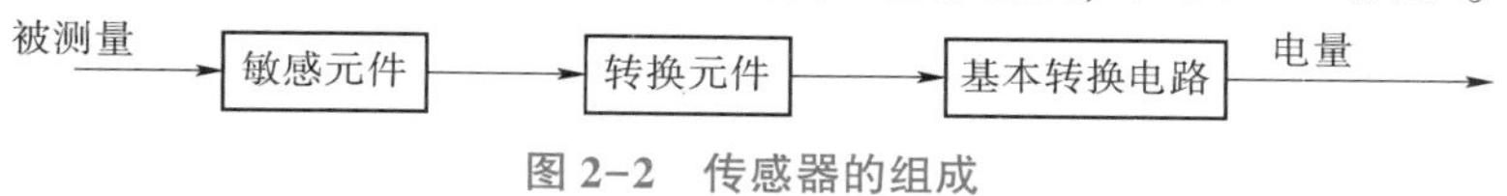

图 2-2　传感器的组成

敏感元件直接感受被测非电量，将其转换成与之有确定关系的其他量（一般为电量）。例如，在电感式传感器中，当铁芯和衔铁距离发生变化时，两者的磁阻也发生变化，位移和磁阻间建立了一定的关系，因此衔铁是敏感元件。

转换元件将敏感元件输出的电量（如位移等）转换成电路参数（如电阻、电感、电容）。前面例子中，铁芯上连接线圈后，当磁阻发生变化时，线圈感知了磁阻的变化并使自身电感也随之发生相应的变化。因此，线圈起到转换元件的作用。

基本转换电路可以将转换元件输出的电量信号转换为便于显示、记录、处理和控制的信号，如电压、电流、频率、脉冲等。

实际的传感器有的简单，有的复杂。有些传感器（如热电偶）只有敏感元件，在测量时直接输出电压信号。有些传感器由敏感元件和转换元件组成，无须基本转换电路，如压电式传感器。还有些传感器由敏感元件和基本转换电路组成，如电容式传感器。有些传感器的转换元件不止一个，要经过若干次转换才能输出电量信号。

传感器种类有很多，可以按照不同方式分类，如按照输入物理量分类、按照传感器工作原理分类、按照检测时传感器与被测对象是否接触分类、按照输出信号性质分类等。其中，按照输入物理量分类中常见基本物理量和派生物理量如表2-1所示。本书将从按照传感器工作原理分类的角度进行介绍。

表2-1　常见基本物理量和派生物理量

基本物理量	派生物理量
位移（线、角位移）	长度、厚度、高度、应变、振动、磨损、不平度、旋转角、偏转角、角振动等
速度（线、角速度）	速度、振动、流量、动量、转速、角振动等
加速度（线、角加速度）	振动、冲击、质量、角振动、扭矩、转动惯量等
力（压力、拉力）	重力、应力、力矩、电磁力等
时间（频率）	周期、计数、统计分布等
温度	热容量、气体速度、涡流等
光	光通量与密度、光谱分布等

2.1.2　传感器的特性

传感器的特性是指传感器输出与输入的关系。当传感器检测静态信号时，即传感器的输入量为常量或随时间缓慢变化时，其输出与输入的关系称为传感器的静态特性；传感器的输出量与相应随时间变化而变化的输入量之间的响应特性称为传感器的动态特性。

1. 传感器的静态特性

传感器的静态特性具有以下指标。

（1）量程。传感器的输入/输出保持线性关系的最大量程称为传感器的量程，一般用传感器允许测量的上、下极限值之差来表示。如果超量程范围使用，则传感器的检测性能会变差。

（2）灵敏度。传感器输出量的变化量与输入量的变化量的比值称为灵敏度，它表示了传感器对测量参数变化的适应能力。

（3）线性度。通常希望传感器的输出与输入静态特性曲线是线性（比例特性）的，因为这有利于传感器的标定和数据处理。实际的传感器静态特性曲线往往是非线性的，与理论的线性特性直线有一定的偏差，其偏差越小，其线性度越好。传感器一般有一定的线性范围，在线性范围内，传感器的静态特性曲线呈线性或近似线性关系，传感器的线性区域越大越好。线性度一般以满量程的百分数表示。

（4）迟滞。传感器在输入量增加（正行程）和减少（反行程）的过程中，输出-输入关系曲线的不重合程度称为传感器的迟滞。

（5）重复性。传感器在同一条件下，被测输入量按照同一方向做全量程连续多次重复测量时，所得输出-输入曲线不一致的程度称为传感器的重复性。

（6）分辨率。传感器能检测到的最小增量称为分辨率。

（7）精确度。精确度表示传感器的测量结果与被测“真值”的接近程度。两者之差称为绝对误差，绝对误差与被测量（约定）真值之比称为相对误差。精确度一般用极限误差来表示，或者利用极限误差与满量程之比的百分数给出。例如，0.1、0.5、1.0 等级的传感器意味着它们的精确度分别是 0.1%、0.5%、1.0%。

（8）稳定性。稳定性表示传感器长期使用以后，其特性不发生变化的性能。影响传感器稳定性的因素包括时间和环境。

（9）零漂。传感器在零输入的状态下，输出值的变化称为零漂。

2. 传感器的动态特性

传感器的动态特性取决于传感器本身的性能和输入信号形式，在传感器的动态特性分析中，常采用正弦信号或阶跃信号的动态响应曲线，即输入信号为正弦变化或阶跃变化的信号，其相应输出信号随时间的变化关系。

传感器的动态特性分析与控制系统的动态特性分析方法相同，可以通过时域、频域及试验分析的方法确定。有关系统分析的性能指标都可以作为传感器的动态特性参数，如最大超调量、调剂时间、稳态误差、频率响应范围、临界频率等。

动态特性好的传感器，其输出量随时间的变化规律将再现输入量随时间的变化规律，即它们具有同一个时间函数。实际传感器输出信号与输入信号一般不会具有相同的时间函数，由此引起动态误差。

2.1.3 常用测量电路

传感器输出的电信号形式是多种多样的，而且一般比较弱，不能直接输出，需要采用一些电路加以处理和放大，以满足检测显示和控制需要。

1. 电桥电路

电桥是在电阻应变式传感器、电感式传感器、电容式传感器中广泛应用的测量电路，它将某个传感器的敏感元件作为其中的某个桥臂，可以将电阻、电感、电容等参数的变化转换成电压或电流的变化。根据电源性质的不同，电桥可分为直流电桥和交流电桥两大类。

（1）直流电桥。直流电桥的供电电源为直流。

1）直流电桥的工作原理。直流电桥结构如图 2-3 所示，为了分析方便，各桥臂上标出了电流方向。电桥的 4 个桥臂由电阻 R_1、R_2、R_3、R_4 组成，R_L 为仪表内电阻，I 为总电流，

I_L 为仪表内流过的电流，ab 两端接直流电源 E，cd 两端为输出电压 U_L。当电桥输出端 cd 接上输入阻抗极大的仪表或放大器时，$R_L \to \infty$，可以求得 R_L 两端的电压 U_L：

$$U_L = \frac{R_1R_3 - R_2R_4}{(R_1+R_2)(R_3+R_4)}E \tag{2-1}$$

可见，欲使电桥平衡，即 $U_L=0$，应满足 $R_1R_3=R_2R_4$。为了简化桥路设计，通常使四臂电阻相等，即 $R_1=R_2=R_3=R_4$。电桥四臂中任一只电阻阻值发生变化都会破坏电桥平衡，即有不平衡电压输出。因此，只要测出电桥输出电压 U_L 的变化量，就可以测出桥臂电阻的变化，这是直流电桥的工作原理。根据需要，可以单臂、双臂或四臂工作。

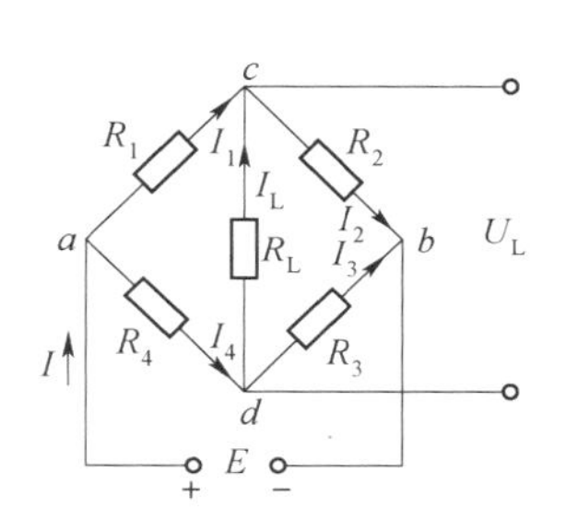

图 2-3 直流电桥结构

2）直流电桥的和差特性。在 $R_1=R_2=R_3=R_4=R$ 时，如果被测物理量的变化使桥臂电阻 R_i 发生微小变化 ΔR_i，且 $\Delta R_i \ll R_i$，则经适当整理和变换后桥路输出电压 U_L 为

$$U_L = \frac{E}{4R}(\Delta R_1 - \Delta R_2 + \Delta R_3 - \Delta R_4) \tag{2-2}$$

上式称为直流电桥的和差特性公式。根据实际需要，可以有不同的桥臂电阻变换情况，以下分别讨论。

①单臂电桥。电桥只有一臂的电阻值发生微小变换，其余三臂均为固定电阻，此时 R_L 两端的电压为

$$U_L = \frac{E}{4R}\Delta R \tag{2-3}$$

②双臂半桥。邻臂 R_i 和 R_{i+1} 为工作臂，且阻值变化相反，即 $\Delta R_i = -\Delta R_{i+1} = \Delta R$，其余两臂为固定电阻 R，此时 R_L 两端的电压为

$$U_L = \frac{E}{2R}\Delta R \tag{2-4}$$

此时，双臂半桥的灵敏度是单臂电桥的 2 倍。

③四臂全桥。R_1、R_2、R_3、R_4 均为工作臂，若能够满足所有邻臂之间的阻值变化相反，即 $\Delta R_1 = -\Delta R_2 = \Delta R_3 = -\Delta R_4 = \Delta R$，则 R_L 两端的电压为

$$U_L = \frac{E}{R}\Delta R \tag{2-5}$$

此时，四臂全桥的灵敏度为单臂电桥的 4 倍，双臂半桥的 2 倍。

可见，在增加桥路电阻的工作臂，且保持邻臂变化值相反的情况下，可使输出信号增大，从而提高测量系统的灵敏度。

（2）交流电桥。交流电桥采用正弦交流电压作为电桥的电源。交流电桥是测量各种交流阻抗的基本仪器，如电容的电容量，电感的电感量等。此外，还可利用交流电桥平衡条件与频率的相关性来测量与电容、电感有关的其他物理量，如互感、磁性材料的磁导率、电容的介质损耗、介电常数和电源频率等，其测量准确度和灵敏度都很高，在电磁测量中应用极为广泛。

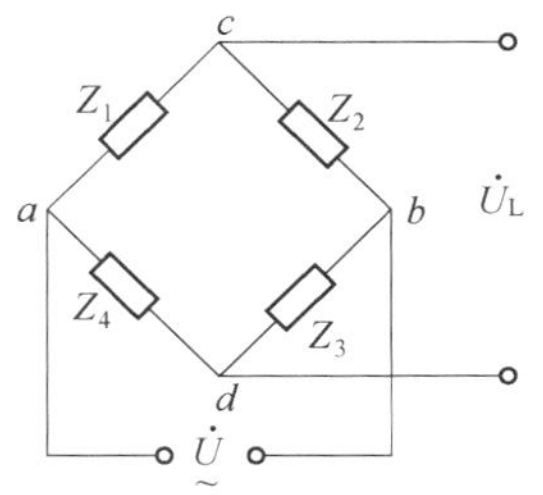

图 2-4 交流电桥结构

交流电桥结构与直流电桥相似，如图 2-4 所示，只是四臂上

不一定都是电阻，可能是其他阻抗元件（电容、电感）或它们的组合。图中 Z_1、Z_2、Z_3、Z_4 为四臂的复阻抗，输出电压为

$$\dot{U}_{\mathrm{L}}=\frac{Z_1 Z_3-Z_2 Z_4}{(Z_1+Z_2)(Z_3+Z_4)}\cdot\dot{U} \tag{2-6}$$

电桥平衡的条件为

$$Z_1Z_3=Z_2Z_4 \tag{2-7}$$

上式为复数等式，写成实数形式为

$$\begin{cases}|Z_1||Z_3|=|Z_2||Z_4|\\ \varphi_1+\varphi_3=\varphi_2+\varphi_4\end{cases} \tag{2-8}$$

式中，$|Z_1||Z_3|=|Z_2||Z_4|$ 为阻抗条件；$\varphi_1+\varphi_3=\varphi_2+\varphi_4$ 为相角条件。考虑电容、电感和电阻的相角，以及交流电桥平衡时必须满足的相位关系，必须合理搭配电桥中的四臂元件电桥才能平衡。若有三臂的模和幅角已知，则可由平衡条件求出第四臂的模和幅角。

当电桥相邻两臂为纯电阻时，另两臂应同为纯电容、同为纯电感或同为纯电阻。如果对边臂为纯电阻，则另一对边臂必须一个为电感，一个为电容，如图 2-5 所示。

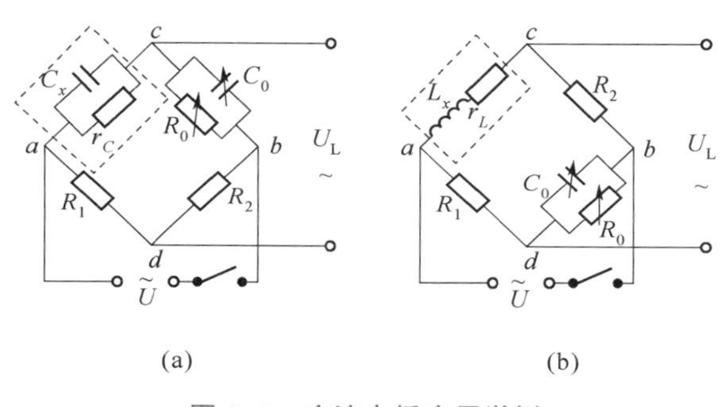

(a)　　　　(b)

图 2-5　交流电桥应用举例

（a）测量电容；（b）测量电感

（3）电桥的温度补偿。当环境温度发生变化时，桥路的电阻阻值会发生变化，使电桥失去平衡，从而引起输出量的变化，产生一定的误差。为了消除这一误差，需要在桥路上加一环节，使其在环境温度发生变化时能够产生与原来桥路误差相反的影响并使之与温度变化产生的影响相互抵消，这种处理称为温度补偿。温度补偿的实现方式为在桥臂上选择 4 只温度系数相同或相近的电阻，并保证 $R_1R_3=R_2R_4$。

2. 信号放大电路

由于传感器输出的信号比较弱，需要进行放大处理，因此需要采用放大器。在测量装置中采用较多的是运算放大器，该放大器是一种高增益、高输入阻抗、低输出阻抗，用反馈来控制其相应特性的直接耦合的直流放大器。表 2-2 中列出了常见的几种信号放大器。

表 2-2　常见的几种信号放大器

放大器名称	电路基本形式	输出/输入关系	主要特点
反相比例放大器		$U_o=-\dfrac{R_f}{R_1}U_i$	对运放的共模抑制比要求低；电路输出电阻小，带负载能力强；电路输入电阻小，对输入电流有一定要求
同相比例放大器		$U_o=\left(1+\dfrac{R_f}{R_1}\right)U_i$	电路输入电阻大，可达 100 MΩ；电路输出电阻小，带负载能力强；主要缺点是共模抑制比要求较高
电压跟随器		$U_o=U_i$	输入阻抗高，输出阻抗低
差动比例放大器		$U_o=\dfrac{R_f}{R_1}\ (U_2-U_1)$	$R_f/R_1=R_3/R_2$，对抑制共模有良好作用，可有效抑制零点漂移现象发生

3. 滤波电路

传感器检测的信号往往包含一些噪声或者与被测量无关的信号，需要把有用的信号检测出来，因此需要用到检测电路。其功能是使信号中特定频率成分通过，抑制或衰减其他频率成分。根据通带和阻带所处频率范围的不同，可分为低通滤波器、高通滤波器、带通滤波器和带阻滤波器，其幅频特性曲线如图 2-6 所示。

（1）低通滤波器。如图 2-6（a）所示，$0\sim f_c$ 频率之间幅频特性曲线平直。它可以使信号中低于 f_c 的频率成分几乎不受衰减地通过，而高于 f_c 的频率成分受到极大衰减，主要用于低频信号（或直流信号）的检测，也可用于需要削弱高次谐波或频率较高的干扰或噪声等场合，如整流电路中的滤波环节。

（2）高通滤波器。如图 2-6（b）所示，与低通滤波器相反，从频率 $f_c\sim\infty$，其幅频特性曲线平直。它可以使信号中高于 f_c 的频率成分几乎不受衰减地通过，而低于 f_c 的频率成分将受到极大衰减，主要用于突出有用频段的信号，削弱其余段信号干扰，应用场合如载波通信、超声检测等方面。

（3）带通滤波器。如图 2-6（c）所示，其通带频率在 $f_{c1}\sim f_{c2}$ 之间。它可以使信号中高于 f_{c1} 而低于 f_{c2} 的频率成分几乎不受衰减地通过，而其他成分受到极大衰减。

（4）带阻滤波器。如图 2-6（d）所示，与带通滤波器相反，阻带频率在 $f_{c1}\sim f_{c2}$ 之间。它可以使信号中高于 f_{c1} 而低于 f_{c2} 的频率成分受到极大衰减，其余频率成分几乎不受衰减地通过。

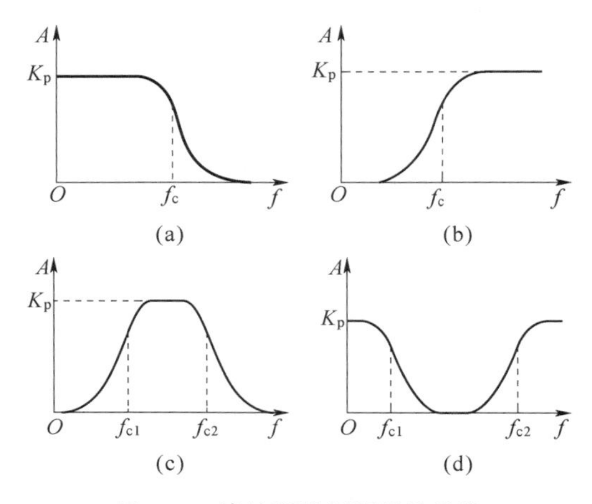

图 2-6 滤波器的幅频特性曲线

（a）低通滤波器；（b）高通滤波器；（c）带通滤波器；（d）带阻滤波器

滤波器还有其他分类方法。例如，根据构成电路结构，可分为有源滤波器和无源滤波器。在无源滤波器中，有 *RC* 滤波器、*LC* 滤波器和 *LRC* 滤波器，应用最广的是 *RC* 滤波器。图 2-7为 *RC* 滤波器的基本电路。

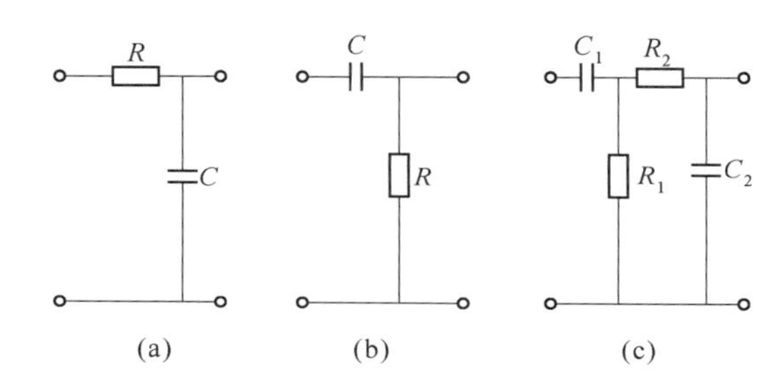

图 2-7 *RC* 滤波器的基本电路

（a）低通滤波器；（b）高通滤波器；（c）带通滤波器

4. 信号转换电路

传感器输出的电量有电流、电压、频率及相位等多种形式，在测量系统和控制系统中，往往需要进行电流/电压转换、电压/频率转换等。

进行电流/电压转换，一方面是由于许多传感器产生的信号为微弱的电流信号，受信端进行处理的信号往往是电压信号，因此需要进行电流/电压转换；另一方面，在信号传输过程中，用电压信号传输时由于信号源内阻和电缆电阻的存在，会产生压降，造成误差，尤其在长距离传输时，信号精度受到影响，转换成电流信号传送可避免此问题。图 2-8 为基本电流/电压转换电路，电路的本质是一个反相放大器，只是没有输入电阻。输入电流I_i 直接接到运算放大器的反相输入端，由于输入电流也要流过反馈电阻 R，如果能够保证运算放大器偏置电流 I_b远远小于输入电流，则输出端电压为 $U_o=I_iR$，从而实现了由电流向电压的转换。

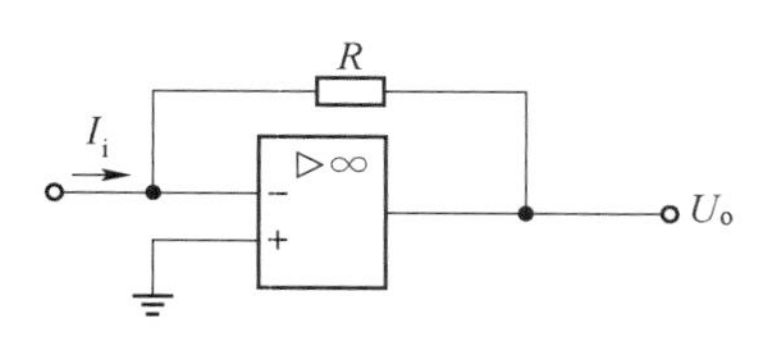

图 2-8 基本电流/电压转换电路

电压/频率转换在计算机进行信号处理时会用到。当传感器输出电流或电压信号时，计算机无法处理这些模拟信号，需要将模拟信号转换为数字信

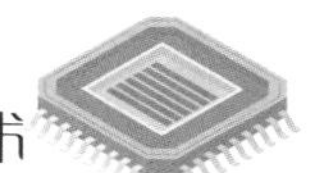

号。变为数字信号的方式之一就是数字脉冲，模拟电压越高，转换后的数字脉冲频率越高。

5. 相敏检波电路

相敏检波电路与普通检波电路的区别在于，普通检波电路仅有单向的电压输出和电流输出，不可能辨别正负号，而相敏检波电路能够根据放大器输出信号的相位，辨别被测信号的极性，进而判别被测物理量的变化方向。常用的相敏检波电路有半波和全波相敏检波电路，下面以半波相敏检测电路为例进行介绍。如图2-9所示，VD_1、VD_2为二极管，u_x为被测的信号电压（经过载波放大后的信号），u_2为控制电压（参考电压）。要求u_2的幅值远远大于u_x的幅值，两者频率相同。由图可知，当$u_x=0$时，电压表输出为0。当u_2为正半周期时，VD_1、VD_2导通；当u_2为负半周期时，VD_1、VD_2截止。因为u_2幅值远远大于u_x的幅值，u_x的存在不影响u_2对二极管导通、截止的控制作用，所以u_2对二极管的控制作用相当于一个控制开关。电压表的输出电压u_o除受u_2的开关控制外，其波形还与u_x的大小和相位有关。图2-10为半波相敏检波的波形图，图2-10（a）为被测电压u_x的波形，它已调波，虚线表示被测物理量的变化（图示为先拉后压的应变形式）；图2-10（b）为控制电压的波形；图2-10（c）为输出电压u_o的波形；图2-10（d）为滤波后的电压u_s波形。可见，经半波相敏检波电路检测后，u_o输出信号的包络线基本反映了被测信号的曲线形状，但由于只在u_2的正半周期相敏检波才有波形输出，故部分信息被丢失，影响检测精度。

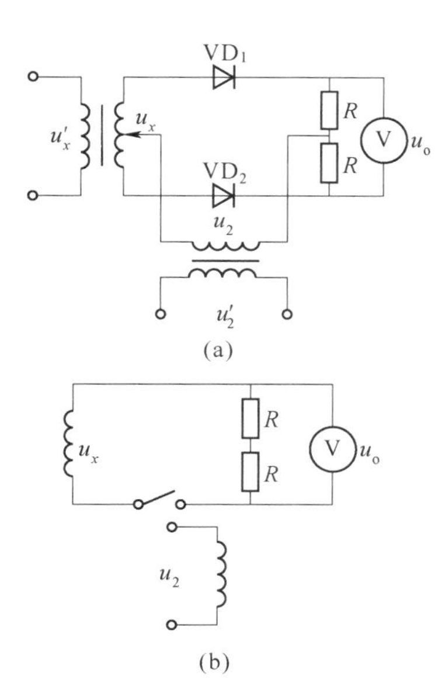

图2-9 半波相敏检波工作原理

（a）电路；（b）动作原理

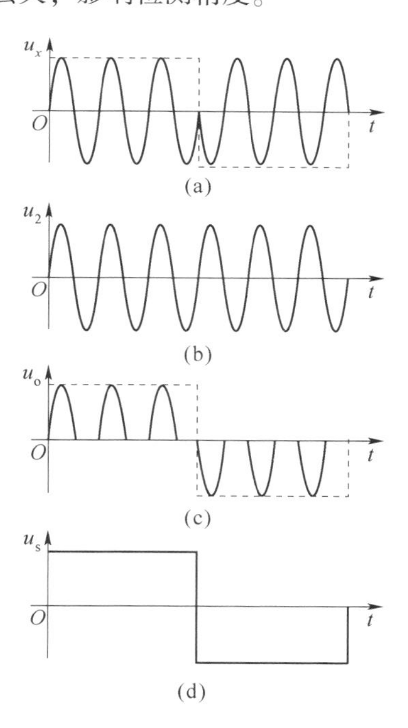

图2-10 半波相敏检波的波形图

（a）被测电压；（b）控制电压；（c）输出电压；（d）滤波后的电压

对于检测系统，信息需要通过显示仪表进行显示，显示仪表的内容见二维码2-1。当检测后需要自动控制时，系统组成中还应包括控制系统，自动控制系统将在后面章节进行介绍。

二维码2-1 显示仪表

2.2 热电式传感器与辐射测温

热加工生产中温度是影响产品质量的重要因素之一，温度的检测和调节具有重要意义。常用的测温技术包括热电偶测温、热电阻测温和辐射测温，其中热电偶测温和热电阻测温属于接触式测温，即传感元件直接与被测物体或者被测物体所处的热平衡环境接触；辐射测温属于非接触式测温，即传感元件不与被测物体或被测物体所处的热平衡环境接触。不同测温技术的测温依据有所不同，热电偶测温是利用温差引起热电动势，热电阻测温是利用电阻的温度特性，辐射测温是利用物体的热辐射随温度变化而变化。

2.2.1 热电偶测温

热电偶结构简单，价格便宜，在工业测温中应用最为广泛，多用于500 ℃以上、精度要求不高的场合。

1. 热电偶测温原理

热电偶测温是基于热电效应进行的。如图2-11所示，将两种不同金属A和B相连构成闭合回路，当两接点温度不同时，在回路中会产生热电动势，如果在回路中接入电流计，则可以看到电流计指针偏转，这种现象称为热电效应，也称为塞贝克效应。通常把两种不同金属的这种组合称为热电偶，A和B称为热电极，温度高的接点称为热端（或工作端），温度低的接点称为冷端（或参考端）。利用热电偶把被测温度转换成热电动势，通过仪表测出电动势的大小，便可计算出被测量的温度。

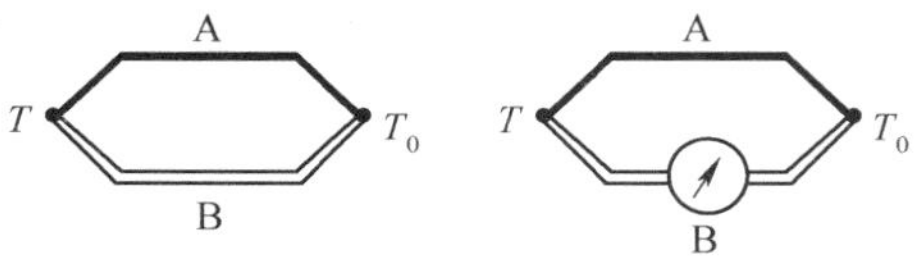

A T T_0 B A T T_0 B

图2-11 热电效应原理

回路中产生的热电动势包括接触电动势和温差电动势。

（1）接触电动势产生机理。根据电子理论，当两种不同金属A和B连接在一起时，在接点处由于材料的自由电子密度不同而发生电子扩散，电子的扩散速率与自由电子密度和金属所处的温度有关。设金属A、B的自由电子密度分别为n_A和n_B，且$n_A>n_B$，在同一瞬间，由金属A扩散到金属B中的自由电子将比由金属B扩散到金属A中的自由电子多，金属A因失去电子带正电，金属B因得到电子带负电，在接触处便产生电场，该电场将阻碍电子扩散的进行。当由金属A扩散到金属B的自由电子与由金属B扩散到金属A中的自由电子相等时，电子转移达到了动平衡，此时，接触处形成电位差，称为接触电动势，其表达式为

$$E_{AB}(T)=\frac{kT}{e}\ln\frac{n_A}{n_B} \tag{2-9}$$

式中，k为玻耳兹曼常数，$k=1.38\times10^{-23}$ J/K；T为热力学温度；n_A、n_B分别为金属A和B的自由电子密度；e为电子电荷，$e=1.6\times10^{-19}$C。

（2）温差电动势产生机理。对于同一金属，当其两端温度不同时，两端的自由电子浓度也不同，温度高的一端自由电子浓度大，具有较大的动能；温度低的一端浓度小，动能也小。因此，由高温端向低温端扩散的净自由电子数目多，高温端失去电子带正电，低温端得

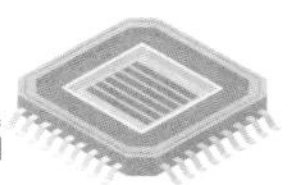

到电子带负电，金属导体两端形成电场，该电场阻碍自由电子的扩散，最终两端达到动态平衡，形成温差电动势，也称汤姆森电动势。

两种不同金属组成的闭合回路中产生的总热电动势等于接触电动势和温差电动势的代数和。

金属 A 和金属 B 组成的闭合回路中，两个接点在温度分别为 T、T_0 时，回路中产生的接触电动势 $E_{AB}(T,T_0)$ 为

$$E_{AB}(T,T_0)=E_{AB}(T)-E_{AB}(T_0) \tag{2-10}$$

对于金属 A 和金属 B，当它们两端温度分别为 T、T_0 时，两种导体内形成的温差电动势可分别记为 $E_A(T,T_0)$、$E_B(T,T_0)$，回路中形成的电动势差为

$$E_{AB}(T,T_0)=E_A(T,T_0)-E_B(T,T_0) \tag{2-11}$$

因此，整个闭合回路总的热电动势为

$$E_{AB}(T,T_0)=[E_{AB}(T)-E_{AB}(T_0)]+[E_A(T,T_0)-E_B(T,T_0)] \tag{2-12}$$

需要指出的是，由于金属中自由电子数目很多，温度不能显著改变其自由电子浓度，因此，同一金属中温差电动势极小，可以忽略。热电偶回路中起决定作用的是接触电动势，对式（2-12)进行简化，并将式（2-9）代入，可得到

$$E_{AB}(T,T_0)=E_{AB}(T)-E_{AB}(T_0)=\frac{k}{e}(T-T_0)\ln\frac{n_A}{n_B} \tag{2-13}$$

可见，该电动势值与两种金属材料的性质和两接点温差有关。实际使用中，为标定热电偶方便，使 T_0 为常数，则有

$$E_{AB}(T,T_0)=K_c(T-T_0) \tag{2-14}$$

式中，K_c 为系数（非常数)，与电子密度有关，不随温度变化。可见，当热电偶回路中冷端温度保持不变时，热电偶回路的总电动势 $E_{AB}(T,T_0)$ 只随热端温度变化而变化，即回路中的热电动势仅是 T 的函数，这为热电偶的工程应用带来极大的方便。对于不同热电偶，温度与热电动势之间有着不同的函数关系，一般由实验确定，并将测得结果绘成曲线或制成热电偶分度表，供使用时查阅。

2. 热电偶的基本定律

（1）均质导体定律。由一种均质导体（或半导体）组成的闭合回路，无论其截面积和长度如何，各处的温度分布如何，都不能产生热电动势，回路中总电动势为 0。这决定了热电偶必须由两种不同材料的均质导体构成，且热电偶两接点温度不同，因此均质导体定律也称热电偶组成定则。由均质导体构成的热电偶的热电动势大小只与材料及结点温度有关，与热电偶的大小尺寸、形状及沿电极温度分布无关。由一种材料组成的闭合回路存在温差时，回路如果产生热电动势，则说明该材料不均匀，这也是检查热电极材料均匀性的一种方法。

（2）中间导体定律。在热电偶测温回路内，接入第三种导体时，只要第三种导体的两端温度相同，对回路的总热电动势就没有影响，如图 2-12 所示，即 $E_{ABC}(T,T_0)=E_{AB}(T,T_0)$，C 为补偿导线。该定律是热电偶回路中连接补偿导线、插仪表，以及接点焊接的理论基础。需要注意的是，接入的第三种导体的热电性不能与电极材料相差太远，否则会影响热电偶的测量精度。

（3）中间温度定律。在热电偶回路中，两接点温度为 T、T_0 时的热电动势，等于该热电偶在接点温度为 T、T_n 和 T_n、T_0 时热电动势的代数和，如式（2-15）和图 2-13 所示。该定律是热电偶冷端温度计算矫正法的基础。

$$E_{AB}(T,T_0)=E_{AB}(T,T_n)+E_{AB}(T_n,T_0) \tag{2-15}$$

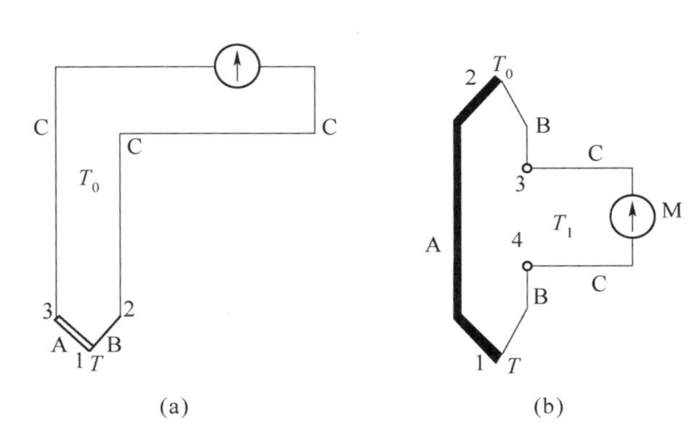

图 2-12　热电偶中接入第三种导体

（a）从冷端接入；（b）从某一热电极中间接入

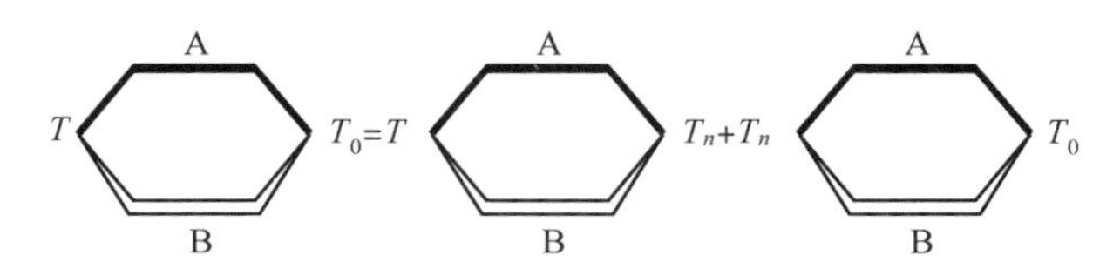

图 2-13　热电偶的中间温度定律

（4）标准电极定律。如果两种导体分别与第三种导体组成的热电偶所产生的热电动势已知，则这两种导体组成的热电偶的热电动势可求，如图 2-14 所示，公式表达如下：

$$E_{AC}(T,T_0)-E_{AB}(T,T_0)=E_{BC}(T,T_0)$$

或

$$E_{AC}(T,T_0)=E_{AB}(T,T_0)+E_{BC}(T,T_0) \tag{2-16}$$

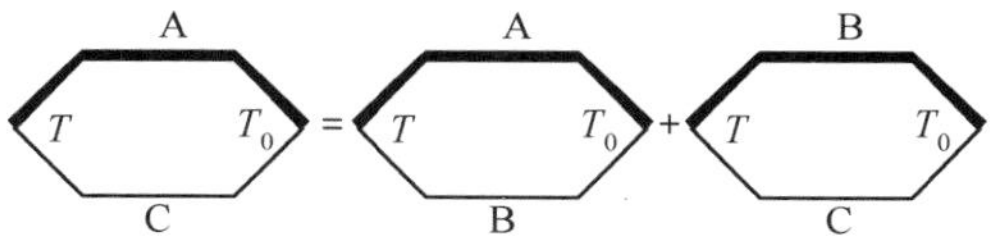

图 2-14　热电偶的标准电极定律

可见，当任一电极 B、C、D…与一标准电极 A 组成热电偶所产生的热电动势已知时，就可以利用式（2-16）求出这些热电极组成的热电偶的热电动势，而不用一一测定。通常采用铂作为标准电极。

3. 热电偶实用测温电路

（1）单点温度测温电路。如图 2-15 所示，该电路为最简单的测温电路，A、B 为热电偶，C、D 为补偿导线，冷端温度为 T_0，E 为铜导线（实际使用时，可把补偿导线延伸到配用仪表的接线端子，这时冷端温度即为仪表接线端子所处的环境温度），M 为毫伏计或数字仪表。回路中总热电动势为 $E_{AB}(T,T_0)$，流过毫伏计的电流为

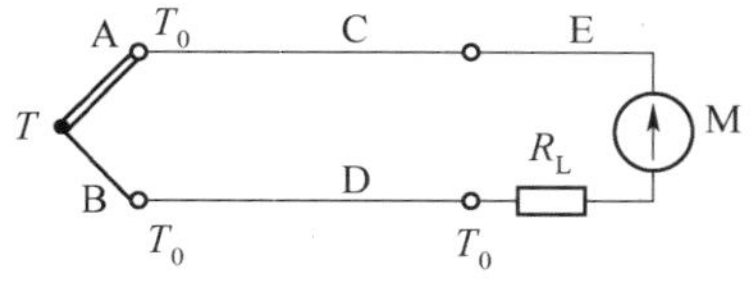

图 2-15　单点温度测温电路

$$I=\frac{E_{AB}(T,T_0)}{R_Z+R_C+R_M} \tag{2-17}$$

式中，R_Z、R_C、R_M 分别是热电偶、导线和仪表的内阻（包含负载电阻 R_L）。

（2）测量两点之间温差的测温电路。如图2-16所示，该电路可测量两个温度 T_1 和 T_2 之差。要求配用同型号热电偶，配用相同的补偿导线，两只热电偶的电动势差为 $E_r = E_{AB}(T_1) - E_{AB}(T_2)$。

（3）测量平均温度的测温电路。如图2-17所示，通常用几只相同型号的热电偶并联进行测量。要求3只热电偶都工作在线性段，此时测温仪表中指示的电动势值为3只热电偶的平均电动势。在每一条热电偶电路中，分别串接均衡电阻 R_1、R_2、R_3，它们的作用是在 T_1、T_2、T_3 不相等时，使每一条热电偶电路中流过的电流免受电阻不相等的影响。与每一只热电偶的电阻变化相比，R_1、R_2、R_3 的阻值必须很大。

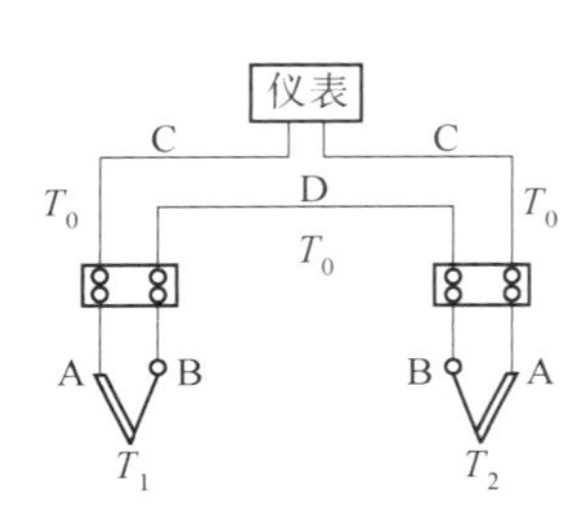

图2-16　测量两点之间温差的测温电路

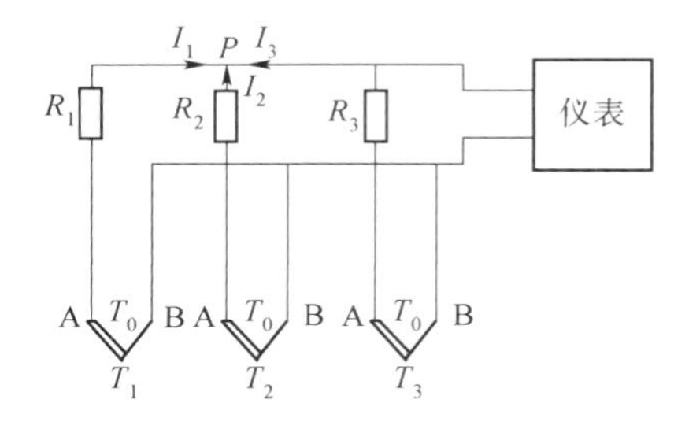

图2-17　测量平均温度的测温电路

（4）测量温度和的测温电路。利用同类型的热电偶串联，可以测量几点温度之和，也可以测量几点的平均温度。图2-18为测量温度和的测温电路，这种电路可以避免并联电路的缺点。当有一只热电偶烧断时，总的热电动势消失，可以立即知道有热电偶烧断。同时，由于热电动势为各热电偶热电动势之和，故可以测量微小的温度变化，公式表达如下：

$$E_T = E_{AB}(T_1, T_0) + E_{AB}(T_2, T_0) + E_{AB}(T_3, T_0) \tag{2-18}$$

即回路的总热电动势为各热电偶热电动势之和。

辐射高温计中的热电动势就是根据这个原理将几只同类型热电偶串联在一起来测量的。

（5）若干只热电偶共用一台仪表的测温电路。在多点温度测量时，为了节省显示仪表数量，若干只热电偶通过模拟式切换开关共同连接在一台测量仪表上，如图2-19所示，各热电偶的型号相同，测量范围均在显示仪表的量程内。在生产现场中，如果大量测量点不需

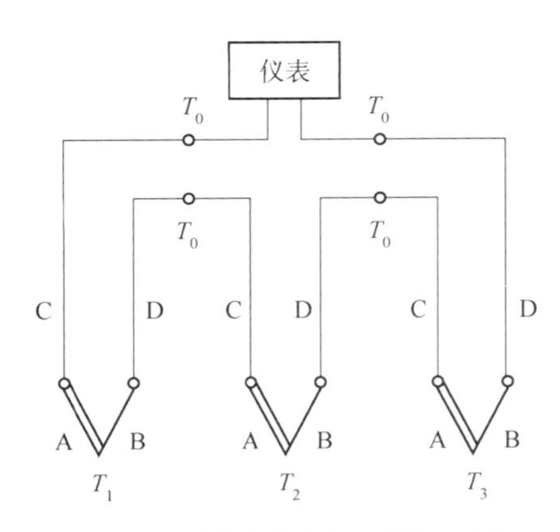

图2-18　测量温度和的测温电路

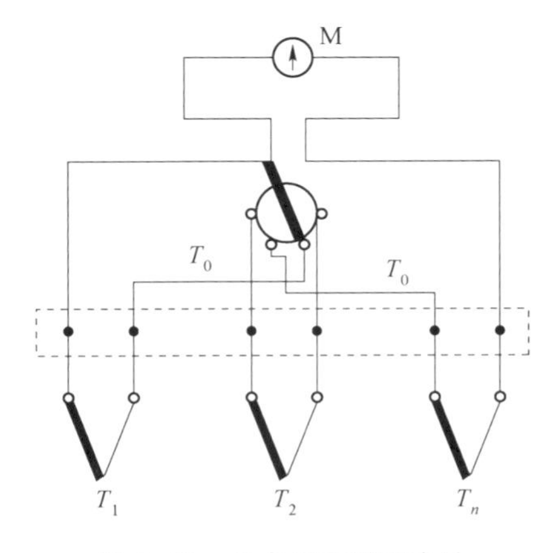

图2-19　多点温度测温电路

要连续测量，只需要定时测量，则可以把若干只热电偶通过手动或自动切换开关接至一台测量仪表上，以轮流或按要求显示各测量点的被测数值。切换开关的触点有十几对到数百对，可以大量节省显示仪表数量，减小仪表箱尺寸，达到多点测温的目的。

4. 热电偶种类

根据热电效应，任何两种不同性质的导体均可制成热电偶，但要满足工程实际检测温度需要的热电偶，必须满足一定的性能要求，包括灵敏度、准确度、可靠性、稳定性、可加工性等。热电偶分为标准热电偶和非标准热电偶。

（1）标准热电偶。标准热电偶是指生产工艺成熟、能成批生产、性能稳定、应用广泛、有统一的分度表，并且列入国际专业标准中的热电偶。现在国际上有 8 种标准热电偶，分别用字母 S、R、B、K、N、E、J、T 作为分度号。其中，S、R、B 属于铂系列热电偶，由于铂属于贵重金属，所以这些热电偶又称为贵金属热电偶，其余的标准热电偶称为廉价金属热电偶。表 2-3 中列出了国际上常用的标准热电偶等级和允许偏差。

表 2-3　国际上常用的标准热电偶等级和允许偏差

名称	分度号	测量范围/℃	等级	使用温度/℃	允许偏差
铂铑 10-铂	S	0～1 600	Ⅰ	0～1 100	±1 ℃
				1 100～1 600	±[1+(*T*-1 100)×0.003]℃
			Ⅱ	0～600	±1.5 ℃
				600～1 600	±0.25%*T*
铂铑 13-铂	R	0～1 600	Ⅰ	同 S 型	同 S 型
			Ⅱ	同 S 型	同 S 型
铂铑 30-铂铑 6	B	0～1 800	Ⅱ	600～1 700	±0.25%*T*
			Ⅲ	600～800	±0.4 ℃
				800～1 700	±0.5%*T*
镍铬-镍硅（K） 镍铬硅-镍硅（N）	K、N	0～1 300	Ⅰ	0～400	±1.6 ℃
				400～1 100	±0.4%*T*
			Ⅱ	0～400	±3 ℃
				400～1 300	±0.75%*T*
镍铬-康铜	E	-200～900	Ⅰ	-40～800	±1.5 ℃或±0.4%*T*
			Ⅱ	-40～900	±2.5 ℃或±0.75%*T*
			Ⅲ	-200～40	±2.5 ℃或±1.5%*T*
铁-康铜	J	-40～750	Ⅰ	-40～800	±1.5 ℃或±0.4%*T*
			Ⅱ	-40～900	±2.5 ℃或±0.75%*T*
铜-康铜	T	-200～400	Ⅰ	-40～350	±0.5 ℃或±0.4%*T*
			Ⅱ	-40～350	±1 ℃或±0.75%*T*
			Ⅲ	-200～40	±2.5 ℃或±1.5%*T*

注：表中 *T* 表示实际测量温度。

1）铂铑 10-铂热电偶（S）。正极含铂 90%、铑 10%，负极含铂 100%，其热电性稳定，

抗氧化性能好，宜在氧化性、中性气氛及真空中使用，不适宜在金属蒸汽、金属氧化物和其他还原性介质中使用，易受碳微粒，CO、H、S、Si 等气氛和蒸汽的污染而变质（质变脆易折断，热电特性改变）。长期工作温度为 0~1 300 ℃，常用来测量 1 000 ℃以上的温度。该热电偶价格较贵，热电动势小，需配备灵敏度高的显示仪表。由于具有高的精度，国际温标规定：它在 630.71~1 064.43 ℃范围内作为基准热电偶。

2）铂铑 13-铂热电偶（R）。正极含铂 87%、铑 13%，负极含铂 100%。与 S 型相比，其热电动势率约高 15%，稳定性和复现性好，缺点及适用场合同 S 型热电偶。

3）铂铑 30-铂铑 6 热电偶（B）。正极含铑（29.6±0.2)%，负极含铑（6.12±0.2)%，比铂铑-铂型热电偶的热电性更稳定，测量温度更高，长期使用温度可达 1 600 ℃，是目前使用最为广泛的一种热电偶。其热电动势较小，测量时需配备灵敏度高的仪表。由于其在室温下热电动势很小，所以使用时一般不需要进行冷端温度补偿。

4）镍铬-镍硅热电偶（K）。正极含镍 89%~90%、铬 9%~9.5%、硅和铁各 0.5%，负极含镍 95%~96%、硅 1%~1.5%、铝 1%~2.3%、锰 1.6%~3.2%、钴约 0.5%。其短期工作温度为1 300 ℃，长时间工作温度为 900 ℃。其物理化学性能稳定，抗氧化能力强，500 ℃以下可以在还原性、中性和氧化性气氛中使用，但不能在高温下用于含硫、还原性或还原/氧化交替的气氛及真空中，在 500 ℃以上只能在氧化性和中性气氛中使用。其热电动势比 S 型热电偶高4~5倍，价格便宜，虽然测量精度偏低，但完全能够满足工业测量需求，在工业上广泛应用。其温度与热电动势的关系近似线性，在热处理的中温炉（600~1 000 ℃）中广泛使用。

5）镍铬硅-镍硅热电偶（N）。正极镍铬硅质量比为 84.4∶14.2∶1.4，负极镍硅镁质量比为 95.5∶4.4∶0.1。它是一种最新的国际标准化的热电偶，克服了 K 型热电偶的两个重要缺点，即在 300~500 ℃范围内由于镍铬合金的晶格短程有序而引起的热电动势不稳定；在 800 ℃由于镍铬合金的择优氧化引起的热电动势不稳定。其他特点与 K 型热电偶相同，综合性能优于 K 型热电偶。

6）镍铬-康铜热电偶（E）。正极含镍 89%~90%、硅和铁均 0.5%、铬 9%~9.5%，负极含铜 99.95%。该热电偶使用温度为-200~900 ℃，在热处理车间低温炉（600 ℃以下）中得到广泛使用。其热电动势大，为 60~70 μV/℃，在常用热电偶中灵敏度最高，宜制成热电堆，可测量微小的温度变化。其对于高湿度气氛的腐蚀不灵敏，宜用于湿度较高的环境；此外，稳定性好，抗氧化性能优于铜-康铜、铁-康铜热电偶，价格便宜，适宜在氧化性或惰性气氛中使用，不适宜在还原性气氛或含硫气氛中使用。

7）铁-康铜热电偶（J）。正极含铁 99.5%，负极含铜 55% 、镍 45%。其热电动势大，价格便宜，但易氧化，氧化性和还原性气氛中均可使用，使用温度为-200~800 ℃，但常用温度在 500 ℃以下。该热电偶耐氢气和一氧化碳的腐蚀，但不能在高温含硫的气氛中使用。

8）铜-康铜热电偶（T）。正极含铜 99.95%，负极含铜 55%、镍 45%。与镍铬-康铜通用，与铁-康铜不能通用。其使用温度为-200~350 ℃，因铜热电极易氧化，且氧化膜易脱落，故在氧化气氛中使用时，一般不超过 300 ℃。-200~300 ℃范围内，其灵敏度较高。该热电偶主要特点是热电动势较大，准确度在廉价金属热电偶中最高，稳定性和均匀性好，在常用的几种定型热电偶中最便宜。

（2）非标准热电偶。非标准热电偶没有统一的分度表，在应用范围和数量上不如标准热电偶，一般是根据某些特殊场合的要求而研制的，如钨铼系热电偶，可以在真空、氢气和惰性气氛中使用，可用来测 2 800 ℃的高温；铱铑系热电偶，可以在真空、氢气和氧化性气氛中使用，可以测 2 000 ℃的高温，在火箭技术等高温试验场合有重要应用。

5. 热电偶的结构

热电偶的结构形式较多，在测温时根据不同的温度测量要求和被测对象进行选择。按照结构形式，热电偶分为装配式热电偶、铠装热电偶、表面热电偶、快速微型热电偶、薄膜热电偶等。

（1）装配式热电偶。装配式热电偶也称普通工业用热电偶，一般由热电极、两极间的绝缘管、保护套管、接线盒等组成，为了防止灰尘和有害气体进入热电偶内部，接线盒的出孔线和盖子均用垫圈和垫片加以密封。常用的绝缘管材料有石英、陶瓷、氧化铝等，保护套管材料为高温陶瓷、石英、金属（碳钢、黄铜、不锈钢等）。图 2-20 为装配式热电偶结构，主要用于测量炉膛温度，较大空间内的气体、蒸汽和液体介质的温度。由于应用广泛，所以这类热电偶已经制成标准形式。

（2）铠装热电偶。铠装热电偶是将热电极、绝缘管及保护套管经多次一体拉制成型，主要优点是外径细、响应快、柔性强、耐高温、耐压、耐冲击。由于其纤细小巧，故对被测体温度场影响较小；同时，由于宜弯曲，故可安装在难以安装常规热电偶的地方，如密封的热处理罩或工件箱内，可在结构复杂的装置上进行测温。与普通热电偶一样，铠装热电偶通常与显示仪表、记录仪和电子调节器配套使用，同时，也可作为装配式热电偶的感温元件。铠装热电偶可直接测量 0~1 100 ℃范围的液体、蒸汽和气体介质以及固体表面温度。

铠装热电偶分为单芯和双芯，如图 2-21 所示。单芯铠装热电偶的芯和保护套管分别作为热电极，芯的顶端与套管焊接在一起；双芯铠装热电偶的两个芯分别作为热电极，工作端结构分为露头型、接壳型和绝缘型，如图 2-22 所示。其中，只有在要求快速响应或处于非腐蚀气氛中才使用露头型。热电极周围的填充材料常使用氧化镁粉，保护套管多用不锈钢。

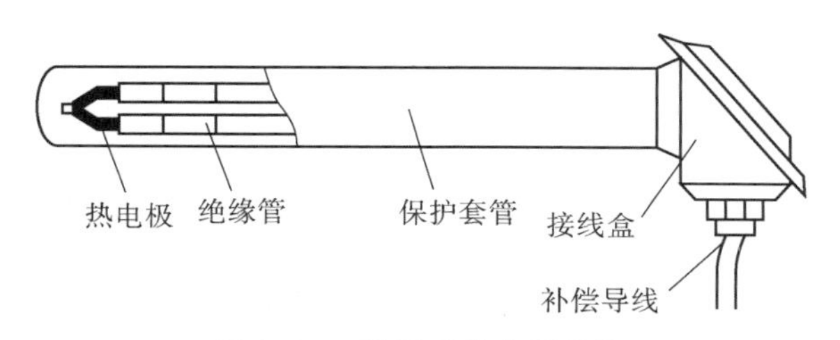

图 2-20 装配式热电偶结构

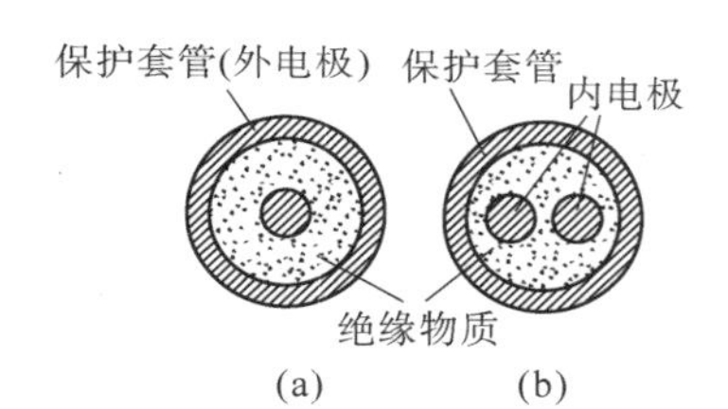

图 2-21 铠装热电偶断面
（a）单芯；（b）双芯

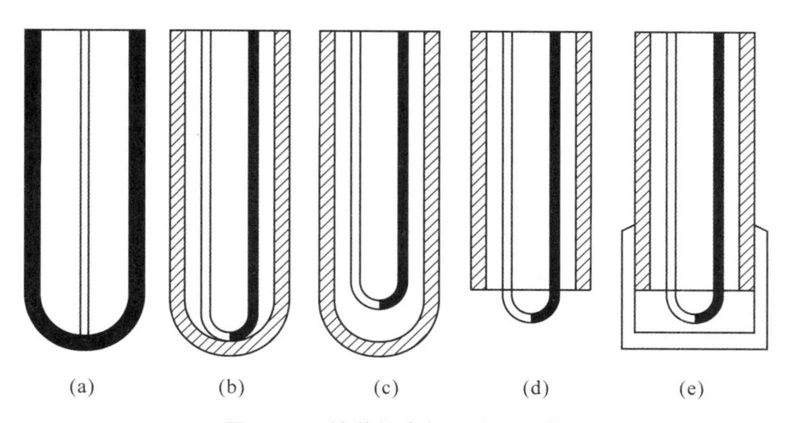

图 2-22 铠装热电偶工作端结构
（a）单芯；（b）双芯接壳型；（c）双芯绝缘型 1；（d）双芯露头型；（e）双芯绝缘型 2

（3）表面热电偶。表面热电偶主要用于测量各种形态固体的表面温度，如冲天炉外壳、金属型、炉壁、涡轮叶片、轧辊等的表面温度。表面热电偶大多数是根据被测对象自行设计和安装使用的，也有一些定型产品。

（4）快速微型热电偶。快速微型热电偶也称消耗式热电偶，是专为测量铁水、钢水及其他熔融金属的温度而设计的。快速微型热电偶的主要特点是热电偶元件小，每次测量后需进行更换。其热电极采用耐高温的铂铑10-铂、铂铑30-铂铑6、钨铼5-钨铼30等材料，长度为20~40 mm，补偿导线固定在测温管内，通过插件和接往显示仪表的补偿导线连接。

这种热电偶的关键部件是测温头，其结构如图2-23所示。热端套有U形石英管，冷端在测温头内，为了保证在测温过程中热电偶冷端温度不超过允许值（一般为100 ℃），必须用绝热性良好的纸管加以保护，同时支撑石英管及外保护帽的高温水泥也要有良好的绝热性能。工作过程：将其插入钢水后，外保护帽瞬时熔化，热电偶工作端即刻暴露于钢水中，由于U形石英管和热电偶的热容量都很小，因此能够很快反映出钢水的温度，反应时间一般为4~6 s。测出温度后，热电偶和U形石英管都被烧坏，因此它只能一次性使用。

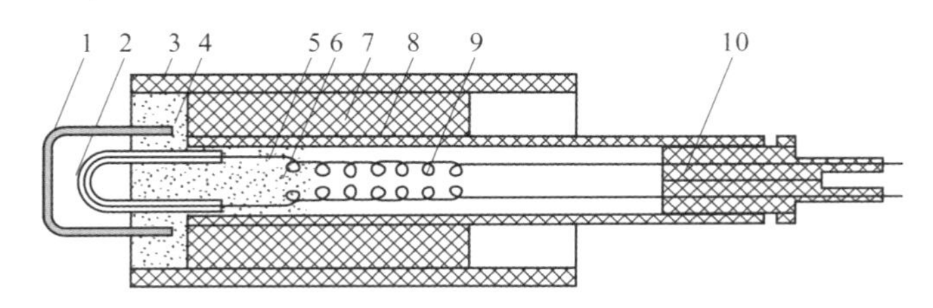

1—外保护帽；2—U形石英管；3—外纸管；4 高温水泥；5—热电偶冷端；6—填充物；
7—绝缘纸管；8—小纸管；9—补偿导线；10—塑料插件。

图2-23　快速微型热电偶的测温头结构

（5）薄膜热电偶。薄膜热电偶的测温元件是采用真空镀膜或化学涂覆等方式制成的，厚度仅有0.01~0.1 μm。该热电偶的特点是对传热面的热流和流体影响小，动态响应快，时间常数为微秒至毫秒级，适用于测量微小面积和瞬变温度，测量温度范围为-200~300 ℃。

6. 热电偶的冷端补偿

热电偶在测温时，热电动势的大小取决于热电偶热端和冷端的温度差，如果保持冷端温度不变，则热电动势取决于热端温度。热电偶的分度表和根据分度表刻度的温度仪表是由以冷端温度为0 ℃时测得的热端温度与热电动势的关系建立的。热电偶在使用中，冷端受工作端温度影响或者受环境温度影响不为0 ℃，甚至不是一个定值，将会引起测量误差。为此，需要采取一些措施消除冷端温度变化产生的影响。

（1）冷端恒温法。冷端恒温法分为0 ℃恒温法和非0 ℃恒温法。

1）0 ℃恒温法。将热电偶的冷端置于冰水混合物中，使冷端温度保持0 ℃。实验条件下，通常把冷端放在盛有绝缘油的试管中，再将试管置于装有冰水混合物的保温容器中。仪表测得的电动势为$E_{AB}(T,0)$，可直接查分度表确定温度T。此方法精度高，可用于实验室进行热电偶校正。

2）非0 ℃恒温法。热电偶的冷端置于热容量较大的容器中，如盛满油的容器，利用油的热惰性保持冷端温度恒定；或将冷端放在能使温度自动恒定的恒温箱中，利用自动控制装置使温度恒定。

(2) 冷端温度计算校正法。根据热电偶中间温度定律 $E_{AB}(T,T_0)=E_{AB}(T,T_n)+E_{AB}(T_n,T_0)$ 进行校正。对于标准热电偶来说，由于其分度表是在冷端温度为 0 ℃时建立的，故上式中 $T_0=0$，中间温度定律可写为 $E_{AB}(T,0)=E_{AB}(T,T_n)+E_{AB}(T_n,0)$，该式中 $E_{AB}(T,T_n)$ 为仪表测得的热电动势值，环境温度 T_n 可测，$E_{AB}(T_n,0)$ 可通过分度表查出，$E_{AB}(T,T_n)$ 与 $E_{AB}(T_n,0)$ 相加即可求出 $E_{AB}(T,0)$ 值，再次查分度表求得测量温度 T。该方法用于实验室或工厂现场测温精度要求不高的临时测温场合，不适用于连续测温。

例如，利用镍铬-镍硅热电偶（K）测温，其部分分度表如表 2-4 所示。在冷端温度为 25 ℃、待测热端温度为 T 时，测得热电动势为 31.213 mV，要求查热电偶分度表确定热端温度。按照上述方法，$E_{AB}(T,25)=31.213$ mV，从分度表查得 $E_{AB}(25,0)=1.000$ mV，从而 $E_{AB}(T,0)=E_{AB}(T,25)+E_{AB}(25,0)=31.213$ mV$+1.000$ mV$=32.213$ mV，通过查分度表，32.213 mV 对应的热端温度 T 约为 774 ℃。

表 2-4　镍铬-镍硅热电偶（K）分度表（部分）

温度(T)/℃	0	-1	-2	-3	-4	-5	-6	-7	-8	-9
	热电动势/mV									
0	0	-0.039	-0.079	-0.118	-0.157	-0.197	-0.236	-0.275	-0.314	-0.353
-10	-0.392	-0.431	-0.47	-0.508	-0.547	-0.586	-0.624	-0.663	-0.701	-0.739
-20	-0.778	-0.816	-0.854	-0.892	-0.93	-0.968	-1.006	-1.043	-1.081	-1.119
温度(T)/℃	0	1	2	3	4	5	6	7	8	9
	热电动势/mV									
0	0	0.039	0.079	0.119	0.158	0.198	0.238	0.277	0.317	0.357
10	0.397	0.437	0.477	0.517	0.557	0.597	0.637	0.677	0.718	0.758
20	0.798	0.838	0.879	0.919	0.96	1.000	1.041	1.081	1.122	1.136
30	1.203	1.244	1.285	1.326	1.366	1.407	1.448	1.489	1.53	1.571
40	1.612	1.653	1.694	1.735	1.776	1.817	1.858	1.899	1.941	1.982
…	…	…	…	…	…	…	…	…	…	…
720	29.965	30.007	30.049	30.09	30.132	30.174	30.216	30.257	30.299	30.341
730	30.382	30.424	30.466	30.507	30.549	30.59	30.632	30.674	30.715	30.757
740	30.798	30.84	30.881	30.923	30.964	31.006	31.047	31.089	31.13	31.172
750	31.213	31.255	31.296	31.338	31.379	31.421	31.462	31.504	31.545	31.586
760	31.628	31.699	31.71	31.752	31.793	31.834	31.876	31.917	31.958	32
770	32.041	32.082	32.124	32.165	32.206	32.247	32.289	32.33	32.371	32.412
780	32.453	32.498	32.536	32.577	32.618	32.659	32.7	32.742	32.783	32.824
…	…	…	…	…	…	…	…	…	…	…

(3) 冷端温度补正法。冷端温度校正法通过计算、查表获得实际温度，操作起来比较麻烦，可以利用温度补正法。操作过程为：将仪表测得的热电动势值直接查分度表获得对应温度，加上该温度下的补正系数乘以冷端温度。几种标准热电偶冷端温度补正系数如表 2-5

所示。仍以冷端温度计算校正法介绍的问题为例，热电动势为31.213 mV时，K型热电偶分度表中对应的温度为750 ℃，该温度下K型热电偶的补正系数为1，补正温度为1×25 ℃ = 25 ℃，获得的待测温度为750 ℃+25 ℃ = 775 ℃。如果利用S型热电偶，则该温度下的补正系数则为0.59，补正温度不是冷端温度。

表2-5 几种标准热电偶冷端温度补正系数

工作温度/℃	补正系数				
	T型（铜-康铜）	E型（镍铬-康铜）	J型（铁-康铜）	K型（镍铬-镍硅）	S型（铂铑10-铂）
0	1.00	1.00	1.00	1.00	1.00
20	1.00	1.00	1.00	1.00	1.00
100	0.86	0.90	1.00	1.00	0.82
200	0.77	0.83	0.99	1.00	0.72
300	0.68	0.81	0.98	0.98	0.69
400	0.65	0.83	1.00	0.98	0.66
500	0.65	0.79	1.00	1.00	0.63
600	—	0.78	0.91	0.96	0.62
700	—	0.80	0.82	1.00	0.60
800	—	0.80	0.84	1.00	0.59
900	—	—	—	1.01	0.56
1 000	—	—	—	1.11	0.55
1 100	—	—	—	—	0.53
1 200	—	—	—	—	0.53
1 300	—	—	—	—	0.52
1 400	—	—	—	—	0.52
1 500	—	—	—	—	0.53
1 600		—	—	—	0.53

实际上，为了方便，有时可把热电偶的冷端温度测出，将仪表零点指针前移一个距离，使这个距离的指示值正好等于冷端温度。

（4）补偿导线法。当热电偶的冷端与热端距离较近，冷端温度因受热端温度影响而变化较大时，需要将热电偶冷端延伸至温度较低且温度变化较小的地方（如仪表控制室）。对于贵金属热电偶来说，需要用廉价金属导线来替代热电偶向远处延伸，这种导线称为补偿导线；对于廉价金属热电偶来说，可以采用本体作为补偿导线。需要指出的是，补偿导线并没有将冷端温度补偿到0 ℃的作用，测量时还需要对冷端温度进行修正，将仪表零点调至室温，或由仪表内的电路进行自动补偿。使用补偿导线时应注意：不同热电偶应配接不同的补偿导线，且连接处温度应该在规定的范围内（一般不超过150 ℃）；补偿导线与热电偶连接时注意极性，切勿接反；与热电偶连接的两个接点温度应该相同。常用热电偶的补偿导线如表2-6所示。

表 2-6　常用热电偶的补偿导线

热电偶的名称及分度号	补偿导线						补偿导线的热电动势及允许误差/mV
	正极			负极			
	代号	材料	颜色	代号	材料	颜色	
铂铑 10-铂（S）	SPC	铜	红	SNC	镍铜	绿	0. 64±0. 03
镍铬-镍硅（K）	KPC	铜	红	KNC	康铜	蓝	4. 10±0. 15
镍铬-康铜（XK）	—	镍铬	红	—	康铜	黄	6. 95±0. 30
铜-康铜（T）	TPX	铜	红	TNX	康铜	白	4. 10±0. 15

（5）补偿电桥法。补偿电桥法是利用不平衡电桥（即补偿电桥）产生的电动势来补偿冷端温度变化引起的热电动势的变化值。补偿电桥已经标准化，其由电阻 R_1、R_2、R_3 和 R_{Cu}组成，如图 2-24 所示。其中 $R_1=R_2=R_3=1\ \Omega$，R_{Cu}是由温度系数较大的铜导线绕制而成的补偿电阻，0 ℃时，$R_{Cu}=1\ \Omega$；R_s 是用温度系数很小的锰铜丝绕制而成的，R_s 值可以根据所选热电偶的类型计算确定。此电桥串联在热电偶测量回路中，热电偶冷端与电阻 R_{Cu}感受相同的温度，在某一温度下（通常取 0 ℃）调整电桥平衡，使 $R_1=R_2=R_3=R_{Cu}$。当冷端温度变化时，R_{Cu}随冷端温度改变，电桥失去平衡，产生一不平衡电压，此电压与热电动势叠加，一起送入测量仪表。适当选择 R_s 的数值，可使电桥产生的不平衡电压在一定温度范围内基本上能补偿由于冷端温度变化而引起的热电动势变化值。这样，当冷端温度变化时，仪表可显示出正确的温度值。

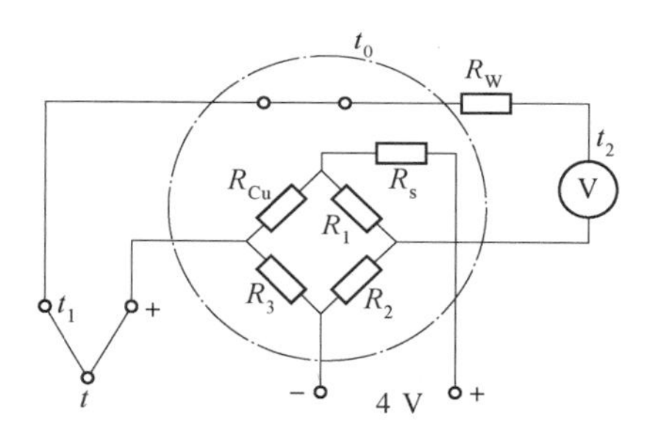

图 2-24　补偿电桥

2. 2. 2　热电阻测温

热电偶测温一般适用于 500 ℃以上的测温范围，对于 500 ℃以下的中、低温，使用热电偶测温往往会由于存在输出电动势小，所以对测量电路的抗干扰性提出更高要求，另外，一般的温度补偿方法难以达到好的补偿效果，导致测量误差较大。因此，中、低温区一般使用另外一种测温元件——热电阻——进行测温，热电阻的测温范围一般为-200~500 ℃。

1. 热电阻测温原理

热电阻测温是利用电阻随温度变化而变化的特性进行测温的，使用的材料包括纯金属和半导体材料，半导体材料的热电阻的温度系数远远大于金属热电阻，一般是金属热电阻的 4~9 倍，因此半导体材料的热电阻也称热敏电阻。

（1）金属热电阻。

从物理学可知，一般金属导体具有正的电阻温度系数，表达式为

$$R_T=R_0(1+\alpha_1 T+\alpha_2 T^2+\cdots+\alpha_n T^n) \tag{2-19}$$

式中，R_T 是温度为 T ℃时的电阻；R_0 是温度为 0 ℃时的电阻；α_1，…，α_n 为系数。式中的项数取决于材料、要求的测量精度和测定的温度范围。

（2）半导体热敏电阻。

半导体热敏电阻的电阻值与温度之间的关系为

$$R_T=A\cdot\exp\left(-\frac{B}{T}\right) \tag{2-20}$$

式中，A 为与热敏电阻的尺寸、形状和物理性质有关的常数；B 为与热敏电阻物理特性有关的常数，又称材料常数。A 和 B 的值都由实验求得，T 为热敏电阻的热力学温度。

2. 热电阻材料及其特性

（1）金属热电阻。金属热电阻材料应满足以下要求：电阻温度系数尽可能大而稳定，电阻率高，以保证同样条件下反应速度快，可以提高灵敏度，减小体积质量；具备稳定的物理和化学性质，以保证使用温度范围内热电阻的测量准确性；电阻和温度间具备线性或接近线性的输出特性；具有良好的工艺性，便于批量生产、降低成本。

目前使用较多的热电阻材料有铂、铜、镍，也发展了锰、铑热电阻等。铂热电阻和铜热电阻在一定温度区间的温度特性稳定，制成了标准化热电阻，有分度表，以 Pt100 为例，其分度表见二维码 2-2。常用热电阻的技术特性如表 2-7 所示。

二维码 2-2　pt100 分度表

表 2-7　常用热电阻的技术特性

名称		分度号	温度范围	温度为 0 ℃时的阻值 R_0/Ω	电阻比 R_{100}/R_0	主要特点
标准热电阻	铂热电阻（WZP）	Pt10	−200～850 ℃	10±0.01	1.385±0.001	测量精度高，稳定性好，可作为基准仪器
		Pt50		50±0.05	1.385±0.001	
		Pt100		100±0.1	1.385±0.001	
	铜热电阻（WZC）	Cu50	−50～150 ℃	50±0.05	1.428±0.002	稳定性好，便宜；但体积大，机械强度较低
		Cu100		100±0.1	1.428±0.002	
	镍热电阻（WZN）	Ni100	−60～180 ℃	100±0.1	1.617±0.003	灵敏度高，体积小；但稳定性和复制性较差
		Ni300		300±0.3	1.617±0.003	
		Ni500		500±0.5	1.617±0.003	
低温热电阻	铟热电阻	—	3.4～90 K	100	—	复现性较好，在 4.5～15 K 温度范围内，灵敏度比铂电阻高 10 倍；但复制性较差，材质软、易变形
	铑铁热电阻	—	2～300 K	20、50 或 100 $R_{4.2\,K}/R_{273\,K}$（两个低温阻值的比值）约为 0.07	—	有较高的灵敏度，复现性好，在0.5～20 K 温度范围内可作精测量；但长期稳定性和复制性较差

1）铂热电阻。铂热电阻测量精度高，稳定性好，按国际温标 ITS—1990，在$-259.34\sim961.78$ ℃温度区间内，以铂电阻温度计作为基准器，测量精度可达 10^{-3} K。而在$-200\sim500$ ℃温度范围内，工业和科学实验常用测温仪器的感温元件也多采用铂热电阻。

铂热电阻的温度特性如下：

$$\begin{cases}-190\sim0\ ℃: R_T=R_0[1+AT+BT^2+C(T-100)T^3]\\0\sim630.74\ ℃: R_T=R_0(1+AT+BT^2)\end{cases}\tag{2-21}$$

式中，$A=3.9687\times10^{-3}$/℃；$B=-5.84\times10^{-7}$/℃^{2}；$C=-4.72\times10^{-12}$/℃^{4}。

铂热电阻分度号为 Pt10、Pt50、Pt100，数字表示 0 ℃时的阻值。

2）铜热电阻。在测量精度要求不高，测量温度范围较小的情况下，普遍采用铜热电阻。工业铜热电阻一般在$-50\sim150$ ℃温度范围内使用，此时电阻与温度呈近似线性关系：

$$R_T=R_0(1+\alpha T)\tag{2-22}$$

式中，$\alpha=4.28\times10^{-3}$/℃。

由于铜的电阻率小（$\rho=0.017\times10^{-6}\ \Omega\cdot\text{m}$），所以要制造一定阻值的热电阻丝，电阻丝要细而长，这就增大了热电阻的体积，降低了机械强度。

3）镍热电阻。镍热电阻的温度系数大，约为铂的 1.5 倍，因此其灵敏度较铂热电阻和铜热电阻更高；缺点是非线性严重，不易提纯。目前国际上没有公认的分度表，使用不方便。其测温范围一般为$-50\sim150$ ℃，电阻的温度特性为

$$R_T=R_0(1+AT+BT^2+CT^4)\tag{2-23}$$

式中，$A=5.485\times10^{-1}$/℃；$B=6.65\times10^{-2}$/℃^{2}；$C=-4.72\times10^{-12}$/℃^{4}。

4）其他热电阻。上述 3 种热电阻为标准热电阻，在低温和超低温测量时使用不理想。铟、锰、碳等热电阻是低温测量的理想材料。实验表明，在$-268.8\sim-259$ ℃温度范围内，铟热电阻灵敏度比铂高 10 倍，缺点是材质软，复制性差；锰热电阻在$-271\sim-260$ ℃测温时，电阻温度变化大，灵敏度高，缺点是材质脆，难拉丝；碳热电阻在$-273\sim-268.5$ ℃测温时，适合作液氦温域的温度测量，优点是价廉，对磁场不敏感，但热稳定性差。

（2）热敏电阻。热敏电阻使用半导体作为感温元件，其特点为温度系数大，是金属热电阻的 4~9 倍，电阻率大，因而更灵敏，适用于点温、表面温度和快速变化温度的材料；温度系数有正有负；缺点是线性度差，元件稳定性及互换性差。

根据温度特性热敏电阻分为负温度系数（NTC）热敏电阻、正温度系数（PTC）热敏电阻和临界温度系数（CTR）电阻器。PTC 热敏电阻随温度上升电阻增加，NTC 热敏电阻随温度上升电阻下降，CTR 电阻器在某一特定温度下电阻值会发生突变。温度测量中，主要使用 NTC 或 PTC 热敏电阻，其中在测量、控制与补偿中使用最多的是 NTC 热敏电阻，而 PTC 热敏电阻适合电动机等电气装置的过热探测。

NTC 热敏电阻由一些金属氧化物，如钴、锰、镍的氧化物，或者它们的碳酸盐、硝酸盐和氯化物作原料，采用不同的比例配方烧结而成。PTC 热敏电阻则是以钛酸钡为基本材料，掺入适量的稀土元素（La、Nb 等）烧结而成。

下面以 NTC 热敏电阻为例，介绍热敏电阻的温度特性。根据经验公式，热敏电阻在温度 T 时的电阻可表示为

$$R_T=R_0\exp B\left(\frac{1}{T}-\frac{1}{T_0}\right)\tag{2-24}$$

式中，R_T 和 R_0 分别为温度为 T 和 0 ℃时的阻值；B 为热敏电阻的材料常数，一般情况下，B=2 000~6 000 K，高温下，B 值将增大。

若定义 $dR_T/(R_T dT)$ 为热敏电阻的温度系数 α_T，则由上式可得电阻温度系数

$$\alpha_T=\frac{1}{R_T}\frac{dR_T}{dT}=-\frac{B}{T^2} \tag{2-25}$$

可见，α_T 随着温度降低迅速增大，它决定了热敏电阻在全部工作范围的灵敏度。热敏电阻比金属热电阻的灵敏度高许多，例如，B 值为 4 000 K，当 T=293.15 K（20 ℃）时，热敏电阻的 α_T=-4.65%/℃，约为铂热电阻的 12 倍（铂热电阻为-0.374%/℃）。由于温度变化引起的阻值大（1~700 kΩ），因此测量时引线电阻影响小，并且热敏电阻的体积小，非常适合测量微弱温度变化。需要注意的是，热敏电阻非线性严重，实际使用中要进行线性化处理。

3. 热电阻结构

工业常用金属热电阻主要是普通装配式，由电阻体（即热电阻感温元件）、内引线、保护套管等组成，如图 2-25 所示。电阻体通常采用双电阻丝绕在由耐热绝缘材料制作的骨架上，常用骨架材料有石英、云母、陶瓷等。常用的铂热电阻温度计采用双丝绕在云母或陶瓷骨架上，外层用金属套管，引线为细银丝，用于500 ℃以下的温度测量；标准铂热电阻采用螺旋形石英骨架，外层用石英管，引线为铂丝，可用于温标传递计量仪器或精密温度测量。铜热电阻采用漆包铜丝双线绕制在绝缘骨架上，再浸以酚醛树脂形成电阻体，引线采用镀银铜线。金属热电阻感温元件结构如图 2-26 所示。金属热电阻常用的引线方式为二线式、三线式。

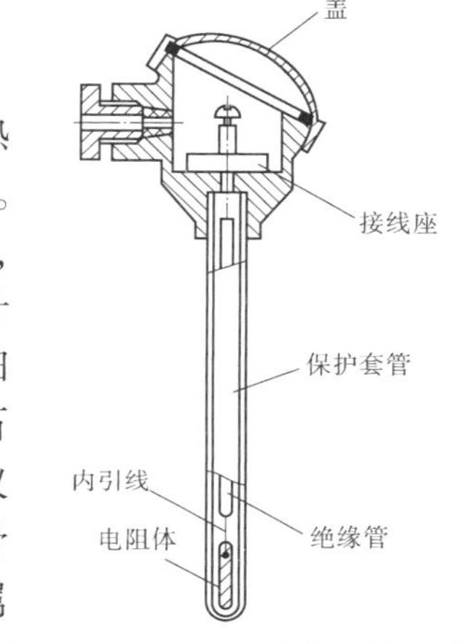

图 2-25　金属热电阻的结构

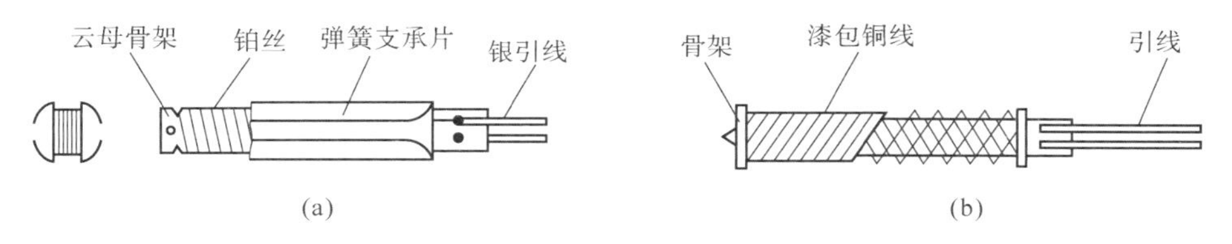

图 2-26　金属热电阻感温元件结构

（a）铂热电阻；（b）铜热电阻

热敏电阻的结构形式如图 2-27 所示，由热敏元件、引线和壳体组成，热敏元件可制成珠状、片状、杆状、垫圈状、薄膜状、平板状等，形状的选择以使其与受监控设备最大面积地接触为目的。

4. 热电阻测温

利用热电阻测温时，将温度的变化转变为电阻的变化，从而将温度的测量转化为对电阻的测量。电阻的变化可通过电桥转变为电压的变化，由仪表直接测量或经放大器输出，实现温度的显示和温度控制。

与二线式和三线式引线对应的热电阻测温电桥如图 2-28 所示，热电阻作为电桥的一臂，E 为激励电源，电桥输出电压为 u_c。图 2-28（a）中，引线接在热电阻两端，共同处于

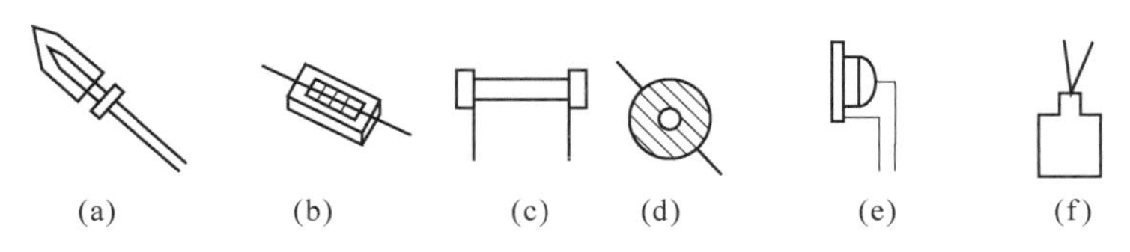

图 2-27　热敏电阻的结构形式

(a) 珠状；(b) 片状；(c) 杆状；(d) 垫圈状；(e) 薄膜状；(f) 平板状

同一桥臂上，该桥臂总的电阻值为 $R_t+r_1+r_2$，引线的阻值 r_1、r_2 随环境温度的变化必然会影响电桥输出电压的变化，从而引起测量误差。图 2-28 (b) 中，具有相同温度特性的导线 r_1、r_2 接于一个桥臂上，导线 r_3 接于供电电源的负端，若热电阻感受的温度未变而导线所处的环境温度发生变化，如环境温度增加，则 r_1、r_2、r_3 的阻值增加，r_1、r_2 阻值的增加将导致电桥输出电压的增加；而 r_3 阻值的增加将导致加到电桥上的电压降低，从而引起电桥输出电压的降低；两者相互可以抵消一部分，从而减小附加误差。

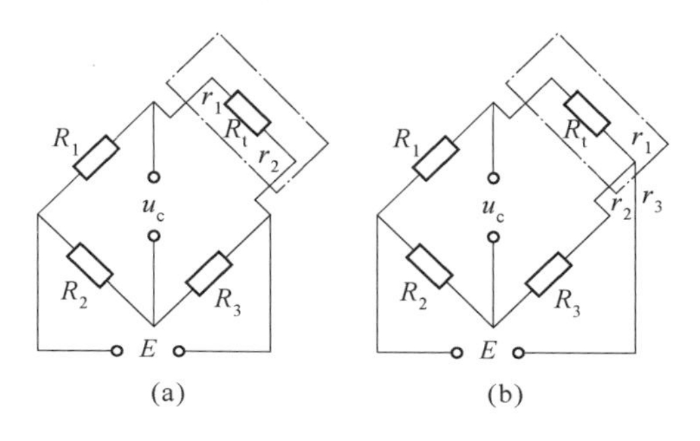

图 2-28　热电阻测温电桥

(a) 二线式接法；(b) 三线式接法

对于配热电阻的动圈仪表，用三线式接法接线时，3 根连接导线的电阻必须相等，连接导线电阻规定为 5 Ω，若不足 5 Ω，则要用锰铜电阻补足，以保证测量误差不超过 0.5%；对于使用集成放大器的显示控制仪，由于输入阻抗大，故可忽略导线阻值变化的影响，对连接导线的电阻值没有要求。

需要指出的是，在精密测量中（如计量标准工作中）往往采用四线制电路，配合仪表为精密电位差计或精密测温电桥，由于篇幅限值，故此处不作赘述。

2.2.3　辐射测温

辐射测温是一种非接触式测温技术，通过接收被测物体的热辐射能量，建立辐射强度与温度之间的函数关系，从而确定被测物体的温度。该技术具有响应快、非接触、使用更安全、使用寿命长等优点。辐射式高温计在工业生产中广泛用于 900 ℃ 以上温度的测量。

1. 辐射测温的物理基础

按照物理学知识，凡是温度高于绝对零度的物体，都会由于物体中自由电子的振动而以电磁波的形式向外部辐射能量，并且在不同温度下，辐射能的波长有一定差距，其中波长范围在 0.8~40 μm 的红外光波和波长范围在 0.4~0.8 μm 的可见光波具有很强的温度效应，通过辐射温度测量仪可准确检测出来。辐射测温是基于普朗克定律、维恩公式和斯蒂芬-玻耳兹曼定律开展的。

（1）普朗克定律。单位表面积的物体在单位时间内所发射的能量称为辐射能量或辐射强度。普朗克定律揭示了在不同温度下黑体辐射能量按照波长分布的规律，其关系式为

$$E_{0\lambda}=C_1\lambda^{-5}(e^{\frac{C_2}{\lambda T}}-1)^{-1} \tag{2-26}$$

式中，λ 为波长（μm）；T 为黑体的绝对温度（K）；C_1 为普朗克第一辐射常数，$C_1=3.741\ 8\times10^{-16}\ \mathrm{W\cdot m^2}$；$C_2$ 为普朗克第二辐射常数，$C_2=1.438\ 8\times10^{-2}\ \mathrm{m\cdot k}$；$E_{0\lambda}$ 为绝对黑体单色辐射强度。

黑体辐射强度曲线如图 2-29 所示，当 $\lambda\to0$ 及 $\lambda\to\infty$ 时，$E_{0\lambda}=0$，同时辐射强度的峰值随着物体温度升高而转向波长较短的一边。

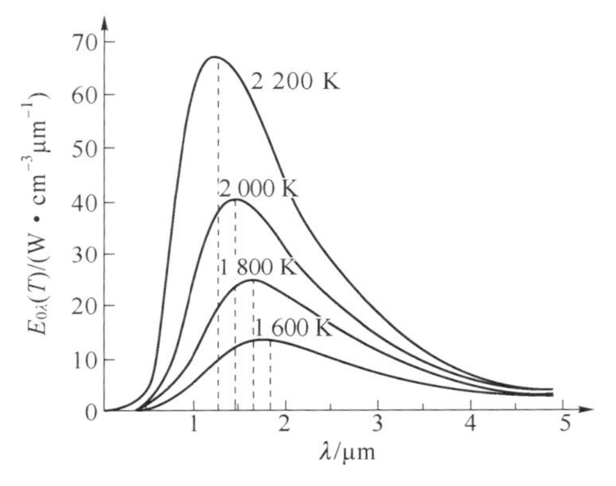

图 2-29　黑体辐射强度曲线

（2）维恩公式。维恩公式是普朗克公式的简化，简化条件是 $\frac{C_2}{\lambda T}\gg1$，此时普朗克公式为

$$E_{0\lambda}=C_1\lambda^{-5}e^{-\frac{C_2}{\lambda T}} \tag{2-27}$$

一般在温度不高（$T<3\ 000$ K）的可见光范围内（波长很小，$\lambda<0.8$ μm），都采用此公式。

（3）斯蒂芬-玻耳兹曼定律。该定律确定了绝对黑体的总辐射强度（全辐射能）与表面温度之间的关系，也称全辐射定律。将普朗克公式在整个波长范围内积分后获得全辐射能：

$$E_0=\int_0^{\lambda}E_{0\lambda}\mathrm{d}\lambda=C_0\left(\frac{T}{100}\right)^4 \tag{2-28}$$

可见，绝对黑体在整个波长范围内的全辐射能与温度的四次方成正比，因此也称该定律为四次方定律。这一定律同样适用于灰体，灰体的全辐射能 E 和同温度下绝对黑体的全辐射能 E_0 之比称为黑度，即 $\varepsilon=E/E_0$。

2. 辐射式测温仪表

按照工作原理，辐射式测温仪表可分为表 2-8 所示的 5 类。

表 2-8　辐射式测温仪表的类型

<table>
<tr><th rowspan="2">类型</th><th colspan="2">测温原理</th><th rowspan="2">敏感元件</th><th rowspan="2">工作波长/μm</th><th rowspan="2">响应时间/s</th><th rowspan="2">测量范围/℃</th><th rowspan="2">准确度</th></tr>
<tr><th>定律</th><th>实现方法</th></tr>
<tr><td>光学高温计</td><td rowspan="5">普朗克定律</td><td rowspan="4">测量单色辐射亮度</td><td>人眼</td><td>0.6~0.7</td><td>取决于操作者</td><td>800~3 200</td><td>±（0.5~1.5)%</td></tr>
<tr><td rowspan="3">光电高温计</td><td>光电倍增管</td><td>0.3~1.2</td><td rowspan="3"><3
(<1)</td><td rowspan="3">400~2 000</td><td rowspan="3">±（0.5~1.5)%</td></tr>
<tr><td>硅光电池</td><td>0.4~1.1</td></tr>
<tr><td>硫化铅光敏电阻</td><td>0.6~3.6</td></tr>
<tr><td>比色高温计</td><td>测量两个单色辐射亮度比值</td><td>硅光电池</td><td>0.4~1.1</td><td><3</td><td>400~2 000</td><td>±（1~1.5)%</td></tr>
<tr><td>全辐射高温计</td><td rowspan="5">斯蒂芬-玻耳兹曼定律</td><td rowspan="5">测量全辐射或部分辐射的能量</td><td>热电堆</td><td>0.4~14</td><td>0，5~4</td><td>600~2 500</td><td>±（1.5~2)%</td></tr>
<tr><td rowspan="4">部分辐射高温计</td><td>硅光电池</td><td>0.4~1.1</td><td rowspan="4"><1</td><td rowspan="4">-50~3 000</td><td rowspan="4">±1%</td></tr>
<tr><td>热敏电阻</td><td>0.2~40</td></tr>
<tr><td>热释电元件</td><td>4~200</td></tr>
<tr><td>硫化铅光敏电阻</td><td>0.6~3.0</td></tr>
</table>

以普朗克定律为基础的测温仪表，常称为单色辐射高温计，目前常用的有两种类型：一种是测量被测对象发射的某个波长的单色亮度，从而求得对象温度，通常称为亮度温度计，可分为光学高温计和光电高温计；另一种是测量被测对象在两个（或三个）波长下的单色辐射亮度（或强度)，求出它们的比值，从而得到被测对象的温度，称其为比色高温计。以斯蒂芬-玻耳兹曼定律为基础的测温仪表分为全辐射高温计和部分辐射高温计。

（1）光学高温计。光学高温计就是将特制光度灯的灯丝亮度与被测对象进行比较，在确定了光度灯灯丝亮度与温度之间的对应关系后，即可求出被测对象在相同亮度下的温度值。图 2-30为隐丝式光学高温计示意。温度测量时，闭合开关 K，接通电源，调节电位器 R 改变流过标准灯泡灯丝的电流，从而改变灯丝的亮度。调整目镜可清晰地看到灯丝的影像，调整物镜可以看到被测对象的影像，它和灯丝的影像处于同一平面上，红色滤光片的作用是使人眼获得被测对象和标准灯泡灯丝的单色光，而且在保证两者在选定波长（0.65 μm）下进行单色亮度比较。

这种高温计优点是结构简单，灵敏度高，使用方便，测量范围宽（700~3 200 ℃)；缺点是误差大，不能实现自动测量，更无法与被测对象一起构成自动调节系统。

（2）光电高温计。光学高温计是利用人眼进行亮度比较，只限于可见光，而且受人主观影响较大，偏差大。光电高温计可克服此类缺点，利用检测变换器中的光敏元件进行亮度比较，实现自动测量。

图 2-31 为一种光电高温计的实现方法。将被测对象与标准光源的辐射经调制器调制后射向光敏元件，当两束光的亮度不同时，光敏元件产生输出信号，经放大器放大后驱动与标准光源相串联的滑动变阻器的活动触点向相应方向移动，以调节流过标准光源的电流，从而改变它

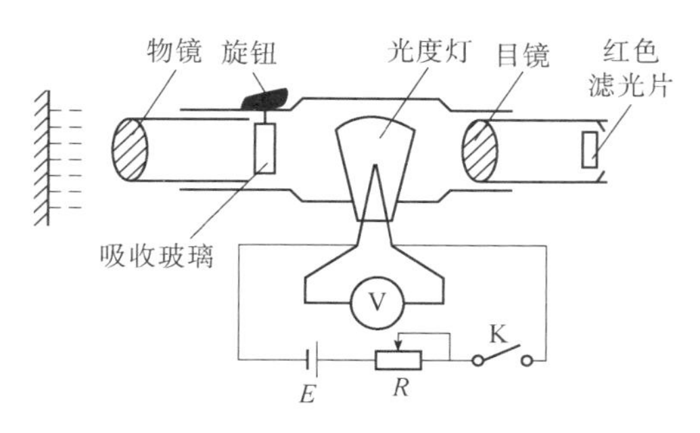

图 2-30 隐丝式光学高温计示意

的亮度。当两束光的亮度相同时，光敏元件信号输出为 0，这时滑动变电阻触点的位置即代表被测温度值。

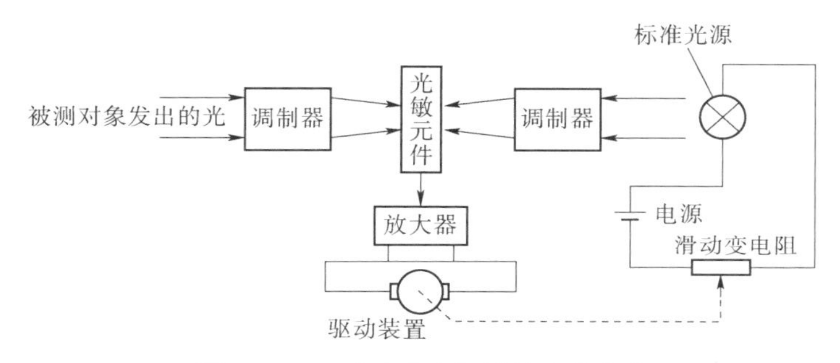

图 2-31 一种光电高温计的实现方法

光电高温计量程宽，可用于可见光和红外光区域（利于低温区测量），便于连续、自动测温，灵敏度高，响应快，具有较高的测量精度，一般用于 700～3 200 ℃范围的浇铸、轧钢、锻压、热处理。

（3）比色高温计。比色法是利用被测对象的某两个波长辐射能之比，利用维恩公式求得两个特定波长下的辐射能量比值。利用比色原理构成的比色高温计，其显示仪表的指示温度 T_s 是由绝对黑体来标定的，称为比色温度，该温度不是被测对象的实际温度，只是说明此时被测对象在波长为 λ_1、λ_2 的单色辐射能量之比和温度为 T_s 的绝对黑体在同样波长的单色辐射能量之比相等。比色温度 T_s 与被测对象的真实温度 T 之间的关系为

$$\frac{1}{T}=\frac{1}{T_s}+\frac{\ln\left(\dfrac{\varepsilon_{\lambda_1}}{\varepsilon_{\lambda_2}}\right)}{C_2\left(\dfrac{1}{\lambda_1}-\dfrac{1}{\lambda_2}\right)} \tag{2-29}$$

式中，ε_{λ_1}、ε_{λ_2}分别是对应波长 λ_1、λ_2 的单色辐射黑度系数。

由上式可以看出，当两个波长的黑度系数 ε_{λ_1}、ε_{λ_2} 相等时，物体的真实温度与比色温度相同，一般灰体的发射系数不随波长而改变，故它们的比色温度等于真实温度。对于很多金属，由于单色黑度系数随波长的增加而减少，因此比色温度稍高于真实温度，通常波长比较接近，故比色温度与真实温度相差很小。

波长的选定与测量范围、灵敏度、线性度、物体黑度及环境有关，常用的双色比色高温计波长选择在光谱的红色和蓝色区域内。例如，选择取蓝光波长 $\lambda_1 = 0.45\ \mu m$，红光波长

$\lambda_2=0.650\ \mu m$。也有双色波长均选择在红色光谱内，这样可以精确测量较低温度。图 2-32 为比色高温计的原理示意，主要结构包括透镜 L、分光镜 G、滤光片 K_1 和 K_2、光敏元件 A_1 和 A_2、放大器 A、可逆伺服电动机 SM 等。其工作过程如下：被测物体的辐射经透镜 L 投射到分光镜 G，使长波透过，经滤光片 K_2 把波长为λ_2 的辐射光投射到光敏元件 A_2；光敏元件 A_2 的光电流 I_{λ_2}与波长λ_2 的辐射强度成正比，光电流 I_{λ_2}在电阻 R_3 和 R_x 上产生的电压 U_2 与波长λ_2 的辐射强度也成正比；另外，分光镜 G 使短波辐射光被反射，经滤光片 K_1 把波长为 λ_1 的辐射光投射到光敏元件 A_1 上。同理，光敏元件 A_1 的光电流 I_{λ_1}与波长 λ_1 的辐射强度成正比，光电流 I_{λ_1}在电阻 R_1 上产生的电压 U_1 与波长λ_1 的辐射强度也成正比。当 $\Delta U=U_2-U_1\neq 0$ 时，ΔU 经放大后驱动伺服电动机 SM 转动，带动电位器 R_p的触点向相应方向移动，直到 $\Delta U=0$，电动机停止转动，此时电位器的变阻值 R_x反映了被测温度值，即

$$R_x=\frac{R_2+R_p}{R_2}\left(R_1\frac{I_{\lambda_2}}{I_{\lambda_1}}-R_3\right) \tag{2-30}$$

比色温度计结构复杂，价格较贵，优点是反应速度快，误差受光谱发射率 ε_λ影响小，受被测对象与仪表间的中间介质波动影响小，测量温度接近实际值。其常用于连续自动检测钢水、铁水炉渣和表面没有覆盖物的高温物体温度，也用于量程范围可达 800~2 000 ℃的轧钢。

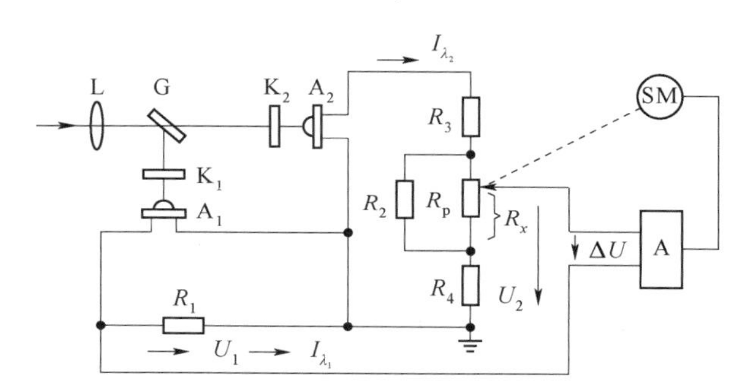

图 2-32　比色高温计的原理示意

（4）红外辐射高温计。凡是利用物体辐射的红外光谱进行测温的技术都称为红外测温。红外辐射高温计的结构与光电高温计基本相同，若将光学系统改为透射红外的材料，热敏元件改用相应的红外探测器，则构成红外辐射高温计，其原理示意如图 2-33 所示。被测对象的红外光由窗口射入光学系统，经分光片、聚光镜和调制盘转换成脉冲光波投射到黑体腔中的红外探测器上，红外探测器的输出信号经运放 A_1 和 A_2 整形和放大后，送入相敏功率放大器，经解调和整流后输出到显示器，显示出相对应的温度。

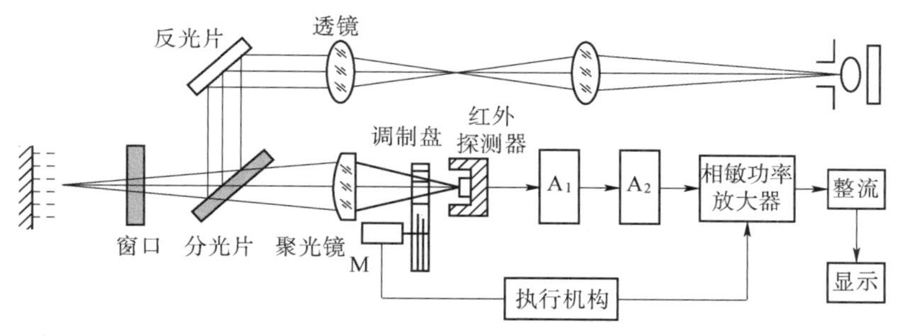

图 2-33　红外辐射高温计的原理示意

相对于其他几种辐射测温，红外测温不仅局限于高温测量，也能实现较低温度的检测，近些年来，该技术发展迅速。

（5）全辐射高温计。全辐射测温是利用物体在全光谱范围的总辐射能量与温度的关系进行测温的，即它是基于四次方定律工作的。由于实际物体的吸收能力小于绝对黑体（$\varepsilon<1$），因此全辐射高温计测得的温度总是低于物体的温度。如果已知物体的黑度系数为 ε，则根据下式可以求出物体的实际温度：

$$T=\frac{T_F}{\sqrt[4]{\varepsilon}} \tag{2-31}$$

式中：T 为物体实际温度；T_F 为被测物体的全辐射温度。

图 2-34 为全辐射高温计的结构示意，它主要由光学系统、热接收器和显示仪器组成。热接收器为其敏感元件，是由 8 对镍铬-康铜热电偶串联组成的热电堆，如图 2-35 所示。为了便于分度时对仪表进行校正，内部有校正器。热电偶冷端所处环境温度的波动会引起仪表指示误差，为此，仪表中装有环境温度自动补偿器。当温度变化使双金属变形时，推动补偿光栅移动，从而改变入射光的光通量，达到自动补偿的作用。

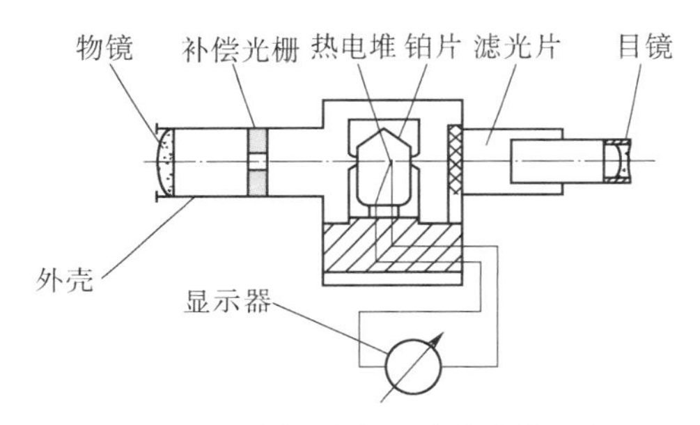

图 2-34　全辐射高温计的结构示意

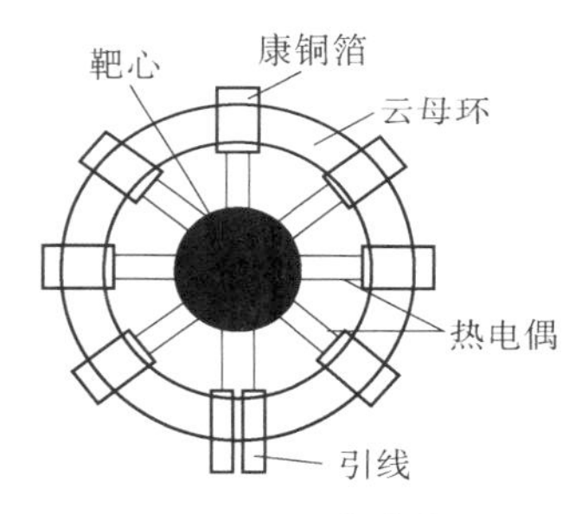

图 2-35　热电堆

测温工作过程：物镜将被测物体的辐射能量聚焦到热电堆的靶心铂片上，将辐射能转换为热能，再由热电堆变换成热电动势，根据一定对应关系换算出被测温度，并由仪表显示。该温度仅是物体的辐射温度，被测物体的实际温度还需要用其 ε 根据式（2-31）进行修正。这种测温系统适用于远距离、不能直接接触的高温物体，测温范围为 400~3 000 ℃。

辐射式温度计的使用与目标距离有关，一般会给出仪表的距离系数及最佳工作距离。距离系数表示传感器前端面到被测物体表面的距离 L 与被测物体有效直径 D 之比，即 L/D。使用中除了应保证满足 L/D 的要求外，还需满足使用距离在规定范围内，因此也就限定了最小直径和最大距离。

辐射法测温简单，速度快，相对灵敏度与被测物体的辐射波长 λ 无关，但受 ε_T 和被测物体与高温计间吸收介质的影响，测量误差较大，测量距离短；可应用于箱式炉温度测量、工件表面温度测量及高温盐浴炉的温度测量等。

2.2.4　材料成型中的温度检测

热加工中涉及的温度检测场合较多，如金属的液态成型，砂处理、熔炼、浇注等工艺，锻造生产，以及对坯料、轧辊的温度检测等。

在砂型铸造的自动混砂系统中，需要对旧砂和混制过程中的型砂的温度进行检测，以便确定加水量，一般用红外线辐射法检测砂温。冲天炉用于铁合金熔炼，在冲天炉熔炼时，为保证高温、优质、低消耗的指标要求，需要对炉气温度、送风温度及铁水温度进行检测，炉气温度一般为 100~200 ℃，炉气成分主要为 CO、CO_2，工业现场常采用镍铬-镍硅热电偶；给冲天炉送热风可以使炉内温度升高，送风温度一般为 300 ℃以下，可选用镍铬-康铜或热电阻测温；铁水温度高，可采用浸入式铂铑 30-铂铑 6、钨-铼热电偶，或快速微型热电偶，也可采用光电高温计、比色温度计、红外辐射测温等非接触式测温。在熔炼铝合金等有色金属的电阻炉中，温度检测可采用镍铬-镍硅热电偶。在低压铸造中，需要对模具进行温度检测，从性价比角度，选择镍铬-镍硅热电偶；自由锻中坯料锻造温度一般为 800~1 200 ℃，从而研制出了基于比色原理测温的实时检测显示技术；另外在高压铸造、模锻等热加工技术中，会涉及模具温度检测，可以在浇注前后采用红外模温枪或热成像仪进行模具测温，或采用内置热电偶实时采集温度。在炼钢、轧钢等过程的温度检测中，辐射测温广泛应用。

2.3 电阻应变式传感器

电阻应变式传感器是应用最广泛的传感器之一，它将被测物理量的变化转换成传感元件阻值的变化，再经过转换电路变成电信号输出，可用来测量力、位移、速度、加速度、扭矩等。根据电阻的变化机理不同，电阻应变式传感器分为金属电阻应变式传感器和半导体压阻式传感器。电阻应变式传感器是测量微小位移的理想传感器。

2.3.1 金属电阻应变式传感器

金属导体在受到外界拉力或压力作用时会产生机械变形，而机械变形会引起导体电阻值的变化。这种因导体材料变形而使其电阻值发生变化的现象称为电阻的“应变效应”，金属电阻应变式传感器就是基于“应变效应”实现测量的。金属应变片是金属电阻应变式传感器上重要的转换元件，它的性能在很大程度上决定了应变式传感器的性能。

1. 金属应变片的工作原理

金属丝的电阻值与其长度 L、横截面积 S 及金属的电阻率 ρ 有关，而对于圆形电阻丝，$S=\pi r^2$，金属丝的电阻值可表示为

$$R=\frac{\rho L}{S}=\frac{\rho L}{\pi r^2} \tag{2-32}$$

如果沿着金属丝长度方向施加作用力，则金属丝发生变形，ρ、L、S、r 发生变化（$\mathrm{d}\rho$、$\mathrm{d}L$、$\mathrm{d}S$、$\mathrm{d}r$），将引起电阻变化（$\mathrm{d}R$），即

$$\mathrm{d}R=\frac{\partial R}{\partial L}\mathrm{d}L+\frac{\partial R}{\partial \rho}\mathrm{d}\rho+\frac{\partial R}{\partial S}\mathrm{d}S=\left(\frac{\mathrm{d}L}{L}+\frac{\mathrm{d}\rho}{\rho}-2\frac{\mathrm{d}r}{r}\right)\cdot R \tag{2-33}$$

因此，电阻 R 的相对变化率为

$$\frac{\mathrm{d}R}{R}=\frac{\mathrm{d}L}{L}+\frac{\mathrm{d}\rho}{\rho}-2\frac{\mathrm{d}r}{r} \tag{2-34}$$

令 $\mathrm{d}L/L=\varepsilon_x$（金属丝的轴向应变），$\mathrm{d}r/r=\varepsilon_r$（金属丝的径向应变），由材料力学理论可

知，$-\varepsilon_r/\varepsilon_x=\mu$ 为材料的泊松比，代入式（2-34）并整理，可得

$$\frac{\mathrm{d}R}{R}=(1+2\mu)\varepsilon_x+\frac{\mathrm{d}\rho}{\rho}$$

或

$$\frac{\mathrm{d}R/R}{\varepsilon_x}=(1+2\mu)+\frac{\mathrm{d}\rho/\rho}{\varepsilon_x}$$

令

$$k_0=\frac{\mathrm{d}R/R}{\varepsilon_x}=(1+2\mu)+\frac{\mathrm{d}\rho/\rho}{\varepsilon_x} \tag{2-35}$$

式中，k_0 为电阻丝的灵敏系数，其物理意义是单位应变引起的电阻相对变化。

k_0 受到两个因素的影响，一个是受力后几何尺寸的变化，即（1+2μ）项；另一个是受力后电阻率的变化，即 $\mathrm{d}\rho/\rho\varepsilon_x$ 项。对于金属材料，（1+2μ）和 $\mathrm{d}\rho/\rho\varepsilon_x$ 均为常数，因为后者很小，故（1+2μ）起主导作用，其值在1.5~2之间，即金属应变片阻值的变化是由材料受力变形引起的，故称为应变效应。

2. 金属应变片的结构和种类

（1）金属应变片的结构。金属应变片的基本结构如图2-36所示，它由敏感栅、基片、覆盖层和引线构成。敏感栅用黏结剂粘贴在基底上，并在它的上面覆盖一层薄膜。敏感栅是金属应变片的核心元件，为高阻值的金属丝或金属箔，它受力时发生应变-电阻转换；基片为绝缘材料，使金属丝与弹性元件绝缘；覆盖层起保护作用；引线用于连接测量电路。

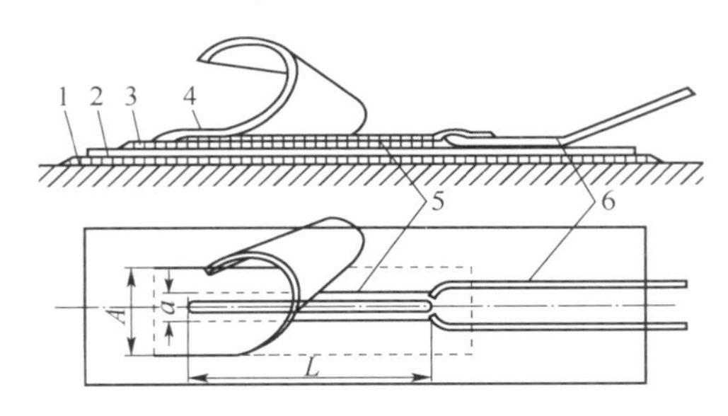

1，3—黏结剂；2—基片；4—覆盖层；5—敏感栅；6—引线。

图2-36　金属应变片的基本结构

（2）金属应变片的种类。常见的金属应变片的结构有丝式、箔式，如图2-37所示。丝式结构通常采用直径为0.025 mm的金属丝制作栅丝，材料可采用康铜、镍铬合金、镍铬铝合金、铁铬铝合金、铂钨合金等，其中康铜应用最广泛。丝式金属应变片制作工艺简单，但容易产生“横向效应”。

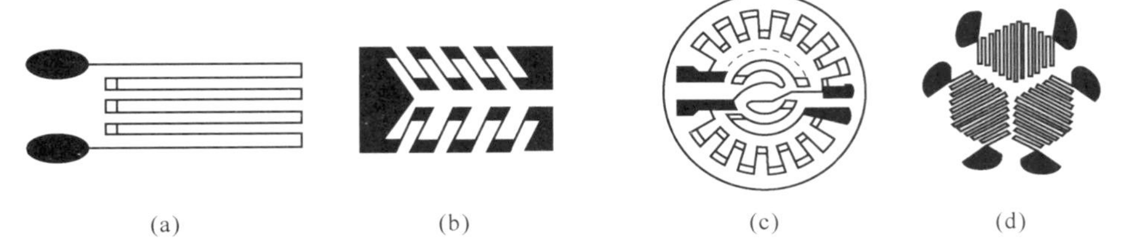

图2-37　金属应变片的结构

（a）丝式；（b）（c）（d）箔式

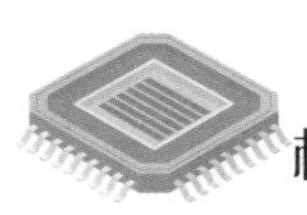

箔式结构是在绝缘基底上利用光刻、腐蚀等工艺制成的很薄的康铜或镍铬合金金属箔栅，其厚度为0.003~0.01 mm。与丝式金属应变片相比，箔式金属应变片的横向部分粗，可减少横向效应，且敏感栅的粘贴面积大，能更好地随同试件变形，并且具有散热性能好、允许电流大、灵敏度高、寿命长等优点，其使用范围日益扩大，已逐渐取代丝式金属应变片而占据主要的地位；缺点是电阻值的分散性要比丝式的大，有的能相差几十欧姆，故需要做阻值的调整。

除了丝式和箔式金属应变片，还有薄膜式金属应变片。与丝式和箔式两种传统的粘贴式金属应变片不同，它采用真空蒸发或真空沉积的方法，将金属敏感材料直接镀制于弹性基片上，厚度在0.000 1 mm以下。相对于粘贴式金属应变片，薄膜式金属应变片的应变传递性能得到了极大的改善，几乎无蠕变，并且具有应变灵敏度系数高、稳定性好、可靠性高、允许的电流密度大、工作温度范围宽（-197~397 ℃）、使用寿命长等优点，是一种很有发展前景的新型应变片，目前在实际使用中遇到的主要问题是尚难控制其电阻与温度和时间的变化关系。

3. 金属应变片的主要工作特性

金属应变片的性能主要与以下特性有关。

（1）应变片灵敏系数 k。金属电阻丝做成应变片后，应变片的灵敏系数与电阻丝的灵敏系数 k_0 不同。应变片使用时通常用黏结剂粘贴到试件（弹性元件）上，如图2-36所示。应变测量时，应变是通过胶层传递到应变片的敏感栅上的，所以实际应变片的灵敏系数受到基片、黏结剂及敏感栅横向效应的影响，它恒小于电阻丝的灵敏系数 k_0。通常情况下，由生产厂家标明的灵敏系数是按照统一标准测定的，即应变片安装到受单向应力状态的被测物体表面，其轴线与应力方向平行，此时金属应变片的灵敏系数就是应变片阻值的相对变化与沿轴向被测物体的应变比值。如果实际应用条件与标定条件不同，则使用误差会很大，必须修正。

（2）横向效应。沿应变片轴向的应变必然引起应变片电阻的相对变化，但沿垂直于应变片轴向的横向应变也会引起其电阻的变化，这种现象称为横向效应。横向效应的产生与应变片的结构有关，以敏感栅端部具有半圆形横栅的丝绕应变片最为严重。敏感栅越窄，基长越长的应变片，横向效应越小。研究横向效应的目的在于，当实际使用应变片的条件与灵敏系数 k 的标定条件不同时，用于修正测量结果。

（3）温度效应。粘贴在试样上的金属应变片，除了感受机械应变而产生电阻的相对变化外，在环境温度发生变化时，也会引起其电阻的相对变化，这种现象称为温度效应。温度变化引起电阻应变片阻值变化的原因主要包括两方面，其一是温度变化引起敏感栅电阻率 ρ 发生变化；其二是敏感栅材料与试件（弹性元件）材料热膨胀不匹配，产生了附加应变。当温度变化 ΔT 时，电阻的相对改变量的计算公式为

$$\left(\frac{\Delta R}{R}\right)_{\mathrm{T}}=[\alpha_T+k(\beta_{\mathrm{g}}-\beta_{\mathrm{s}})]\Delta T \tag{2-36}$$

式中，α_T 为敏感栅的电阻温度系数；k 为金属应变片的灵敏系数；β_{g} 为被测试件的线膨胀系数；β_{s} 为敏感栅材料的线膨胀系数；ΔT 为温度变化值。

为了克服这种误差，需要采用温度补偿措施。通常温度补偿办法有两种：自补偿法和电桥线路补偿法。自补偿法是在电阻应变片的敏感栅材料和结构上采取措施，其中单丝自补偿法就是通过适当选取敏感栅的电阻温度系数 α_T 和被测试件线膨胀系数 β_g，使其满足 $\alpha_T=-k\ (\beta_g-\beta_s)$。电桥线路补偿法是最为常用的一种方法，如图 2-38 所示，工作应变片 R_1 安装在被测试件上，另选一个其特征与 R_1 相同的补偿片 R_B，安装在试件不受力的位置（或材料与试件相同的某补偿件上，温度环境与试件相同，但不承受应变）。将 R_1 和 R_B 接入电桥的相邻臂上，当温度变化时，电阻 R_1 和 R_B 都发生变化，且产生的变化量相同。当有应变时，R_1 有增量 ΔR_1，补偿片 R_B 没有，根据电桥理论可知，$U_o=AR_3\ \Delta R_1=AR_3R_1k_0\varepsilon$，其中 $k_0=(\Delta R_1/R_1)/\varepsilon$，$A$ 为常数。可见，输出电压 U_o 与环境温度无关，即工作应变片感受到应变时，电桥将产生相应的与温度变化无关的输出。

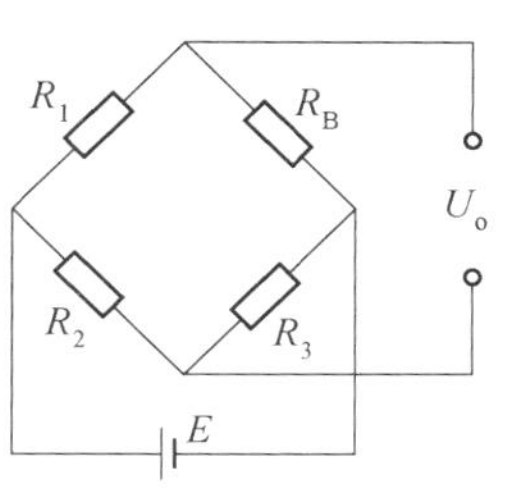

图 2-38　电桥线路补偿法

二维码 2-3　应变片的选择原则

应变片可以单独用于测量工程结构，其选择原则见二维码 2-3。

4. 金属电阻应变式传感器及其测量电路

金属应变片除了可直接用于测量工程结构的应变外，也可与某种形式的弹性元件相配合，组成测量其他物理量的传感器，如力、压力、加速度、扭矩、位移等。弹性元件的结构包括柱式、筒式、悬臂梁式等。测量电路采用电桥电路，其中，半桥电路、全桥电路因为能够提高灵敏度、克服非线性误差、实现温度补偿而应用较广。下面介绍两种常见的金属电阻应变式传感器。

（1）电阻应变式力传感器。被测量为荷重或力的电阻应变式传感器统称为电阻应变式力传感器，主要用途是作为电子秤与材料试验机的测力元件、进行发动机的推力测试等。力传感器的弹性敏感元件有柱（筒）式、悬臂梁式、轮辐式等，图 2-39～图 2-41 分别列出了这几种弹性敏感元件中应变片的粘贴方式及其电桥电路。图 2-39 所示的柱（筒）式力传感器中，应变片对称贴在应力均匀的圆柱表面中部，可对称粘贴多片，在桥路中 R_1 和 R_3、R_2 和 R_4 分别串联，放在相对臂内，当一端受拉时，另一端受压，由此引起的电阻应变计阻值大小相等，符号相反，从而减小了弯矩的影响；R_5 和 R_7、R_6 和 R_8 横向粘贴作为温度补偿片。相对于实心柱式力传感器，筒式力传感器的抗弯能力强，可减少横向干扰，测量误差小，应用更为广泛。

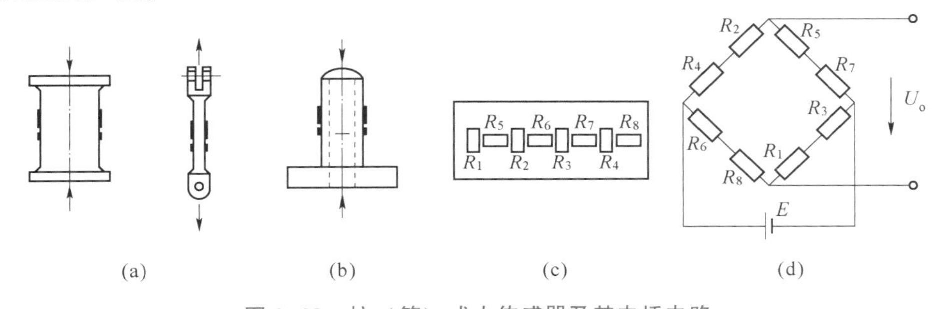

图 2-39　柱（筒）式力传感器及其电桥电路

（a）柱式；（b）筒式；（c）圆柱面展开；（d）电桥电路

图 2-40 为悬臂梁式力传感器及其电桥电路，图 2-40（a）为等截面梁，当外力 F 作用在自由端时，固定端产生的应变最大，应变片贴在距离固定端较近的表面，顺着梁的方向上、下面各贴 2 个，4 个应变片组成全桥差动电路；图 2-40（b）为等强度梁，该悬臂梁长度方向的截面积按一定规律变化，当外力 F 作用在自由端时，距离作用点任何距离截面上的应力均相等，该类型梁对应变片粘贴位置要求不高。除了等截面梁和等强度梁，悬臂梁式传感器还有很多类型，如 S 形拉力梁、平行双孔梁等。

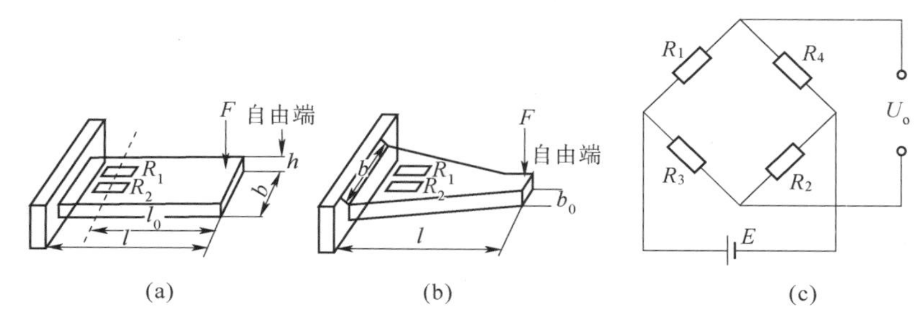

图 2-40　悬臂梁式力传感器及其电桥电路

（a）等截面梁；（b）等强度梁；（c）电桥电路

图 2-41 所示的轮辐式力传感器中，应变片与辐条水平中心线成 45°的方向粘贴，8 个应变片分别贴在 4 个辐条的正反面，并组成全桥电路。

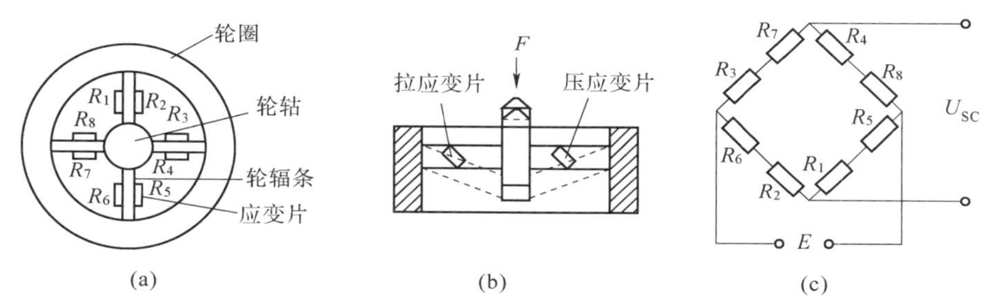

图 2-41　轮辐式力传感器及其电桥电路

（a）俯视图；（b）侧视图；（c）电桥电路

上述各种传感器均可用于制作荷重传感器，其中柱（筒）式力传感器弹性体易于加工，材料抗压值高，可做成小体积传感器，抗偏性差，对加载点敏感，安装要求高，特别适用于重型压力检测中，如汽车衡、轨道衡、钢包秤、轧制力测量、测试机及各种大吨位称量、配料称重控制中，如煤仓秤、料斗秤等；悬臂梁式力传感器结构简单、精度高，其量程范围宽，最小可测量几十克、最大可测几十吨重的载荷；轮辐式力传感器的抗偏抗侧能力强，测量精度高，性能稳定，是大、中量程精度传感器中的最佳形式，广泛用于各种电子衡器和各种力值测量，如汽车衡、轨道衡、吊勾秤、料斗秤等。

（2）应变式压力传感器。应变式压力传感器主要用来测量流动介质的动态或静态压力，大多采用膜片式或筒式弹性元件。膜片式压力传感器如图 2-42 所示，其弹性元件为圆形金属膜片。膜片周边固定，当膜片一面受到压力 P 时，另一面存在径向应变 ε_r 和切向应变 ε_τ，如图 2-42（b）所示，两者在膜片中心处达到正的最大值，在圆周处，切向应变 $\varepsilon_\tau=0$，径

向应变 ε_τ 达到负的最大值。这种应力分布状态决定了应变片的粘贴位置，即粘在径向应变 $\varepsilon_r=0$ 的内外两侧，如图 2-42（c）所示，应变片粘贴在受力面的背面一侧，两个应变片粘在切向应变（正）最大的区域（R_2、R_3），另外两个粘在径向应变（负）最大的区域（R_1、R_4）。R_1、R_4 测量径向应变，R_2、R_3 测量切向应变，4 个应变片组成全桥，如图 2-42（d）所示。此类传感器可以测量 $10^5 \sim 10^6$ Pa 的气体压力。

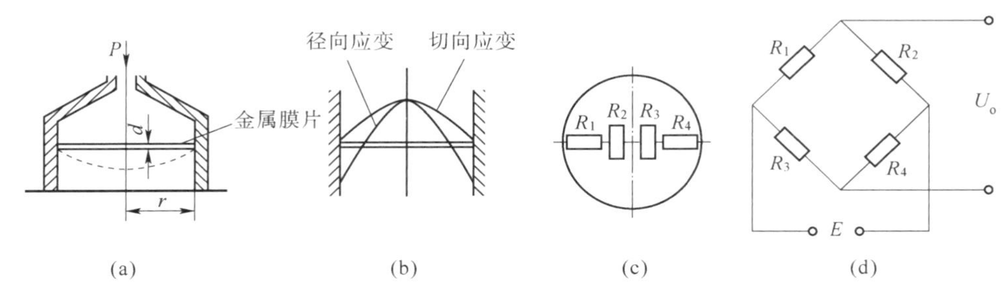

图 2-42　膜片式压力传感器

（a）结构；（b）膜片上的压力分布；（c）应变片粘贴位置；（d）电桥电路

筒式压力传感器应变片粘贴方式如图 2-43 所示。应变片粘贴在筒的外表面，根据筒深度的不同，可以采用不同的贴片方式。筒式压力传感器可测较大的压力，如机床液压系统的压力（$10^6 \sim 10^7$ Pa）、枪炮膛内的压力（10^8 Pa）等。

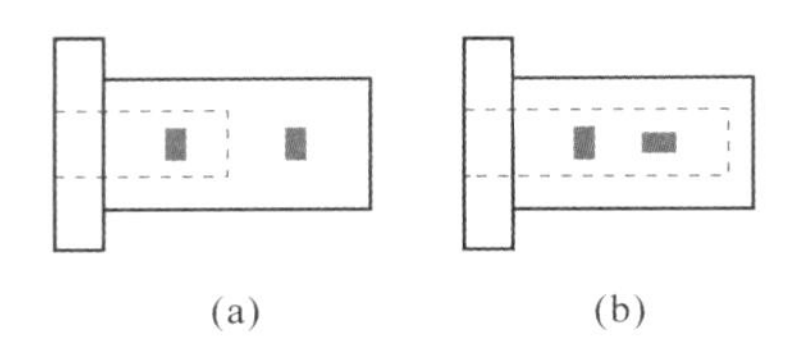

图 2-43　筒式压力传感器应变片粘贴方式

（a）浅筒；（b）深筒

金属电阻应变式传感器还可进行液位、加速度、扭矩等的测量。需要指出的是，利用应变式传感器进行的加速度测量时，不适合频率较高的振动冲击，常用于 10～60 Hz 的低频振动测量。

5. 金属电阻应变式传感器的特点

总体来说，金属电阻应变式传感器具有以下特点：测量范围广，应变式力传感器测量范围为 $10^{-2} \sim 10^7$ N；应变式压力传感器测量范围为 $10^{-1} \sim 10^6$ Pa；精度较高，测量误差可达 0.1%或更小；输出特性的线性度好；性能稳定，工作可靠；性价比高；需要考虑横向效应和温度补偿问题。

2.3.2　半导体压阻式传感器

1. 半导体应变片工作原理

半导体压阻式传感器是依据“压阻效应”进行测量的。

根据前面分析，当应变片受力时，电阻相对变化为 $\Delta R/R=(1+2\mu)\varepsilon_x+\Delta\rho/\rho$。半导体

材料的电阻率主要取决于有限数量载流子（空穴、电子）迁移率，在一定方向施加外力引起半导体能带变化，使载流子迁移率发生大的变化，从而引起电阻率发生很大的变化。半导体电阻率的相对变化 $\Delta\rho/\rho$ 与半导体敏感条在轴向所受的应力 σ 之比为一常数，可表示为

$$\frac{\Delta\rho}{\rho}=\pi\sigma=\pi E\varepsilon_x \tag{2-37}$$

式中，π 为半导体材料的压阻系数；E 为半导体材料的弹性模量。

将式（2-37）代入式（2-35），可得

$$\frac{\Delta R}{R}=(1+2\mu+\pi E)\varepsilon_x \tag{2-38}$$

式中，$(1+2\mu)$ 由几何尺寸变化引起，πE 由电阻率变化引起。

对于半导体应变片，πE 比 $(1+2\mu)$ 大近百倍，所以后者可以忽略，因而半导体应变片的灵敏系数为

$$k_s=\frac{\mathrm{d}R/R}{\varepsilon_x}=\pi E \tag{2-39}$$

半导体应变片的电阻变化是由受力后电阻率变化引起的，称为压阻效应。

2. 半导体应变片的分类及特点

半导体应变片有体型、扩散型、薄膜型等。体型结构最为简单，如图 2-44 所示，它是沿着一定晶轴方向切割的半导体小条作为敏感元件，再贴于绝缘基底上，两端焊接引线，常用的材料是单晶硅半导体。对于 P 型硅半导体，（111）晶轴方向的压阻效应最大；对于 N 型硅半导体，（100）晶轴方向的压阻效应最大。体型半导体应变片优点是灵敏度高，解决了测量微小变形的困难，甚至不用放大器就可以直接带动指示仪表进行测量；缺点是电阻温度系数大，对环境温度变化敏感，不能用于较高温度环境下的测量，测量大应变时非线性大。由于 P 型硅半导体线性范围比 N 型大，而 N 型硅半导体在承受压应变时线性度比拉应变时好，因此可以采用预压的办法或 P 型与 N 型并列的双元件应变片来改善半导体应变片的线性度。对于在较大温度范围内工作的半导体应变片，可通过将具有正灵敏系数的 P 型硅条和负灵敏系数的 N 型硅条并列布置在基底上，实际测量时，P 型硅条和 N 型硅条分别作为电桥的相邻臂，实现温度的自补偿，如图 2-45 所示。

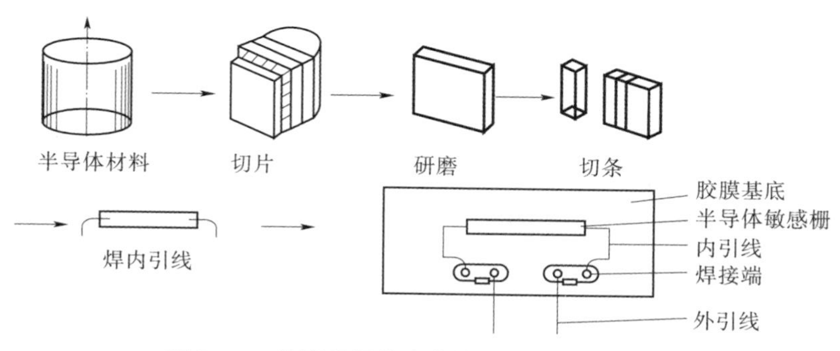

图 2-44　体型半导体应变片的外形及制作过程

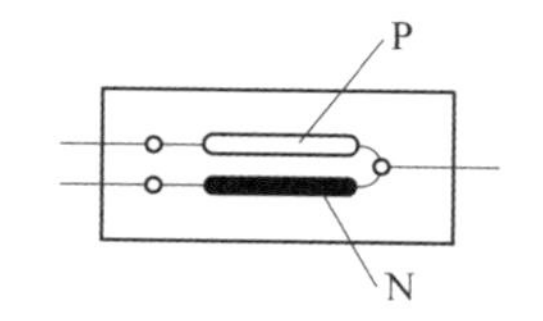

图 2-45　温度补偿半导体应变片

扩散型应变片是采用扩散的方法，将 P 型杂质扩散到高电阻率的 N 型硅底层，形成极薄的导电敏感层，接引线后成为半导体应变电阻。可将多个此类半导体应变电阻连接组成桥路，由于电阻与敏感层连为一体，因而不存在结合不良或脱落问题。其优点是稳定性好，机械滞后和蠕变小，电阻温度系数比一般体型应变片小一个数量级；缺点是由于存在 PN 结，温度升高时绝缘电阻大幅度下降，因此不适合在高温环境中使用（一般工作温度≤100 ℃）。扩散性应变片应用较为广泛。

薄膜型半导体应变片和薄膜式金属应变片相似，也是以真空蒸镀或沉积的方法，将半导体扩散到基底材料上而形成极薄的敏感层后做出应变电阻。它通过改变真空沉积时衬底的温度来控制沉积层电阻率的高低，从而控制灵敏度和电阻温度系数，因而能制造出不同试件材料的温度自补偿薄膜应变片。薄膜型半导体应变片吸收了金属应变片和半导体应变片的优点，并避开了它们的缺点，是一种较理想的应变片。

半导体应变片的突出特点是灵敏度高、机械滞后小、横向效应小、体积小、蠕变小，因此适用于动态测量。它的主要缺点是温度稳定性差、灵敏系数非线性大，电阻值灵敏系数的分散度大，因此，应用时必须采取温度补偿和非线性校正。

3. 压阻式传感器

由半导体材料制作的应变式传感器是基于“压阻效应”工作的，也称压阻式传感器，实际应用中，许多压力传感器是压阻式的。图 2-46 为压阻式传感器的结构，它由硅杯和硅膜片组成。传感器利用集成电路工艺，设置 4 个相等的电阻并扩散在硅膜片上，构成应变电桥。膜片两边有两个压力腔，分别为低压腔和高压腔，低压腔与大气相通，高压腔与被测系统相连接。当两边存在压差时，就有压力作用在膜片上。膜片上各点的应力分布与膜片式压力传感器相同。由于其灵敏度高，所以有时无须放大可直接测量。

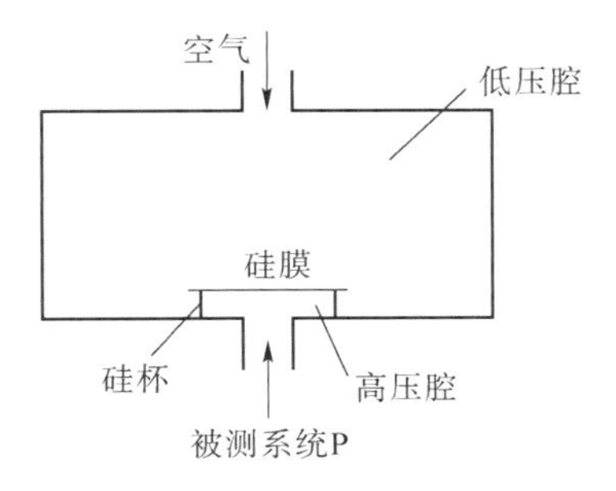

图 2-46　压阻式传感器的结构

压阻式传感器的优点是工作频率高（可达 1.5 MHz）、动态响应好；体积小、耗电小；灵敏度高、精度高（可达 0.1%）；测量范围宽，有正负两种应力效应，易于微型化和集成化等。它的缺点是温度特性差，工艺复杂，限制了其广泛应用。

压阻式传感器在航空、医学、兵器工业、防爆检测等领域应用广泛。

2.3.3　电阻应变式传感器在材料成型中的应用

电阻应变式传感器在材料成型中应用广泛，部分应用举例如表 2-9 所示。可见，金属电阻应变式传感器在静态压力测量中广泛应用，压阻式传感器多用于动态测量高精度压力测量。压电式传感器也适合动态测量，在下一节将会介绍。

表 2-9　电阻应变式传感器在材料成型中的应用举例（部分）

成型工艺	成型方法	使用工艺	应用方式	采取的传感器类型
铸造	砂型、特种铸造	铸造配料	电子秤	金属电阻应变式传感器
	砂型铸造	型砂性能在线检测仪透气性测量	荷重传感器	金属电阻应变式传感器
		型砂性能在线检测仪型砂强度测量	荷重传感器	金属电阻应变式传感器
		造型压实	压力传感器	金属电阻应变式传感器
		气压式自动浇注机	荷重传感器	金属电阻应变式传感器
		冲天炉熔炼风压检测	压力传感器	金属电阻应变式传感器
		铸造应力检测	力传感器	金属电阻应变式传感器
	压铸	锁模力	力传感器	金属电阻应变式传感器
		压射力	压力传感器	压阻式传感器
		低压铸造炉内压缩空气压力检测	压力传感器	压阻式传感器
锻造	锻压	锻压压力检测	应变片直接测量	—
			力传感器	电阻应变式传感器

下面以压铸机锁模力的检测和轧制过程中轧制力的检测为例进行详细介绍。

1. 压铸机锁模力的检测

曲肘扩力式合型机构是目前各种压铸机最广泛使用的一种合型机构，它的原理是通过一套机械扩力机构，将液压合型油缸的推力放大进行合型和闭锁。通过自动检测装置，可以显示和存储工作循环中合型力的大小，能在合型力超载或不足时发出报警信号，使设备停机或自动进行调整，从而保证压铸机和压铸型的使用寿命，稳定压铸件质量，保障操作员人身安全。在压铸机工作过程中，4 根大杠因承受合型力而被拉伸，因此，一般通过检测大杠的变形来检测合型力。由于合型力检测一般在合型结束后、压射动作开始前进行，并且在合型力测试时，基本上不随时间变化，所以仅要求合型力传感器具有良好的静态指标。可采用应变式合型力传感器，其结构如图 2-47 所示，这是一种检测小型压铸机合型力的传感器，内环直径等于大杠的外径，外环直径根据在选定最大合型力下的具有较大灵敏度和分辨率的容许应变 ε，以及使用材料的弹性模量 E 和泊松比 μ 后，可以计算出来。应变环内有两组互成 180°夹角的应变片。采用带温度和非线性补偿的直流差动电桥电路，如图 2-48 所示，直流差动电桥的 4 个臂上分别贴有两个工作片（R_1、R_3），两个补偿片（R_2、R_4），通过测得的应变可换算成锁模力。此类检测方法长时间使用后会出现偏差，更换需要一定的成本。因此，出现了其他基于电阻应变效应的检测方法，如用压力传感器采集锁模力油缸后腔压力、

在大杠内安装柱塞式应变压力传感器检测装置等。

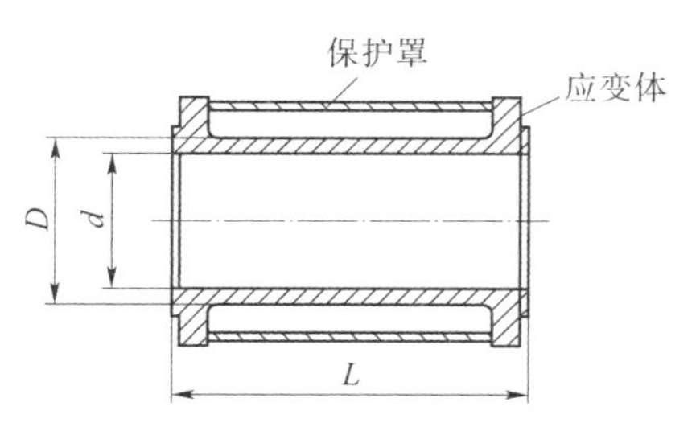

图 2-47 应变式合型力传感器结构

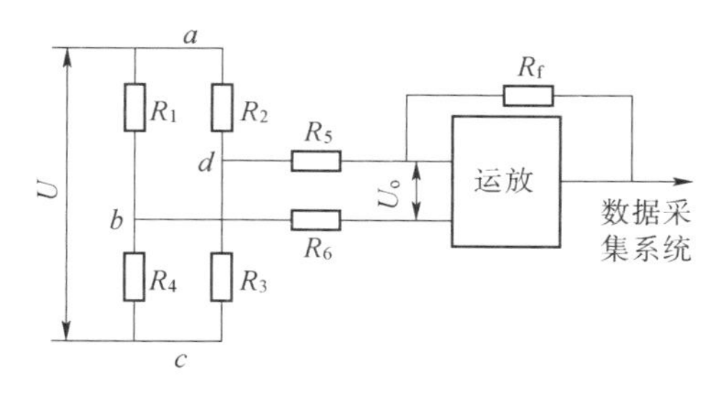

图 2-48 直流差动电桥电路

需要指出的是，上述应变式传感器的尺寸和质量随被检测压铸机合型力增加而增加。对于大型压铸机来说，采用差动变压器式位移传感器检测压铸机合型力取得了较好的效果，关于差动变压器的工作机理在本章后续内容中将进行介绍。

2. 轧制过程中轧制力的检测

金属在轧制过程中，作用在轧辊上的压力为轧制力，它是轧机的基本载荷参数之一。轧制力的测量可以采用应变片。在轧机机座中，凡直接承受轧制力的零件，都会产生与轧制力相对应的弹性变形，通过这些零件的弹性变形，可间接测量出轧制力。如图 2-49 所示，轧制时，机架的立柱产生弹性变形，其大小与轧制力成正比。为了测得拉应力，必须把应变片粘贴在立柱的中性面上，这样可消除弯曲应力。也可以采用力传感器对轧制力进行测试，此时，力传感器应安装在工作机座两侧轧辊轴承垂直载荷的传力线上，通过测量两侧的轧制分力即可得到总轧制力。轧机测力传感器有电感式、电容式、压磁式和电阻应变式等类型。电阻应变式轧机测力传感器比较常用，有压缩式和剪切式两种形，压缩式传感器由弹性元件、上盖及底盘组成，传感元件安装在压下螺钉和上轴承座之间，为保证良好的输出特性和防止干扰，轧机测力传感器的弹性元件应具有较大的径向尺寸及较小的高度，如图 2-50 所示。

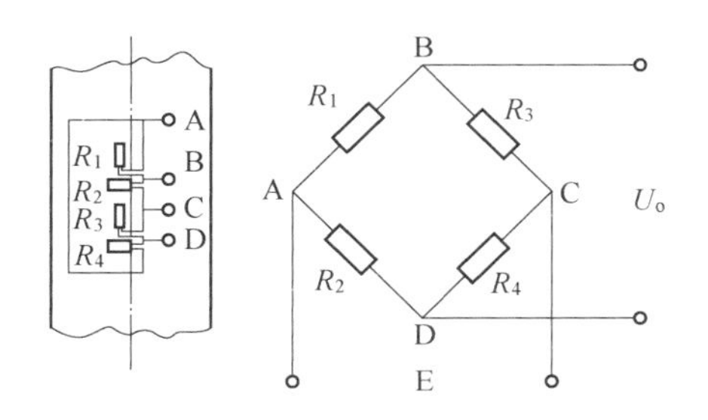

图 2-49 轧制力测试时应变片的布置及电桥电路

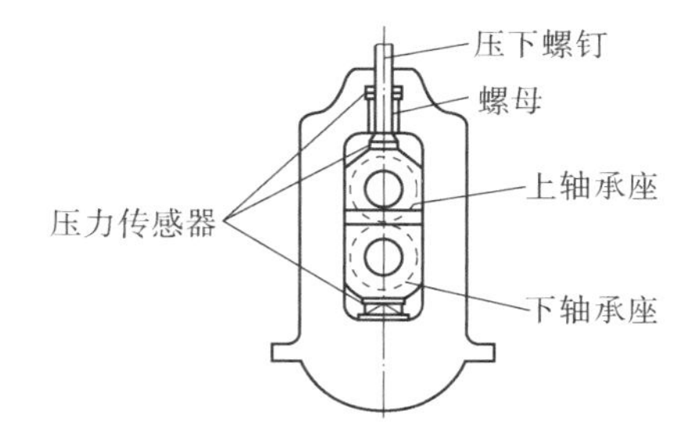

图 2-50 轧制力测试的压缩式传感器结构

2.4 电容式传感器

电容式传感器是将被测物理量的变化转换为电容变化的传感器，具有结构简单、灵敏度高、动态响应快、可实现非接触式测量等优点，广泛用于位移、振动、角速度、加速度等机械量的精密测量，还可用于测量压力、压差、液位、料位、成分含量等参量。

2.4.1 电容式传感器的工作原理

两个平行金属板可以组成一个简单的电容式传感器，如图 2-51 所示。如果其忽略边缘效应，则其电容量为

$$C=\frac{\varepsilon S}{\delta}=\frac{\varepsilon_0\varepsilon_r S}{\delta} \tag{2-40}$$

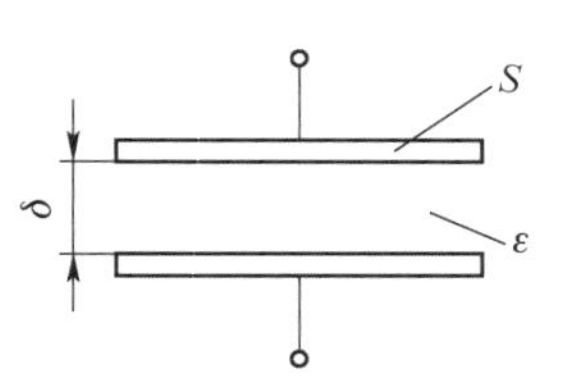

图 2-51 电容式传感器

式中，ε_0 为真空介电常数，$\varepsilon_0=8.85\times10^{-12}$ F/m；ε_r 为极板间相对介电常数，空气的相对介电常数 $\varepsilon_r\approx1$；S 为两平行极板相对覆盖面积；δ 为两平行极板间距离。

由式（2-40）可知，ε_r、S、δ 这 3 个参数中任意一个发生改变，都会使电容量 C 发生变化。

2.4.2 电容式传感器的结构类型

根据工作原理，电容式传感器分为 3 种类型：变极矩型、变面积型、变介电常数型。

1. 变极矩型电容传感器

假设图 2-51 中上极板固定，下极板为活动板，活动板可在被测工件的带动下发生上下移动。如果极板初始间距为 δ_0，则其电容量为

$$C_0=\frac{\varepsilon S}{\delta_0} \tag{2-41}$$

当活动板向上移 $\Delta\delta$ 距离时，极板间距变小，电容量为

$$C_1=\frac{\varepsilon S}{\delta_0-\Delta\delta}=\frac{\varepsilon S}{\delta_0(1-\Delta\delta/\delta_0)}=\frac{C_0}{(1-\Delta\delta/\delta_0)} \tag{2-42}$$

可得到电容增量值为

$$\Delta C=C_1-C_0=\frac{C_0}{(1-\Delta\delta/\delta_0)}-C_0 \tag{2-43}$$

电容的相对变化为

$$\frac{\Delta C}{C_0}=\frac{\Delta\delta/\delta_0}{1-\Delta\delta/\delta_0} \tag{2-44}$$

当 $\Delta\delta/\delta_0\ll1$ 时，将式（2-44）进行泰勒级数展开，可得

$$\frac{\Delta C}{C_0}=\frac{\Delta\delta}{\delta_0}\left[1+\frac{\Delta\delta}{\delta_0}+\left(\frac{\Delta\delta}{\delta_0}\right)^2+\left(\frac{\Delta\delta}{\delta_0}\right)^3+\cdots\right] \tag{2-45}$$

忽略上式中的高次项，获得 ΔC 与 $\Delta\delta$ 间的近似线性关系为

$$\frac{\Delta C}{C_0}=\frac{1}{\delta_0}\Delta\delta \tag{2-46}$$

定义单位位移引起的输出电容的相对变化量为灵敏度，则有

$$k=\frac{\Delta C/C_0}{\Delta\delta}=\frac{1}{\delta_0} \tag{2-47}$$

通过上述推导过程可知，要使 ΔC 与 $\Delta\delta$ 呈线性关系，$\Delta\delta$ 必须充分小；同时，通过

式（2-47）可见，为了提高灵敏度，可减小极板初始间距 δ_0，为了防止间距过小引起电容击穿，可在极板间加云母片。

为了提高灵敏度，改善非线性，变极距型电容传感器常采用差动形式，如图 2-52 所示，上下两个极板固定，中间为动极板，当动极板向上运动时，与上极板间距减少，与下极板间距增加。与上极板形成的电容相对变化量可用式（2-45）表达为

$$\frac{\Delta C_1}{C_0}=\frac{\Delta\delta}{\delta_0}\left[1+\frac{\Delta\delta}{\delta_0}+\left(\frac{\Delta\delta}{\delta_0}\right)^2+\left(\frac{\Delta\delta}{\delta_0}\right)^3+\cdots\right] \tag{2-48}$$

用上述同样方法可推导出与下极板间距变大时电容相对变化量，可表达为

$$\frac{\Delta C_2}{C_0}=\frac{\Delta\delta}{\delta_0}\left[1-\frac{\Delta\delta}{\delta_0}+\left(\frac{\Delta\delta}{\delta_0}\right)^2-\left(\frac{\Delta\delta}{\delta_0}\right)^3+\cdots\right] \tag{2-49}$$

总的电容变化量为两电容变化之差，根据式（2-48）、式（2-49），且忽略高次项，可得

$$\frac{\Delta C}{C_0}=\frac{\Delta C_1-\Delta C_2}{C_0}\approx 2\frac{\Delta\delta}{\delta_0} \tag{2-50}$$

其灵敏系数为

$$k=\frac{\Delta C/C_0}{\Delta\delta}=2\frac{1}{\delta_0} \tag{2-51}$$

由式（2-51）可知，差动式变极矩型电容传感器比单个变极矩型电容传感器灵敏度提高一倍。

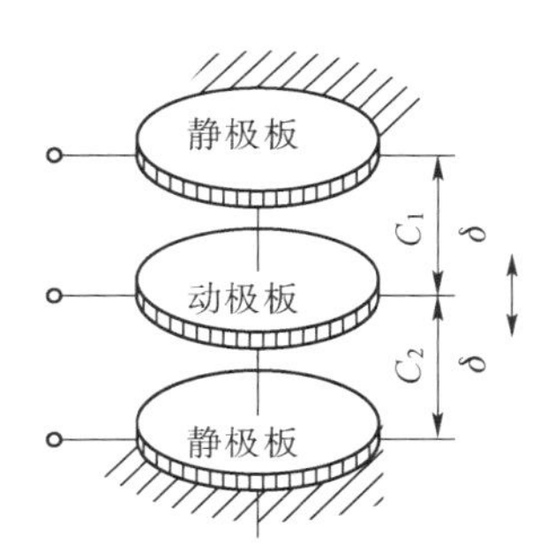

图 2-52　差动式变极矩型电容传感器

2. 变面积型电容传感器

变面积型电容传感器包括平板型、角位移型和圆筒型，如图 2-53 所示。图 2-53（a）为平板型变面积电容传感器，当动极板在外界带动下相对静极板移动 Δx 时，极板相对覆盖面积发生变化，两极板间电容变化量为

$$\Delta C=C-C_0=\frac{\varepsilon(a-\Delta x)b}{\delta}-\frac{\varepsilon ab}{\delta}=-\frac{\varepsilon b}{\delta}\Delta x=-C_0\frac{\Delta x}{a} \tag{2-52}$$

可见平板型变面积电容传感器的电容变化量 ΔC 与位移量 Δx 成正比。

其相对变化量与位移的关系为

$$\frac{\Delta C}{C_0}=-\frac{\Delta x}{a} \tag{2-53}$$

其灵敏度为

$$k=\frac{\Delta C}{\Delta x}=-\frac{\varepsilon b}{\delta} \tag{2-54}$$

图 2-53（b）为角位移型变面积电容传感器，当两极板相对转动角度 θ 时，极板间电容变化量为

$$\Delta C=C_1-C_0=\frac{\varepsilon S\left(1-\frac{\theta}{\pi}\right)}{\delta}-\frac{\varepsilon S}{\delta}=-C_0\frac{\theta}{\pi} \tag{2-55}$$

可见，角位移型变面积电容传感器中电容变化量 ΔC 与角位移量 θ 呈线性关系。

图 2-53（c）为圆筒型变面积电容传感器，当两个同轴的内外筒覆盖长度为 l 时，其电容量为

$$C_0=\frac{2\pi\varepsilon l}{\ln(D/d)} \tag{2-56}$$

当内筒在外界带动下沿着轴线相对固定外筒移动 Δl 时，电容变化量为

$$\Delta C=\frac{2\pi\varepsilon}{\ln(D/d)}\Delta l=C_0\frac{\Delta l}{l} \tag{2-57}$$

可见，圆筒型变面积电容传感器的电容变化量与覆盖长度的变化 Δl 呈线性关系。对于圆筒型变面积电容传感器来说，两个筒相对移动过程中如果发生非同轴偏移，则会影响精度，实际中常使用差动形式。

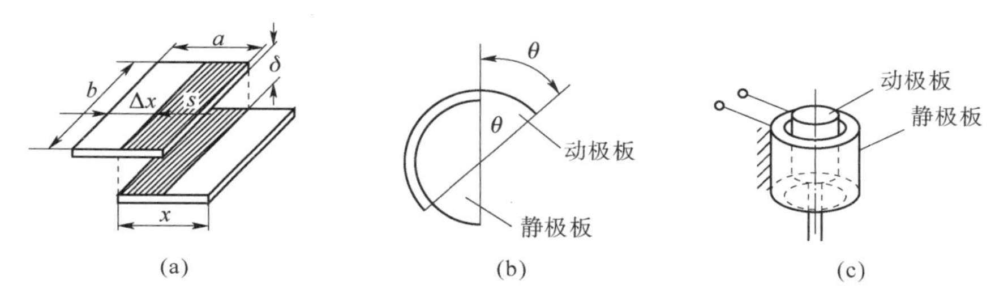

图 2-53　变面积型电容传感器

（a）平板型；（b）角位移型；（c）圆筒型

变面积型电容传感器的优点是输入与输出呈线性关系，灵敏度是常数；缺点是电容的横向灵敏度较大，对机械结构要求十分精确，因此相对于变极距型电容传感器，测量精度低。

3. 变介电常数型电容传感器

根据电容式传感器的工作原理可知，电容 C 与介电常数 ε 呈线性关系，此特点可用于对介质的检测，如直接检测介质的厚度；或者通过检测 ε 间接检测影响 ε 的其他因素，如含水量或湿度检测；在电容式液（料）位计中，则是检测作为介质的被测物进入极板的程度。

（1）对被测物厚度的检测。如果将被测物置于间距为 a 的电容极板间，则极板间为两层空气和一层被测介质 ε_1，因此两极板间构成 3 只串联的电容，有如下关系式：

$$\frac{1}{C}=\frac{1}{C_1}+\frac{1}{C_2}+\frac{1}{C_3}=\frac{d_1}{\varepsilon_0\times1\times S}+\frac{d}{\varepsilon_0\times\varepsilon_1\times S}+\frac{d_1}{\varepsilon_0\times1\times S}$$

从而总电容为

$$C=\frac{\varepsilon_0 S}{a-d+d/\varepsilon_1} \tag{2-58}$$

如果被测介质 ε_1 不变，而介质厚度 d 变化，可通过检测 C 变化来反映 d 的变化，通过

推导，在$N_4 \frac{\Delta d}{d} \ll 1$时，电容相对变化与介质厚度相对变化呈线性关系，即

$$\frac{\Delta C}{C}=\frac{\Delta d}{d}N_4 \tag{2-59}$$

式中，$N_4=\frac{\varepsilon_1-1}{1+\frac{\varepsilon_1(a-d)}{d}}$。

（2）介电常数ε的检测。这是电容式传感器的独特之处，借助检测介电常数，来间接检测一些影响介电常数的因素，以含水量的检测为例进行简单介绍。水相对介电常数很大，$\varepsilon=81$，被测物含水率的变化能引起电容值明显变化，因而可进行水分和湿度的测量。

（3）电容式液位计。通过检测电容极板间液体介质的充满量来检测电容量，从而反应液位的高低。

2.4.3　电容式传感器的测量电路

1. 电桥电路

电容式传感器采用交流电桥，桥路有多种形式。图 2-54（a）为一单臂电桥电路，高频电源经过变压器接到电桥的对角线，为电桥提供交流电源，4 只电容构成电桥四臂，C_x为电容式传感器。当电容式传感器处于初始位置时，电桥平衡：$C_1/C_2=C_x/C_3$，电桥输出电压$\Delta U=0$；当被测量的变化引起电容式传感器的电容C_x发生变化时，电桥失去平衡，电桥$\Delta U\neq0$，有电压输出。

为了提高灵敏度，减小误差，可以采用差动传感器，其电桥电路如图 2-54（b）所示，将差动变化的两只电容接到相邻桥臂，当被测量变化引起电容变化时，桥路的输出电压为

$$U_o=-\frac{\Delta C}{C_0}U \tag{2-60}$$

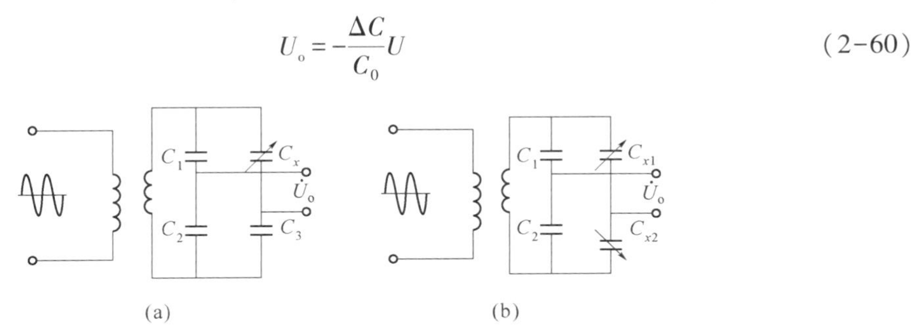

图 2-54　电容传感器的电桥电路

（a）单臂电桥；（b）差动传感器电桥

2. 运算放大器式测量电路

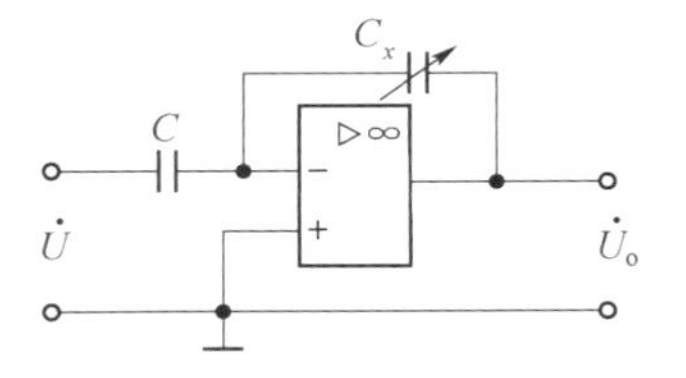

图 2-55　运算放大器式测量电路

运算放大器的特点就是放大倍数很大，输入阻抗也很大。理想的运算放大器的放大倍数和输入阻抗都是无穷大。基于运算放大器的这些特点，可将其作为电容式传感器的测量电路，以解决单个变极距型电容传感器的非线性问题。运算放大器式测量电路如图 2-55 所示。图中，C为总的输入

电容，C_x 是电容式传感器。

3. 调频电路

把电容式传感器作为振荡器谐振电路的一部分，其部分电路如图 2-56（a）所示。当被测量引起电容量变化时，振荡器的振荡频率就会发生变化，然后通过鉴频器把频率的变化转换为幅值的变化，再经过放大器放大后就可以通过仪表显示出来，如图 2-56（b）所示。

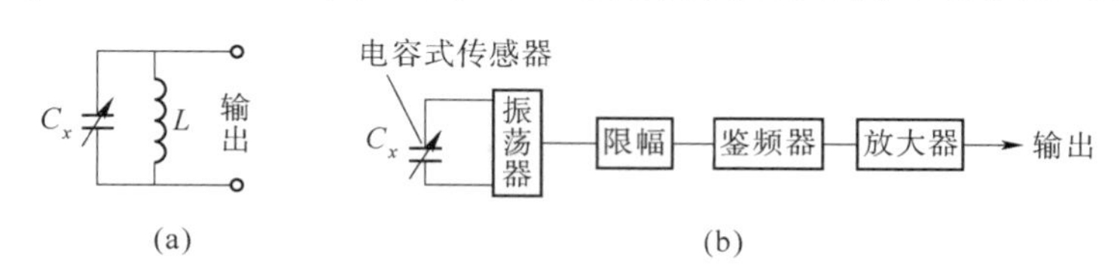

图 2-56　调频电路

（a）部分电路；（b）调频输出

4. 谐振电路

振荡器提供稳定的高频信号通过 L_1、C_1 回路选频，再通过电感耦合到 L、C_x 谐振回路。当传感器电容 C_x 发生变化时，引起谐振回路阻抗的变化，而这个变化会使整流器的电流发生变化，变化的电流再经放大器放大后就可通过仪表显示出来，如图 2-57 所示。

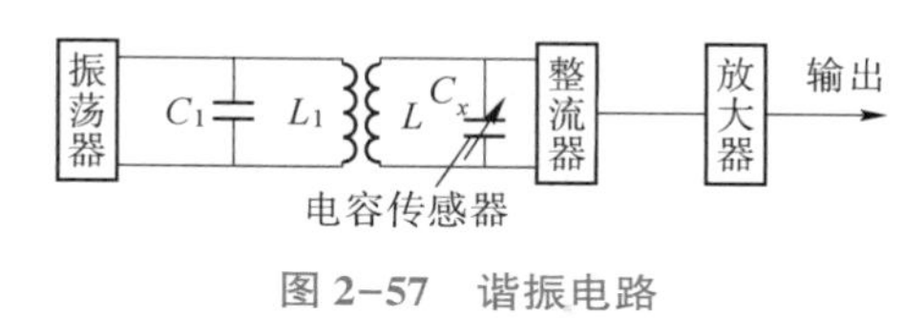

图 2-57　谐振电路

2.4.4　电容式传感器在材料成型中的应用

电容式传感器不但应用于位移、振动、角度、加速度及荷重等机械量的精密测量，还广泛应用于压力、差压力、液位、料位、湿度、成分含量等参数的测量。下面介绍其在材料成型中两个常用的例子。

1. 型砂的水分测量

型砂水分有多种测量方法，电容法是常用方法之一。型砂主要由原砂、黏土、水、煤粉及其他微量附加物按所需比例混制而成，在这些组分中，一般干物质的介电常数为 2~4，而水的介电常数为 80 左右。因此，被测湿型砂含水量的微小变化必将引起湿型砂介电常数的相应变化。图 2-58 为圆筒型变面积电容传感器测量型砂水分的示意，该传感器中，湿型砂储存于砂斗中，它相当于电容器的一极，中间插入另一根电极，由测量电路测出圆筒筒壁与中间电极间的电容值，根据事先测得的电容-水分关系曲线，即可换算出湿型砂的含水量。该电容器电容为 $C=2\pi\varepsilon L/\ln(R/r)$。

2. 电容侧厚仪

电容测厚仪的结构示意如图 2-59（a）所示。该结构主要用于测量金属带材在轧制过程中厚度的变化。电容C_1、C_2 的静极板安装在金属带材两边，金属带材是电容的动极板，构成差动电容，总电容为C_1+C_2，该电容作为电桥的一个桥臂。电容测厚仪电路原理如图 2-59（b）所示。

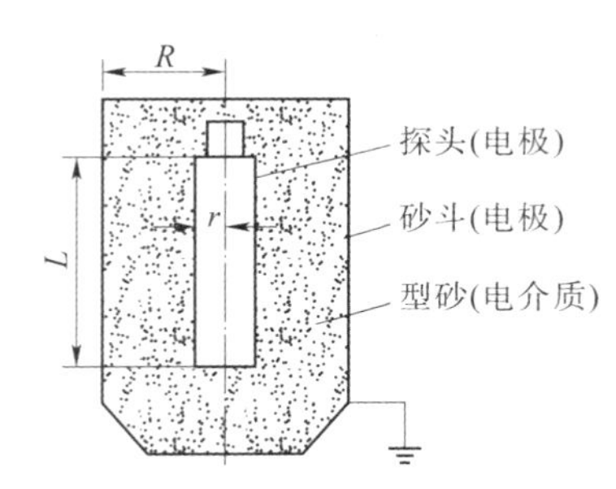

图 2-58　圆筒型变面积电容传感器测量型砂水分的示意

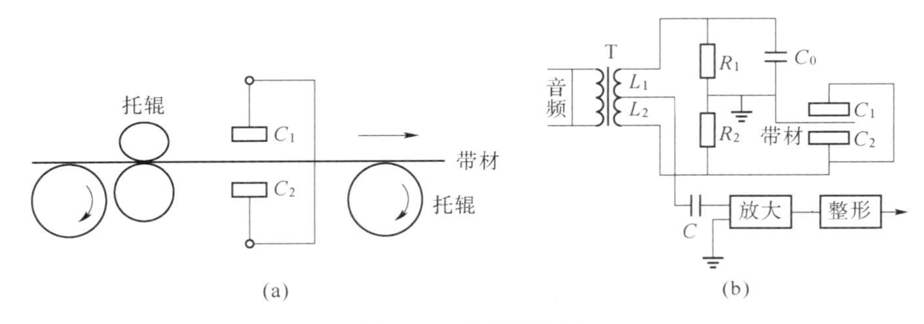

图 2-59　电容测厚仪

(a) 结构示意；(b) 电路原理

由于金属带材在生产加工过程中会有波动，如果带材只是上下波动，则两只电容一只增加另一只减少，增量相同，总电容量 $C=C_1+C_2$ 不会改变；如果带材的厚度发生变化，则会引起总电容 C 的变化，电桥将该信号变化转换为输出电压，将随板材厚度变化的输出信号经放大、整形，然后送后续电路处理显示，或通过控制执行机构来调整钢板厚度。另外，工业现场要求抗干扰能力强、稳定性高，采用驱动电缆技术可使传感器信号的传输长度达 6.5 m。

电容式传感器还包括位移传感器、压力传感器、荷重传感器、加速度传感器、电容接近开关等，用于响应物理量的精确检测；同时，在电容式传感器的基础上还发展了电容栅式传感器，由于篇幅所限，不能进行详细介绍，感兴趣的读者可以查阅资料了解相关知识。

2.5　电感式传感器

电感式传感器是利用电磁感应原理将被测物理量转换成线圈的自感系数 L 或互感系数 M 的变化，从而实现非电量测量的装置，常用来检测位移、压力、振动流量、密度等参数。

电感式传感器根据工作原理可分为变磁阻式（自感式）、差动变压器式（互感式）和电涡流式传感器。与其他传感器相比，电感式传感器具有以下优点：结构简单可靠；分辨率高，能测量 0.1 μm 甚至更小的位移，能感受 0.1 rad 的微小角位移，输出信号强，电压灵敏度可达数百毫伏每毫米；重复度好，线性度优良，在几十微米甚至数百毫米的位移范围内，输出特性的线性度较好，且比较稳定；能实现远距离的传输、记录、显示和控制。其缺点是响应时间较长，不宜进行频率较高的动态测量。

2.5.1 变磁阻式（自感式）传感器

变磁阻式传感器是利用被测量改变磁路的磁阻，使线圈的电感量发生变化的传感器。变磁阻式传感器属于自感式传感器。

1. 变磁阻式传感器的结构和工作原理

变磁阻式传感器的结构如图 2-60 所示，它由线圈、铁芯和衔铁三部分组成。线圈绕在铁芯上，铁芯和衔铁之间存在气隙，其厚度为 δ。传感器运动部件与衔铁相连，当衔铁移动时，间隙厚度发生变化，引起磁路磁阻变化，使电感线圈的电感量发生变化，因此只要测得电感量的变化，就能获得被测量位移的大小。

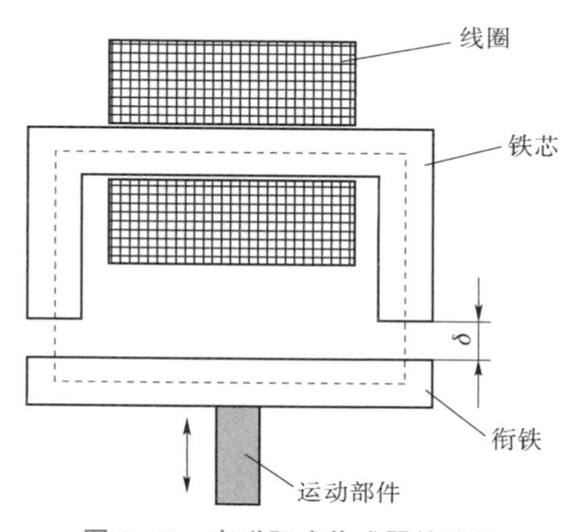

图 2-60　变磁阻式传感器的结构

根据物理学相关知识，在磁阻为 R_m 的磁路中，当给缠绕在磁路上的匝数为 N 的电感线圈通以交流电时，线圈的自感 L 可表示为

$$L=\frac{N^2}{R_m} \tag{2-61}$$

在变磁阻式传感器中，磁路的总磁阻 R_m 为铁芯、衔铁和气隙磁阻之和，即

$$R_m=\frac{l_1}{\mu_1 S_1}+\frac{l_2}{\mu_2 S_2}+\frac{2\delta}{\mu_0 S_0} \tag{2-62}$$

式中，δ 为气隙厚度；μ_1、μ_2 和 μ_0 分别为铁芯、衔铁和空气的磁导率；l_1、l_2 分别为磁通经过的铁芯和衔铁的长度；S_1、S_2、S_0 分别为铁芯、衔铁和空气的截面积。

由于导磁材料的磁导率远远大于空气的磁导率，即 $\mu_1=\mu_2\gg\mu_0$，故式（2-62）中前两项可忽略，磁路磁阻可近似表达为

$$R_m\approx\frac{2\delta}{\mu_0 S_0} \tag{2-63}$$

将上式代入式（2-61），线圈的自感可近似表示为

$$L=\frac{\mu_0 S_0 N^2}{2\delta} \tag{2-64}$$

由上式可知，当线圈匝数 N 确定后，只要改变气隙厚度 δ 或改变空气面积 S_0，电感 L

就会发生变化。因此，变磁阻式传感器分为变气隙式和变面积式，在实际应用中，变气隙式电感传感器应用更为广泛。

2. 变气隙式电感传感器的输出特性

根据式（2-64），在其他参数一定的情况下，改变气隙厚度 δ，变气隙式电感传感器的输出特性曲线 L-δ 是非线性的。若气隙初始厚度为 δ_0，则初始电感为

$$L_0=\frac{\mu_0 S_0 N^2}{2\delta_0} \tag{2-65}$$

当衔铁上移 $\Delta\delta$ 时，气隙减小为 $\delta=\delta_0-\Delta\delta$，设对应的电感为 L，则电感变化量可以推导出来，即

$$\Delta L=L-L_0=L_0\frac{\Delta\delta/\delta_0}{1-\Delta\delta/\delta_0} \tag{2-66}$$

将上式两端同时除以 L_0，获得电感相对增量表达式，即

$$\frac{\Delta L}{L_0}=\frac{\Delta\delta/\delta_0}{1-\Delta\delta/\delta_0} \tag{2-67}$$

当 $\Delta\delta/\delta_0\ll1$ 时，可将上式进行泰勒级数展开，即

$$\frac{\Delta L}{L_0}=\frac{\Delta\delta}{\delta_0}\left[1+\frac{\Delta\delta}{\delta_0}+\left(\frac{\Delta\delta}{\delta_0}\right)^2+\cdots\right]=\frac{\Delta\delta}{\delta_0}+\left(\frac{\Delta\delta}{\delta_0}\right)^2+\left(\frac{\Delta\delta}{\delta_0}\right)^3+\cdots \tag{2-68}$$

同理可得衔铁下移时电感的相对增量为

$$\frac{\Delta L}{L_0}=\frac{\Delta\delta}{\delta_0}\left[1-\frac{\Delta\delta}{\delta_0}+\left(\frac{\Delta\delta}{\delta_0}\right)^2-\cdots\right]=\frac{\Delta\delta}{\delta_0}-\left(\frac{\Delta\delta}{\delta_0}\right)^2+\left(\frac{\Delta\delta}{\delta_0}\right)^3-\cdots \tag{2-69}$$

对式（2-68）、式（2-69）进行线性处理：当 $\Delta\delta/\delta_0\ll1$ 时，忽略式中的高次项，可得

$$\frac{\Delta L}{L_0}=\frac{\Delta\delta}{\delta_0} \tag{2-70}$$

可见，ΔL 与 $\Delta\delta$ 之间呈线性关系。高次项是造成非线性的主要原因，$\Delta\delta/\delta_0$ 越小，高次项越小，非线性误差得到改善。这也决定了变气隙式电感传感器用于测量微小位移时更精确的特性，一般测量 $\Delta\delta=0.1\sim0.2$ mm 较适宜。为了减小非线性误差，实际测量中多采用差动变气隙式电感传感器。

定义变气隙式电感传感器的灵敏度是单位气隙变化引起的电感的相对变化量，即

$$k_0=\frac{\Delta L/L_0}{\Delta\delta}=\frac{1}{\delta_0} \tag{2-71}$$

3. 差动变气隙式电感传感器

差动变气隙式电感传感器的原理如图 2-61 所示，由两个完全对称的单线圈电感式传感器（L_1、L_2）合用一个活动衔铁构成，衔铁通过推杆与被测物体相连。当被测物体使衔铁发生向上或向下位移时，两个铁芯回路中磁阻发生大小相等、方向相反的变化，使一个线圈的电感量增加，另一个线圈的电感量减小，形成差动形式。根据式（2-68）、式（2-69）可以推导出总的电感变化量为

$$\Delta L=\Delta L_1+\Delta L_2=2L_0\left[\frac{\Delta\delta}{\delta_0}+\left(\frac{\Delta\delta}{\delta_0}\right)^3+\left(\frac{\Delta\delta}{\delta_0}\right)^5+\cdots\right] \tag{2-72}$$

忽略高次项，并且两侧同时除以 L_0 后得

$$\frac{\Delta L}{L_0}=2\frac{\Delta\delta}{\delta_0} \tag{2-73}$$

灵敏度为

$$k_0=\frac{\Delta L/L_0}{\Delta\delta}=\frac{2}{\delta_0} \tag{2-74}$$

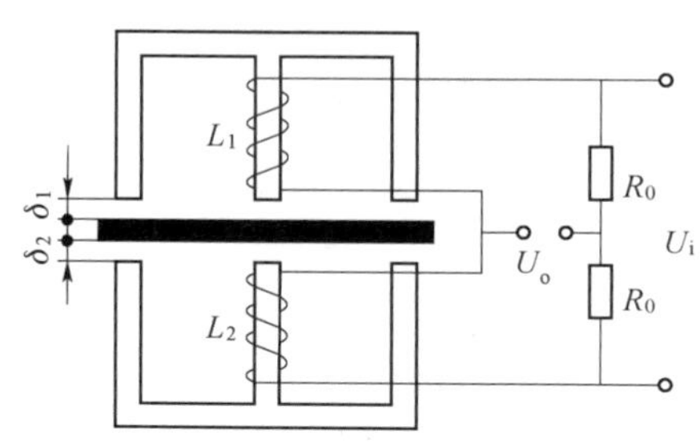

图 2-61　差动变气隙式电感传感器的原理

可见，与单线圈电感式传感器相比，差动变气隙式电感传感器的灵敏度提高了 1 倍。同时，由于高次非线性项不含偶次项，所以提高了线性度；另外，差动结构还可以抵消温度、噪声干扰等。需要指出的是，差动结构在尺寸、材料、电气参数方面应完全一致，这样才能保证有良好的差动性能。

差动变气隙式电感传感器的转换电路包括交流电桥、变压器式交流电桥等，图 2-61 中显示了差动变气隙式电感传感器的交流电桥电路：两个电感线圈接成交流电桥的邻臂，另外两个桥臂由电阻组成，供桥电源为交流 U_i，桥路输出交流电压 U_o。可以推出，桥路输出电压为

$$U_o=U_i\frac{\Delta\delta}{\delta_0} \tag{2-75}$$

变磁阻式传感器可用于制造压力传感器、尺寸测量工具等。

2.5.2　差动变压器式（互感式）传感器

把被测非电量转换为变压器互感量变化的传感器称为互感式传感器，变压器一次线圈输入交流电压、二次线圈输出感应电动势。由于二次线圈常接成差动形式，因此也称为差动变压器式传感器。差动变压器分为变气隙型、变面积型和螺线管型，其中，应用最多的是螺线管型差动变压器，其可测量 1~100 mm 的机械位移，具有测量精度高、灵敏度高、性能可靠等优点。

1. 结构和工作原理

螺线管型差动变压器的结构如图 2-62 所示，它由一次线圈、两个二次线圈和插入线圈中央的圆柱型铁芯构成，铁芯在线圈中央可上下移动。根据绕组排列方式的不同，在结构形式上螺线管型差动变压器有三段式和两段式，图 2-62 为三段式，本书以三段式螺线管差动变压器为例进行工作原理介绍。如图 2-63 所示，二次线圈 S_1 和 S_2 反相连接（同名端连接），以保证差动形式。当一次线圈 P 加上某一频率正弦交流电压后，二次线圈 S_1、S_2 会产生感应电压 U_1、U_2。假设差动变压器完全对称，当铁芯处于中间位置时，两线圈互感系数相等（$M_1=M_2$），二次线圈感应电压相等（$U_1=U_2$），此时差动输出为 0（$U_o=0$）。铁芯上移时，

$M_1>M_2$，$U_1>U_2$；铁芯下移时，$M_2>M_1$，$U_1<U_2$。在这两种情况下，差动输出不再为0，而是随着铁芯偏离中心的距离增加而增大，两者相位相差180°，如图2-64实线所示。但实际上，铁芯位于中心位置时，输出电压 U_o 并不是0，而是存在一个零点残余电压 U_Z，其值在几十毫伏以下。产生零点残余电压的原因较多，最主要的原因是二次线圈的电气系数（如互感 M、电感 L、内阻 R）、铁芯非线性等。该电压的存在会影响传感器的测量结果，应想办法消除。工业上除了设计和工艺上尽量保证传感器绕组和磁路对称外，一般要进行电路补偿。图2-65为一种零点残余电压的补偿电路：在输出端接一个电位器 R_P，电位器的动触点连接两个二次线圈的公共点，通过调节电位器的动触点，使两个二次线圈接入不同负载，可以使两个二次线圈不同的感应电动势产生大致相同的输出电压，从而达到减小零点残余电压的目的。

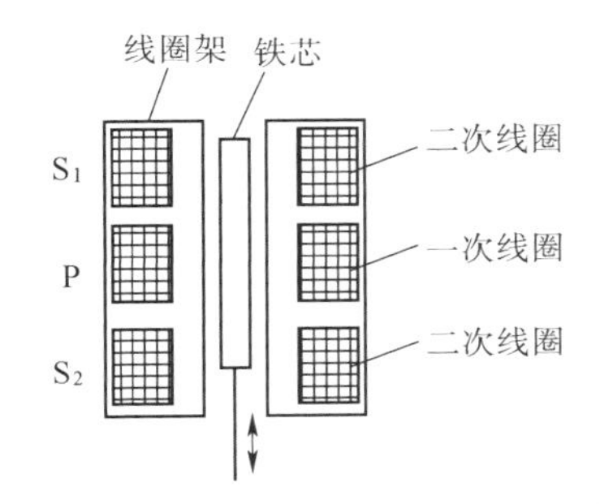

图2-62 螺线管型差动变压器的结构

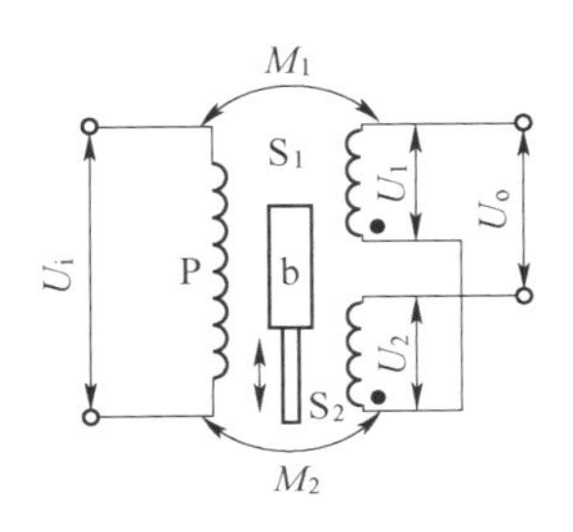

图2-63 三段式螺线管差动变压器电路原理

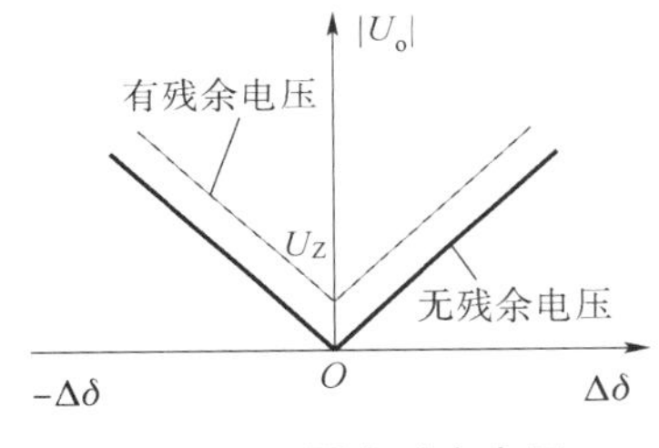

图2-64 零点残余电压

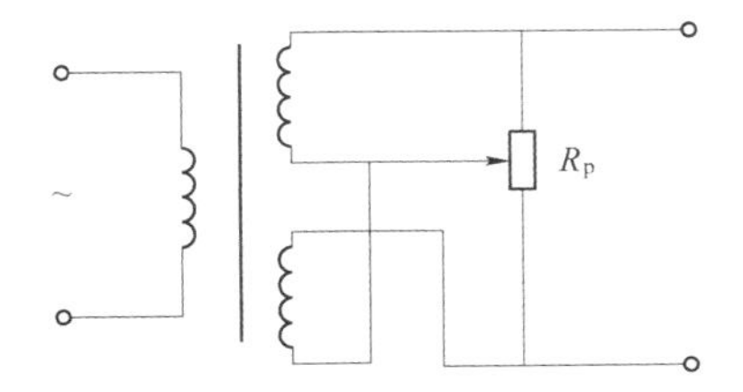

图2-65 零点残余电压的补偿电路

2. 测量电路

差动变压器输出交流信号，为正确反映衔铁位移的大小和方向，常常采用差动整流电路和集成相敏检波电路。下面主要介绍差动整流电路。图2-66（a）为差动整流电路，电路把差动变压器的两个二次绕组的输出电压分别进行整流，无论二次侧输出的瞬时电压极性如何，滤波电容 C 上的电流总是从节点2流向节点4、从节点6流向节点8，差动整流电路的输出为 $U_o=U_{24}-U_{86}$。当衔铁T在中间位置时，$U_{24}=U_{68}$，$U_o=0$；当衔铁T上移时，$U_{24}>U_{68}$，$U_o>0$；当衔铁T下移时，$U_{24}<U_{68}$，$U_o<0$。

由此可见，铁芯的位移信号通过差动整流电路后，输出电压 U_o 不仅反映了位移的大小，而且反映了位移的方向。差动整流电路的特点是：结构简单、受分布电容的影响小。电路中负载电阻 R_0 可用于调整零点残余电压。差动整流电路输出电压波形如图2-66（b）、（c）所示。

3. 应用举例

差动变压器可直接用于测量位移（测微仪），也可用来测量与位移相关的机械量，如振

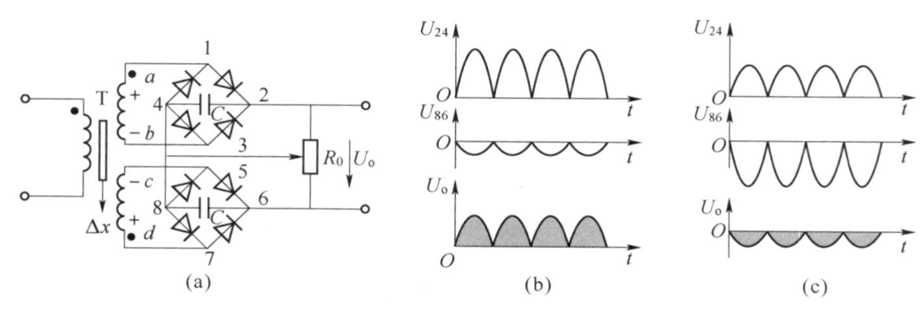

图 2-66　差动整流电路及输出电压波形

（a）电路；（b）铁芯上移输出电压波形；（c）铁芯下移输出电压波形

动、加速度、应变等。

以电感测厚仪进行举例。电感测厚仪传感器的结构原理如图 2-67（a）所示，差动变压器铁芯与测厚滚轮相连，板材正常厚度时调整差动变压器输出为 0，变压器电动势输出大小的变化反映了被测板材厚度。电感测厚仪电路原理如图 2-67（b）所示，L_1、L_2 是电感式传感器的两个线圈，作为相邻桥臂；4 只二极管 $VD_1 \sim VD_4$ 组成相敏整流器。R_{P_1} 是调零电位器，R_{P_2} 可调整电流表的满度值；电容 C_3 起滤波作用；变压器 T 提供桥压，接在 a、b 两端；变压器一次侧与 R、C_4 组成饱和交流稳压器。

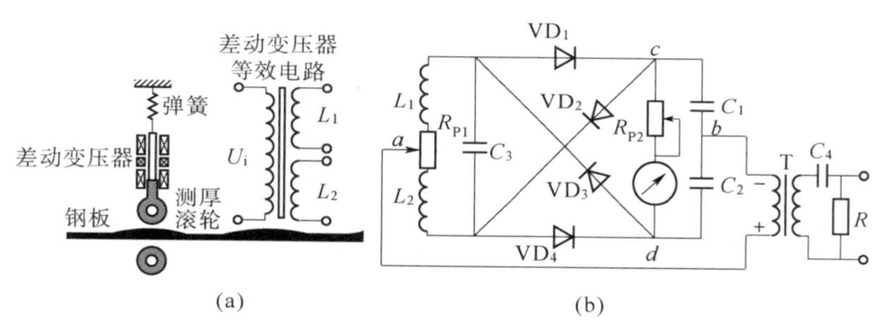

图 2-67　电感测厚仪传感器

（a）结构原理；（b）电路原理

当被测板材厚度正常时，电桥平衡，电流表中无电流流过；当被测板材厚度变化时，电感量发生变化，$L_1 \neq L_2$，假设 $L_1 > L_2$，此时 $Z_1 = Z + \Delta Z$，$Z_2 = Z - \Delta Z$。由电路可知，无论电源极性如何，在 a（+）、b（-）时，VD_1、VD_4 导通；在 a（-）、b（+）时，VD_2、VD_3 导通。可见 d 点的电位总是高于 c 点电位，即始终有 $u_d > u_c$。同理，当 $L_1 < L_2$ 时，$Z_1 < Z_2$，有 $u_d < u_c$。根据测量时电流方向或电压方向，可确定板材厚度的变化，后续电路可采用微处理器进行数据处理，以控制执行机构调整板材厚度。

2.5.3　电涡流式传感器

金属板置于变化的磁场或在磁场中做切割磁力线运动时，导体内部会产生闭合电流，这种电流像水中的漩涡，故称为电涡流，这种现象称为电涡流效应。电涡流式传感器是基于电涡流效应工作的，易于进行非接触连续测量，灵敏度高、适应性强，因而得到广泛应用。其可进行位移、厚度、转速等测量，也可用于表面探伤。电涡流式传感器分为高频反射式和低频透射式两种，高频反射式应用更为广泛，本节以其为例进行介绍。

1. 工作原理

高频反射式电涡流传感器的工作原理如图2-68（a）所示。传感器线圈通以一定频率的交变电流I_1后，线圈周围会产生交变磁场H_1，当其靠近金属导体时，在金属导体中会产生电涡流I_2，这个电涡流也会形成一个反方向的交变磁场H_2。H_2的反作用使电感线圈的自感系数L和阻抗Z均会发生变化，其等效电路如图2-68（b）所示。传感器的阻抗为

$$Z=R_1+R_2\frac{\omega^2M^2}{R_2^2+\omega^2L_2^2}+\mathrm{j}\omega\left(L_1-L_2\frac{\omega^2M^2}{R_2^2+\omega^2L_2^2}\right) \tag{2-76}$$

式中，R_1、L_1为线圈的电阻、电感；R_2、L_2为电涡流回路的电阻、电感；M为线圈与电涡流之间的互感；ω为电源角频率。

可见，凡是能引起R_2、L_2、M变化的物理量，均可引起传感器阻抗的变化，被测金属的电阻率ρ、磁导率μ、厚度d、线圈与被测金属间的距离x、激励线圈的角频率ω的变化均会引起R_2、L_2、M的变化，从而引起阻抗的变化。存在函数关系

$$Z=f(\rho、\mu、d、x、\omega) \tag{2-77}$$

若控制某些参数不变，只改变其中一个参数，则可使阻抗Z成为这个参数的单值函数。

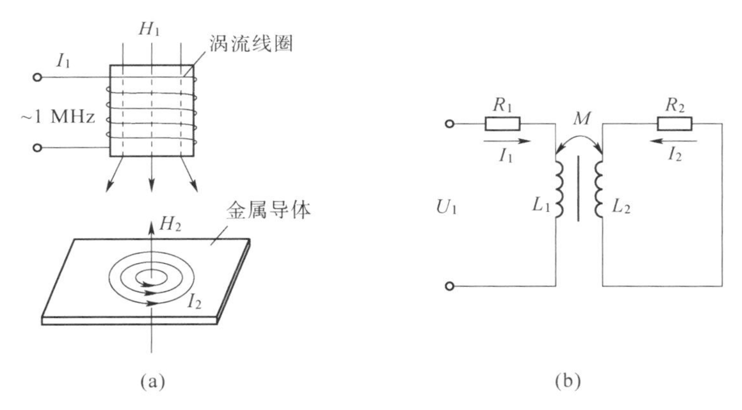

图2-68　高频反射式电涡流传感器

（a）工作原理；（b）等效电路

2. 测量电路

电涡流式传感器的测量电路主要包括调幅式和调频式测量电路。调幅式测量电路中，电容C与传感器L组成并联谐振电路，如图2-69所示，晶体振荡器输出频率固定的正弦波，经限流电阻R接电涡流式传感器线圈与电容组成的并联电路。当电感L发生变化时，谐振回路的等效阻抗和谐振频率都将随L的变化而变化，因此可以利用测量回路阻抗的方法或测量回路谐振频率的方法间接测出传感器的被测值。

图2-69　调幅式测量电路

图 2-70 为调频式测量电路。传感器线圈接入 LC 振荡电路，作为组成 LC 振荡电路的电感元件。当传感器与被测导体距离 x 改变时，在电涡流的影响下，传感器电感发生变化，导致振荡频率变化，该变化的频率是距离 x 的函数，即 $f=L(x)$，该频率可由数字频率计直接测量。

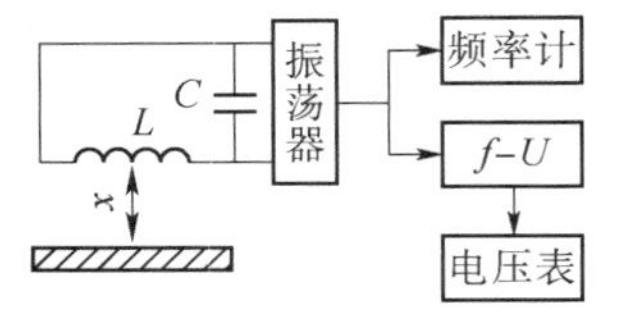

图 2-70　调频式测量电路

3. 应用举例

电涡流式传感器最大的特点是非接触测量，目前主要用于测量位移、振动、转速、厚度，以及测材料、测温度和电涡流探伤等。这里介绍两个和材料成型相关的例子。

（1）带材厚度的测量。带材厚度的测量可利用高频反射式电涡流传感器，其测厚原理如图 2-71 所示。为了克服带材不平整或运行过程上下波动的影响，常采用差动形式，测量装置是上下对称的电涡流式传感器 S_1、S_2。距离带材表面距离分别为 x_1、x_2，带材厚度为 δ。当带材厚度不变时，x_1+x_2 为常数，输出电压为 $2U$；当带材厚度变化 $\Delta\delta$ 时，输出电压为$2U+\Delta U(\Delta\delta)$，$\Delta U$ 放大后经终端显示，给定值 δ 与变化值 $\Delta\delta$ 的代数和就是被测带材厚度。

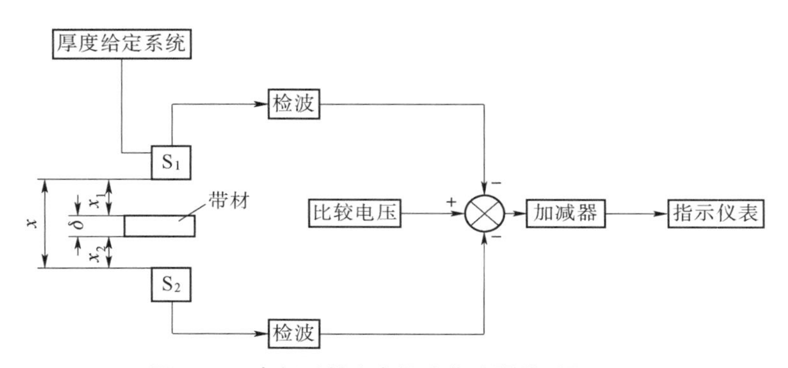

图 2-71　高频反射式电涡流传感器的测厚原理

（2）铸造起重机振动监测。铸造起重机的起升机构应用频繁，一旦发生故障就必须停机更换，导致生产损失，直接影响经济效益。振动监测是以监测设备振动发展趋势为手段的设备运行状态预报技术，能够随时掌握设备的运行状态，通过它来了解设备的健康状况，判断设备是处于稳定状态还是正在恶化，采取主动维修或基于可靠性的维护，尽量提高设备运行的可靠性、安全性。

监测方法是：在起重机所有机构的减速器高速轴轴承座安装振动监测的电涡流式传感器，如图 2-72 所示。每个轴承座需要安装两个振动传感器，一个用来监测水平方向的振动量，另一个用来监测垂直方向的振动量。该传感器的特点是体积小、质量轻、灵敏度高。

此外，电涡流式传感器还常用于电涡流探伤。在金属表面的裂纹、热处理裂纹、焊接处质量的检查中，均用到电涡流探伤。探伤时，传感器与被测金属距离保持不变，如果有裂纹出现，则会引起电阻率、磁导率变化，这些综合参数的变化将引起传感器参数的变化，通过测量传感器参数的变化即可达到探伤的目的。图 2-73 为电涡流探伤时缺陷处的信号变化。

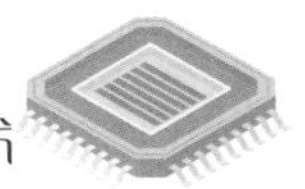

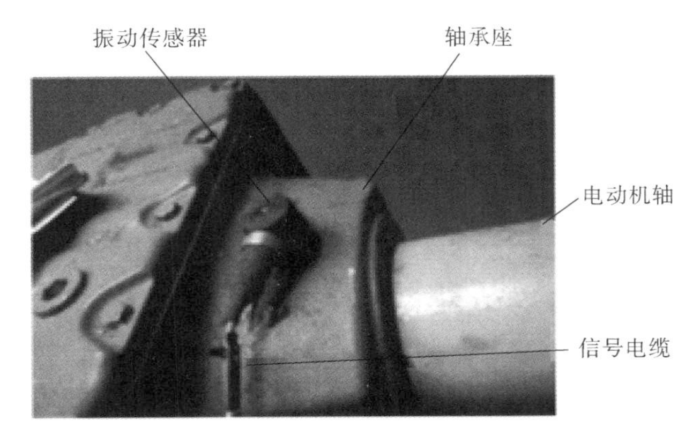

图 2-72　电涡流式传感器用于铸造起重机振动监测

图 2-73　电涡流探伤时缺陷处的信号变化

（a）未通过幅值甄别的信号；（b）通过幅值甄别的信号

2.6　压电式传感器

压电式传感器是根据压电效应制成的传感器，是一种典型的有源型传感器（也称为自发电式传感器），具有体积小、质量轻、工作频带宽、信噪比高等优点，同时，由于没有运动部件，因此结构坚固、工作可靠、稳定性高。压电式传感器适用于各种动态力、机械冲击与振荡的测量，在声学、医学、力学、导航等方面都有广泛的应用。

2.6.1　压电效应与压电材料

1. 压电效应

某些物质，当沿着某一方向对其施加拉力或压力使其变形时，在它的两个表面会产生符号相反的电荷，当外力撤掉后，又重新恢复到不带电的状态，这种现象称为压电效应，也称顺压电效应。当作用力的方向改变时（如由压力变为拉力时），电荷的极性发生改变。相反，当在某些物质极化方向施加电场时，该物质会产生变形，这种现象称为逆压电效应，也称电致伸缩效应，是压电式超声波换能器的理论依据。

2. 压电材料

压电材料包括压电单晶、压电陶瓷、高分子压电材料等，它们均具有较好的压电特性。压电单晶最典型的是石英单晶，在几百摄氏度的温度范围内，能承受的压力大，是理想的单晶材料。压电陶瓷包括钛酸钡、锆钛酸铅、铌酸盐系压电陶瓷，它们的压电常数比石英单晶高，种类多，性能各异，是一种有发展前途的压电材料。它们的介电常数、力学性能不如石英单晶好。高分子压电材料经过特殊处理后，再经过拉伸和极化能获得较好的压电效应。目前常用的高分子压电材料包括聚偏二氟乙烯、聚氟乙烯、聚氯乙烯等，它们克服了石英单晶和压电陶瓷密度大、质地硬、易碎、不耐冲击、难以加工的缺点，可制成轻小柔软的压电原件，具有灵敏度高的优点。本小节主要介绍应用较为广泛的石英单晶和压电陶瓷。

常用的压电材料主要性能参数如表 2-10 所示。

表 2-10　常用的压电材料主要性能参数

压电性能	压电材料				
	石英单晶	钛酸钡	锆钛酸铅 PZT-4	锆钛酸铅 PZT-5	锆钛酸铅 PZT-8
压电系数/（$pC\cdot N^{-1}$）	$d_{11}=2.31$ $d_{14}=0.73$	$d_{15}=260$ $d_{31}=-78$ $d_{33}=190$	$d_{15}\approx 410$ $d_{31}=-100$ $d_{33}=230$	$d_{15}\approx 670$ $d_{31}=-185$ $d_{33}=600$	$d_{15}\approx 330$ $d_{31}=-90$ $d_{33}=200$
相对介电常数/E	4. 5	1 200	1 050	2 100	1 000
居里点温度/℃	573	115	310	260	300
密度/（$10^3\ kg\cdot m^{-3}$）	2. 65	5. 5	7. 45	7. 5	7. 45
弹性模量/（$10^3\ N\cdot m^{-2}$）	80	110	83. 3	117	123
机械品质因数	105～10	—	≥500	80	≥800
最大安全应力/（$10^5\ N\cdot m^{-2}$）	95～100	81	76	76	83
体积电阻率/($\Omega\cdot m$)	$>10^{12}$	10^{10}（25 ℃）	$>10^{10}$	10^{11}（25 ℃）	—
最高允许温度/℃	550	80	250	250	—
最高允许湿度/%	100	100	100	100	—

（1）石英单晶的压电特性。石英单晶的化学式为 SiO_2，是单晶体结构，其外形为正六面体晶柱，如图 2-74（a）所示。石英单晶沿各个方向的特性并不相同，纵向轴 z 称为光轴，沿着 z 轴施加作用力不产生压电效应；x 轴称为电轴，它经过六面体棱线并垂直于光轴 z，沿着 x 轴施加作用力时产生的压电效应最强，该压电效应被称为纵向压电效应；y 轴称为机械轴，它与 x 轴、z 轴同时垂直，沿着 y 轴施加作用力会产生压电效应，称为横向压电效应。

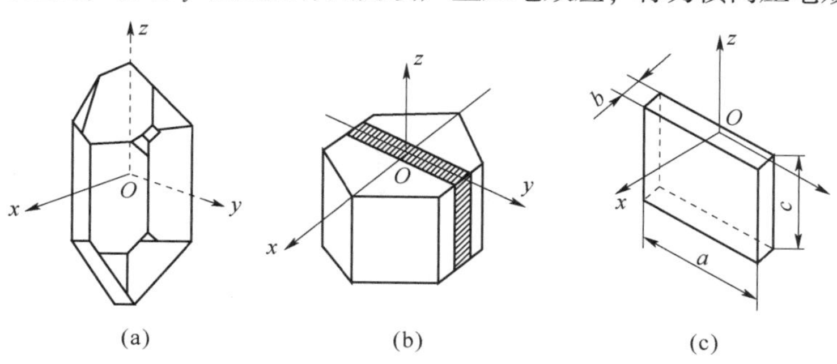

图 2-74　石英单晶

（a）外形；（b）晶轴；（c）晶体切片示意

如图2-74（b）、（c）所示，从晶体上沿着 y 方向切下一块平行六面体压电晶片，当在电轴方向施加作用力时，在与电轴垂直的平面上将产生电荷，其大小为

$$q_x = d_{11}F_x \tag{2-78}$$

式中，d_{11}为 x 方向受力时的压电系数，$d_{11}=2.31\times10^{-12}$ C/N；F_x为作用力。

如果在同一切片上沿 y 方向施加作用力 F_y，则仍在与 x 方向垂直的平面上产生电荷 q_y，其大小为

$$q_y = d_{12}\frac{a}{b}F_y = -d_{11}\frac{a}{b}F_y \tag{2-79}$$

式中，d_{12}为 y 方向受力的压电系数，根据石英单晶轴对称，有$d_{12}=-d_{11}$；a、b 分别为压电晶片的长度和厚度。

电荷q_x和q_y的符号由作用力方向决定，由式（2-78）、式（2-79）可见，q_x与晶体几何尺寸无关，而q_y则与晶体的几何尺寸有关。

石英单晶的上述特征与内部分子结构有关，图2-75（a）为一个单元组体中构成石英单晶的硅离子和氧离子在垂直于 z 轴的 xy 平面上的投影，等效为一个正六边形。当石英单晶未受外力作用时，正、负离子正好分布在正六边形的顶角上，形成3个互成120°夹角的电偶极矩 P_1、P_2、P_3。因为 $P=qL$，q 为电荷量，L 为正、负电荷之间的距离，此时正、负电荷中心重合，电偶极矩的矢量和等于0，即 $P_1+P_2+P_3=0$，所以晶体表面不产生电荷，呈中性。

当石英单晶受到沿 x 方向的压力作用时，晶体沿 x 方向将产生压缩变形，正、负离子的相对位置也随之变动，如图2-75（b）所示，此时正、负电荷中心不再重合，由于 P_1 减小，P_2、P_3 的增大，电偶极矩在 x 轴方向的分量不再等于零而是小于零，即$(P_1+P_2+P_3)_x<0$，在 x 轴的正方向出现负电荷（A 表面），x 轴的负方向出现正电荷（B 表面）；电偶极矩在 y 方向上的分量仍为0，不出现电荷。这种沿着 x 方向施加压力，在垂直于 x 方向的晶面上产生电荷的现象，称为纵向压电效应。

当石英单晶受到沿 y 方向的压力作用时，晶体的变形如图2-75（c）所示，与图2-75（b）情况相似，P_1 增大，P_2、P_3减小，$(P_1+P_2+P_3)_x>0$，在 x 轴上出现电荷，正方向出现正电荷，负方向出现负电荷；在 y 方向上不出现电荷。这种沿 y 方向施加压力，在平行于 y 方向的晶面上产生电荷的现象，称为横向压电效应。

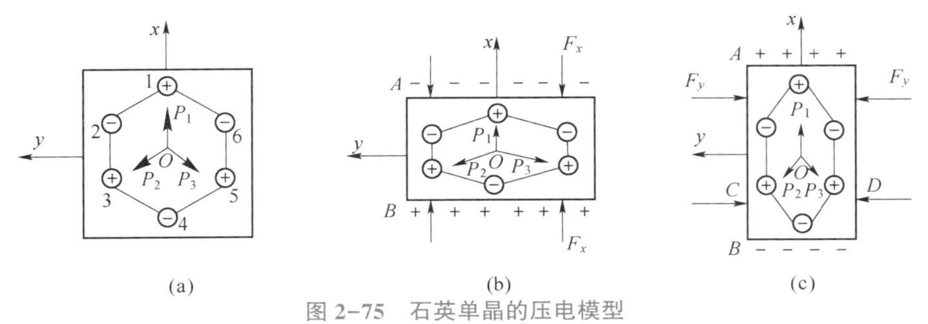

图2-75　石英单晶的压电模型

（a）未受力；（b）x 方向受压力；（c）y 方向受压力

如果沿 z 方向施加作用力，因为晶体在 x 方向和 y 方向所产生的形变完全相同，所以正、负电荷中心保持重合，电偶极矩的矢量和等于0。这表明沿 z 方向施加作用力，晶体不会产生压电效应。

同理，上述情况沿着 x、y 方向施加相反方向的作用力（即拉力）时，x 轴的正、负方向出现的电荷极性与上述情况相反。

（2）压电陶瓷的压电特性。压电陶瓷是人工制造的多晶体压电材料。材料内部的晶粒有许多自发极化的电畴，这些电畴具有一定的极化方向。压电陶瓷在未进行极化处理时，电畴在晶体中杂乱分布，它们的极化效应被相互抵消，压电陶瓷内极化强度为0，不具有压电性质，如图2-76（a）所示。在压电陶瓷上施加外电场时，电畴的极化方向发生转动，趋向于按外电场方向排列，从而使材料得到极化，如图2-76（b）所示，此时压电陶瓷具有一定的极化强度。当外电场撤离后，各电畴的自发极化在一定程度上按原外电场方向取向，陶瓷的极化强度并不立即恢复到0，如图2-76（c）所示，存在一定的剩余极化强度，从而与极化方向垂直的两个端面上分别出现正、负极性的束缚电荷，它们吸附空气中的自由电荷后对外不显电性，如图2-76（d）所示。此时，如果压电瓷片上施加一个与极化方向平行的外力，则陶瓷片产生压缩变形，片内束缚电荷之间的距离变小，电畴发生偏转，极化强度变小，吸附在表面的自由电荷有一部分被释放呈现放电现象。当作用力撤退后，陶瓷片恢复原状，极化强度增大，因此又吸附一部分自由电荷而呈现充电现象。压电陶瓷工作时，产生的电荷量大小与外作用力成正比关系，可表示为

$$q=d_{33}F \tag{2-80}$$

式中，d_{33}为压电陶瓷的压电常数；F 为作用力。

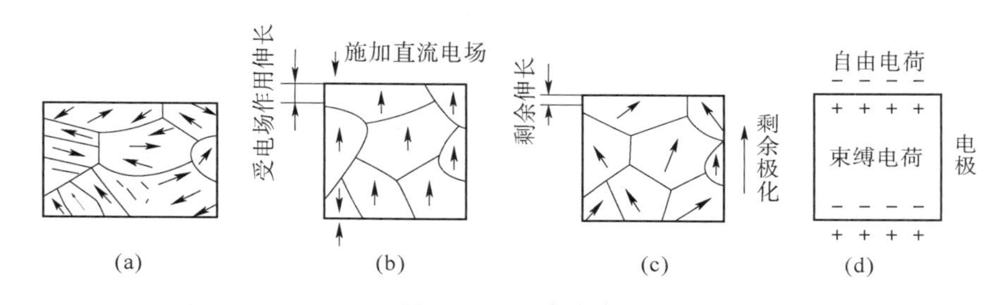

图 2-76　压电陶瓷

（a）极化前；（b）极化；（c）极化后；（d）吸附电荷

2.6.2　压电式传感器的等效电路

以压电效应为基础的压电式传感器是一种具有高内阻而输出信号又很弱的有源传感器。进行非电量测量时，为了提高灵敏度和测量精度，一般采取多片压电材料组成一个压电敏感元件，并接入高输入阻抗的前置放大器。

1. 压电晶片的连接方式

多片压电材料的连接方式有并联和串联两种。并联时，负极和负极接在一起，如图2-77（a）所示，此时，传感器极板上的电荷量 q' 和输出电容 C' 分别是单块晶体片的2倍，而输出电压 U' 与单块晶体片上的电压 U 相等，即 $q'=2q$，$C'=2C$，$U'=U$。串联时，正极与负极接在一起，如图2-77（b）所示，此时，传感器的输出总电荷量 q' 等于单块晶体片上的电荷量，总电容为其1/2，输出电压为其2倍，即 $q'=q$，$C'=C/2$，$U'=2U$。

由此可见，并联接法虽然输出电荷量大，但由于本身电容也大，故时间常数大，只适用

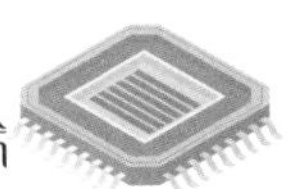

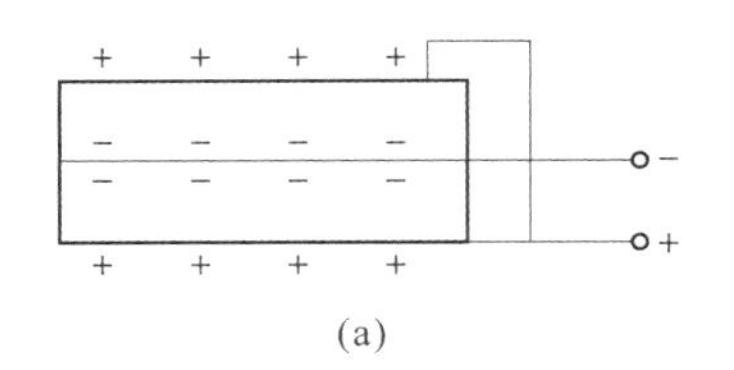

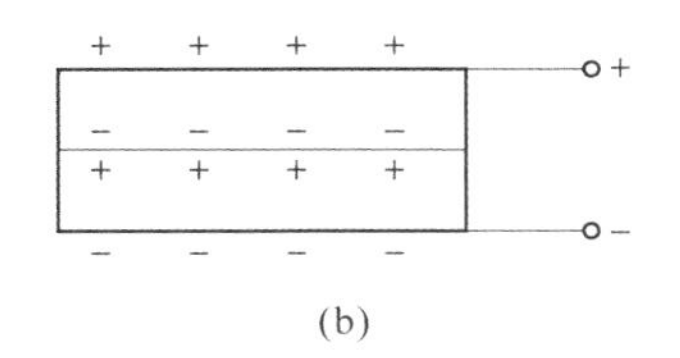

图 2-77 压电晶片的连接方式

(a) 并联；(b) 串联

于低频信号的测量、以电荷作为输出量的地方；串联接法输出电压高，本身电容小，故适用于以电压作为输出信号、测量电路输入阻抗很高的地方。

2. 压电式传感器的等效电路

由压电元件的工作原理可知，压电式传感器可以看作一个电荷发生器。同时，它也是一只电容，晶体上聚集正、负电荷的两表面相当于电容的两个极板，极板间物质等效于一种介质，则其电容量为

$$C=\frac{\varepsilon_0\varepsilon_r S}{\delta} \tag{2-81}$$

因此，压电式传感器可以等效为一个与电容相并联的电压源。如图 2-78 (a) 所示，电容上的电压 U_a、电荷量 q 和电容量 C_a 三者关系为

$$U_a=\frac{q}{C_a} \tag{2-82}$$

压电式传感器也可以等效为一个电荷源，如图 2-78 (b) 所示。压电式传感器在实际使用时总要与测量仪器或测量电路相连接，因此还须考虑连接电缆的等效电容 C_c、放大器的输入电阻 R_i、输入电容 C_i 及压电式传感器的泄漏电阻 R_a。压电式传感器在测量系统中的实际等效电路如图 2-79 所示。

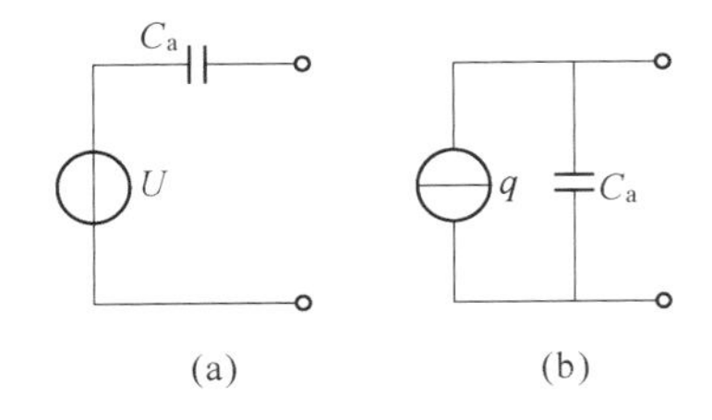

图 2-78 压电式传感器的等效电路

(a) 电压源；(b) 电荷源

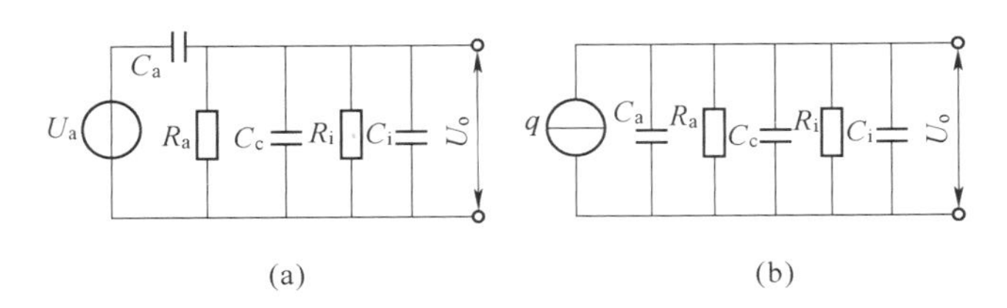

图 2-79 压电式传感器在测量系统中的实际等效电路

(a) 实际电压源；(b) 实际电荷源

2.6.3 压电式传感器的测量电路

压电式传感器本身的内阻抗很高，产生的电荷量很小，如果采用一般的仪器测量，电荷就会通过测量电路的输入电阻释放掉，因此必须采用高阻抗的仪器测量电荷量的变化。由于压电式传感器的输出可以是电压信号，也可以是电荷信号，因此前置放大器也有两种形式：电压放大器和电荷放大器。

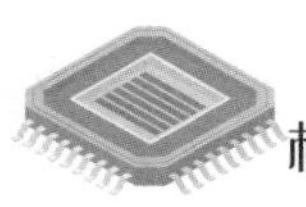

图 2-80 为电压放大器原理。可以实现的功能：一是把它的高输出阻抗变换为低输出阻抗；二是放大传感器输出的微弱信号。电压放大器输出电压取决于电容值 C_i，该电容值会随着电缆电容 C_c 的改变而变化，如果改变电缆长度，则必须重新校正灵敏度，因此，设计时应该把电缆长度定为常值。

为解决压电式传感器电缆分布电容对传感器灵敏度的影响和低频相应差的缺点，可采用电荷放大器与传感器连接。压电式传感器与电荷放大器连接的等效电路如图 2-81 所示。电荷放大器的输出电压 U_o 与传感器电荷量 Q 成正比，与电容 C_f 成反比，并且输出电压 U_o 与电缆电容 C_c 无关，电缆电容的变化不影响传感器的灵敏度，这是电荷放大器的优点，使用电荷放大器时电缆长度的变化影响可忽略，并允许使用长电缆。

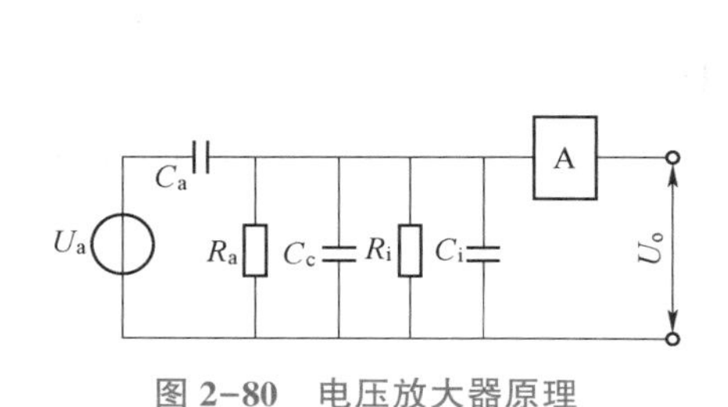

图 2-80　电压放大器原理

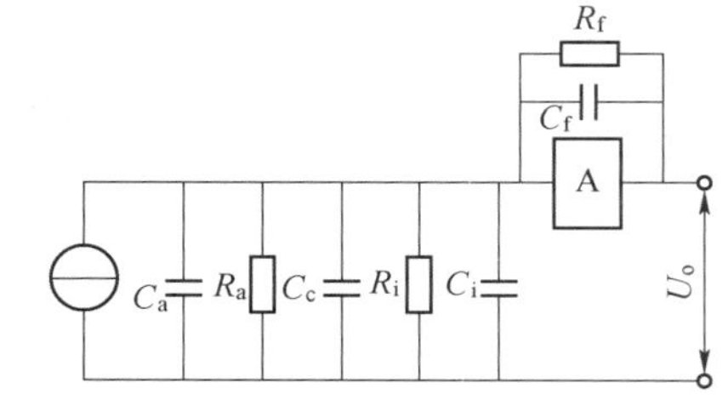

图 2-81　压电式传感器与电荷放大器连接的等效电路

2.6.4　压电式传感器的应用举例

压电式传感器适合进行动态测量，如加速度、振动、动态力等的测量。

1. 加速度传感器

结晶器振动参数是影响连铸生产效率和板坯成型质量的重要因素，通过设定非正弦振动波形的偏斜率、振幅和频率等参数，利用电动伺服或液压传动控制结晶器周期性振动，使结晶器铜壁和坯壳间形成相对滑动，从而减小初生坯壳在铜壁表面的黏结概率，降低漏钢事故风险。为保证监测质量，信号终端沿三坐标需采集结晶器振动速度、加速度、位移和频率，振动信号检测采用高电荷灵敏度、高温适应性压电式传感器，频率为 0.1~10.0 Hz，结晶器振动加速度为 1 cm/s^2，对应电路输出电压为 50 mV，结晶器信号检测电路如图 2-82 所示。结晶器振动速度、位移参数则由加速度检测信号积分获得，速度范围为 0.5~75.0 mm/s，位移范围为 0.5~20.0 mm。

2. 压电式金属加工切削力测量

图 2-83 为压电式传感器测量刀具切削力示意。由于压电陶瓷元件的自振频率高，故特别适合测量变化剧烈的载荷。图中压电式传感器位于车刀前部的下方，当进行切削加工时，切削力通过刀具传给压电式传感器，压电式传感器将切削力转换为电信号输出，记录下电信号的变化从而测得切削力的变化。

在铸造生产中气冲造型机、落砂机需要进行振幅、频率、加速度等的测量，在检测中可以选用压电式传感器。

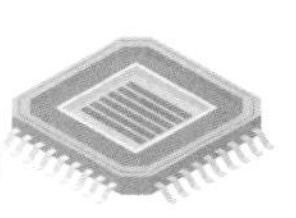

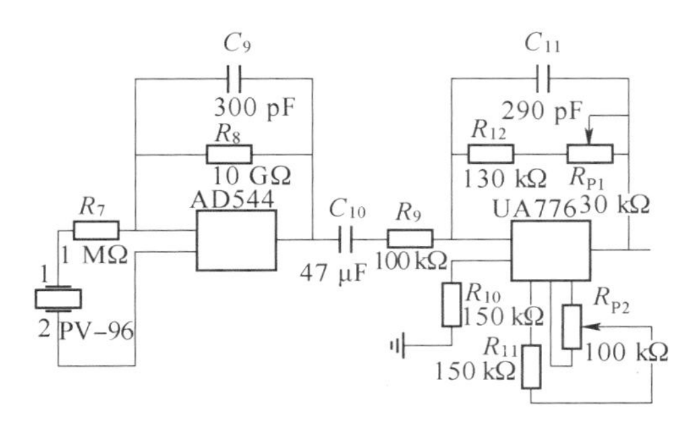

图 2-82　结晶器信号检测电路

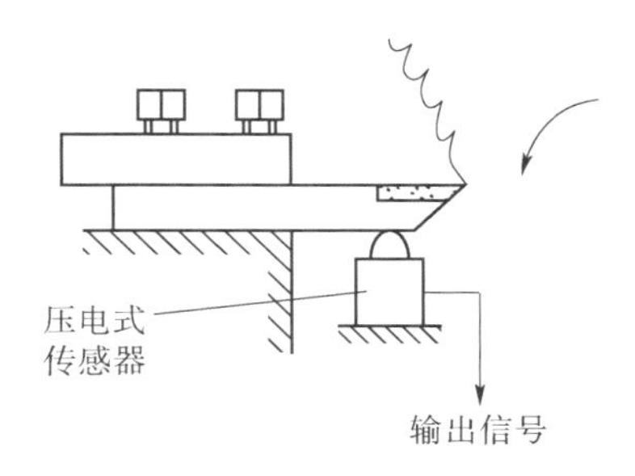

图 2-83　压电式传感器测量刀具切削力示意

2.7　光电式传感器

光电式传感器是将光能转换为电能的一种传感器，具有以下优点：检测距离长，可达到 10 m 以上的检测距离；对检测物体的限制少，由于以检测物体引起的遮光和反射为检测原理，所以不像接近传感器等将检测物体限定为金属，它可对玻璃、塑料、木材、液体等几乎所有物体进行检测；响应时间短，光本身具有高速，并且传感器的电路都由电子零件构成，所以不包含机械性工作时间；分辨率高，能通过高级设计技术使投光光束集中为小光点，或通过构成特殊的受光光学系统，来实现高分辨率，也可进行微小物体的检测和高精度的位置检测；可实现非接触的检测，可以无须机械性地接触检测物体实现检测，不会对检测物体和传感器造成损伤，传感器能长期使用；可实现颜色判别，通过检测物体形成的光的反射率和吸收率，根据被投光的光线波长和检测物体的颜色组合而有所差异的这种性质，可对检测物体的颜色进行检测；便于调整，在投射可视光的类型中，投光光束是眼睛可见的，便于对检测物体的位置进行调整；传感器的结构简单，形式灵活多样。

光电式传感器除了用来测量光信号，还可间接测量温度、压力、速度、加速度等物理量，因此在检测和控制领域内得到广泛应用。

根据工作原理的不同，可将光电式传感器分为四类：利用光电效应的光电式传感器，如光电倍增管、光电阻等；利用材料对红外线的选择性吸收制成的红外热释电探测器；利用光电转换成像的 CCD 图像传感器和 CMOS 图像传感器；光纤传感器。

红外探测器在 2.2 节已经进行了介绍，本节主要介绍光电效应传感器和 CCD 图像传感器。

2.7.1　光电效应传感器

1. 光电效应

因光照而引起物体化学特性改变的现象称为光电效应。光电效应分为外光电效应和内光电效应。

(1) 外光电效应。在光线照射下，物体内的电子逸出表面向外发射的现象称为外光电效应。向外发射的电子称为光电子。由物理学知识，光子是具有能量的粒子，每个光子的能量可由下式确定：

$$E=h\nu \tag{2-83}$$

式中，h 为普拉克常数，$h=6.626\times10^{-34}$ J·s；ν 为光的频率（s^{-1}）。

物体中电子吸收入射光子的能量，当足够克服逸出功A_0时，电子就逸出物体表面，产生光电子发射，此时光子能量 $h\nu$ 必须超过逸出功A_0，超出的能量表现为光电子的动能。上述关系用爱因斯坦光电效应方程表示为

$$h\nu=\frac{1}{2}mv_0^2+A_0 \tag{2-84}$$

式中，m 为电子质量；v_0 为电子逸出速度。

基于外光电效应的光电器件有光电管、光电倍增管等。

（2）内光电效应。光照射在物体上，使物体的电导率发生变化，或产生光生电动势的现象，称为内光电效应，所以内光电效应按其工作原理可分为光电导效应和光生伏特效应。

1）光电导效应。入射光强改变物质导电率的物理现象称为光电导效应。几乎所有电阻率高的半导体都具有光电导效应，这是因为当辐射能足够强的光照射到半导体材料上时，电子吸收光子能量，电子从价带被激发到导带上，使导带的电子和价带的空穴增加，导致光电导体的电导率变大。为了使电子实现能级的跃迁，入射光的能量E_0必须大于禁带的宽度E_g。

光敏电阻是基于光电导效应工作的。

2）光生伏特效应。光照时物体中能产生一定方向电动势的现象称为光生伏特效应。光生伏特效应存在两种形成机理：势垒效应（结光电效应）和侧向光电效应。

①势垒效应（结光电效应）。接触的半导体和 PN 结中，当光线照射其接触区域时，便产生光电动势，这就是结光电效应。以 PN 结为例，光线照射 PN 结时，设光子能量大于禁带宽度 E_g，使价带中的电子跃迁到导带，从而产生电子空穴对。在阻挡层内电场的作用下，被光激发的电子移向 N 区外侧，被光激发的空穴移向 P 区外侧，从而使 P 区带正电，N 区带负电，形成光电动势。基于这种效应的光电器件有光电池。

②侧向光电效应。当半导体光电器件受光照不均匀时，载流子浓度梯度将会产生侧向光电效应。当光照部分吸收入射光子的能量产生电子空穴对时，光照部分载流子浓度比未受光照部分的载流子浓度大，就出现了载流子浓度梯度，因而载流子发生扩散。一般电子迁移率比空穴大，如果空穴的扩散不明显，则电子向未受光照部分扩散，就造成光照部分带正电，未受光照部分带负电，光照部分与未受光照部分产生光电动势。基于该效应的光电器件有光敏晶体管。

2. 光电器件

光电器件是将光能转换为电能的一种传感器件，它是构成光电式传感器最主要的部件。光电器件种类有很多，基于外光电效应的光电器件有光电管、光电倍增管等；基于内光电效应的光电器件有光敏电阻、光敏晶体管、光电池等。

（1）光电管和光电倍增管。光电管是一个抽成真空或充满惰性气体的玻璃管，内部有阴极和阳极，阴极装在玻璃管内壁上，其上涂有光电发射材料；阳极通常用金属丝弯成矩形或圆形，至于玻璃管中央。其结构和工作原理如图 2-84 所示。当光照射在光电材料上时，如果光子的能量大于逸出功，则会有电子逸出从而产生光电子发射。电子被带正电的阳极吸引加速，在光电管内形成电子流，电子流在电阻上产生正比于光电流大小的压降，因此负载电阻上的输出电压与光强成正比。真空光电管灵敏度高，在自动检测仪表中应用较多。

当入射光强度极弱时，光电管产生的电流很小，此时可采用光电倍增管。光电倍增管的工作原理如图2-85所示，由光电阳极A、阴极K和若干个倍增极E构成。倍增级数目通常为12~14级，多的可达30级。光电倍增管一般在1 000~2 500 V的高压下工作，每个倍增级间加有一定电压，可使电子逐步加速。入射光首先使阴极发出电子，发射的电子轰击倍增级，放出电子，被 E_1、E_2 间的电场加速，射向第二倍增级 E_2、并再次产生二次电子发射，如此下去，每产生一次二次电子发射，电子数量有所增加，最后被阳极吸收，在光电阴极和光电阳极间形成电流。光电倍增管可将阴极的光电流放大几万甚至几百万倍，所以其灵敏度比普通光电管高很多。

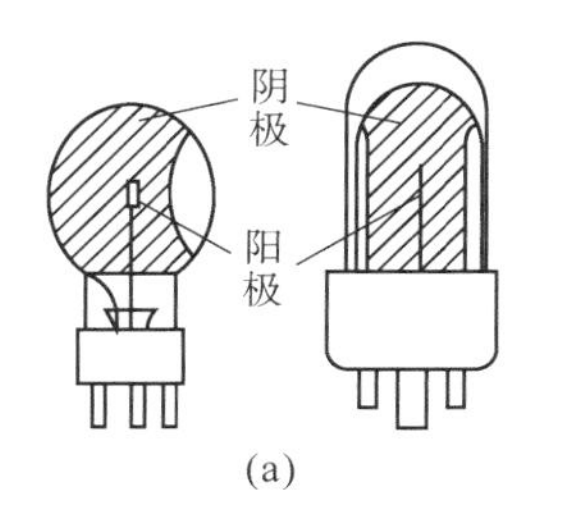

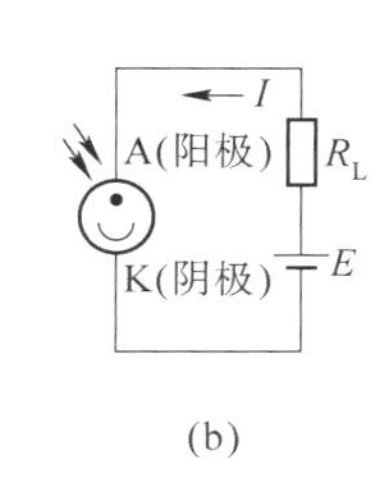

图2-84 光电管的结构和工作原理
(a) 结构；(b) 工作原理结构

图2-85 光电倍增管的工作原理

(2) 光敏电阻。光敏电阻又称光导管，是基于内光电效应制作的光敏元件。其外形和内部结构如图2-86所示，在玻璃底板上涂一层对光敏感的半导体材料，半导体两端装上梳状电极，然后在半导体光敏层上覆盖一层漆膜，将它们压入塑料封装体。

把光敏电阻接入电路中，如图2-87所示，在外加电压作用下，回路中电流 I 随着光敏电阻变化而变化。光敏电阻在受到光的照射时，由于内光电效应使其导电性增强，所以电阻下降，引起流过负载 R_L 的电流及其两端输出电压的变化。光照越强回路电流越大，当光照停止时，电阻恢复原值，光电效应消失。

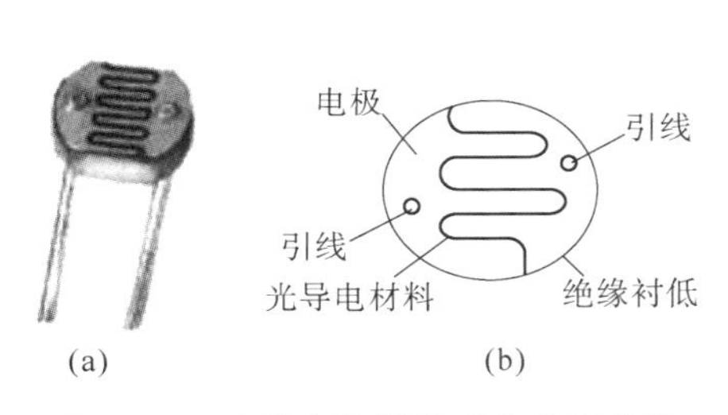

图2-86 光敏电阻的外形和内部结构
(a) 外形；(b) 内部结构

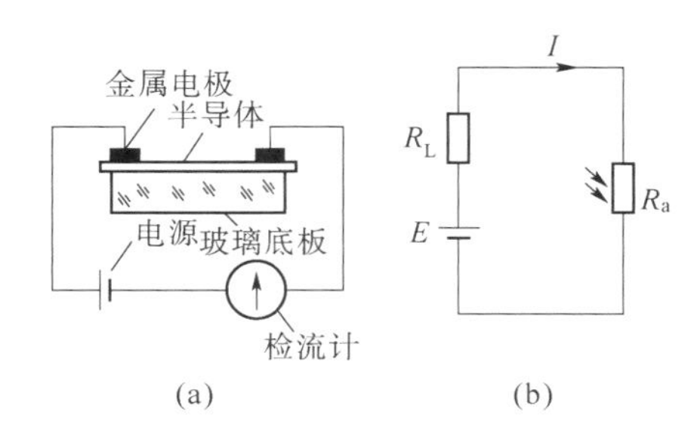

图2-87 光敏电阻的结构示意和工作原理
(a) 结构示意；(b) 工作原理

不同材料的光敏电阻的灵敏度与入射波长有关，在可见光范围内，应用最广泛的是硫化镉、硒化镉光敏电阻；紫外波段多用硫化锌、氧化锌光敏电阻；红外波段多用硫化铅、硒化铅光敏电阻。光敏电阻具有灵敏度高、光谱特性好、使用寿命长、稳定性好、体积小、工艺简单等优点，广泛用于自动检测与控制技术中。

(3) 光敏晶体管。光敏晶体管也称光电晶体管，包括光电二极管和光电三极管，其工

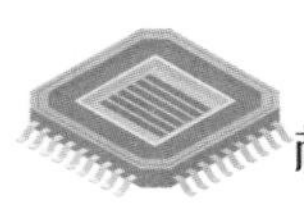

作原理基于光生伏特效应。与光敏电阻相比，电敏晶体管具有速度快、灵敏度高、可靠性高等优点，广泛用于可见光和远红外探测，以及自动控制、自动报警等方面。

光电二极管是一种利用PN结结构单向导电型的结型光电器件，包括硅光电二极管和锗光电二极管，其结构与一般二极管相似，被封装在透明的玻璃外壳中，PN结在管子顶部，可以直接接受光的照射，如图2-88所示。光电二极管在电路中一般处于反向偏置状态，无光照时反向电阻很大，反向电流小；在有光照时，PN结处产生光生电子-空穴对，在反向偏压和PN结内电场作用下光生电子-空穴对做定向运动，形成光电流。光电流随着入射光强度变化而变化，光照越强，光电流越大。因此，光电二极管在不受光照射时，处于截止状态；受光照射时，处于导通状态，光电流方向与反向电流一致。光电二极管的光照特性是线性的，适用于检测等方面。

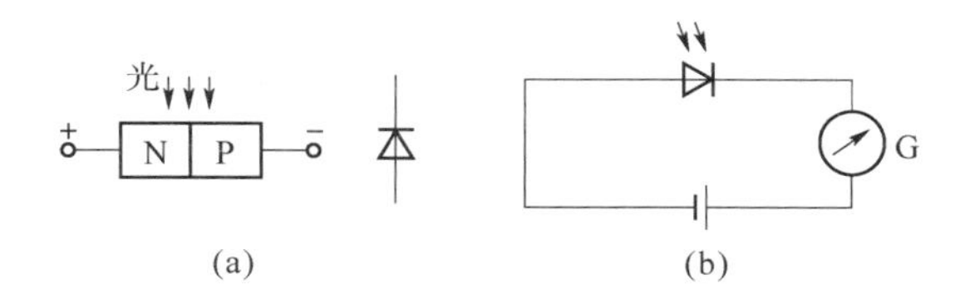

图2-88　光电二极管

(a) 结构示意；(b) 接线原理

光电三极管有NPN型和PNP型两种，其结构与二极管相似，只是发射极做得很大，以扩大光的照射面积，且基极往往不接引线，其工作原理与光电二极管相同。探测炽热物体时，一般选用硅管；进行红外探测时，多选用锗管。当光照充足时，光电三极管有饱和现象，因而它既可作线性转换元件，也可作开关。

（4）光电池。光电池是一种基于光生伏特效应，可直接将光能转换成电能的器件。光电池种类有很多，包括硒光电池、硅光电池、锗光电池、砷化镓光电池、硫化砣光电池、硫化铜光电池等。其中，硅光电池的转化效率高、价格低廉、寿命长，是使用最广泛的一种光电池。硒光电池虽然转换效率低，寿命短，但适合接受可见光，是很多分析仪器和测量仪表中常用的器件。砷化镓光谱与太阳光谱吻合，且砷化镓光电池耐高温、抗宇宙射线，是航宇光电池的首选材料。

3. 光电效应传感器的应用举例

光电效应传感器主要由发光的投光部和接受光线的受光部构成。如果投射的光线因检测物体不同而被遮掩或反射，则到达受光部的量将会发生变化，受光部将检测出这种变化，并转换为电气信号，进行输出。光电效应传感器按测量方式分为吸收式、遮光式、反射式、辐射式，如图2-89所示。按其输出量性质又可分为模拟输出型光电传感器和数字输出型光电传感器两大类，工业中常见的光栅尺、光电编码器、光电液位计等属于数字输出型光电传感器，即光电器件的输出仅有两个稳定状态，也就是“通”与“断”的开关状态。当光电器件受光照时，有电信号输出；不受光照时，无电信号输出。

（1）光栅尺（光栅位移传感器）。光栅尺具有测量精度高、抗干扰能力强等特点，适用于动态测量、自动测量及数字显示，在坐标测量仪和伺服系统中有着广泛的应用。光栅位移传感器主要由标尺光栅、指示光栅、光路系统和光电元件等组成。

1）光栅的基本结构。光栅是在透明的玻璃上刻有大量相互平行、等宽而又等间距的刻

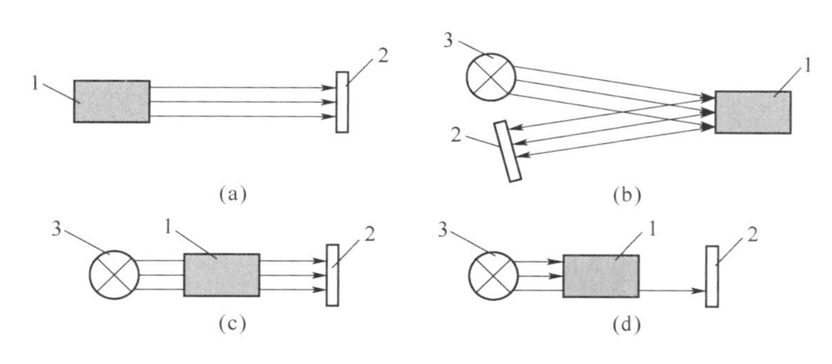

1—被测量；2—光电器件；3—恒光源。

图 2-89　光电效应传感器按测量方式分类

(a) 辐射式；(b) 反射式；(c) 吸收式；(d) 遮光式

线。这些刻线有透明的和不透明的（或是对光反射和不反射的）。如图 2-90 所示，栅线的宽度为 a，线间宽度为 b，一般取 $a=b$，而 $W=a+b$ 称为光栅栅距（也称光栅常数或光栅节距），是光栅的重要参数。每毫米长度内的栅线数表示栅线密度，常用的线纹密度为 25 条/mm、50 条/mm、100 条/mm、250 条/mm。条数越多，光栅的分辨率越高。

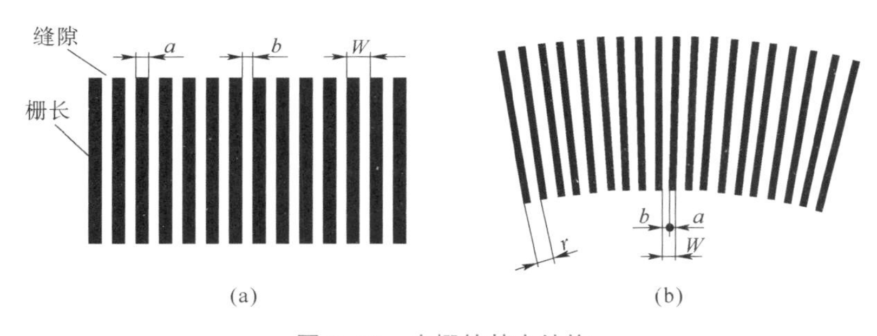

图 2-90　光栅的基本结构

(a) 长光栅；(b) 圆光栅

光栅根据原理和用途的不同，可分为物理光栅和计量光栅；根据透射形式的不同，可分为透射光栅和反射光栅；按照应用类型可分为长光栅和圆光栅，长光栅用于长度测量，圆光栅用于角度测量。在一对光栅中，一块光栅作测量基准，称为主光栅（或标尺光栅），另一块光栅称为指示光栅。在光栅测量系统中，指示光栅一般固定不动，主光栅随测试工作台（或主轴）移动（或转动）。但在使用长光栅的数控机床中，主光栅往往固定在机床上，指示光栅则随拖板一起移动。

2）光栅位移传感器的工作原理。两块光栅以很近的距离重叠，当两光栅的栅线透光与透光部分重叠时，光线通过透光部分形成光亮带；当两光栅不透光部分分别与另一光栅不透光部分叠加时，互相遮挡，光线透不过，形成暗带。这种由光栅重叠形成的光学图案称为莫尔条纹，如图 2-91 所示。计量光栅是利用莫尔现象实现几何量测量的，利用莫尔条纹将光栅距离的变化转换为莫尔条纹的变化，利用光电器件检测出莫尔条纹的变化次数，就可以算出光栅尺移动的距离。莫尔条纹具有以下 3 个特性。

①莫尔条纹间距对光栅栅距有放大作用。在两光栅栅线夹角 θ 很小，且它们的光栅常数相等的情况下，即 $W_1=W_2$，莫尔条纹周期 B 和光栅常数 W、栅线夹角 θ 之间有下列

关系：

$$B \approx \frac{W}{\theta} \tag{2-85}$$

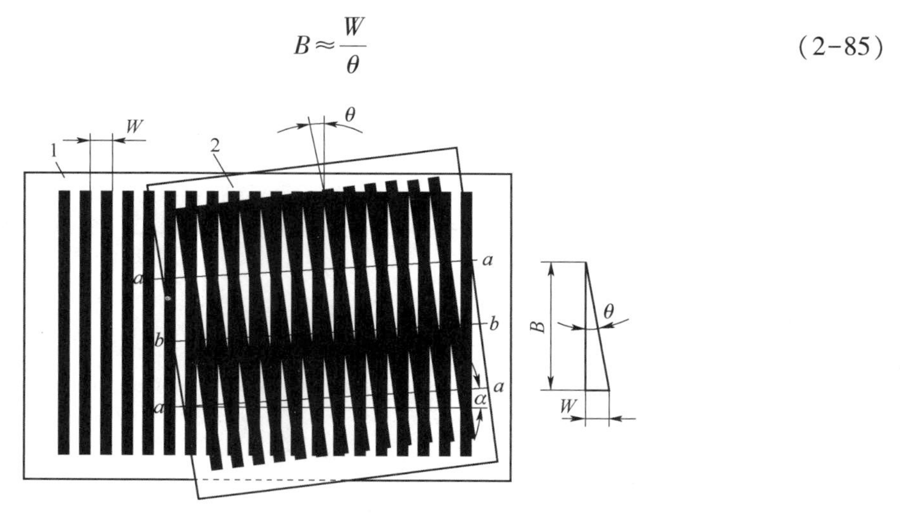

图 2-91　莫尔条纹

令 $W=0.02$ mm，$\theta=0.0017$ rad，则 $B=11.46$ mm，即光栅尺移动一个栅距（0.02 mm）时，莫尔条纹移动一个条纹周期，这说明莫尔条纹间距对光栅栅距有很强的放大作用。

②莫尔条纹对光栅栅距局部误差具有误差平均效应。莫尔条纹是由大量栅线共同形成的，对光栅栅线的刻画误差有平均作用，从而能在很大程度上消除刻线周期误差对测量精度的影响。

③莫尔条纹的移动量、移动方向与光栅尺的位移量、位移方向具有对应关系。

当光栅移动一个栅距时，莫尔条纹走过一个条纹间距，电压输出变化正好经历一个周期，可以通过电路整形处理，变成一个脉冲输出。脉冲数、条纹数与移动的栅距数一一对应，所以位移量为

$$x = NW \tag{2-86}$$

式中，N 为条纹数；W 为栅距。

下面以数控折弯机为例介绍光栅尺的应用。在先进的数控折弯机中，为了提高控制精度，多采用光栅尺进行位置检测。如图 2-92 所示，伺服电动机控制工作台运动和折弯机滑块的运动，传动机构上各装有一套检测滑块位移的光栅尺，控制滑块获取两套光栅尺的位置信息，反馈给控制系统进行比较。

（2）光电编码器。光电编码器是一种通过光电转换将输出轴上的机械几何位移量或转动角度转换成脉冲或数字量的传感器，由光栅盘和光电检测装置组成。由于光电码盘与电动机同轴，所以当电动机旋转时，光栅盘与电动机同速旋转，经发光二极管等电子器件组成的检测装置检测输出若干脉冲信号，其工作原理如图 2-93 所示。通过计算光电编码器每秒输出脉冲的个数就能得出当前电动机的转速。此外，为判断旋转方向，码盘还可提供相位相差 90°的脉冲信号。

根据输出信号的性质，光电编码器分为增量式光电编码器和绝对式光电编码器两种。

1）增量式光电编码器。增量式光电编码器是直接利用光电转换原理输出 3 组方波脉冲 A、B 和 Z 相；A、B 两组脉冲相位差 90°，从而可方便地判断出旋转方向，参考零位的 Z 相

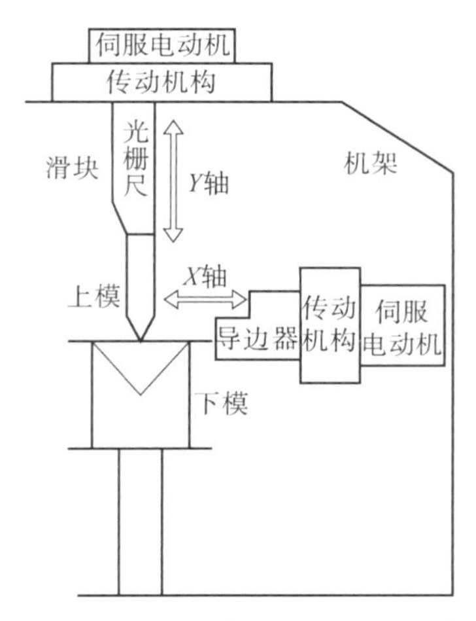

图 2-92　数控折弯机中光栅尺的应用

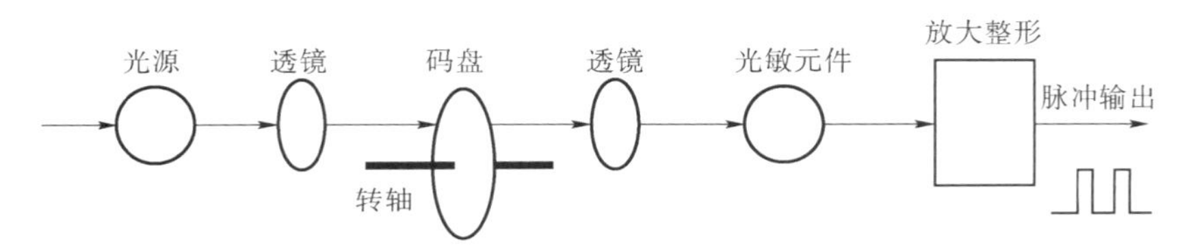

图 2-93　光电编码器的工作原理

标志（指示）脉冲信号，码盘每旋转一周，只发出一个标志信号，用于基准点定位。增量式光电编码器能够产生与位移增量等值的脉冲信号。需要注意的是，它能检测的是相对于某个基准点的相对位置增量，不能够直接检测出轴的绝对位置信息。图 2-94 为增量式光电编码器的结构示意，光栅板上的两个狭缝距离是码盘上的两个狭缝距离的（m +1/4）倍，m 为正整数，并设置了两组光敏元件，又称 sin 元件、cos 元件，在码盘里圈，还有一个狭缝，每转能产生一个脉冲，该脉冲信号又称一转信号或零标志脉冲，作为测量的起始基准。

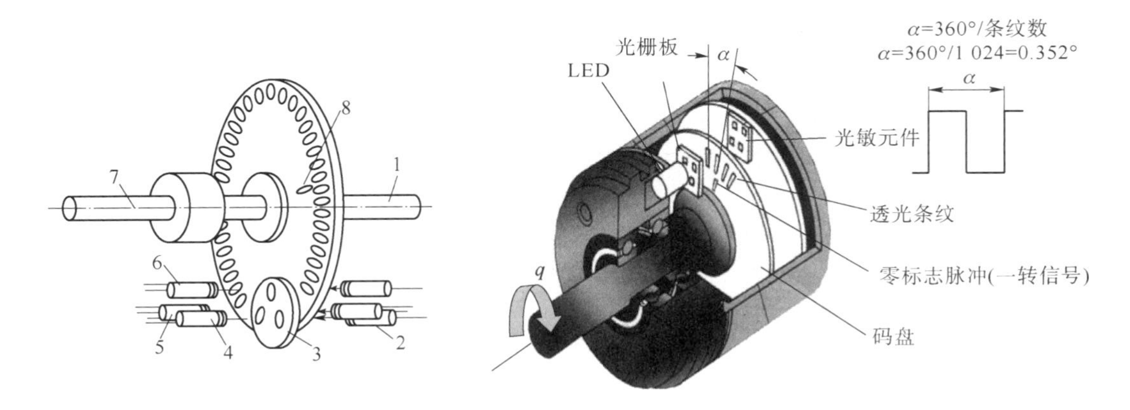

1—均匀分布透光槽的编码盘；2—LED 光源；3—光栅板上的狭缝；4—sin 元件；5—cos 元件；6—零位读出光电元件；7—转轴；8—零位标记槽。

图 2-94　增量式光电编码器的结构示意

增量式码盘输出信号为一串脉冲，每一个脉冲对应一个分辨角 α，对脉冲进行计数 N，就是对 α 的累加，即角位移 $\theta=N\alpha$。例如，$\alpha=0.352°$，脉冲 $N=1\ 000$，则 $\theta=0.352°\times1\ 000=352°$。

增量式光电编码器可进行转速测量。转速较低时，采用T法测速：每转产生 N 个脉冲，用已知频率 f_c 作为时钟，填充到编码器输出的两个相邻脉冲之间的脉冲数为 m_2，则转速(r/min)为 $n=60f_c/Nm_2$；转速较高时，进行M法测速，编码器每转产生 N 个脉冲，在 T 时间段内有 m_1 个脉冲产生，则转速（r/min）为 $n=60m_1/NT$。

增量式光电编码器的优点：原理构造简单、易于实现；机械平均寿命长，可达到几万小时以上；分辨率高；抗干扰能力较强，信号传输距离较长，可靠性较高。增量式光电编码器的缺点：无法直接读出转动轴的绝对位置信息。其主要用于测速。

2）绝对式光电编码器。绝对式光电编码器与增量式光电编码器的不同之处在于圆盘上透光、不透光的线条图形，编码盘上码道的条数就是数码的位数，其编码盘及结构示意如图2-95所示。绝对式光电编码器可有若干编码，根据读出编码盘上的编码，就能检测出绝对位置。绝对式光电编码器按照角度进行编码，直接用数字码表示，其是利用自然二进制或循环二进制（格雷码）方式进行光电转换的（利用的数制对应关系如表2-11所示）。这种编码器的特点是在转轴的任意位置都可读出一个固定的、与位置相对应的数字码，图2-96所示位置的二进制表示为0010。

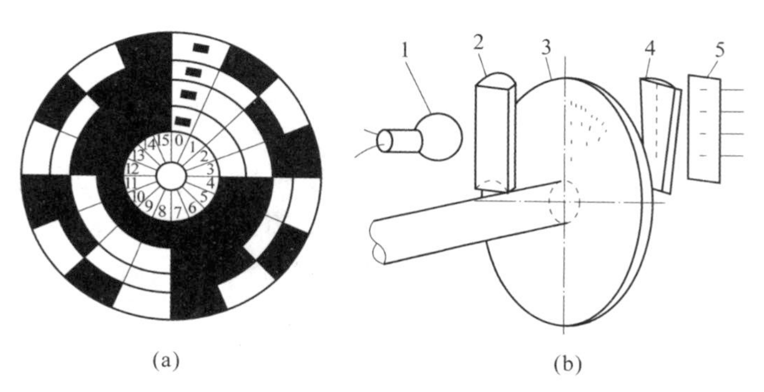

1—光源；2—透镜；3—编码盘；4—狭缝；5—光电器件。

图2-95 绝对式光电编码器的编码盘及结构示意

（a）4位自然二进制编码盘；（b）结构示意

表2-11 绝对式光电编码器利用的数制对应关系

十进制（D）	二进制（B）	格雷码（R）	十进制（D）	二进制（B）	格雷码（R）
0	0000	0000	8	1000	1100
1	0001	0001	9	1001	1101
2	0010	0011	10	1010	1111
3	0011	0010	11	1011	1110
4	0100	0110	12	1100	1010
5	0101	0111	13	1101	1011
6	0110	0101	14	1110	1001
7	0111	0100	15	1111	1000

绝对式光电编码器的优点：可以直接读出角度坐标的绝对值；没有累积误差；电源切断后位置信息不会丢失；编码器的精度取决于位数；最高运转速度比增量式光电编码器高。绝对式光电编码器的缺点：结构复杂，价格高，光源寿命短等。其主要用于角度控制、定位、测长。

（3）光电液位检测。如图2-97所示，在液体未升到发光二极管及光电三极管平面时，红外发光二极管发出的红外线不会被光电三极管接收；当液位上升到发光二极管及光电三极管平面时，出于液体的折射，光电三极管接收到红外信号由此获得液位信号。

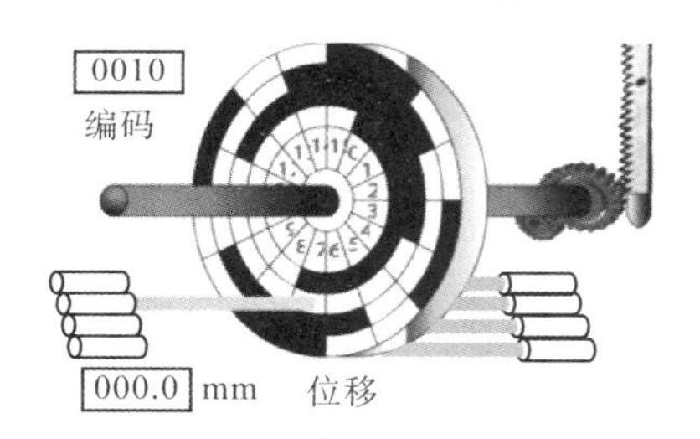

图2-96 绝对式光电编码器读数示例

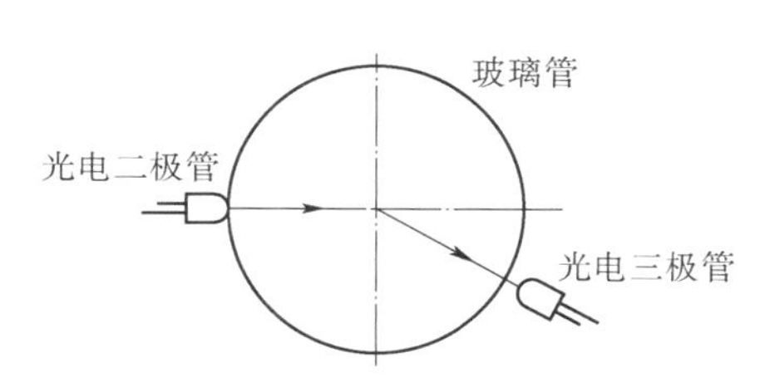

图2-97 光电液位检测

（4）冲天炉料位检测。冲天炉加料自动控制系统的工作内容是：根据冲天炉在熔炼过程中的实际情况及时发出空料信号并给出加料指令，使加料机周期地加料，保持料位正常。在冲天炉加料口以下450~500 mm处，也就是一个批炉料的高度处，对开两个$\phi50$的光控孔，如图2-98所示，光束从此孔通过，使硅光电池接受光信号转变为电能，再通过放大器的配合，实现光电自动加料。如果炉料未下降，挡住了光控孔，则光源被炉料挡住，光照射不过去，硅光电池也不能接受光信号，加料机不工作。一旦炉料下降到$\phi50$光控孔以下的瞬间，光束射过光控孔，硅光电池立即接受光源信号，加料机即自动上升。

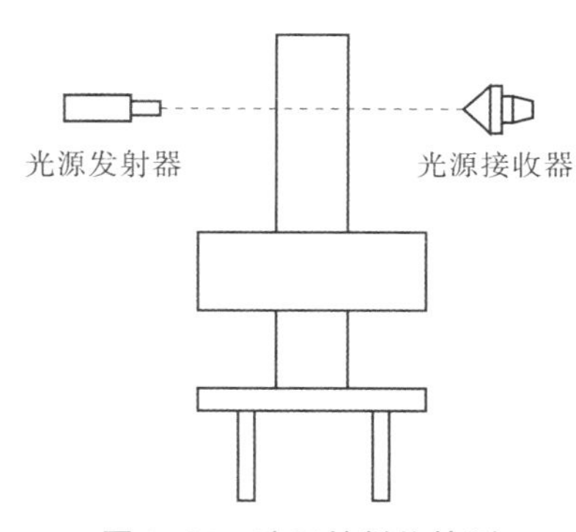

图2-98 冲天炉料位检测

2.7.2 CCD图像传感器

电荷耦合器件（Charge-Coupled Device，CCD）又称图像传感器，是利用内光电效应由众多的光敏元件构成的集成化的光电式传感器。它通过将光学信号转换为数字电信号来实现图像的获取、存储、传输、处理和复现，可用于可见光、紫外光、X射线、红外光和电子轰击等成像过程。目前，CCD固体图像传感器作为一种能有效实现动态非接触测量的传感器，被广泛应用于物体尺寸、位移、表面形状、温度测量，以及图形文字识别、图像检测等领域。

1. CCD结构及其工作原理

CCD是一种固态检测器，由多个相同的光敏像元组成，每个光敏像元就是一个MOS（Metal-Oxide-Semiconductor，金属、氧化物、半导体）电容器，其结构如图2-99所示。CCD中的MOS电容器的形成方法是：在P型或N型单晶硅的衬底上用氧化的办法生成一层厚度为100~150 nm的SiO_2绝缘层，再在SiO_2表面蒸镀一层金属电极或以多晶硅作为栅电极，在衬底和电极间加上一个偏置电压（栅极电压），即形成了一个 MOS 电容器，它具有光生电荷、电荷存储和电荷传移的功能。

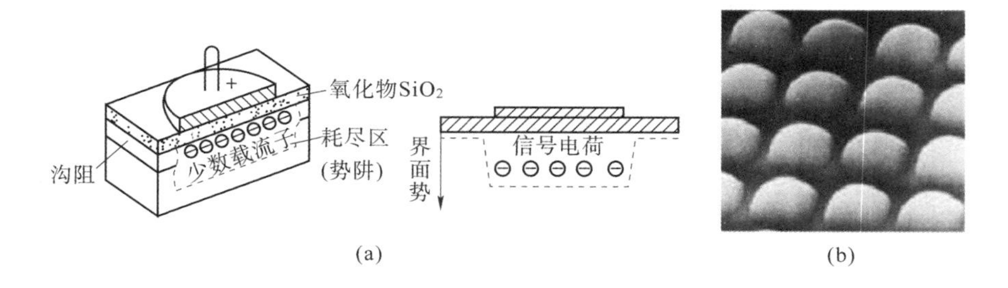

图 2-99　CCD 结构

（a）CCD 结构单元；（b）显微镜下的 MOS 单元表面

以 P 型单晶硅的阵元为例，在金属电极未加电压时，载流子均匀分布于半导体内部；当金属电极上加一个大于半导体阈值势能的电动势时，电极下面的多数载流子-空穴会被排尽形成耗尽层（势阱），如图 2-100 所示，并且耗尽层深度随着所加电动势的增加而增大。当光照射 MOS 电容器时，半导体吸收光子，产生电子-空穴对，光生电子会被吸收到势阱中。势阱内所吸收的光生电子的数量与入射到该势阱附近的光强成正比：光强越强，产生电子-空穴对越多，势阱中收集的电子数也就越多；反之，光强越弱，收集的电子数越少。这样一个 MOS 光敏元称为一个像素，将相互独立的成百上千个 MOS 光敏元放在同一半导体衬底上，就形成了几百甚至几千个势阱。因为势阱中电子数的多少可以反映光的强弱，能够说明图像的明暗程度，所以当照射到这些光敏元上的光呈一幅强度不同的图像时，就生成一幅与光强成正比的电荷图像，这就是 MOS 电容器的工作原理。

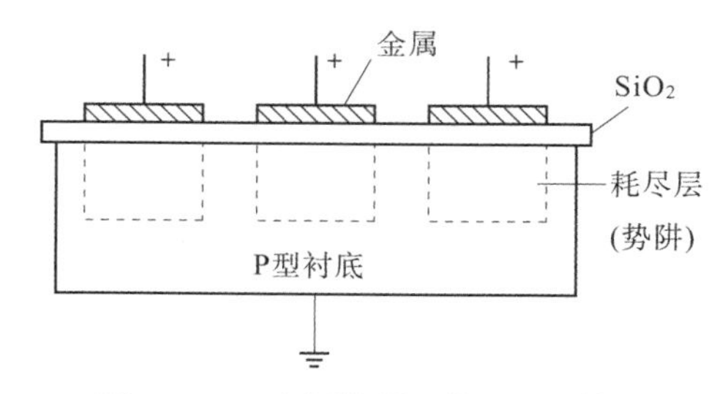

图 2-100　电压作用下的 MOS 单元

多个 MOS 光敏元依次相邻排列，使势阱交叠、耦合在一起，从而使相邻势阱中的电子在脉冲作用下有控制地从一个势阱流动到下一个势阱。如图 2-101 所示，图中 φ_1、φ_2、φ_3 为 3 个驱动脉冲。在 t_1 时刻，$\varphi_1=1$，而 $\varphi_2=\varphi_3=0$，如图 2-101（a）所示，在 φ_1 对应的 MOS 下出现势阱，并陷入电子；在 t_2 时刻，$\varphi_2=1$，此时在 φ_2 对应的 MOS 下也出现势阱，φ_1 下势阱向 φ_2 下势阱转移，如图 2-101（b）所示；在 t_3 时刻，$\varphi_1=1/2$，势阱变浅，φ_1 下势阱中更多的电子向 φ_2 下势阱转移，如图 2-101（c）所示；在 t_4 时刻，$\varphi_1=0$，势阱消失，φ_1 下势阱中的电子全部转移到 φ_2 下势阱中，此时 φ_2 势阱中电子也向 φ_3 下势阱中转移，如图 2-101（d）所示。这样的过程一直重复下去，实现电荷的移位过程。以上介绍的是三相驱动，还存在其他驱动方式。由于在传输过程的同时光照仍然进行，使信号电荷发生重叠，

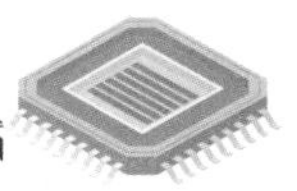

图像会变得模糊。因此，CCD 摄像区应和传输区分开，并在时间上保证信号电荷从摄像区转移到传输区的时间远小于摄像时间。

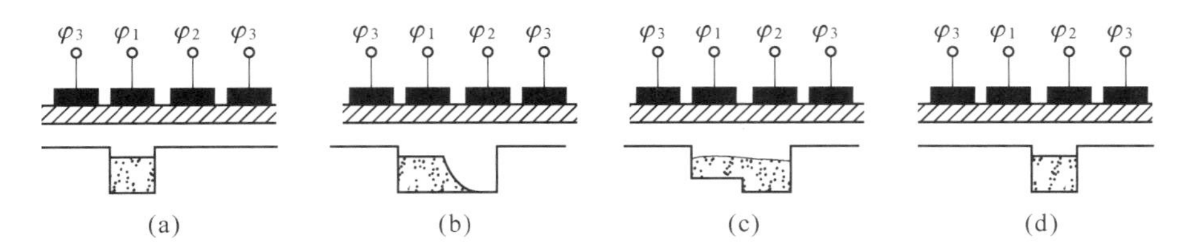

图 2-101　MOS 单元中电荷的迁移过程

（a）出现 φ_1 下势阱；（b）出现 φ_2 下势阱；（c）电子大量由 φ_1 下势阱流向 φ_2 下势阱；（d）电子全部转移到 φ_2 下势阱

2. 图像传感器在材料成型中的应用

图像传感技术在铸造、锻造、焊接等材料成型过程中具有研究应用，如铸造的浇注过程、铸件表面粗糙度测量、大型锻件热态测量、焊缝的自动追踪等方面，下面以铸造的浇注过程为例进行介绍。如图 2-102 所示，利用图像传感器 3（如摄像头等）摄取铸型浇口杯或冒口中的金属液面状态，将摄取的铸型浇口杯中的液面图像数据传输到计算机中，与计算机中预存的浇口杯充填状态图进行比较处理，并以此得到相应的控制信号，然后驱动伺服液压缸/电动机 1 动作，带动塞杆 2 升降得到不同的开启程度。如果浇口杯中完全充满液体，且液面不再变化，则认为浇注完毕，塞杆下降关闭浇嘴。

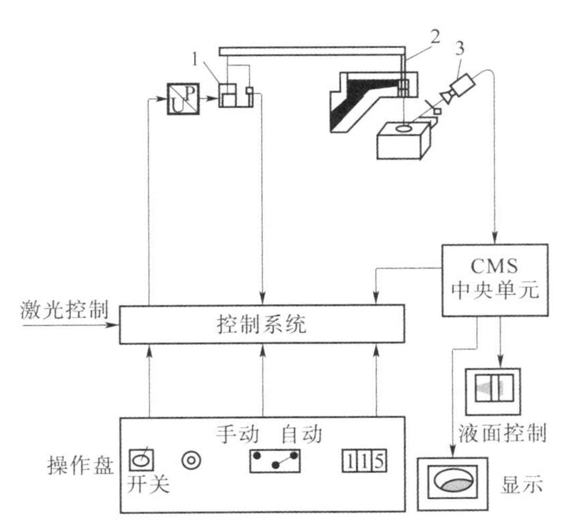

1—伺服液压缸/电动机；2—塞杆；3—图像传感器。

图 2-102　CCD 技术控制浇注过程

2.8　霍尔传感器

霍尔传感器是利用霍尔效应将被测物理量转换为电动势信号的一种传感器。1879 年，物理学家霍尔首先在金属中发现霍尔效应，但因金属中霍尔效应太弱而没有得到应用。随着半导体技术的发展，人们开始利用半导体材料制作霍尔元件，由半导体制作的霍尔元件体积小、功耗低、霍尔效应强，利于微型化和集成化。由于霍尔传感器具有灵敏度高、线性度好、稳定性高、体积小及耐高温等特性，所以被广泛应用于电流、磁场、位移、压力、转速等物理量的测量。

2.8.1 霍尔效应

霍尔效应的原理如图 2-103 所示，将一个长度为 L、宽度为 b、厚度为 d 的半导体薄片垂直置于磁感应强度为 B 的磁场中，如果在它的两侧通以控制电流 I，且磁场方向与电流方向正交，则在薄片的另外两侧将会产生一个与控制电流和磁场强度乘积成正比的电动势 U_H，这一现象称为霍尔效应，产生的电动势 U_H 称为霍尔电动势。

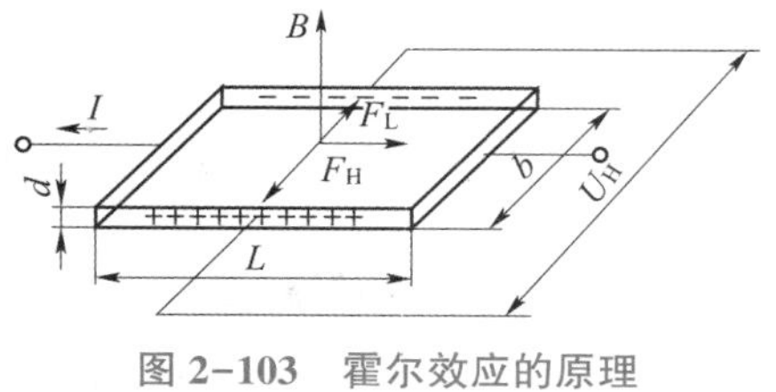

图 2-103　霍尔效应的原理

设薄片为 N 型半导体，其多数载流子——电子——的运动方向与电流方向相反。在磁场 B 中，导体自由电子在磁场的作用下做定向运动，每个电子受洛伦兹力 F_L 作用，洛伦兹力 F_L 的表达式为

$$F_L = -evB \tag{2-87}$$

式中，e 为电子电量；v 为电子运动速度；B 为垂直于表面的磁感应强度。

在洛伦兹力 F_L 作用下，电子向导体的一侧偏转，使该侧形成负电荷积累，而另一侧形成正电荷积累，这样，两侧的积累电荷形成静电场 E_H，称为霍尔电场。该静电场对电子产生作用力 F_H，其方向与洛伦兹力相反，将阻止电子继续偏转，其大小为

$$F_H = -eE_H = -eU_H/b \tag{2-88}$$

当静电力 F_H 与洛伦兹力 F_L 相等时，电荷积累达到动态平衡，即 $-evB = -eU_H/b$，从而得到

$$U_H = bvB \tag{2-89}$$

若流过 N 型半导体薄片的电子浓度（即单位体积中的电子数）为 n，电子运动速度为 v，薄片的横截面积为 $d\times b$，流过材料的电流为 $I = -nevbd$，则有

$$v = -\frac{I}{nebd} \tag{2-90}$$

将式（2-90）代入式（2-89）得

$$U_H = bvB = -\frac{IB}{ned} = R_H \frac{IB}{d} = K_H IB \tag{2-91}$$

令 R_H 为霍尔系数，有

$$R_H = -\frac{1}{ne} \tag{2-92}$$

定义霍尔元件的灵敏度系数为

$$K_H = \frac{R_H}{d} \tag{2-93}$$

由于材料的电阻率 ρ 与电子浓度 n 及其迁移率 μ（$\mu = v/E$）有关，即 $\rho = -1/\mu en$，则 $en = -\rho\mu$，所以霍尔系数 R_H 可表示为 $R_H = \rho\mu$。

由（式2-93）可见，半导体薄片越薄，霍尔元件的灵敏度越高，所以霍尔元件的厚度一般在1 μm左右，击穿电压较低。霍尔系数R_H是由材料性质决定的一个常数，任何材料在一定条件下都能产生霍尔电动势，但不是所有材料都可以制成霍尔元件。绝缘材料电阻率ρ极高，电子迁移率小；金属材料电子浓度n很高，但电阻率很小，所以这两种材料的霍尔电动势很小。只有半导体材料的电子迁移率μ和电子浓度n适中，才适合制造霍尔元件。又因电子迁移率大于空穴迁移率，所以霍尔元件多采用N型半导体制造，常用的材料包括Ge、Si、InSb、GaAs、InAs等。

2.8.2　霍尔元件的结构及其测量电路

霍尔元件由霍尔片、4根引线和壳体组成，其外形如图2-104（a）所示。霍尔片是一块矩形半导体单晶薄片，侧面引出4根引线，1、1′引线加激励电压或控制电流，称为激励电极或控制电流极；2、2′引线为霍尔输出引线，称为霍尔电极。霍尔元件的壳体由非导磁金属、陶瓷或环氧树脂封装而成。在电路中霍尔元件可用两种符号表示，如图2-104（b）所示。

霍尔元件的基本测量电路如图2-105所示。控制电流由电源E提供，其大小可以通过调节电位器R_W实现，霍尔元件输出端接负载R_L，可以是放大器内阻或指示器内阻。霍尔效应建立的时间极短（10^{-14}～10^{-12} s），控制电流I即可以是直流，也可以是交流，用交流时，频率可以很高。

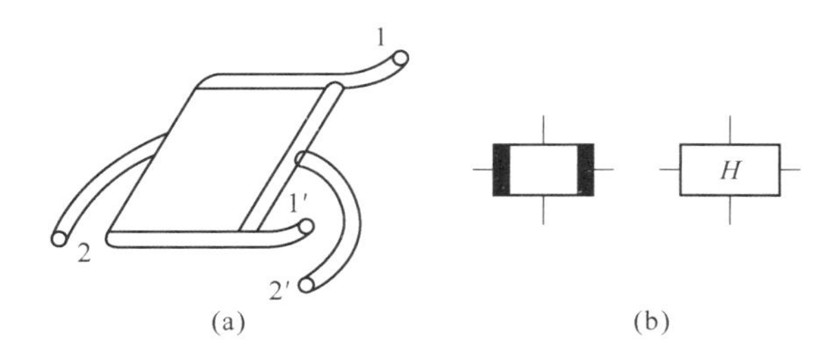

图2-104　霍尔元件的外形及电路符号

（a）外形；（b）电路符号

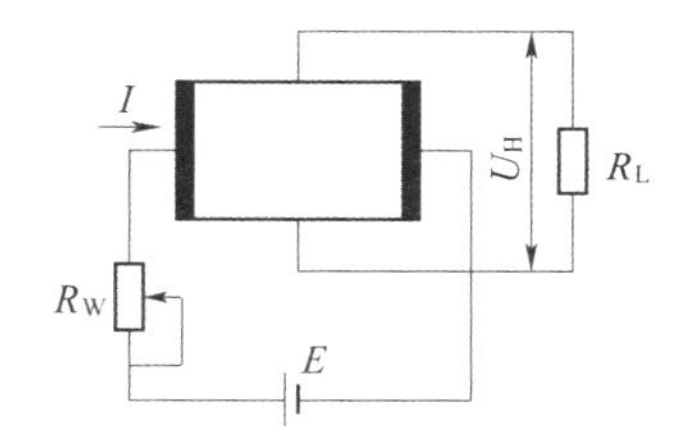

图2-105　霍尔元件的基本测量电路

2.8.3　霍尔元件的误差及补偿

1. 霍尔元件不等位电动势补偿

由式（2-89）可知，当霍尔元件通以激励电流I时，若磁场强度为0，则霍尔电动势应该为0，但此时霍尔电动势输出不等于0，这时测得的空载电动势称为不等位电动势。存在不等位电动势的原因：霍尔电极安装不对称，不在同一等电位面上，如图2-106（a）所示；半导体材料不均匀、厚度不均匀及控制电流端面接触不良等造成等位面倾斜，如图2-106（b）所示。

为了减小不等位电动势，可以采用平衡电桥原理进行补偿。霍尔元件可以等效为一个四臂电桥，如图2-107所示，极间分布的电阻可以看成桥臂的4只电阻，分别为R_1、R_2、R_3、

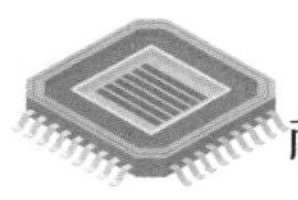

R_4，理想情况下不等位电动势应该为 0，即 $R_1=R_2=R_3=R_4$。存在不等位电动势时，说明 4 只电阻不相等，电桥不平衡，不等位电压相当于桥路的初始不平衡输出。为了使桥路平衡，可以在阻值大的桥臂上并联电阻，或在两个桥臂上同时并联电阻，如图 2-108 所示，调节 R_W 的值，使不等位电动势为 0 或最小。

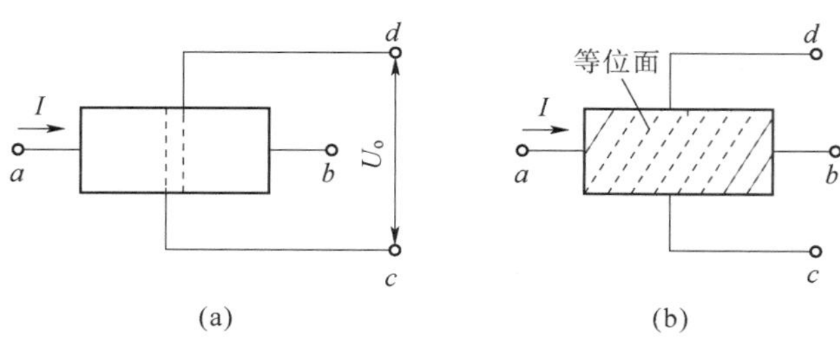

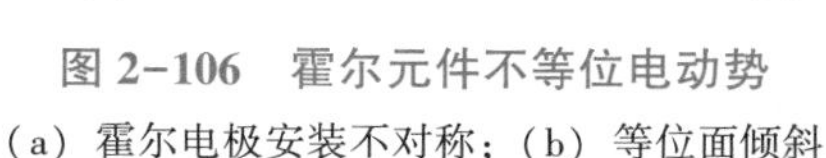

图 2-106　霍尔元件不等位电动势

（a）霍尔电极安装不对称；（b）等位面倾斜

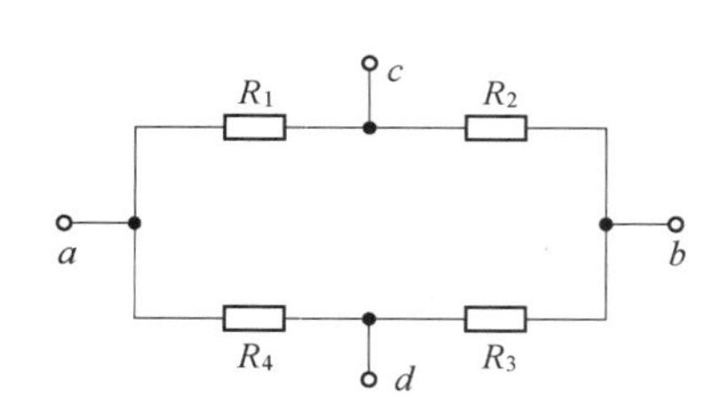

图 2-107　霍尔元件的等效电路

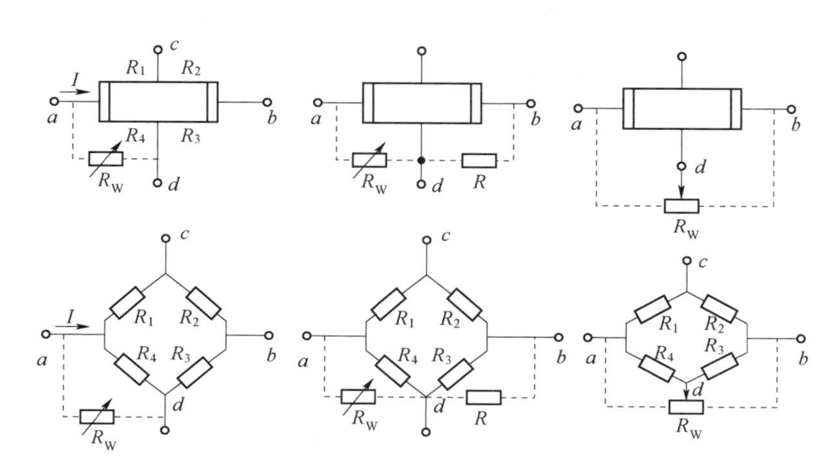

图 2-108　不等位电动势的补偿电路

2. 霍尔元件的温度补偿

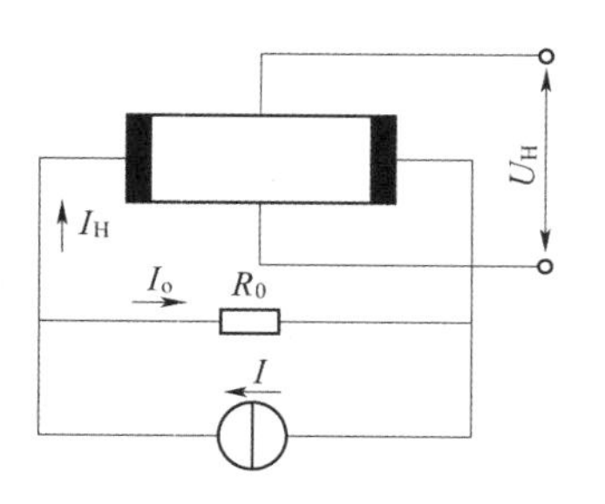

图 2-109　恒流源分流电阻补偿电路

霍尔元件均由半导体材料制作而成，半导体材料性能受温度变化影响较大，导致霍尔元件的灵敏度、输入电阻、输出电阻等参数随温度变化而变化，因此有必要进行温度补偿。根据 $U_H=K_HIB$，在 K_H 因温度而变化时，通过改变控制电流 I，就可以保持 K_HI 乘积不变，从而实现温度补偿。恒流源分流电阻法是常用的一种温度补偿方法，具体补偿方法是与霍尔元件并联一只分流电阻 R_0，利用恒流源供电，如图 2-109所示；当温度升高时，对于正温度系数的霍尔元件，其 K_H 增加，使霍尔电动势 U_H 增加；同时，温度升高也引起霍尔元件的电阻增加，使其分流 I_H 减小，从而使霍尔电动势减小；K_H 和 I_H 变化相反，两者乘积 K_HI_H 基本保持不变，最终使霍尔电动势 U_H 保持不变。

除了此方法，温度补偿还有许多其他方法，如恒压源分流电阻补偿法、电桥补偿法等。

2.8.4 霍尔传感器的应用举例

霍尔传感器主要是取恒定的控制电流，U_H 的大小反映了传感器中霍尔元件所处磁场 B 的大小，被测量是通过 B 反映到 U_H 上的，主要有以下几种应用。

（1）微位移检测。其关键是建立一个对横轴有梯度的磁场，当通有恒定控制电流的霍尔元件移动到此磁场的不同位置时，就有与 B 大小相对应的 U_H 输出，由此可以检测到横轴方向的位移。当然若此位移是由压力导致的弹性元件变形，那么 U_H 的大小就可以反映压力（霍尔微压力传感器）；若是某振动源推动霍尔元件在此磁场中振动，那么 U_H 的大小就可反映此振动（霍尔微位移传感器）。图 2-110（a）为测量微小振动示意，极性相反的磁极共同作用，形成梯度磁场，在磁铁中心位置磁场强度为 0，作为坐标原点。霍尔元件沿着 x 方向移动时，其感应电动势是位移的函数，霍尔电势的大小和方向可分别表示位移的大小和方向，其输出特性曲线如图 2-110（b）所示。

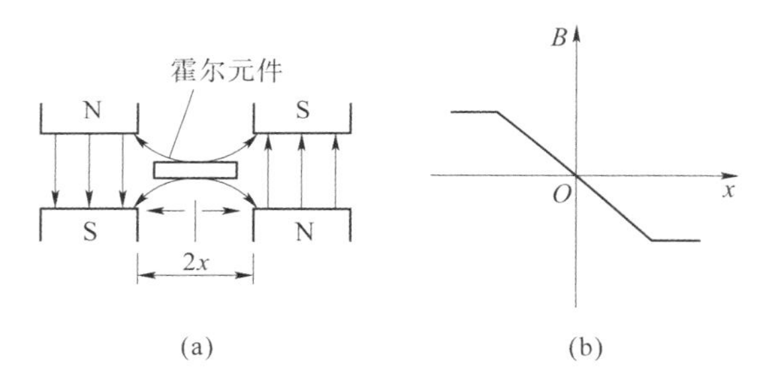

图 2-110 微位移检测

（a）测量微小振动示意；（b）输出特性曲线

（2）磁探伤。这是一种无损检测，如图 2-111 所示。对于顺磁材料（主要是铁磁材料），若其内部出现缺陷（裂纹、气孔、夹杂物等），则在对其磁化时，由于这些缺陷的磁导率与材料的磁导率差异很大，因此使磁力线的分布发生改变，部分磁力线在缺陷处会因其磁导率低而离开材料，泄漏到空气中。缺陷越严重，泄漏越多，用霍尔元件来检测此泄漏磁通，得到 U_H 输出，由此来指出缺陷部位和严重程度。

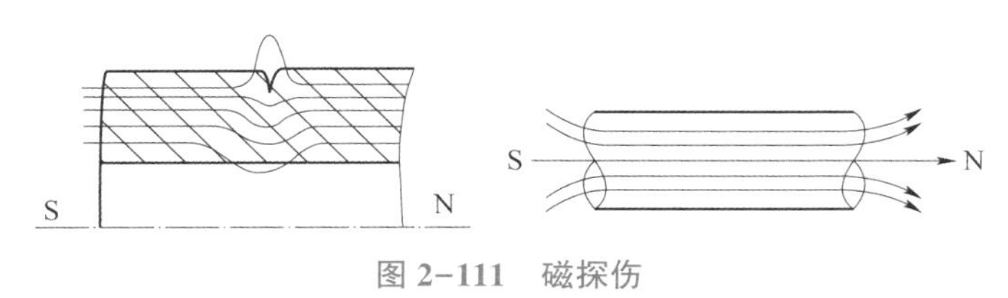

图 2-111 磁探伤

（3）无接触发信。通入恒定控制电流的霍尔元件，其输出 U_H 出现的变动可反映其所处磁场发生的变化，而磁场的变化是由被测量的作用所导致的。例如：霍尔元件所处的磁场中某导磁体在被测量的作用下发生变化（消失、出现或移动等）；产生磁场的磁铁与元件间发生相对移动，这些常用于对导磁体的计数、转数的测量或往复运动的记录，以及制造接近开关等。

【拓展阅读】

（1）冲天炉熔炼过程控制，见二维码 2-4。

（2）温度测量技术近年来的发展重点，见二维码 2-5。

二维码 2-4　冲天炉熔炼过程控制

二维码 2-5　温度测量技术近年来的发展重点

复习思考题

1. 简述电测法检测系统的组成。

2. 简述热电偶、热电阻、红外辐射测温的原理及适用场合。

3. 简述单臂电桥、双臂半桥、四臂全桥检测的特点，并结合实例画出利用电阻应变式传感器、电容式传感器、电感式传感器进行力或位移检测时的电桥。

4. 热电偶、热电阻、金属电阻应变式传感器、半导体压阻式传感器、电容式传感器、电感式传感器、压电式传感器、光电式传感器、霍尔传感器分别基于何种效应开展测量？能够检测哪些物理量？在检测相同物理量时，是否有差异性？

5. 通过文献资料了解材料成型工艺特点，根据课程中的原理介绍，熔炼配料系统、压铸机的锁模力、振动造型机的振动频率检测、压力机的压力检测可以选择何种传感器？

6. *Pt*100 和 *Cu*50 是指何种传感器？数字代表什么？三线法与二线法相比有何优点？

7. 深入理解热电偶检测原理及其基本定律，思考下列问题。

（1）实验室中有一坩埚电阻炉，使用温度要求在 1 000 ℃以下，其温度检测可以选择哪种热电偶？

（2）一热处理炉的温度检测系统失灵，认为是热电偶断掉造成的，能否利用毫伏表找到热电偶的哪段出现问题？

（3）某一温控仪表距离炉子较近，如果测温系统没有自补偿调节功能，能有何种措施保证测得的温度更为准确？

（4）一热处理炉利用 *S* 型热电偶采集温度，仪表采用动圈仪表显示，没有采取措施进行冷端温度补偿，现室温 25 ℃。加热一段时间后，显示的热电动势值为8.732 *mV*，求炉内实际温度。

（5）查阅资料，结合所学的温度检测知识，从安全、节能、环保等角度讨论热加工中温度检测的重要意义。

第 3 章　材料成型自动控制系统

【本章导读】

随着现代科学和计算机技术的迅速发展，自动控制理论应用于材料成型工程的重要性日益明显，并已成为材料成型技术中一个重要的独立分支。自动控制就是指用一些自动控制装置，对生产中的某些关键性参数进行控制，使它们在受到外界干扰（扰动）的影响而偏离正常状态时，能够被自动地调节从而回到工艺所要求的数值范围内。在材料成型生产过程中遇到的各种物理量，包括温度、流量、压力、厚度、张力、速度、位置、频率、相位等，都要有相应的控制系统。

材料成型过程的流畅、质量的优劣是多方面综合的结果，诸多因素都会影响控制系统的操作性能和工作稳定，进而影响生产的进行和产品质量。实现材料成型过程的自动控制已成为保证高效率、高性能、高可靠性的现代化生产中必不可少的技术手段。本章将自动控制基础理论知识与专业知识联系起来，介绍材料成型技术中自动控制系统的基础知识、基本控制方法和常见自动控制系统等。

本章知识架构如图 3-1 所示，主要从自动控制系统基础知识、开环控制与闭环控制、材料成型中常用的自动控制技术和常见的自动控制系统等 4 个方面进行阐述。

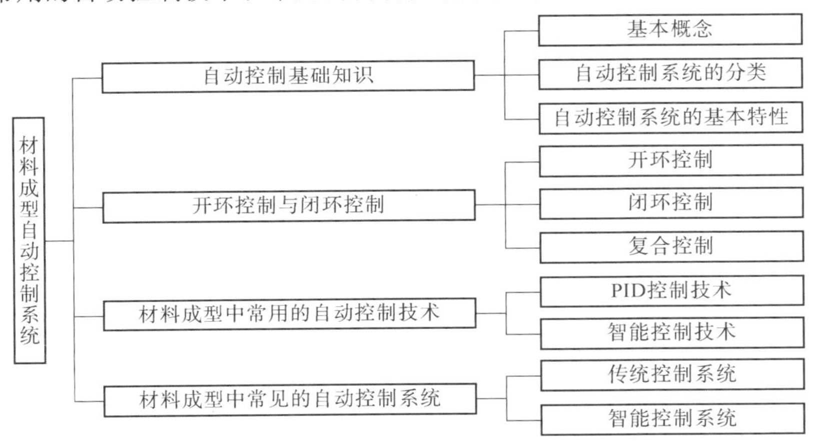

图 3-1　第 3 章知识架构

3.1　自动控制基础知识

材料成型及控制技术的提升对我国工业发展起着决定性作用。自动化技术的快速发展不仅缓解了在材料成型控制技术研制过程中存在的能源消耗问题和成本问题，还在一定程度上提升了工业产品的生产效率。目前，自动控制已成为材料成型生产过程中不可或缺的组成部分，在轧制、锻压、焊接和铸造等材料成型工业过程中已得到了广泛的应用，不仅给这些传统产业带来了革命性的变化和惊人的效益，也使产业结构、生产方式和管理体制发生了深刻的变化。

3.1.1　基本概念

所谓自动控制，是指在无人直接参与的情况下，利用控制装置使工作机械或生产过程（被控对象）的某一个物理量（被控量）按预定的规律（给定量）运行。例如，压铸时的合模—压射—增压—持压—开模过程的顺序控制，以及压射压力、压射速度等参数的调节；气体保护自动焊时的提前送气—引弧—电流递增—焊接—电流衰减—停止—滞后停气等焊接过程的顺序自动控制，还包括不同位置（如全位置焊）焊接工艺参数的切换；轧钢生产线上运用计算机完成采集、模型计算、实施判断处理和对生产过程进行模型计算基础上的实时控制等工艺过程控制。

自动控制系统是指在无人直接参与的情况下，能够对生产过程、工艺参数、目标要求等被控对象的工作状态进行自动调节与控制的系统，是一个由控制装置与被控对象结合起来的，能够对被控对象的一些物理量进行自动控制的一个有机整体，一般包括测量机构、比较机构和执行机构 3 种机构。

自动控制理论是关于自动控制系统构成、分析和设计的理论，是研究自动控制共同规律的技术科学，其发展过程可分为经典控制理论、现代控制理论和智能控制理论 3 个阶段。经典控制理论主要以传递函数为基础，研究单输入、单输出系统的分析和设计问题，该理论的主要分析设计工具有时域分析法、根轨迹法和频域分析法。现代控制理论以状态空间法为基础，研究多变量、变参数、非线性、高精度及高效能等各种复杂控制系统的分析和综合问题，其基本内容有线性系统理论、系统辨识和最优控制等。习惯上称较为成熟的经典控制理论和现代控制理论为传统控制理论。智能控制理论研究的主要目标不再是被控对象而是控制器本身，控制器也不再是单一的数学模型，而是数学解析和知识系统相结合的广义模型，主要用来解决传统控制难以解决的高度非线性、强不确定性等复杂系统的控制问题。

3.1.2　自动控制系统的分类

自动控制系统的分类方法有很多，常见的主要有以下几种。

1. 按输入信号的变化规律分类

（1）恒值控制系统。此类系统中，输入信号在某种工作状态下一经给定就不再变化，

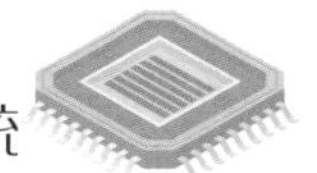

控制的任务就是抑制各种干扰因素的影响，使被控量也维持恒定。生产过程中的温度、压力、流量和液位等自动控制系统多属于此类系统。

（2）程序控制系统。此类系统中，输入信号按预定的规律变化，并要求被控量也按照同样的规律变化。热处理温度控制系统就属于此类系统，因为它的升温、保温和降温过程就是按照预先设定的变化规律进行控制的。

（3）随动系统。此类系统中，输入信号的变化规律是预先不能确定的，并要求被控量精确地跟随输入量变化。雷达天线跟随系统和火炮自动瞄准系统就属于此类系统。

2. 按系统传输的信号特征分类

（1）连续控制系统。如图3-2（a）所示，在此类系统中，所有信号的变化均为时间 t 的连续函数，因此系统的运动规律可用微分方程来描述。

（2）离散控制系统。如图3-2（b）所示，在此类系统中，至少有一处信号是脉冲序列或数字量，因此系统的运动规律必须用差分方程来描述。如果用计算机实现采样和控制，则称为数字控制系统。

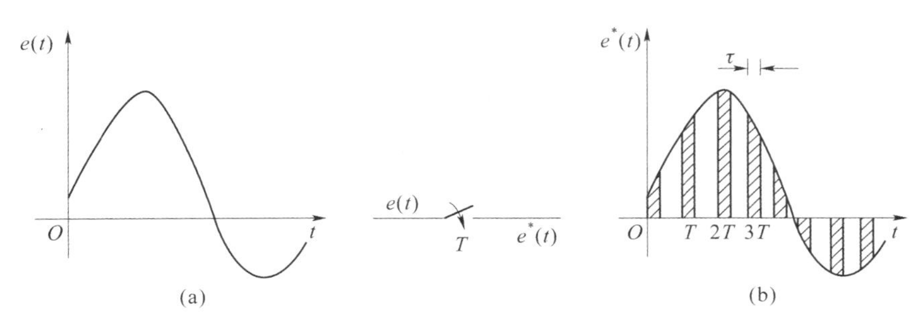

图3-2　连续控制系统与离散控制系统

（a）连续控制系统；（b）离散控制系统

3. 按系统各环节输入-输出关系的特征分类

（1）线性控制系统。如图3-3所示，在此类系统中，所有环节或元件的输入-输出关系都是线性关系，因此满足叠加原理和齐次性原理，可用线性系统理论来分析。

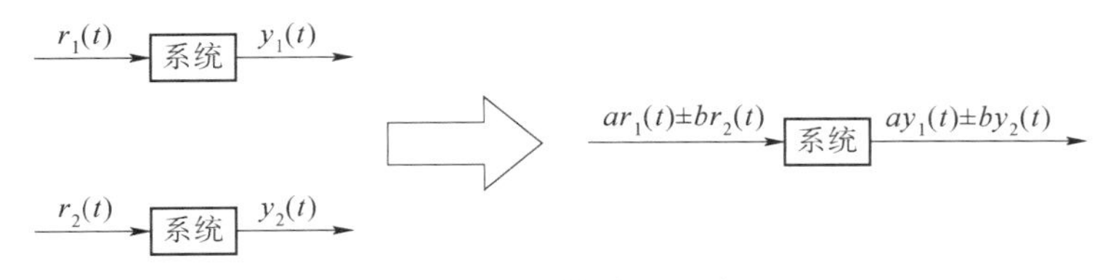

图3-3　线性控制系统

（2）非线性控制系统。如图3-4所示，在此类系统中，至少有一个元件的输入-输出关系是非线性的，因此不满足叠加原理和齐次性原理，必须采用非线性系统理论来分析。存在死区、间隙和饱和特性的系统就是典型的非线性控制系统。

4. 按系统参数的变化特征分类

（1）定常参数控制系统。此类系统中，所有参数都不会随着时间的推移而发生改变，因此描述它的微分方程也就是常系数微分方程，而且对它进行观察和研究不受时间限制。只要实际系统的参数变化不太明显，一般视作定常系统，因为绝对的定常系统是不存在的。

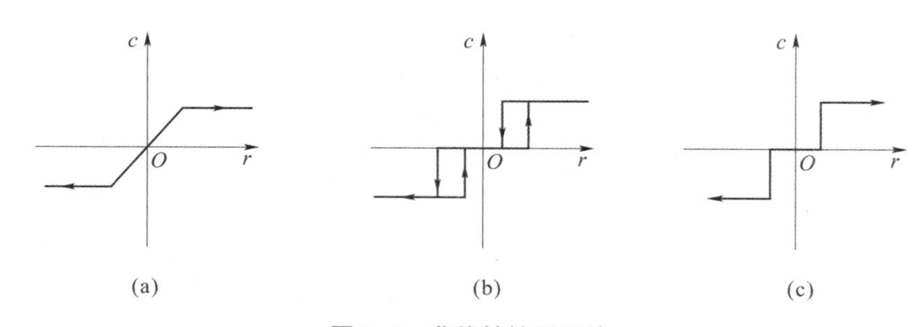

图 3-4　非线性控制系统

(a) 继电器特性；(b) 饱和特性；(c) 不灵敏特性

(2) 时变参数控制系统。此类系统中，部分或全部参数将会随着时间的推移而发生变化，因此需使用变系数微分方程描述它的运动规律。另外，此类系统的性质也会随着时间的变化而变化，因此不允许用此刻观测的系统性能去代替另一时刻的系统性能。

5. 按系统的结构特征分类

(1) 开环控制系统。开环控制系统中，输出只受系统输入控制，不把关于被控量值的信息用来在控制过程中构成控制作用，即控制信号和被控量之间没有反馈回路，其控制精度和抑制干扰的特性都比较差。开环控制系统的结构如图 3-5 所示。

(2) 闭环控制系统。闭环控制系统又称反馈控制系统或偏差控制系统，它是指把输出量直接或间接地反馈到输入端构成闭环，实现自动控制的系统，其结构如图 3-6 所示。闭环控制系统根据负反馈原理按照偏差进行控制，即通过比较系统行为（输出）与期望行为之间的偏差，并消除偏差以获得预期的系统性能。

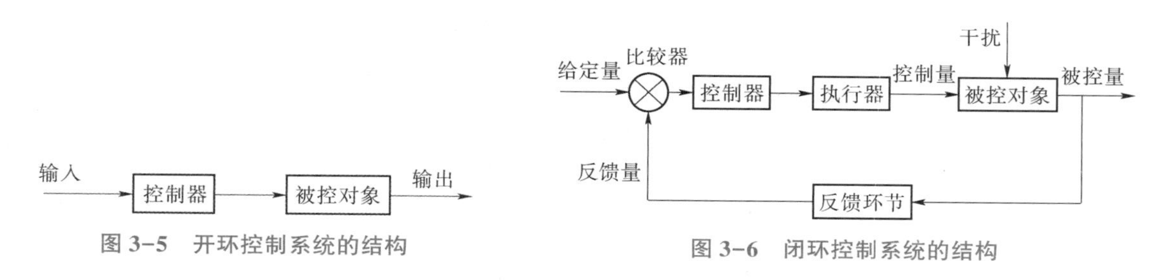

图 3-5　开环控制系统的结构

图 3-6　闭环控制系统的结构

3.1.3　自动控制系统的基本特性

对自动控制系统而言，为了完成一定任务，要求被控量必须迅速而准确地随给定量的变化而变化，并且尽量不受任何扰动的影响。但实际上，系统会受到外作用，其输出也会随之发生变化。因控制对象和控制装置及各功能部件的特征参数匹配不同，系统在控制过程中的性能差异很大，甚至会因匹配不当而不能正常工作。因此，工程上对自动控制系统的性能提出了一些要求，主要有以下 3 个方面。

1. 稳定性

受扰动作用前系统处于平衡状态，受扰动作用后系统偏离了原来的平衡状态。所谓系

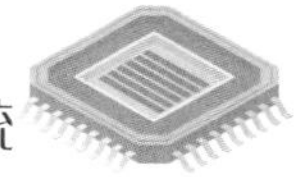

统的稳定性是指在扰动消失后，系统由初始偏差状态恢复到原平衡状态的性能。如果扰动消失以后，系统能够回到受扰动以前的平衡状态，则称系统是稳定的。如果扰动消失后系统不能回到受扰动以前的平衡状态，甚至随着时间的推移与原来平衡状态的偏离越来越大，则这样的系统就是不稳定的。稳定是系统正常工作的前提，不稳定的系统是根本无法应用的。

2. 准确性

准确性是系统处于稳态时的要求，它是用稳态误差来衡量的。对于一个稳定的系统而言，当过渡过程结束后，系统输出量的实际值与期望值之差称为稳态误差，它是衡量系统稳态性能，即控制精度的重要指标。稳态误差越小，系统的准确性越好，控制精度越高。

3. 快速性

快速性是对稳定系统暂态性能的要求。因为控制系统总是存在惯性，如电动机的电磁惯性和机械惯性等，致使系统在扰动量（给定量）发生变化时，被控量不能突变，需要有一个过渡过程，即暂态过程。暂态过程可能经过很短的过渡时间达到稳态值，也可能经过一个漫长的过渡达到稳态值、或经过一个振荡过程达到稳态值，这反映了系统的暂态性能。在工程中，暂态性能是非常重要的。一般来说，为了提高生产效率，系统应具有足够的快速性。但是，如果过渡时间太短，则系统机械冲击会很大，容易影响机械寿命，甚至损坏设备。

综上所述，对控制系统的基本要求是动态过程要平稳、响应动作要快、跟踪精度要准确。也就是说，在稳定的情况下，控制系统要快、准，这个基本要求被称为系统的动态品质。在同一个系统中，稳、快、准是相互制约的。提高系统的快速性，可能会引起系统强烈振荡（如图 3-7 所示的控制系统 1）；改善系统的平稳性，控制过程又可能很迟缓（如图 3-7 所示的控制系统 2）；而图 3-7 所示的控制系统 3 可以达到较好的动态品质和控制精度。

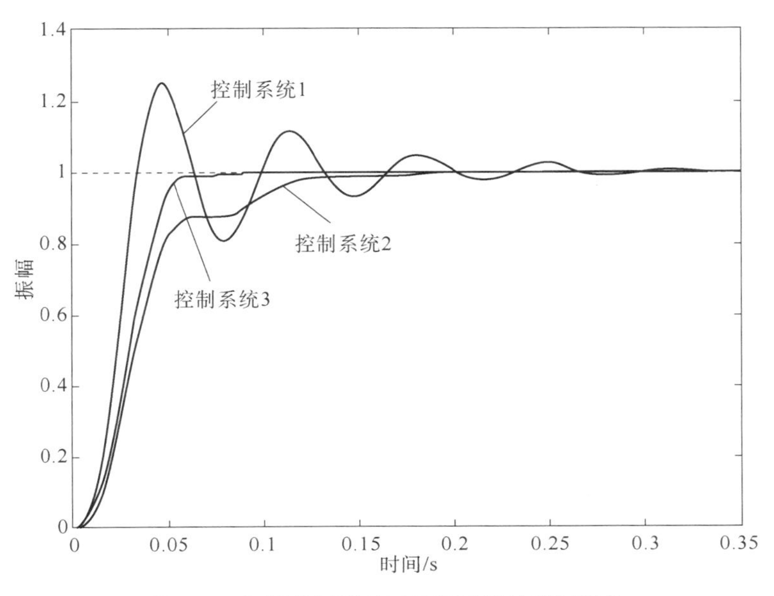

图 3-7　不同控制系统对阶跃信号的控制特性

3.2 开环控制与闭环控制

3.2.1 开环控制

开环控制系统是指一个输出只受系统输入控制的没有反馈回路的系统。所有的手动控制、大多数的程序控制与数控机床、时间程序控制都属于开环控制。

图 3-8（a）为直接控制系统方框图，图中的输入量即为控制量，控制部分发出控制作用给被控制部分，而被控制部分并不会将控制结果返回到控制部分。图 3-8（b）为前馈控制系统方框图，控制部分依据对输入量的检测计算出控制量，然后发送到被控制部分，对输入量进行控制。

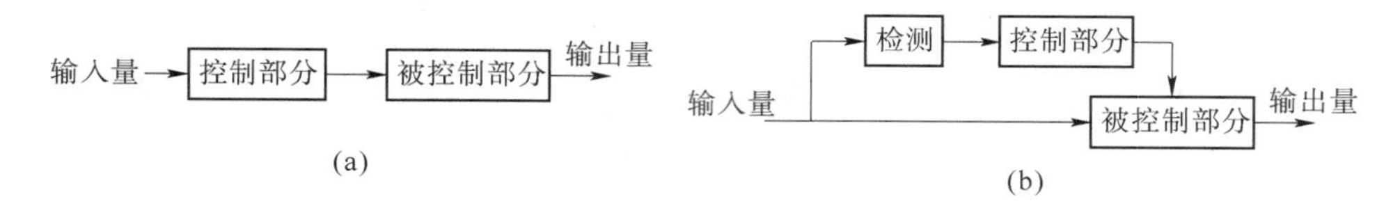

图 3-8 典型开环自动控制系统方框图

（a）直接控制系统；（b）前馈控制系统

在人工轧制时，首先依据预期的出口厚度，估计辊缝数值，然后调节压下螺钉，将辊缝移动到预期位置进行轧制，使最后轧件出口厚度接近预期值。这里给定的压下位置代表控制量，轧后轧件的厚度代表输出量，或称被控量。在该系统中，输出量对轧制量没有任何控制影响，是典型的直接控制系统。

图 3-9 为轧机的前馈厚度自动控制系统示意，图中 H 为板料的平均厚度；H_0 为进入 F_i 机架前给定的板料厚度；H_i 为进入 F_i 机架前测得的板料厚度。该系统不是根据本机架实际轧出厚度的偏差值来进行厚度控制，而是在轧制过程尚未进行之前，预先测定出来料厚度偏差 ΔH，并往前馈送给下一机架，在预定的时间内提前调整压下机构，以保证获得所要求的轧出厚度 h。正由于它是往前馈送信号，来实现厚度自动控制，所以称为前馈厚度自动控制系统。该控制过程也不涉及轧出厚度到底是多少，即没有将输出量反馈回来与给定量进行比较。这类开环控制系统的精度取决于其初始模型精度及系统各部件的执行精度。

开环控制系统的指令流是单向传递的，因而是稳定系统。前馈控制可以及时跟踪输入量的变化，并对其进行适当修正，以满足输出要求。一般来说，开环控制系统的优点是结构简单，且成本较低，可以排除许多闭环控制系统中存在的稳定性问题。但当调节器本身有飘移、执行机构有偏差或被控对象受外界干扰时，开环控制系统就不能很好地完成既定任务。开环控制系统还存在诸如控制精度低、抗干扰能力差和对系统参数变化敏感等问题，使它的控制作用受到很大的限制。因此，该类控制系统一般用于可以不考虑外界影响或精度要求不高的场合，如洗衣机和步进电动机的控制装置，以及水位调节系统等。

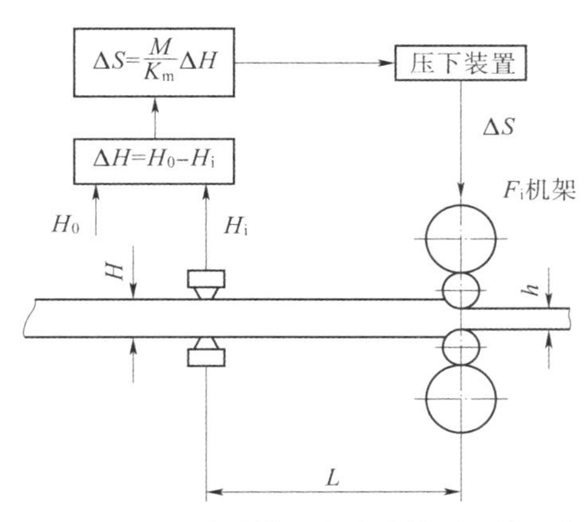

图 3-9　轧机的前馈厚度自动控制系统示意

3.2.2　闭环控制

闭环控制系统是指把控制系统输出量的一部分或全部，通过一定方法和装置反送回系统的输入端，然后将反馈信息与原输入信息进行比较，再将比较的结果施加于系统进行控制，避免系统偏离预定目标。闭环控制系统利用的是负反馈，即是由信号正向通路和反馈通路构成闭合回路的自动控制系统，又称反馈控制系统。

图 3-10 为典型闭环自动控制系统的方框图。组成闭环自动控制系统的环节主要包括以下几个。

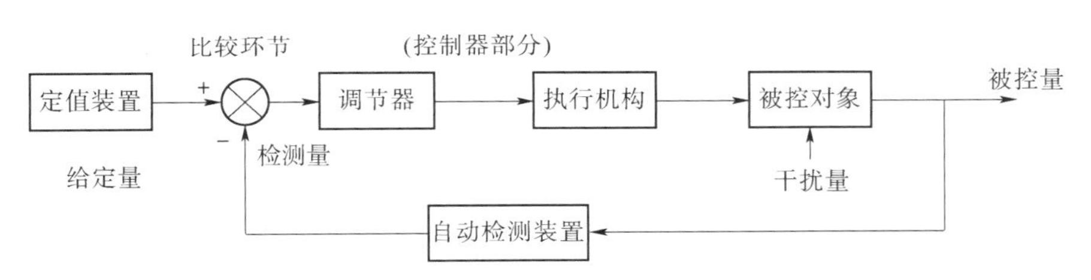

图 3-10　典型闭环自动控制系统方框图

（1）被控对象。被控对象指的是生产设备或生产过程，如电动机转动、轧机轧制、各种容器或管线温度、流量控制。不同控制对象具有不同特性，基本不能人为改变，但可以改变不同调节控制，从而改进响应。

（2）被控量（或称输出量）。被控量是被控对象中要求维持等于或接近于给定量的物理量。例如，当以轧机为被控对象时，要求控制轧件厚度、压下位置、轧制速度、张力等，那么轧件厚度、压下位置、轧制速度、张力等就是该控制系统的被控量。

（3）干扰量（或称扰动量）。被控对象被外部作用影响，检测装置、调节控制器、执行机构本身飘移或阻尼变化都被称为干扰，这些会引起被控量偏离给定值。例如，当轧机稳定运行时，来料厚度突然不均、变形抗力突然变化或轧辊表面摩擦条件发生改变等皆为对象扰动，它会使轧制力波动，使轧机弹跳波动，从而导致轧件出口厚度波动。

（4）自动检测装置（或称自动检测环节）。它是用来测量被控对象中被控量大小，并进一步将其转换为与给定量有同一量纲的一种装置。例如，在对热连轧板带材活套高度进行控制时，用电位计将机械转角转换为电压信号，使用电压信号表示活套的高度。

（5）给定量（或称给定值）。给定量是希望被控量所能达到或接近的值。例如，给定轧机的速度，就是希望被控量能达到这个速度值。给定量与被控量通常是电压或电流量。它是系统的输入量，是由控制系统以外的装置（或称给定环节）来给定的，也可以由计算机来提供，它可以是数字量，也可以是模拟量。

（6）比较环节。它是将给定量与检测量进行比较的一种装置。在方框图上它实际上是信号的相加点，用一个圆圈内划"×"表示（如图 3-11 所示）。两个以上信号（同一量纲）可以在一个相加点上相加或相减。

（7）调节器。调节器是对偏差信号进行比例 P（Proportional）、积分 I（Integral）、微分 D（Derivative）及它们的组合 PI、PD 或 PID 的运算处理，实际当中常把给定电位器、比较器和调节器组合在一起，统称为输入调节器。调节器可以由模拟电路构成，也可以是计算机计算后的数字输出，影响工作稳定持久的主要因素是器件飘移。此外，PID 调节参数的选择也影响调节器的使用。例如，调节器的微分设计可以抵消部分大惯性系统的影响，使系统的响应速度提高，减少过渡时间，但对有些敏感系统而言，稍微的微分作用就能激励系统进入振荡。

（8）执行机构。它是用来实现对被控对象执行控制作用的装置，一般是电动执行器或液压执行器，其本身就是一个单输入、单输出的闭环系统，系统中的所有阻尼影响执行速度。

如果在轧机出口安装测厚计，则当外界干扰引起厚度发生变化时，人对出口测厚仪检测到的实际厚度与头脑里的目标值进行比较，当认为已偏离了所要求的目标厚度时，就手动调节压下装置，使轧出的厚度回到所要达到的目标厚度，通过几次调节把它控制在允许的偏差范围之内，这就是一种闭环操作。在这一过程中，人起到了比较、判断和操作的作用。由此可知，上述有检测的人工操作过程实质上是通过测厚仪发现差异，由人来纠正差异的过程。这里人的眼睛、大脑和手与轧机及测厚仪组成了一个人-机闭环控制系统。如果将自动检测信号与设定值进行比较，则得到与目标信号的偏差，再利用运算控制器自动完成偏差信号调节和控制信号输出，最后由电动执行器完成调节任务，使偏差得到消除，这样就成为自动控制系统。

图 3-12 为反馈式厚度自动控制系统示意。带钢从轧机中轧出之后，通过测厚仪测出实际轧出厚度 h_{FAC}，并与给定的厚度值 h_{REF} 相比较，得到厚度偏差 $\Delta h=h_{REF}-h_{FAC}$，当两者数值相等时，厚度偏差运算器的输出为 0，即 $\Delta h=0$；若实测厚度值与给定的厚度值相比较出现厚度偏差 Δh 时，便将它反馈给厚度自动控制装置，变换为辊缝调节量的控制信号，输出给电动压下系统或液压压下系统做相应的调节，以消除此厚度偏差。

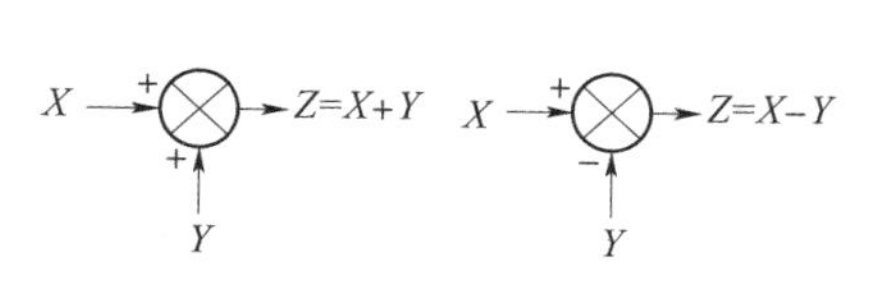

图 3-11 相加点表示法

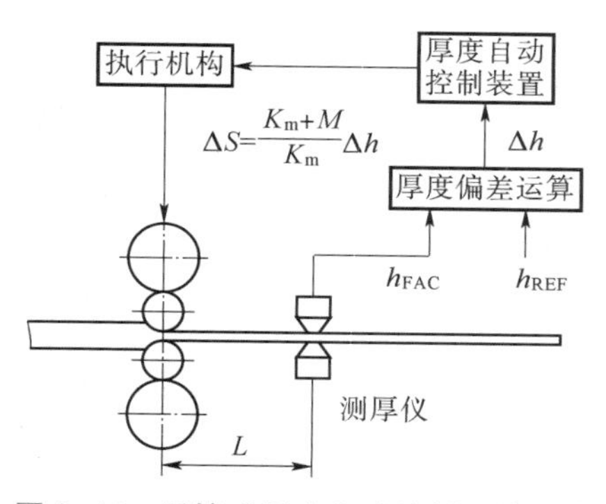

图 3-12 反馈式厚度自动控制系统示意

由以上内容可知，实现轧件厚度或压下位置的控制要完成3个基本的步骤：一是对被控量（即实际轧出厚度或压下位置）的正确测量与及时报告；二是将实际测量的被控量与希望保持的给定量进行比较、PID计算和控制方向的判断；三是根据比较计算的结果，发出执行控制的命令，使被控量恢复到所希望保持的数值上。但由于检测仪放在轧机后面的一定距离，检测信号已经滞后一段时间，只能对后续部分进行控制，所以反馈控制是有滞后作用的。

在闭环控制系统中，无论是输入信号的变化，还是干扰的影响，抑或是系统内部参数的改变，只要被控量偏离了给定量，都会产生相应的作用去消除偏差。因此，闭环控制系统的抗干扰能力较强。与开环控制系统不同，该类系统对参数变化不敏感，因此可以选用不太精密的元件构成较为精密的控制系统，并获得满意的动态特性和控制精度。但是，采用反馈装置需要添加元器件，造价较高，同时也增加了系统的复杂性。如果系统的结构参数选取不当，则控制过程可能变得很差，甚至出现振荡或发散等不稳定的情况。因此，如何分析系统，合理选择系统的结构参数，从而获得满意的系统性能，是自动控制理论必须研究和解决的问题。

闭环控制系统在控制上具有以下特点：由于输出信号的反馈量与输入量作比较产生偏差信号，利用偏差信号实现对输出量的控制或者调节，所以系统的输出量能够自动跟踪输入量，从而减小跟踪误差，提高控制精度，抑制扰动信号的影响。除此之外，负反馈构成的闭环控制系统还有其自身的优点：引入反馈通路后，会使系统对前向通路中元器件参数的变化不灵敏，因此系统对前向通路中元器件的精度要求不高；反馈作用还可以使整个系统对某些非线性影响不灵敏。

干扰量不是很大的情况下，执行机构与被控对象可以按照给定量随意调节（包括非线性），但达到一定程度后，它们很可能出现耦合振荡或永久性破坏，从而导致控制系统输出不能及时跟踪给定量变化。

3.2.3　复合控制

自动控制系统还可以将开环控制系统和闭环控制系统合在一起进行控制，称为复合控制系统。在此类控制系统中，控制部分与被控制部分之间同时存在开环控制和闭环控制。采用复合控制系统的目的是使系统既具有开环控制系统的稳定性和前瞻性，又具有闭环控制系统的精度。

图3-13为复合控制系统方框图，在开环控制环节中，输出量依输入量做随意运动，与此同时，输出量还与给定量在闭环控制环节中进行比较，跟踪给定量进行调整。闭环控制环节的作用是提高输出量的随动精度。

要实现轧制过程厚度复合控制，需要测量来料的厚度和温度，这些是前馈控制的依据，再根据出口厚度的要求预设辊缝，完成开环控制。反馈控制则是将现场厚度检测量与给定量相比较，进行输出控制，确保产品厚度有稳定的精度。这样即使在来料厚度和温度存在波动的情况下，包括头部在内也能轧出较高厚度精度的轧材。图3-14为某1 700 mm热连轧机六机架精轧机组的综合厚度自动控制系统的控制方案。该系统将F_1机架作为一台前馈硬度测量机架，利用轧制力的在线测量从而计算出板坯的硬度波动情况，决定F_2~F_6各机架的硬度前馈投入方式和投入率。测厚仪安装在热连轧机精轧末机架出口处，反馈控制F_4、F_5、F_6的压下。

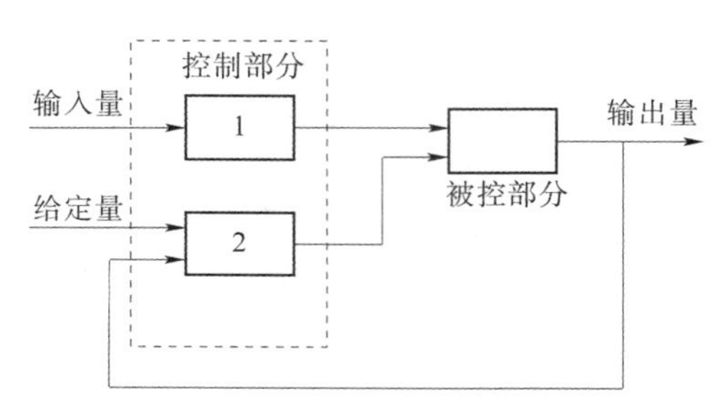

1—输入检测及控制算法；2—比较及控制算法。

图 3-13　复合控制系统方框图

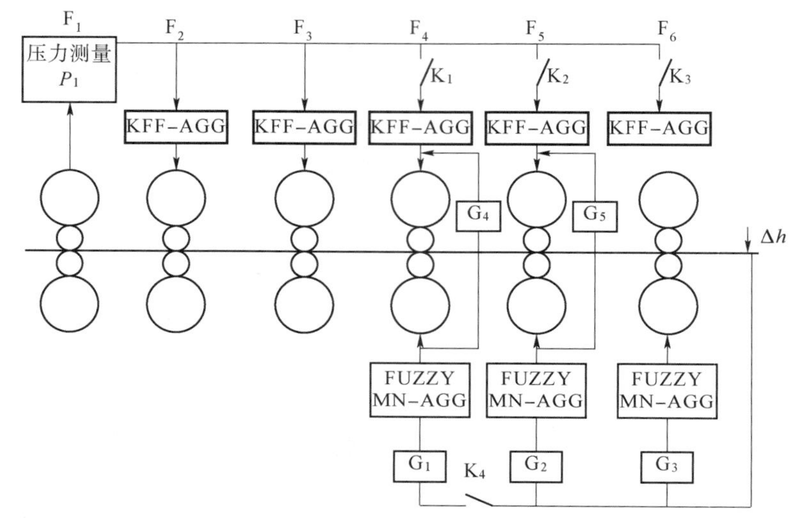

图 3-14　某 1 700 mm 热连轧机六机架精轧机组的综合厚度自动控制系统的控制方案

3.3　材料成型中常用的自动控制技术

3.3.1　PID 控制技术

在工程实际中，应用最广泛的调节器控制规律是比例、积分和微分控制，简称 PID 控制，又称 PID 调节。PID 控制技术问世至今已有近 70 年历史，它凭借结构简单、稳定性好、工作可靠和调整方便等优点已成为工业控制的主要技术之一。当被控对象的结构和参数不能被完全掌握，或得不到精确的数学模型，或控制理论的其他技术难以采用时，系统控制器的结构和参数必须依靠经验和现场调试来确定，这时应用 PID 控制技术最为方便，即当我们在不完全了解一个系统和被控对象或不能通过有效的测量手段来获得系统参数时，最适合采用 PID 控制技术。

图 3-15 为 PID 理想控制器结构。该控制器由比例单元（P）、积分单元（I）和微分单

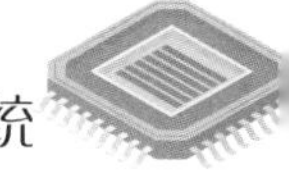

元（D）组成。若控制系统参考输入信号为 $r(t)$，被控对象输出为 $y(t)$，则控制误差 $e(t)=r(t)-y(t)$。

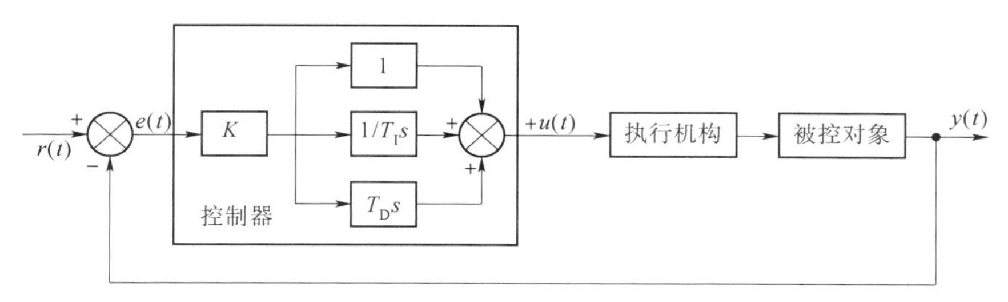

图 3-15　PID 理想控制器结构

理想 PID 控制的表达式为

$$u(t)=K_{\mathrm{P}}\left[e(t)+\frac{1}{T_{\mathrm{I}}}\int_{0}^{t}e(\tau)\mathrm{d}\tau+T_{\mathrm{D}}\frac{\mathrm{d}e(t)}{\mathrm{d}t}\right] \tag{3-1}$$

式中，K_{P} 为比例系数；T_{I} 为积分时间；T_{D} 为微分时间。

其传递函数为

$$G_{\mathrm{c}}(s)=K_{\mathrm{P}}\left[1+\frac{1}{T_{\mathrm{I}}s}+T_{\mathrm{D}}s\right] \tag{3-2}$$

在实际应用中，根据被控对象的特性和控制要求，可以灵活地改变 PID 的结构，取其中的一部分环节构成控制规律，具体如下。

（1）比例（P）控制。比例控制是一种最简单的控制方式，其控制器的输出与输入误差信号成比例关系。在比例控制中，偏差一旦产生，控制器就立即发生作用，即调节控制输出，使被控量朝着减小偏差的方向变化，偏差减小的速度取决于比例系数 K_{P}，K_{P} 越大偏差减小得越快，但越容易引起振荡；K_{P} 减小，发生振荡的可能性减小，但调节速度会变慢。当仅有比例控制时，系统输出一般存在稳态误差。

（2）积分（I）控制。在积分控制中，控制器的输出与输入误差信号的积分成正比例关系。如果系统存在稳态误差，即便误差很小，则积分项也会随着时间的增加而加大，这会推动控制器的输出增大而使稳态误差进一步减小，实质上就是对偏差累积进行控制，直到偏差等于 0 为止，因此积分控制是一种无差调节。由于积分控制存在滞后作用，所以它会恶化系统的动态性能。

（3）比例积分（PI）控制。由于比例控制和积分控制具有互补的性能特点，所以在实际控制系统中经常将两者结合，构成比例积分控制。在比例积分控制中，通过积分作用消除系统的稳态误差；在存在积分作用时，可以适当减少比例系数，以保持系统的稳定性。

（4）微分（D）控制。在微分控制中，控制器的输出与输入误差信号的微分（即误差的变化率）成正比例关系。自动控制系统在克服误差的调节过程中可能会出现振荡甚至失稳。其原因在于，存在较大惯性环节或纯滞后环节，具有抑制误差的作用，其变化总是落后于误差的变化。微分作用使抑制误差作用的变化“超前”，预测误差变化的趋势，能够提前施加控制作用，从而避免被控量的严重超调。微分控制一般不单独使用，而是采用比例微分或比例微分积分的形式。微分控制的缺点是容易放大高频噪声，降低系统的信噪比，从而使系统抑制干扰的能力下降。

在 PID 控制的各种形式中，使用最多的是 P 控制、PI 控制和 PID 控制。P 控制适用于

控制对象比较容易控制，且性能要求不高的场合；当控制要求较高，且系统的纯滞后不是很严重时，可以采用 PI 控制；当被控对象具有比较大的纯滞后时，一般需要增加微分环节；当被控对象的纯滞后非常严重，与其时间常数相近时，常规的 PID 算法已经无能为力，这时需要使用智能控制等更为先进的算法。

尽管 PID 控制器在控制非线性、时变、耦合及参数和结构不确定的复杂过程中性能不是太好，但其具有简单易懂、使用中不需精确的系统模型、参数整定方便等优点，一直是应用最广泛的工业控制器，也是控制系统设计中的首选控制器。

3.3.2 智能控制技术

经典控制和现代控制都是基于被控对象能建立精确数学模型的控制方式，但是大多数实际系统由于具有复杂性、非线性、不确定性和不完全性等特点，无法获得精确的数学模型，或无法用传统的数学模型来描述。另外，传统控制理论与方法能用来方便地解决线性、时不变等相对简单的控制问题，但无法实现复杂的控制任务，如智能机器人控制等。

智能控制主要用来解决用经典控制理论和现代控制理论难以解决的复杂控制问题，如智能机器人控制、计算机集成制造、航空航天系统、交通与物流系统和社会经济管理系统等。其研究对象具有以下特点。

（1）系统模型具有不确定性。系统模型无法建立，或模型的结构、参数可能在很大范围内变化等，都属于模型不确定性的表现。无论是哪种情况，传统控制理论及方法都难以适用，这正是智能控制研究所要解决的问题。

（2）系统具有高度的非线性。求解高度非线性系统是一件很困难的事，虽然现代控制理论中有一些针对非线性系统的控制方法，但非线性控制理论总体来说还很不成熟，能处理的问题不多。采用智能控制往往可以更好、更便利地解决传统控制方法无法解决的非线性系统控制问题。

（3）系统具有更复杂的任务要求。智能控制理论解决的控制问题往往比较复杂，如要求系统对一个复杂的任务具有自主规划和决策的能力；除了要求系统能实现对各被控物理量定值调节外，还能够对整个系统进行故障预测和状态评估等，实现系统故障的主动防御功能。

智能控制研究的主要目标是控制器本身，而不是被控对象。智能控制基于知识，其控制器是数学模型和知识系统相结合的广义模型，而不是传统的能够辨识的解析型数学模型。

作为一门在传统控制理论基础上发展起来的新兴、交叉性学科，目前具有较完整体系的智能控制技术包括模糊控制、神经网络控制和专家系统等。

1. 模糊控制

模糊控制（Fuzzy Control）是模糊数学理论在控制技术中的应用。它用语言变量代替数学变量或与数学变量相结合，用模糊规则表达专家知识，用模糊条件语句表达变量间的函数关系，用模拟人脑的模糊推理方法来得到精确的决策结果。

模糊控制的基本思想是：首先根据操作人员手动控制的经验，总结出一套完整的控制规则，形成规则库，再根据系统当前的运行状态，依据规则库，经过模糊推理、模糊判决等运算，求出控制量并实现对被控对象的控制。模糊控制具有以下特点。

（1）模糊控制是以人对被控对象的控制经验为依据而设计的控制器，无须预先知道被控对象的精确数学模型。

（2）模糊控制的核心是由人的实践经验总结出控制规则，以自然语言表示出来，易于被人们学习和掌握，有利于人机对话和系统知识处理。

（3）模糊控制具有好的鲁棒性和适应性，基于模糊规则可以对复杂的对象进行有效的控制。

2. 神经网络控制

神经网络控制，又称人工神经网络（Artificial Neural Network，ANN），是智能控制领域的一个重要分支，是受人和动物神经系统启发，模拟人脑思维方式，利用大量功能比较简单的形式神经元互相连接构成的复杂网络系统，用以解决复杂模式识别与行为控制问题。

神经网络控制不依赖于系统模型，适用于那些模型未知、具有不确定性或高度非线性的控制对象。它具有较强的适应和学习功能，能够通过对系统有限数量的数据样本进行训练的方式，获得归纳全部数据的能力，能够解决那些由数学模型或描述规则难以处理的过程控制问题；具有较强的非线性映射能力，能以任意精度逼近非线性函数，为非线性系统的辨识提供了一个通用的模式，且不需要建立以实际系统数学模型为基础的辨识格式。

3. 专家系统

专家系统（Expert System）是人工智能的一个重要发展分支，能处理定性的、启发式或不确定的知识信息，依据系统中储存的知识信息经过各种推理来达到系统的任务目标。专家系统是一种模拟人类专家解决某一领域专业问题的计算机软件系统，它能有效运用领域专家多年实践经验积累的专门知识，通过模拟人类专家的思维过程，解决需要专家才能解决的问题。

专家系统大致包括知识库、推理机、动态数据库、解释模块和人机界面等功能模块。其中知识库和推理机是两个最基本、最重要的功能模块。

（1）知识库（Knowledge Base）。知识库是专家系统中知识的集合，通常以文件的形式存放在计算机外部存储介质上，只有在专家系统运行时才被调入内存。知识库中的知识一般包括专家知识、领域知识和元知识。元知识是对领域知识进行描述、说明和处理的知识，由概括性知识、总结性知识及关联性知识等构成。

知识获取是指通过一定的途径将某个领域内的事实性知识和领域专家所拥有的经验性知识转化为计算机程序的过程。通过知识获取，不仅可以构建知识库，还可以扩充和修改知识库中的内容，也可以实现智能系统自学习功能。知识获取是决定专家系统中知识库性能的关键，也是专家系统设计中的难题。

（2）推理机（Inference Engine）。推理机是专家系统软件功能模块之一，是实现对问题推理求解的一组程序。推理机的工作方式是模仿专家解决问题的思维方式。

在基于规则的专家系统中，推理机针对当前要解决的问题，根据已知条件或信息，反复把规则的前提条件与综合数据库中的已知事实进行比较，如果两者一致或者大致相同、满足期望的近似程度，则为匹配成功，相应规则被使用作为最终结论和求解结果被输出。

3.4 材料成型中常见的自动控制系统

3.4.1 传统控制系统

基于传统控制理论建立的控制系统称为传统控制系统。

1. 力控制系统

在某些工厂和设计部门，常需要对金属材料和非金属材料进行各种性能试验，如拉、压及疲劳强度就是常见的试验项目。

图 3-16（a）为电液伺服材料试验机力控制系统原理，图中 m_1 为油缸活塞及夹头 1 的质量，m_2 为夹头 2 的质量，k_1 为被试验材料的质量系数，k_2 为力传感器的弹性系数。电压 u_1 为输入量，它正比例于试件所需施加的力，力传感器输出的电压正比例于试件实际受的力，这个电压经放大器 2 放大为输出电压 u_2，u_2 在放大器 1 的输入端与 u_1 相比较，形成差值电压 Δu，Δu 经放大器 1 放大后输出电流 i，电流 i 控制电液伺服阀输出的液体流量及压力差，从而控制油缸活塞的作用力，这里通过夹头 1 加到试件上，并通过另一个夹头 2 加到力传感器上。这样，信号构成闭合回路。当输入电压 u_1 变化时，试件受到同样规律的作用力。在这个系统中，作用力是被控制的物理量，反馈元件是力传感器，因此是力控制系统，其方框图如图 3-16（b）所示。

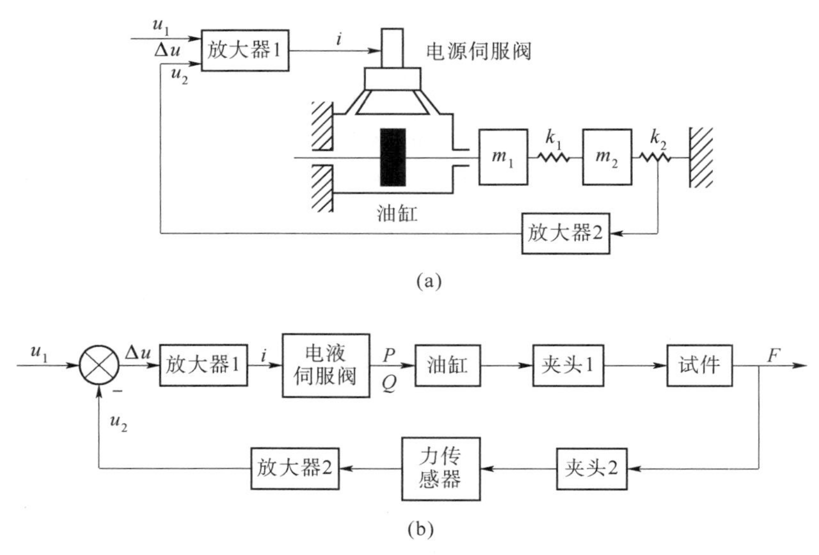

图 3-16 电液伺服材料试验机力控制系统原理及方框图

（a）原理；（b）方框图

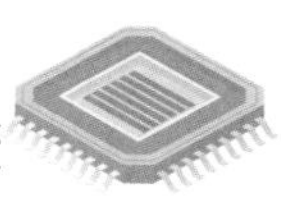

2. 位置控制系统

轧制过程中最常遇到的是压下位置问题，图3-17为计算机控制的压下位置自动控制系统原理及方框图。压下位置的设定值可以在操作台上人工给定，也可以通过过程控制计算机来给定。图中压下位置是通过电动机来传动的，所以压下位置可以借助与电动机同轴传动的自整角机来检测。新建的现代化轧机已广泛采用脉冲编码器进行压下位置检测。这样压下的实际位置便可通过位置检测环节将信号反馈到计算机中（称为“采样”）。计算机周期性地根据位置设定值与当时的实际位置值进行计算，并获得把被控压下螺钉以最快速度调整到设定位置，电动机应该具有的速度控制信号，然后将此控制信号通过模出子系统（即图3-17（a)中的D/A转换）向拖动系统的速度控制与功率放大装置输出，这个模出信号一直保持到在这一点有新的模出信号输出为止。计算机的控制算法能保证在被控制的压下螺钉接近位置设定值的过程中，按照一定规律发出速度控制信号。当位置进入规定的精度范围以后，便可以通过抱闸线圈进行制动。

由图3-17（a）可以看出，位置自动控制系统是一个闭环控制系统。在位置控制过程中，被控对象的位置信号，通过位置检测反馈到计算机中，与给定目标值进行比较，然后根据偏差信号的大小，给出速度控制信号，由速度调节回路去驱动电动机，对被控对象的位置进行调节，然后又将位置信号反馈到计算机中，再比较，再输出，如此循环一直到达目的为止。

该系统是一个采样调节系统，其方框图如图3-17（b）所示。图中的K_a和K_b是开关，当开关K_a和K_b合上时，偏差值被采样，送入计算机，计算机计算后的输出值送给过程输出装置，其输出信号被保持在保持器中，并在采样周期中对设备的控制保持不变。

3. 速度控制系统

在上述位置自动控制系统中，被控对象位置的改变是通过电动机来实现的。在不同的使用情况下，最优的或最合理的速度图并不相同。

为满足高精度位置控制的要求，必须按最佳控制曲线来进行控制。计算机控制系统中实际应用的速度整定曲线，与理想减速过程的关系曲线不完全一样，它是用折线代替曲线，把电压信号（即速度给定信号）与位置偏差之间的关系曲线称为速度整定曲线。对于控制精度高的场合，控制装置采用的是速度自动调节器（Speed Automatic Regulator，SAR)，其原理如图3-18（a)所示。设备的位置由电动机M来控制，而电动机的转速由计算机通过过程输出装置输出的电压模拟量来控制。

当负荷不变时，其速度整定曲线如图3-18（b）所示。设S为位置偏差，S_3为第一减速点的位置偏差，S_2为第二减速点的位置偏差，S_1为规定的精度范围，u_3为对应于S_3的最大电压控制信号。从图3-18（b）可以看出，速度整定曲线可分为3段，因此实际使用的公式也有以下3种。

（1）当$S \geqslant S_3$时，$u=u_3$（即u_m）。

（2）当$S_2<S<S_3$时，$u=\frac{u_3-u_2}{S_3-S_2}(S-S_2)+u_2$。

（3）当$S_1<S<S_2$时，$u=\frac{u_2-u_1}{S_2-S_1}(S-S_1)+u_1$。

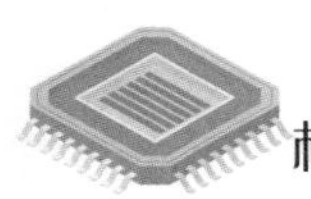

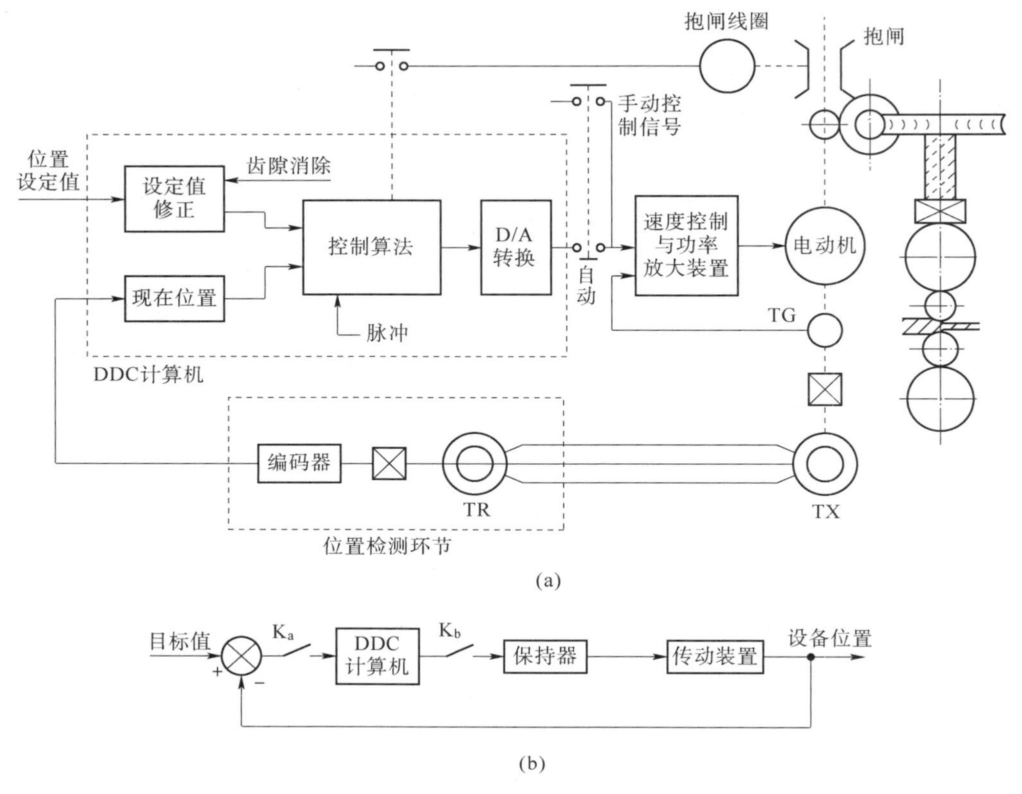

图 3-17　计算机控制的压下位置自动控制系统原理及方框图

（a）原理；（b）方框图

当 $S \leqslant S_1$ 时，表明已进入规定的精度范围，即进入死区，电压控制信号 u 为 0。按照图 3-18（b）所示的曲线求出的输出值，还需要根据运行方向的不同，将偏差信号加上正负符号。

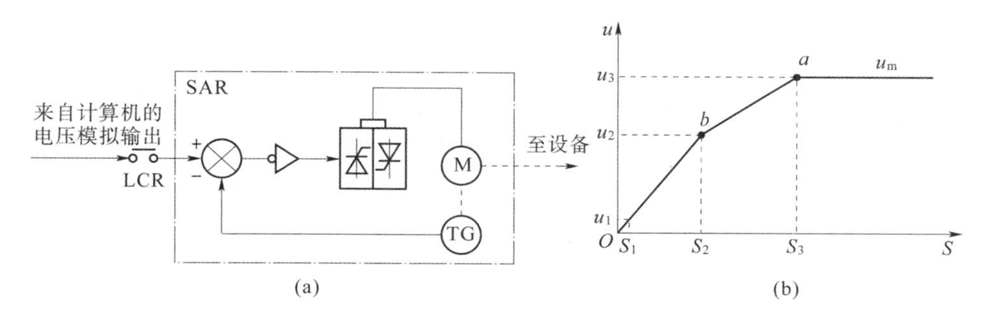

LCR—继电器接点；M—电动机；TG—测速发电机。

图 3-18　SAR 速度控制系统原理及速度整定曲线

（a）原理；（b）速度整定曲线

4. 液位控制系统

液位控制系统原理如图 3-19（a）所示，其控制任务是使储液箱的液位保持恒定。

系统的控制原理分析：假设经过事先设定，系统在开始工作时的液位 h 正好等于给定高

度 H，即 $\Delta h=0$，浮子带动连杆位于电位器零电位，故电动机 M、阀门 V_1 都静止不动，进液量保持不变，液面高度保持设定高度 H。

如果这时由于阀门 V_2 突然开大，出液量增大，则液位开始下降，$\Delta h>0$，经过浮子测量，此时连杆上移，电动机 M 通电正转，使阀门 V_1 开度增大，从而增加进液量，液位渐渐上升，直至重新等于设定高度 H。

如果这时由于阀门 V_2 突然关小，出液量减小，则液位开始上升，$\Delta h<0$，经过浮子测量，此时连杆下移，电动机 M 断电反转，使阀门 V_1 开度减小，从而减少进液量，液位渐渐下降，直至重新等于设定高度 H。可见系统在上述两种情况下都能保持设定高度。

通过上述分析可以得出：此系统是通过测量液面实际高度与给定液面高度的偏差值进行控制工作的，也是按偏差调节的控制系统。同时不难看出：该系统的被控对象是储液箱；被控量是液面高度；设定装置是电位器；测量变送装置是浮子/连杆；干扰是出液量；执行装置是电动机、减速器、阀门 V_1。这样就得到了如图 3-19（b）所示的液位控制系统方框图，该系统也存在负反馈环节。

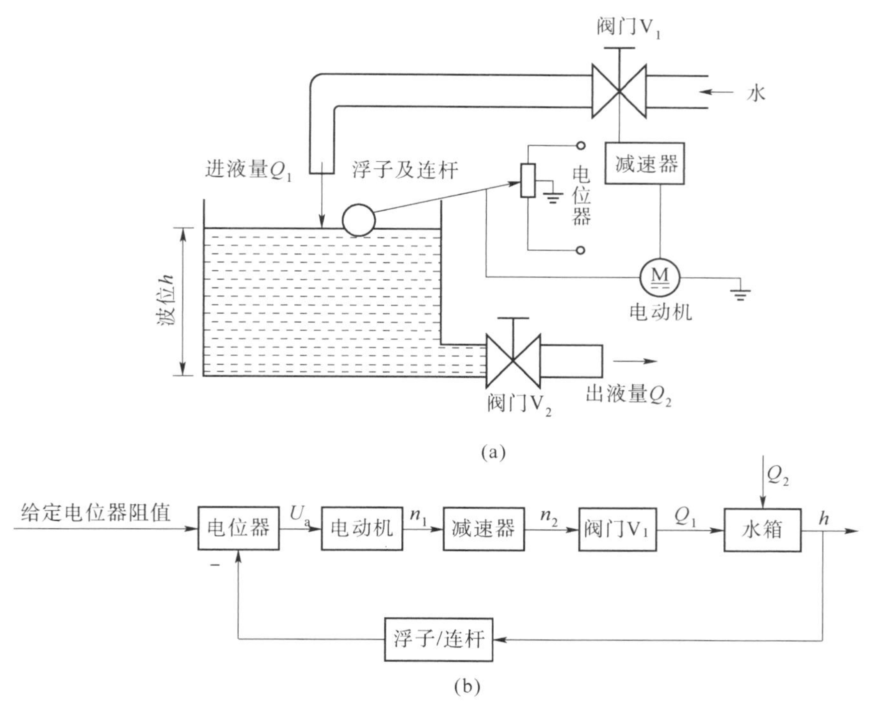

图 3-19　液位控制系统原理及方框图

（a）原理；（b）方框图

5. 温度控制系统

图 3-20 为电炉箱恒温自动控制系统原理及方框图。一个有电阻丝通电加热的电炉箱，由于炉壁散热和增、减工件，使炉温产生变化，而这种变化通常是无法预先确定的。因此，若工艺要求保持炉温恒定，则开环控制无法自动补偿，必须采用闭环控制。由于需要保持恒定的物理量是温度，所以最常用的方法便是采用温度负反馈。

如图 3-20（a）所示，该系统采用热电偶来检测温度，并将炉温转换成电压信号 U_{fT}

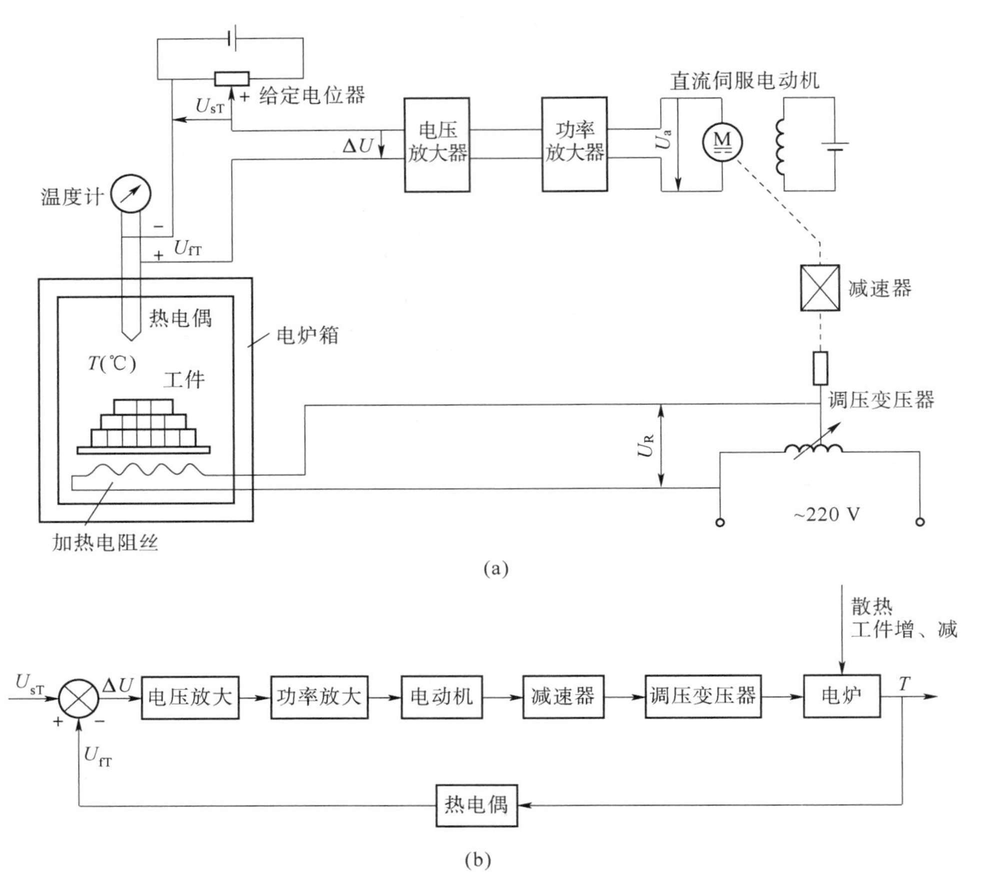

图 3-20　电炉箱恒温自动控制系统原理及方框图

(a) 原理；(b) 方框图

(毫伏级)，然后反馈至输入端，与给定电压 U_{sT}进行比较。由于是采用负反馈控制，因此两者极性相反，两者的差值 ΔU 称为偏差电压（$\Delta U=U_{sT}-U_{fT}$）。此偏差电压作为控制电压，经电压放大和功率放大后，去驱动直流伺服电动机（控制电动机电枢电压），电动机经减速器带动调压变压器的滑动触点来调节炉温。

电炉箱恒温自动控制系统方框图如图 3-20（b）所示。当炉温偏低时，$U_{fT}<U_{sT}$，$\Delta U=U_{sT}-U_{fT}>0$，此时偏差电压的极性为正，次偏差电压经电压放大和功率放大后，产生电压 U_a（设$U_a>0$），供给电动机电枢，使电动机“正”转，带动调压变压器滑动触点右移，从而使电炉供电电压（U_R）增加，电流加大，炉温上升，直至炉温升至给定值，即 $T=T_{sT}$（T_{sT}为给定值），$U_{fT}=U_{sT}$，$\Delta U=0$ 时为止。这样炉温可自动恢复，并保持恒定。

3.4.2　智能控制系统

人工智能控制思想在工业生产中的应用在控制领域具有里程碑式的意义，给控制领域注入了无限的生机。人工智能控制技术与传统控制技术相结合形成了各类型的综合控制系统，这也成了近年来国内外研究的热点。图 3-21 给出了一些综合运用人工智能的方式。

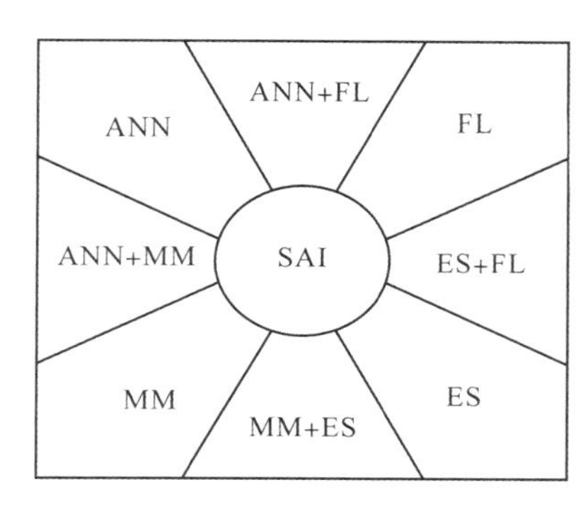

MM—数学模型；ANN—人工神经网络；ES—专家系统；FL—模糊逻辑；SAI—协同人工智能。

图 3-21 一些综合运用人工智能的方式

(1) 两种人工智能方法的结合。

可将两种人工智能方法相结合，例如：

1) 模糊逻辑与专家系统相结合（FL+ES），模糊专家系统；

2) 模糊逻辑与人工神经网络相结合（FL+ANN），模糊神经网络；

3) 专家系统与人工神经网络相结合（ES+ANN），智能专家系统。

(2) 人工智能方法与其他方法的结合。

可将人工智能方法与其他方法相结合，例如：

1) 数学模型和人工神经网络相结合（MM+ANN）；

2) 数值分析（NA）与人工神经网络相结合（NA+ANN）；

3) 专家系统与数学模型相结合（ES+MM）。

(3) 协同人工智能技术。

最近，协同人工智能（Synergetic Artificial Intelligence，SAI）技术得到了人们的广泛关注。协同人工智能技术的基本思想是利用几种不同的智能化方法全方位模拟人脑的功能，如图 3-22 所示。例如，利用专家系统来模拟人左脑的逻辑思维功能，利用人工神经网络来模拟人右脑的形象思维功能，利用模糊逻辑来对两者进行沟通。这种新的智能化方法已经用于热轧带钢精轧机组负荷分配的优化，取得了良好的效果。

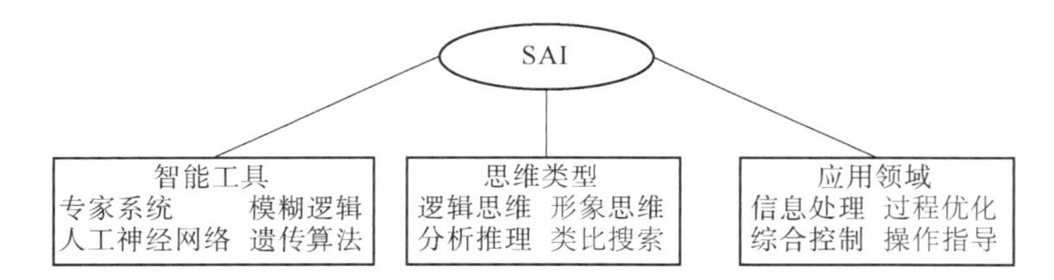

图 3-22 协同人工智能技术的基本思想

1. 板形控制专家系统

板形自动控制（Automatic Flatness Control，AFC）系统的构成如图 3-23 所示。实际生产时板带的板形由设置在轧机出口侧的板形检测辊测得，该检测辊沿其横向上由十几个区段构成，每个区段都能测得相应部分的张力，然后根据数学模型转换成延伸分布。

板形自动控制装置根据产品要求设定目标板形。板形自动控制系统再根据每个区段上目标板形与实测板形的差值进行控制，主要是控制弯辊力和沿轧辊轴向分布的冷却液流量及冷

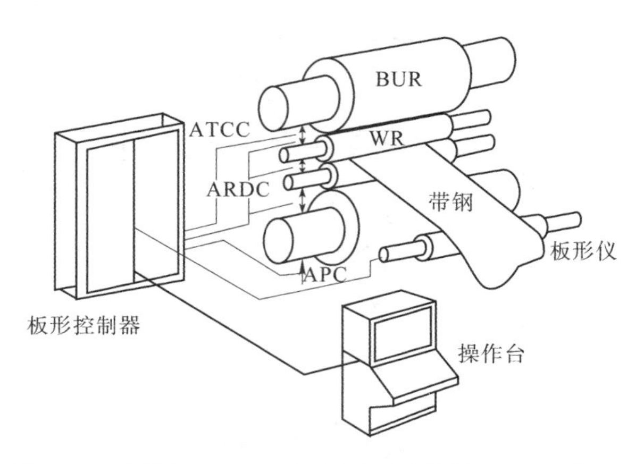

ATCC—自动热凸度控制；BUR—支撑辊；ARDC—自动轧辊变形控制；WR—工作辊；APC—自动位置控制。

图 3-23　板形自动控制系统的构成

却液温度。

目标板形依据所轧的产品品种的不同而有微小的差异，通常是在 AFC 系统的初始状态进行预设定，轧制过程中一般很少改变。但由于极薄带材的工艺特点受工作辊初始温度分布的影响，所以即使是同一种产品采用同样的目标板形所得到的实际板形也有很大的差异。在这种情况下，如果有熟练的操作员介入，进行手动控制，则可很快得到稳定的板形。因此，开发的板形控制专家系统就是进行这种调整的集约化系统。

下面以专家系统与板形自动控制系统合作实现板形控制为例介绍专家系统的应用。专家系统从 AFC 系统中获得数据，经推理和调整后，将与当时轧制状态相适应的目标板形送回 AFC 系统。专家系统与板形自动控制系统的关系如图 3-24 所示。

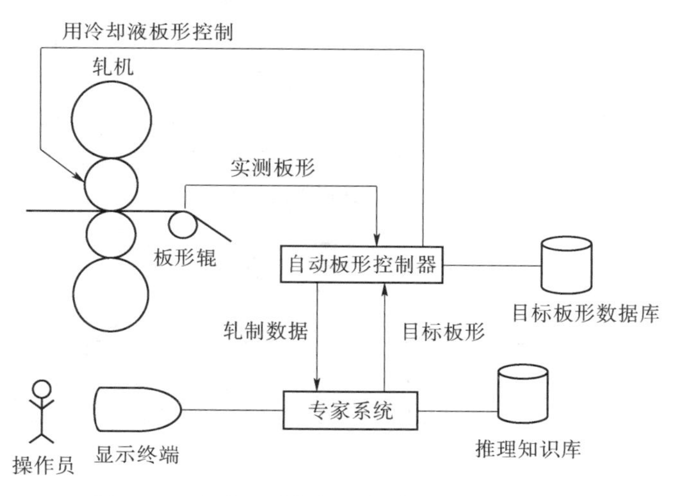

图 3-24　专家系统与板形自动控制系统的关系

如图 3-25 所示，该专家系统由 6 个单元（程序块）、3 个知识库及工作存储器构成，图中 WM 指工作存储器。6 个单元的功能如下：数据获取单元由操作员启动，首先读入来自 AFC 系统的数据；数据分析单元用数据分析知识对读入的数据进行分析，判定轧制状态及其确信度；控制目标设定单元用数据分析得到的轧制状态及控制目标设定知识类设定控制目

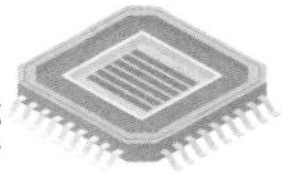

标值，控制目标是参照熟练的操作员的分类结果而设定的（其中有边浪、中浪等多种情况），并赋以与轧制状态同样的确信度；参选动作推理单元对于控制目标设定单元所得到的各种控制目标，运用动作推理知识并参考动作效果评价单元所得到的前期目标板形的应用结果，来决定与当前的目标板形相适应的动作，其动作内容是将目标板形特征分解成十几个参数，采用增减这些参数值的方法来完成；目标板形生成单元将参选动作推理单元选定的动作应用于当前的目标板形，生成新的目标板形后送给 AFC 系统；动作效果评价单元比较目标板形改变前后轧制状态的确信度，判断这次推理得出的动作是否有效，作为以后参选动作的参考。

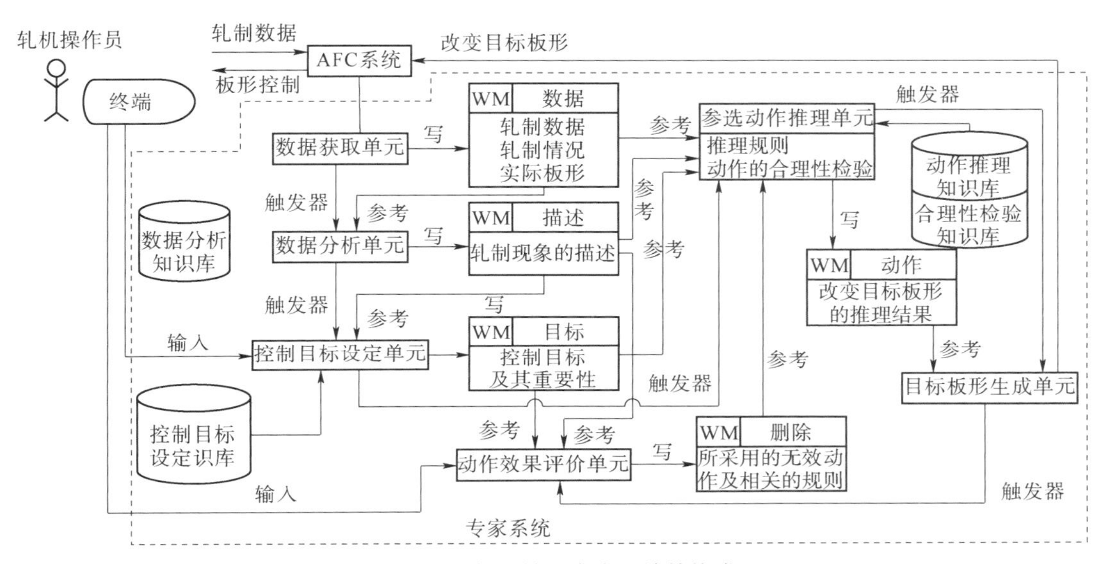

图 3-25　板形控制专家系统的构成

用于控制的专家系统有以下 3 点是非常主要的：确保实时响应；对过程特性变化的适应性；防止动作间的矛盾。由于板带轧制时每卷大约需要十几分钟的时间，而专家系统的推理时间约为 2 s，所以对于满足实时响应是不成问题的。对于前两点，该专家系统具有如下特点。

对过程特性变化的适应性：在轧制发生问题时，熟练的操作员根据过去的经验，采取认为对当时的状况最有效的动作，如果无效，则再采取次好的动作，通过反复尝试直至达到动作有效为止。板形控制专家系统为实现这一点采用特定形式的推理知识库，即按不同的控制目标将规则分类。选择控制目标时，在满足附加条件的规则中启用当前优先度最大的规则，选择其 THEN 部分的动作。THEN 部分中附加有属性值 VALUE，表示动作应实现到什么程度。这样，目标板形改变后，如果达到了控制目标，则启用的规则的优先度增加，在下次推理时也启用；否则，减小其优先度，下次推理时不启用该规则，从而避免了反复出现同样失败的可能。

2. 基于神经网络的预警专家系统

利用智能技术进行工厂事故、故障的预警，是人工智能应用的一个新领域。三宅雅夫等提出了综合利用神经网络和知识库进行生产线预警，并开发了警报提示系统。生产线预警处理系统由前处理部分、事项同定部分、警报选择部分和表示处理部分等构成，如图 3-26 所示。

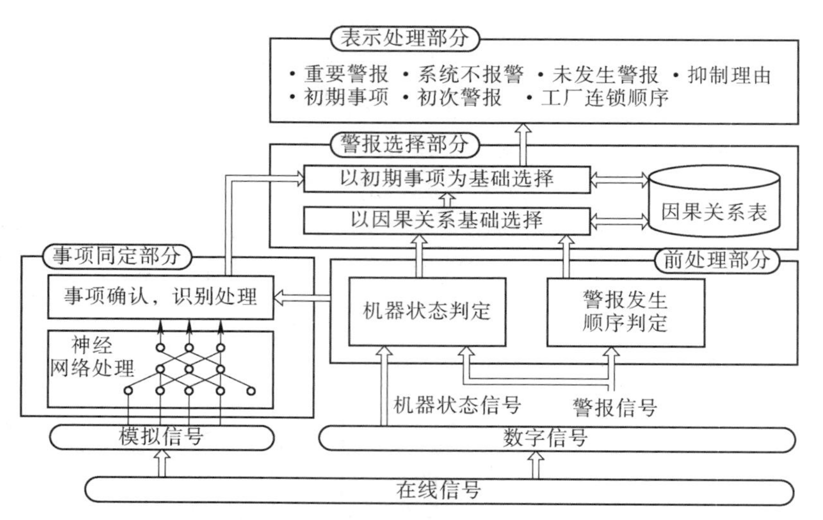

图 3-26 生产线预警处理系统的构成

系统把生产线信号分为模拟信号和数字信号两种。模拟信号进入事项同定部分由神经网络进行处理；数字（开关量）信号经前处理部分对机器的状态和警报发生顺序进行判定，判定结果一方面送入事项同定部分，与神经网络对模拟信号的处理结果综合，对事项进行识别和确认；另一方面送入警报选择部分与事项确认的结果综合，根据知识库中的因果关系表对因果关系和事件性质进行选择，选择结果送入表示处理部分来最后确定是否报警及给出什么样的报警。

事项同定是一个新概念。报警是一件非常严肃的事，应十分谨慎地加以对待。确定生产线上一个事件的状态，应利用来自不同渠道的信息，从多个不同侧面进行判断，加以综合得出结论。上述系统中事项同定实现方法如图 3-27 所示。其输入分为两部分：压力、流量等随时间变化的模拟参数输入具有高速处理能力的多层神经网络，得出一个备选事项送入专家系统；阀门开关、机器状态等数字信号输入直接送入专家系统（规则库知识处理）。专家系统对这两路信息进行知识处理，对相似的事项进行甄别，对备选事项进行确认。在此基础上，输出事项名称，作为给出报警的依据。

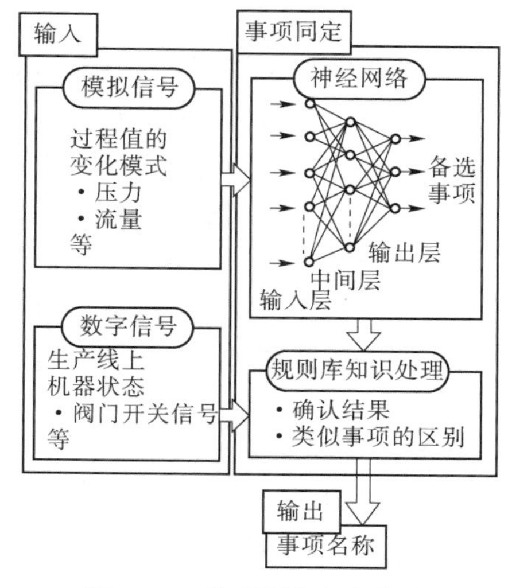

图 3-27 事项同定实现方法

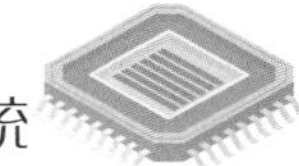

【拓展阅读】

“工业 4.0”时代的智能制造，见二维码 3-1。

二维码 3-1　“工业 4.0”时代的智能制造

复习思考题

1. 简述经典控制理论、现代控制理论和智能控制理论的特点及其适用于解决的问题。

2. 对控制系统的基本要求是什么？

3. 什么是开环控制和闭环控制？试举例，并画出它们的方框图，说明其工作原理，讨论其特点。

4. 闭环控制系统由哪些基本环节组成？各环节在系统中起什么作用？

5. 常见的智能控制技术有哪些？它们有什么特点？

第 4 章 材料成型中的电动机控制技术

【本章导读】

材料成型中电动机使用广泛，如砂处理中传送带传输、混砂机运行，液压系统、冷却系统泵站运行等，一些辅助设备如运料车、机械手、机器人等的驱动。材料成型中常用的电动机有直流电动机、交流电动机和步进电动机。电动机的控制可以采用开环控制，也可以采用闭环控制。本章内容包括继电器-接触器控制、直流电动机控制、步进电动机及其驱动控制技术、交流电动机及其变频调速。本章知识架构如图 4-1 所示。

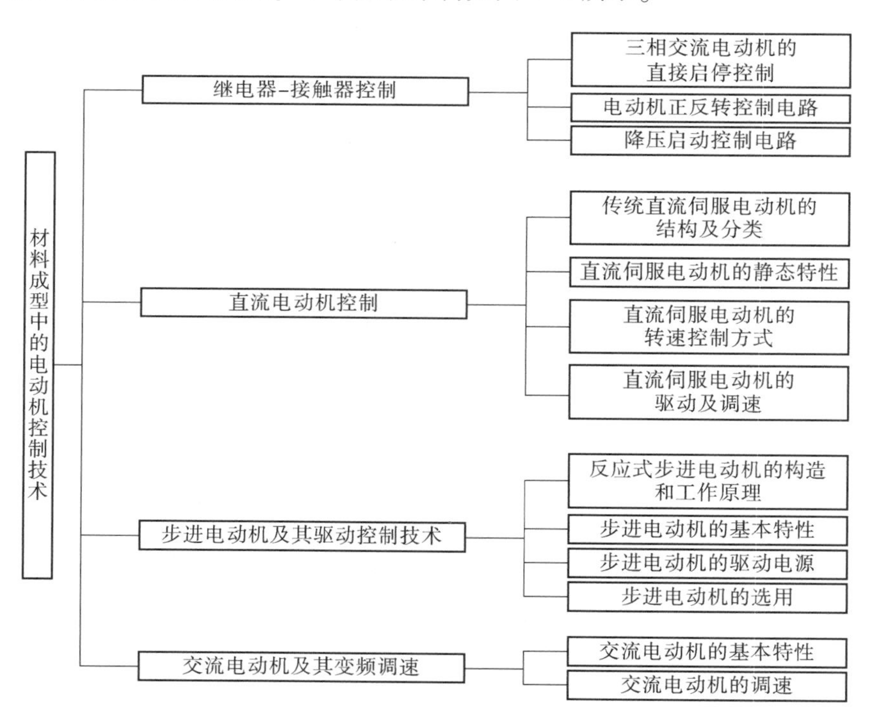

图 4-1 第 4 章知识架构

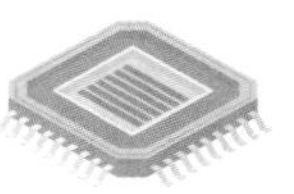

4.1　继电器-接触器控制

继电器-接触器控制是电动机控制的基本控制模式。把继电器、接触器、按钮、行程开关等电气元件用导线按一定方式连接起来组成的控制电路，称为继电器-接触器控制系统。继电器-接触器控制是简单生产过程的一种有效的控制手段，目前在材料成型简单生产中仍有广泛应用。常用继电器-接触器控制的电气符号见二维码4-1。

二维码4-1　常用继电器-接触器控制的电气符号

下面介绍几个材料成型中常见的电动机控制电路。

4.1.1　三相交流电动机的直接启停控制

可以通过开关和接触器直接启动电动机，如图4-2和图4-3所示。图4-2中，合上刀闸开关Q，电动机直接启动，断开开关电动机停止运行。一般小容量电动机或在启停不需要控制的情况下可以采用开关直接启动方式，如水冷焊枪冷循环水泵控制电动机；而在许多中型设备的电动机控制中，需要对电动机的启停进行控制，此时需要采用接触器直接启动方式。

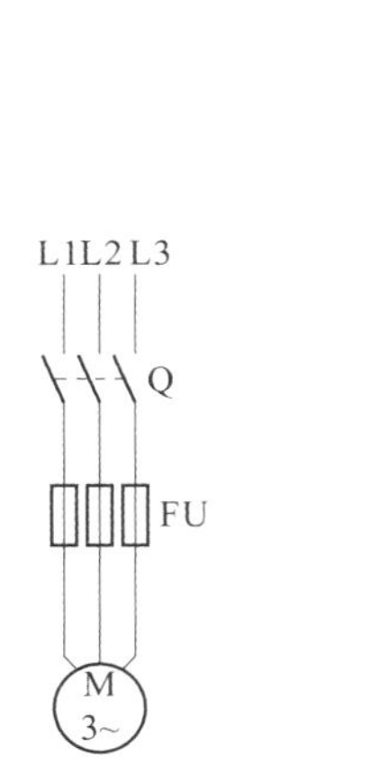

图4-2　用开关直接启动电动机

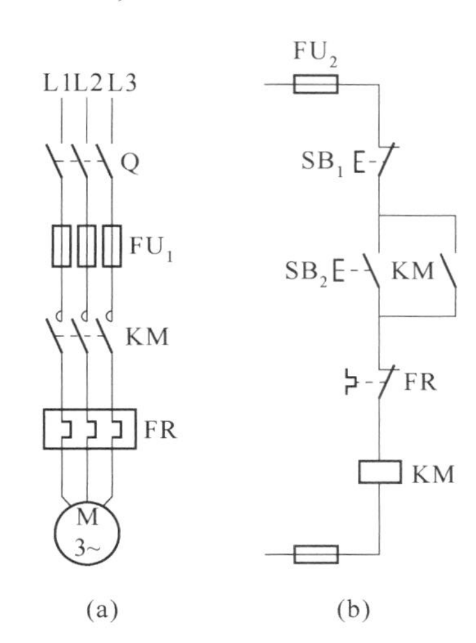

图4-3　用接触器直接启动电动机

（a）主电路；（b）控制电路

一些控制要求不高的简单机械的工作过程，可以直接用开关启动，它适用于不频繁启动的小容量电动机。

图4-3（b）所示的控制电路的控制过程为：首先合上电源开关Q，然后按下启动按钮SB_2，其动合触点闭合，接触器KM线圈得电，其在主电路（如图4-3（a）所示）中的动合主触点KM闭合，电动机M通电启动运转。由于并联在按钮SB_2两端的接触器KM的动合辅助触点也同时闭合，所以当按钮SB_2断开后，接触器KM线圈仍然保持得电状态。

当需要电动机停止运行时，按下停止按钮SB_1，其动断触点断开，接触器KM线圈失

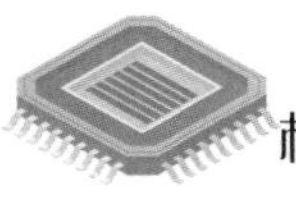

电，其动合主触点 KM 复位（断开）。当按钮 SB_1 松开后，其动断触点复位，接触器 KM 线圈继续不能得电。图中，熔断器 FU 用于短路保护，热继电器 FR 用于过载保护。

4.1.2 电动机正反转控制电路

控制电路对电动机进行的正、反向控制是生产机械的普遍需要，如冲天炉熔炼运料车的往返运动。由电工学知识可知，只要把电动机定子三相绕组所接电源的任意两相对调，电动机定子相序即可改变，从而电动机就可改变运转方向。如果用两个接触器 KM_1 和 KM_2 来完成电动机定子相序的改变，那么正转与反转电路就组成了正反转控制电路。

图 4-4 为异步电动机正反转控制电路，从图 4-4（b）可知，按下启动按钮 SB_2，正向接触器 KM_1 线圈得电并自锁，电动机正转。按下停止按钮 SB_1，电动机停止。按下按钮 SB_3，反向接触器 KM_2 线圈得电并自锁，电动机反转。在控制电路中，将 KM_1、KM_2 动合辅助触点相互串联在对方接触器线圈通电回路中，形成互锁控制：当 KM_1 线圈得电时，由于 KM_1 辅助触点断开，此时，即使按下按钮 SB_3，KM_2 线圈也不能得电；同理，当 KM_2 线圈得电时，由于 KM_2 动断辅助触点断开，此时 KM_1 线圈不能得电，从而避免发生短路。互锁控制在电动机正反转运行中非常重要。

图 4-4（c）是在图 4-3（b）的基础上，将按钮 SB_2、SB_3 的动断触点相互串联在对方接触器线圈通电回路中，这样就不需要先按下停止按钮 SB_1，只需按下 SB_2 或 SB_3，即可实现电动机的正反转切换。

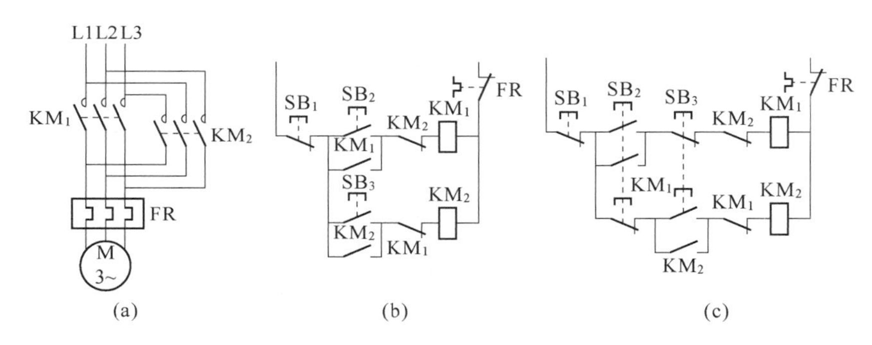

图 4-4　异步电动机正反转控制电路

（a）主电路；（b）控制电路：先停止再转换工作状态；（c）控制电路：直接转换工作状态

4.1.3 降压启动控制电路

通过电气开关或接触器启动电动机的方法称为直接启动，也称全压启动，该方法是将额定电压直接加在电动机定子线圈上，使电动机启动运转。其优点是启动设备简单，启动力矩较大，启动时间短；缺点是启动电流大（为额定电流的 5~7 倍），当电动机容量较大时，过大的启动电流会造成电路产生很大的电压降，甚至会影响其他设备，因此直接启动一般只用于容量小于 10 kW 的电动机的启动。

为了减少电动机的启动电流，采用降压启动的方法，但由于降压启动的转矩与加在定子线圈上电压的二次方成正比，降压启动将导致启动转矩严重下降，所以只适用于空载或轻载场合。

降压启动常用的方法是星-三角形降压启动、定子线圈串联电阻降压启动和自耦合变压器降压启动，本小节只介绍星-三角形降压启动，其控制电路如图 4-5 所示。电动机启动时，定子线圈先按照星形接法连接，待电动机升速到额定转速时，再将定子线圈恢复为三角形接法，使电动机进入全压运行。图 4-5 是用时间继电器自动切换的星形-三角形降压控制电路。启动时，按下 SB_2，KM_1 线圈通电并自锁，KM_1 动合主触点连通；同时，KM_3 线圈通电，KM_3 动合主触点连通，此时定子线圈为星形接法，电动机启动；时间继电器 KT 线圈通电，经延时后，KT 动开延时断开触点断开，KM_3 断电，同时 KT 动合延时触点闭合，使 KM_2 通电并自锁，定子线圈由星形连接变成三角形接法，电动机正常运行。图 4-5（b）中，接触器 KM_3、KM_2 的动开辅助触点构成电气互锁，防止主电路电源短路。

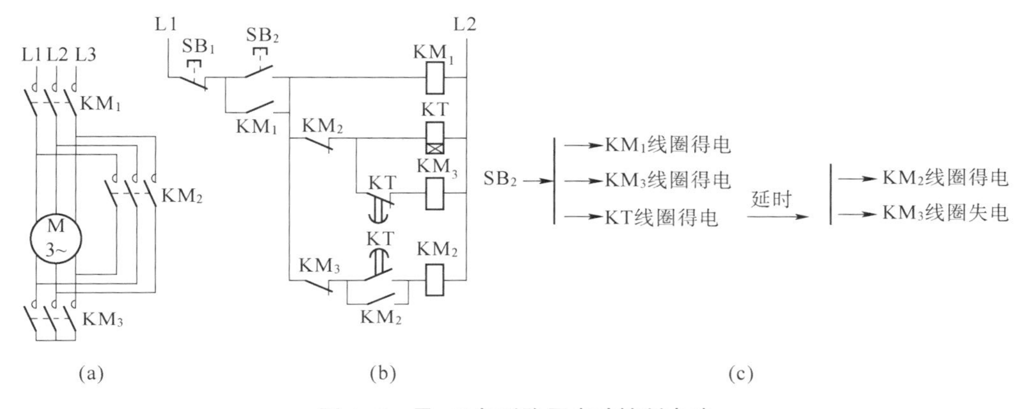

图 4-5　星-三角形降压启动控制电路

（a）主电路；（b）控制电路；（c）启动过程

4.2　直流电动机控制

直流电动机具有良好的启动、制动性能，良好的调速特性和较大的启动转矩，在材料成型过程中，尤其在焊接自动化中使用广泛。按照结构分，直流伺服电动机可分为传统直流伺服电动机、无槽电枢直流伺服电动机、绕线电枢直流伺服电动机及印制绕组直流伺服电动机等 4 种；按照励磁方式分，直流伺服电动机可分为他励直流伺服电动机、并励直流伺服电动机、串励直流伺服电动机和复励直流伺服电动机。

与普通直流电动机相比，伺服电动机具有以下特点：

（1）转速随控制电压的变化改变，能在宽广的范围内连续调节；

（2）转子惯性小，动态响应快，转速反应灵敏，能够实现快速启动和停止；

（3）控制功率小，过载能力强，可靠性好。

下面以传统直流伺服电动机为例进行介绍，该电动机属于他励直流电动机。

4.2.1　传统直流伺服电动机的结构及分类

传统直流伺服电动机的结构和普通直流电动机基本相同，分为定子和转子两大部分，按照激励方式可分为永磁式直流伺服电动机和电磁式直流伺服电动机。永磁式直流伺服电动机是在定子上装设由永磁铁做成的磁极，转子结构与普通直流电动机没有区别；电磁式直流伺服电动机的定子由硅钢片冲制叠压而成，将磁极和磁轭做成整体，在磁极铁芯上装有激磁绕组。我国的 SY 系列直流伺服电动机属于永磁式，SZ 及 S 系列直流伺服电动机属于电磁式。电磁式直流伺服电动机是目前普遍使用的电动机；永磁式直流伺服电动机因具有尺寸小、质量轻、效率高、结构简单、无须励磁等优点越来越受到重视，目前主要用于较小功率的电路中。

4.2.2　直流伺服电动机的静态特性

直流伺服电动机的静态特性是指在稳态下，电动机转子转速、电磁转矩和电枢电压三者之间的关系。

图 4-6 为他励直流伺服电动机的工作原理，当其励磁电压 U_f 恒定时，改变电枢电压 U_a 就可以调节电动机的转速。直流伺服电动机电枢回路中的电压平衡方程应为

$$U_a = E_a + I_a R_a \tag{4-1}$$

式中，U_a 为电枢线圈的控制电压；E_a 为电枢中的感应电动势；I_a 为电枢电流；R_a 为电枢回路的总电阻（包括电刷的接触电阻）。

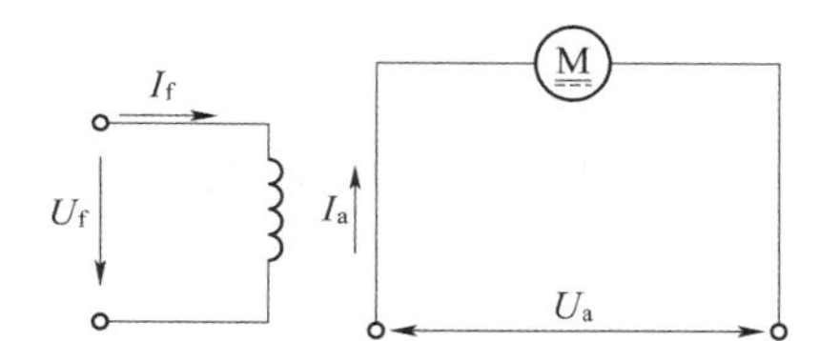

图 4-6　他励直流伺服电动机的工作原理

由式（4-1）求得电枢电流为

$$I_a = \frac{U_a - E_a}{R_a} \tag{4-2}$$

电枢中的感应电动势为

$$E_a = C_e \varphi n = K_e n \tag{4-3}$$

式中，$K_e = C_e \varphi$ 为电枢绕组的电动势系数；φ 为电动机磁通密度；C_e 为电动机常数；n 为电动机转速。

电磁转矩为

$$T_m = C_t \varphi I_a = K_t I_a \tag{4-4}$$

式中，$K_t = C_t \varphi$ 为电枢的转矩系数；$C_t = \dfrac{C_e}{2\pi}$为另一电动机常数。

从式（4-2）、式（4-3）、式（4-4）求得直流伺服电动机的转速为

$$n = \frac{U_a}{C_e \varphi} - \frac{R_a T_m}{C_e C_t \varphi^2} = \frac{U_a}{K_e} - \frac{R_a T_m}{K_e K_t} \tag{4-5}$$

由式（4-5）就可以得到直流伺服电动机的机械特性和负载转矩特性。

（1）机械特性。机械特性是指加在电枢线圈上的控制电压 U_a 恒定时，伺服电动机的电

磁转速与电磁转矩的关系 $n=f(T_m)$。根据式（4-5）可获得直流伺服电动机的机械特性，如图 4-7 所示。从图中可以看出，直流伺服电动机的机械特性是线性的。这些特性曲线与纵轴的交点表示当电磁转矩等于0时电动机的转速，称其为空载转速 n_0，即

$$n_0=\frac{U_a}{K_e} \tag{4-6}$$

在实际情况下，即使电动机转轴不带任何负载，它本身仍有空载损耗，因而电动机的电磁转矩并不为0。因此，n_0 只是一个理想的物理量。

直流伺服电动机机械特性曲线与横轴的交点表示电动机堵转（$n=0$）时的转矩，即为伺服电动机的堵转矩，表示为

$$T_k=\frac{K_t}{R_a}U_a \tag{4-7}$$

它表示了电动机的机械特性，即电动机的转速随转矩的改变而变化的程度。

由式（4-6）或图 4-7 都可以看出，随着加在电枢线圈上电压 U_a 的增大，电动机的机械特性曲线平行地向转速和电磁转矩增加的方向移动，其斜率保持不变。因此，当改变加在电枢线圈上的电压 U_a 时，直流伺服电动机的机械特性曲线是一组平行的直线。当电枢电压 U_a 一定时，电动机转速 n 与电磁转矩 T_m 成反比，转速越高，电磁转矩 T_m 越小。U_a 不同，电动机的机械特性不同，通过调节 U_a 就可以调节电动机的机械特性。在图 4-7 中，$U_{a_1}<U_{a_2}<U_{a_3}$，对于相同的电动机电磁转矩 T_m，相应的电动机转速 $n_1<n_2<n_3$；同理，对于相同的转速 n，电动机相应输出的电磁转矩 $T_{m_1}<T_{m_2}<T_{m_3}$。

（2）负载转矩特性。工作机械的负载转矩 T_L 与转速 n 的关系 $T_L=f(n)$ 为负载转矩特性。负载转矩特性由工作机械的特性所决定。将 $n=f(T_m)$ 与 $T_L=f(n)$ 画在同一坐标图上，两特性的交点即为电动机-负载系统的稳定工作点，如图 4-8 所示。其系统稳定的条件：电动机电磁转矩特性 $T_m(n)$ 与负载转矩特性 $T_L(n)$ 有交点，并且在交点对应的转速之上保证 $T_m<T_L$，而在交点对应的转速之下保证 $T_m>T_L$。图 4-8 中的 A、B 点都是稳定工作点，对应的转速分别是 n_A、n_B，对应的电磁转矩和负载转矩分别是 T_A、T_B。

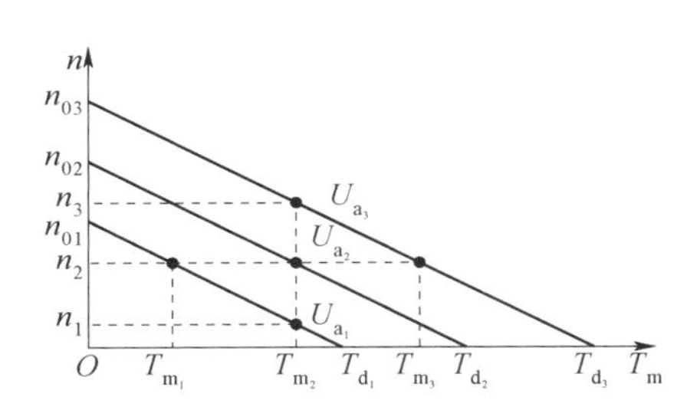

图 4-7　直流伺服电动机的机械特性

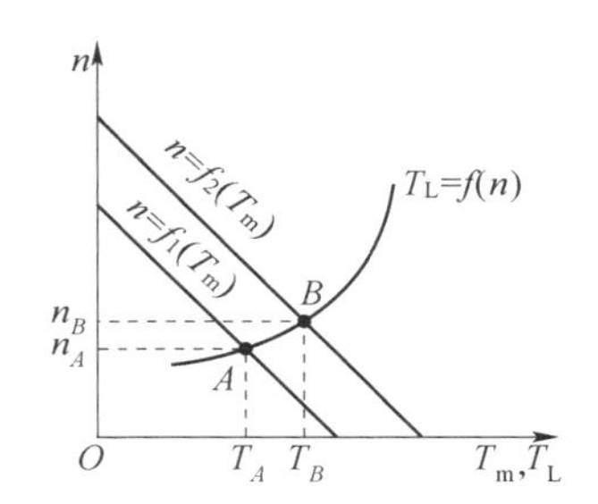

图 4-8　直流同服电动机的负载转矩特性

4.2.3　直流伺服电动机的转速控制方式

由式（4-5）可以看出，改变回路总电阻、电枢电压 U_a、磁通密度 φ 都可以达到控制直流伺服电动机转速的目的。由于改变电阻调速的局限性，所以只介绍后两种方法。通过改

变加在电枢线圈上的电压 U_a 来控制电动机转速的方法称为电枢控制；通过调节励磁磁通 φ 来控制电动机转速的方法称为磁场控制。

1. 直流伺服电动机的电枢控制

直流伺服电动机大部分都是电磁式或永磁式，因此其励磁电压 U_f 常保持恒定，若外加的负载转矩也保持不变，提高电枢电压 U_a，则电动机的转速将随之增加；反之，降低电枢电压 U_a，电动机的转速也相应下降。若加在电枢线圈上的电压为 0，则电动机将停止转动。当电压 U_a 极性改变时，电动机的旋转方向也随之改变。因此，把加在电枢线圈上的电压 U_a 作为控制信号，就可以实现对直流伺服电动机转速的控制。

采用电枢控制时直流伺服电动机各参数的变化过程如图 4-9 所示。

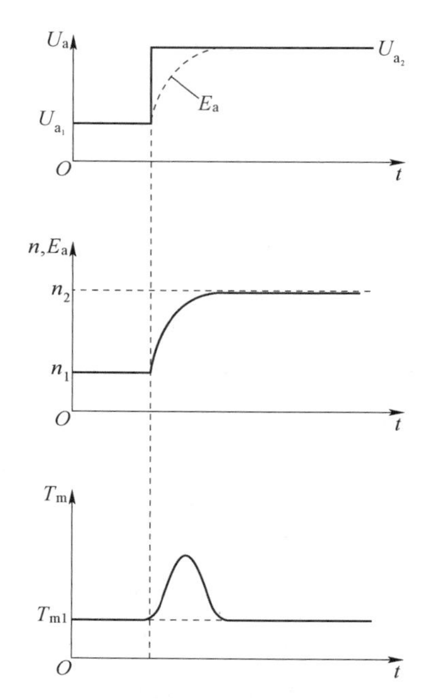

图 4-9　采用电枢控制时直流伺服电动机各参数的变化过程

设加在电枢线圈上的初始电压为 U_{a_1}，电动机的转速为 n_1，则电枢电流为

$$I_{a_1}=\frac{U_{a_1}-C_e\varphi n_1}{R_a} \tag{4-8}$$

这一电流产生的电磁转矩为

$$T_{m_1}=C_1\varphi I_{a_1} \tag{4-9}$$

由于电磁转矩 T_{m_1} 与负载转矩 T_L 相平衡，所以电动机维持一个初始转速 n_1。如果负载转矩下 T_L 保持不变，而将加在电枢线圈上的电压 U_{a_1} 提高到 U_{a_2}，则开始时转速尚未来得及变化，因此电枢中的感应电动势也未升高，电枢电流必定增大，相应地电磁转矩 T_m 也将增加，于是 $T_m>T_L$，电动机就开始加速。随着电动机转速的升高，电枢中的感应电动势也相应增大，这一趋势又反过来使电枢电流及电磁转矩减小。当转速到达 n_2 时，电磁转矩 T_m 与负载转矩 T_L 又达到了一个新的平衡状态。在这个新的平衡状态下，如果忽略空气的黏性摩擦力矩的影响，电磁转矩仍为 T_{m_1}，电枢中的电流仍为 I_{a_1}，但是电动机的转速却已由 n_1 上升到 n_2。

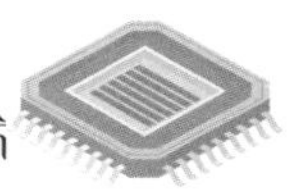

2. 直流伺服电动机的磁场控制

由式（4-5）可以看出，如果提高电动机的励磁电压 U_f，则将使磁通密度 φ 增大，此时电动机的转速必定下降；反之，减小磁通密度 φ 会导致电动机转速的升高。但是，这种控制方式只适用于他励式直流伺服电动机，而且由于励磁绕组电感量较大，所以时间常数也较大。这就使调节励磁电流所需的时间也较长，不能满足快速响应的要求。因此，在焊接自动控制系统中不宜采取磁场控制的方式来控制电动机的转速。

4.2.4　直流伺服电动机的驱动及调速

1. 晶闸管可控整流直流电动机驱动及调速

在直流电动机驱动及调速系统中，晶闸管相控整流电路应用最为广泛。图4-10给出了4种常用的单相交流电源晶闸管可控整流直流电动机调速电路结构。单相交流电源经二极管整流给直流电动机的励磁绕组供电，经晶闸管可控整流给直流电动机电枢绕组供电，通过晶闸管可控整流调压来调节电枢电压，以进行调速。

图4-10（a）所示电路采用二极管 $VD_1 \sim VD_4$ 桥式整流之后再采用晶闸管VH可控整流调压，VD_5 是续流二极管。图4-10（b）所示电路采用晶闸管VH半波可控整流调压，VD_5 是续流二极管。图4-10（c）所示电路采用晶闸管 $VH_1 \sim VH_2$ 及二极管 $VD_1 \sim VD_2$ 构成的串联式半控桥整流调压，该电路不用额外加续流二极管，通过 $VD_1 \sim VD_2$ 续流。图4-10（d）为晶闸管全波可控整流电路，整流桥由二极管 $VD_1 \sim VD_2$ 及晶闸管 $VH_1 \sim VH_2$ 构成，VD_3 是续流二极管。

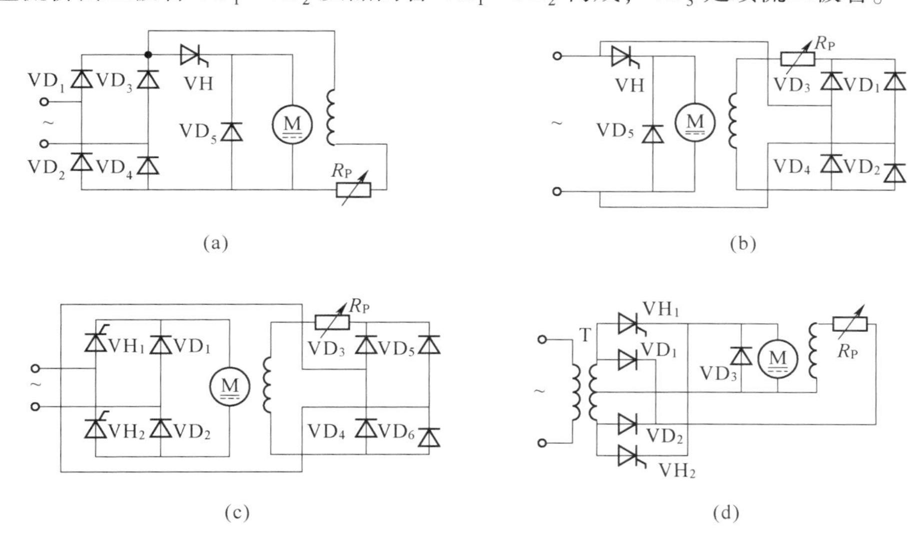

图4-10　单相交流电源晶闸管可控整流直流电动机调速电路结构

（a）二极管整流晶闸管可控整流电路；（b）晶闸管半波可控整流电路；

（c）晶闸管串联式半控桥整流电路；（d）晶闸管全波可控整流电路

图4-11为送丝电动机调速系统原理。由电焊机主变压器输出的双27 V交流电供电，通过晶闸管 VH_1、VH_2 构成的全波可控整流电路控制输出直流电给直流电动机电枢绕组供电。经并联在电动机电枢两端的电阻 R_{25}、R_{27} 分压，接至 VD_{34} 的负端，图4-11中 a 点的电压 U_a 与送丝电动机电枢电压成正比，U_a 就是电枢电压负反馈信号。送丝电动机的速度给定信号 U_g 由k点输入。单结晶体管 VU_1，电容 C_1，晶体管 VT_2、VT_4、VT_5、VT_6、VT_7、VT_8，光

耦合器 VLC_1、VLC_2 等组成晶闸管触发电路。

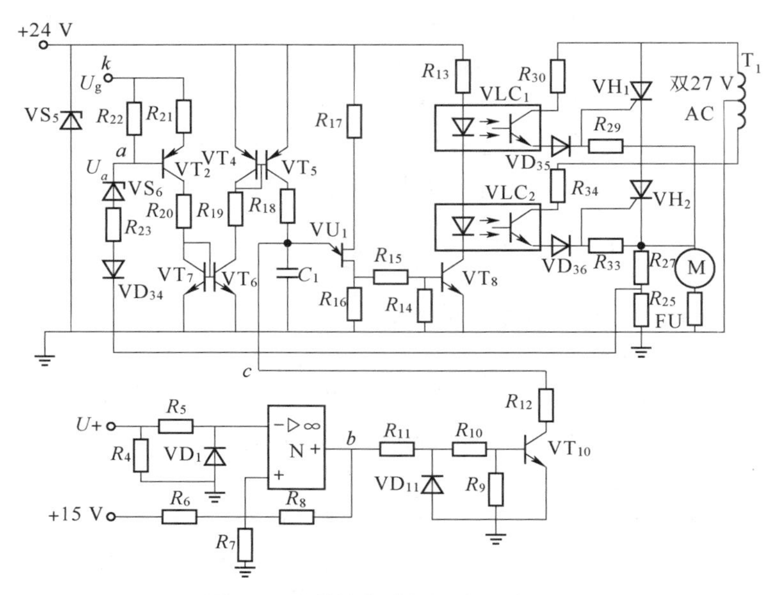

图 4-11　送丝电动机调速系统原理

图 4-12 为送丝电动机调速系统同步电路各点波形图。同步信号主要由运算放大器 N 组成的比较器形成，其同相端以+15 V 直流电源通过电阻 R_6、R_7 的分压，得到比较器的基准电压。比较器的反相端为整流输出的直流脉冲电压 U^+。在交流过零时，输出的直流脉冲电压 U^+较低，低于同相端的基准，故比较器输出为高电平；反之，比较器输出为低电平。对晶体管 VT_{10}而言，高电平有效，即每次过零点时，VT_{10}导通 1 次，把电容 C_1 上的充电电压经电阻 R_{12}和晶体管 VT_{10}的射极短路到“地”，起放电清零作用，从而实现同步。

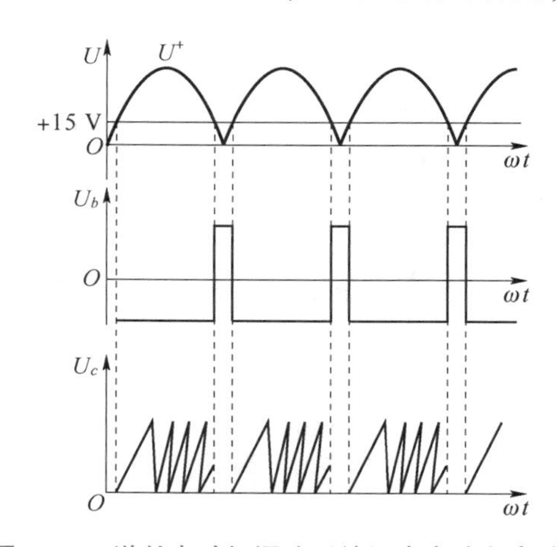

图 4-12　送丝电动机调速系统同步电路各点波形图

2. 直流电动机脉宽调速电路

电动机脉宽调速系统具有低速性能好、快速响应性能好、动态抗干扰能力强等优点，已成为现代电动机调速系统发展的方向。大功率晶体管（GTR）、可关断晶闸管（GTO）、场效应晶体管（MOSFET），特别是绝缘栅双极晶体管（IGBT）等功率器件的发展，使电动机

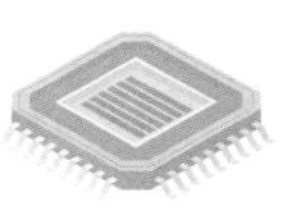

脉宽调速系统获得迅猛发展，目前其最大容量已超过几十兆瓦。

脉冲宽度调制（Pulse Width Modulation，PWM）技术是利用半导体开关器件的导通和关断，把直流电压变成电压脉冲列，控制电压脉冲的宽度或周期以达到变压或变压变频的目的。

（1）直流电动机 PWM 调速原理 。图 4-13 为直流电动机 PWM 调速原理，脉冲列的脉冲频率（脉冲频率可以达到 20 kHz 以上）一定，改变脉冲的宽度就能够调节平均输出电压 U_V，该电压给直流电动机的电枢绕组供电，从而调节电动机转速。目前越来越多的电动机调速系统采用 IGBT 作为功率开关元件。

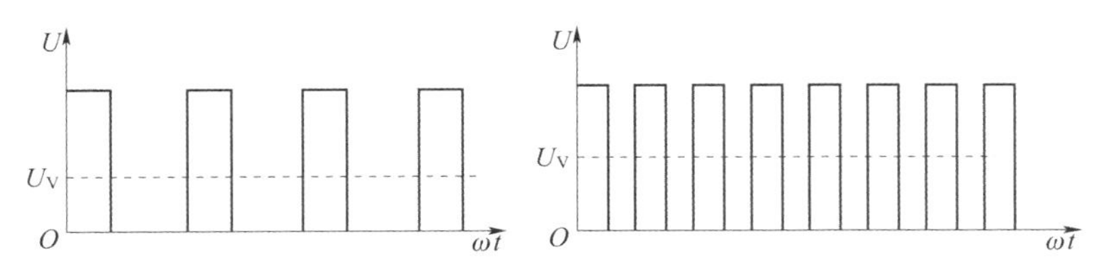

图 4-13　直流电动机 PWM 调速原理

（2）直流斩波器式脉宽调速电路 。图 4-14 为直流斩波器式脉宽调速电路。在图 4-14（a）中，交流电源经二极管桥式整流，电容滤波变为直流电压 U_d；图中 V（采用 IGBT）是大功率开关器件，VD 是续流二极管，电路的负载为电动机电枢绕组，可以认为是一个电阻-电感负载。开关器件 V（采用 IGBT）的栅极可由频率不变而脉冲宽度可调的脉冲电压驱动。

图 4-14（b）给出了稳态时的电动机电枢电压 u_a 和电枢电流 i_a 的波形。在 t_1 时间内，栅极电压 U_{GE} 为正电压（通常为+15 V），V（采用 IGBT）饱和导通，直流电压 U_d 经 V 加到电动机电枢绕组两端，电枢中流过电流，在 t_2 时间内，栅极电压 U_{GE} 为 0，V（采用 IGBT）截止，由于电枢绕组中的电感储能，所以 i_a 经 VD 续流。由图可见，电动机电枢绕组电流是脉动的。由于开关频率很高，电流值的脉动变化很小，所以其对电动机转速波动的影响很小。由图可得到电动机电枢的平均电压为

$$U_a=\frac{t_1}{t_1+t_2}U_d=\frac{t_1}{T}U_d \tag{4-10}$$

式中，t_1 为脉冲时间；t_2 为脉冲休止时间，$T=t_1+t_2$。

改变 t_1 的大小，就可以改变 U_a 即电动机电枢电压的大小，从而改变电动机的转速，达到调速的目的。

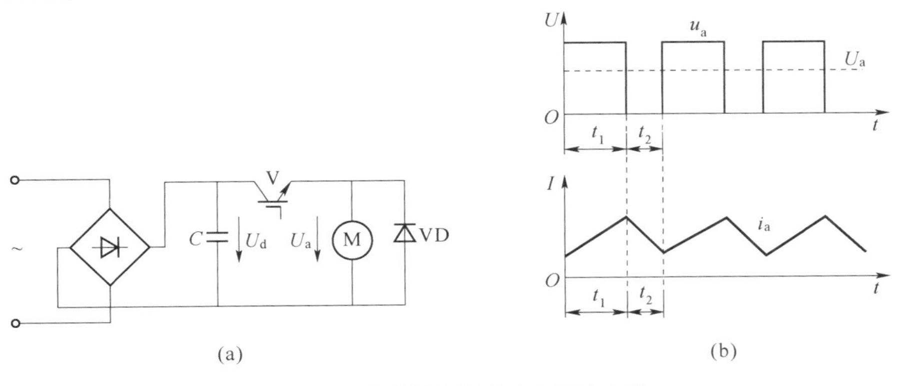

图 4-14　直流斩波器式脉宽调速电路

（a）电路原理；（b）电流、电压工作波形图

4.3 步进电动机及其驱动控制技术

步进电动机是数字控制系统中的一种伺服电动机，其功能是将脉冲电信号变换为相应的角位移或直线位移。简单来说，就是给出一个脉冲电信号，电动机就转动一个角度或前进一步。

由于步进电动机输入的是脉冲电信号，它绕组内的电流既不是正弦交变电流，也不是恒定的直流电流，而是一个脉冲电流，所以有时也把这种电动机称为脉冲电动机。

步进电动机从机电能量转换的物理本质上来看，它与一般的交流或直流电动机没有什么区别；从结构和运行上的特点来看，它与一般交流或直流电动机相比，在物理概念、分析方法和运行性能等方面都有不少特殊性。本节将重点叙述其结构特点及工作原理，对步进电动机的静态、动态特性及驱动控制技术等方面作简要介绍。

步进电动机的种类有很多，按其结构和工作原理可分为反应式步进电动机、混合式步进电动机、永磁式步进电动机 3 种。应用最多的是反应式步进电动机。下面以反应式步进电动机为例，介绍步进电动机的工作原理。

4.3.1 反应式步进电动机的构造和工作原理

图 4-15 为三相反应式步进电动机示意，定子上有 6 个磁极，每两个相对的磁极上绕有一相的控制绕组。转子上只有 4 个齿，上面没有绕组，齿的宽度和定子上极靴的宽度相等。

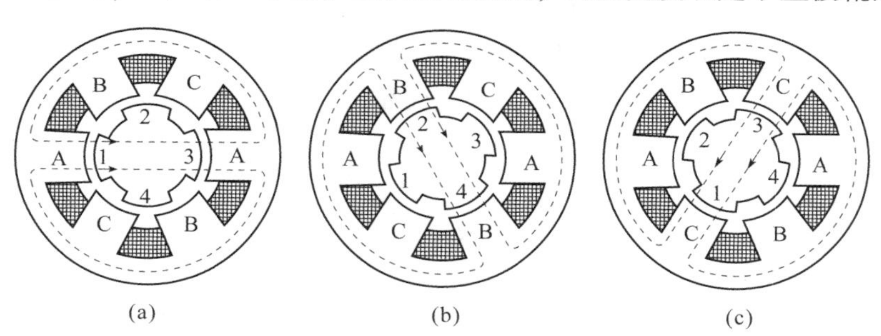

图 4-15 三相反应式步进电动机示意

(a) A 相通电；(b) B 相通电；(c) C 相通电

当 A 相控制绕组通电，而 B、C 相都不通电时，由于磁通总是沿磁阻最小路经流通，所以转子齿 1 和齿 3 受磁力作用，使其轴线与定子上 A 极的轴线重合，如图 4-15（a）所示。同理，当接通 B 相而断开 A 相控制绕组时，在磁力作用下，转子便按逆时针方向转过 30°，使转子齿 2 和齿 4 的轴线与定子上 B 极轴线重合，如图 4-15（b）所示。再接通 C 相而断开 B 相控制绕组时，转子必然再逆时针方向转过 30°，使转子齿 1 和齿 3 的轴线和定子上 C 极的轴线重合，如图 4-15（c）所示。如此按 A-B-C-A…的顺序不断地接通和断开各控制绕组，转子将一步一步地按逆时针方向连续转动，其转速取决于各控制绕组通电和断电的频率（即输入信号的脉冲频率），旋转方向取决于控制绕组轮流通电的顺序，如果上述电动机控制绕组通电的顺序改为 A-C-B-A…，则电动机的旋转方向相反，即变为顺时针方向转

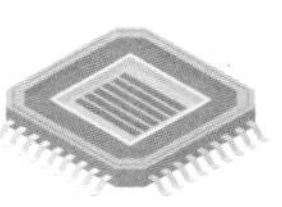

动。控制绕组的接通和断开，通常是由电子逻辑电路来控制的。

定子控制绕组每通电、断电一次，称为一拍。此时电动机转子在空间转过的角度称为步距角，以 θ_s 表示。上述通电方式称为“三相单三拍运行”。所谓“三相”，即三相步进电动机具有三相定子绕组；“单”是指每次通电时只有一相控制绕组通电；“三拍”是指经过三次切换控制绕组的通电状态为一个循环，第四拍（即第四次切换控制绕组）时，电动机又转到第一拍所处的位置。很明显，三相单三拍运行时，电动机的步距角 θ_s 应为 30°。

除了上述运行方式外，三相步进电动机还可以有“三相六拍”和“三相双三拍”运行方式。三相六拍运行的供电方式是 A-AB-B-BC-C-CA-A…。这时，每一循环切换控制绕组六次，总共有六种通电状态，这六种通电状态中有时只有一相通电（如 A 相），有时有两相通电（如 A 相和 B 相）。三相反应式步进电动机六拍运行时的原理如图 4-16 所示。

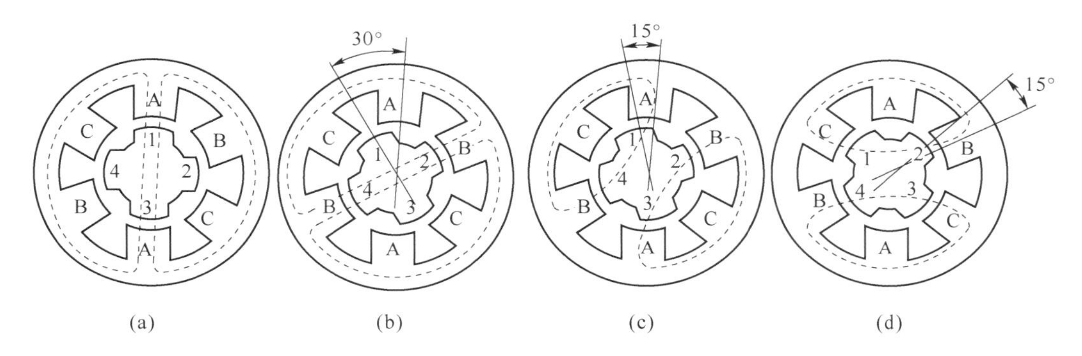

图 4-16　三相反应式步进电动机六拍运行时的原理
（a）A 相通电；（b）A、B 相通电；（c）B 相通电；（d）B、C 相通电

下面对图 4-16 加以说明。

开始时先接通 A 相，这时与单三拍的情况相同，即转子齿 1 和齿 3 的轴线与定子上 A 极轴线重合。

A 相通电，A、B 相通电，B 相通电，B、C 相通电时三相反应式步进电动机分别如图 4-16（a）~图4-16（d）所示。实际焊接自动控制系统采用的步进电动机内部结构如图 4-17 所示。

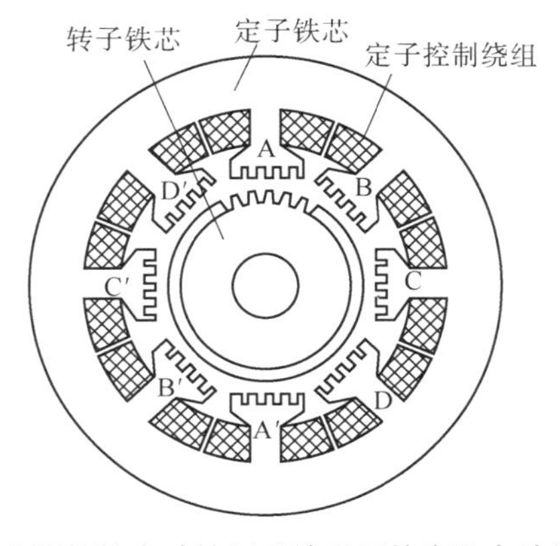

图 4-17　实际焊接自动控制系统采用的步进电动机内部结构

设步进电动机采用四相单四拍的方式运行，即按照 A-B-C-D-A…的顺序切换控制绕组。当图 4-17 中的 A 相控制绕组通电时，电动机气隙中便产生一个沿 A-A′磁极轴线方向的磁通，磁力的作用驱使转子按受到反应转矩作用的方向转动，直至转子齿的轴线与定子上磁极相对应小齿轴线重合为止。因转子上有 50 个齿，故每个齿距角 $\theta_t=360°/50=7.2°$，而定子一个极距所占的转子齿数为 $50/(2\times4)=6\frac{1}{4}$个，显然不是整数。因此，当A-A′磁极下的定子、转子齿的轴线重合时，相邻两对磁极 B-B′和 D-D′下的小齿和转子上的齿必然错开 1/4 齿距角，在这台电动机中为 1.8°，这时各相磁极定子齿、转子齿的相对位置如图 4-18 所示。如果断开 A 相控制绕组，而将 B 相控制绕组接通，此时电动机气隙中的磁通，将沿 B-B′磁极轴线方向分布。同理，在反应转矩的作用下，转子顺时针方向转过 1.8°，使转子齿的轴线和定子上磁极 B-B′下的小齿轴线重合，这时 A-A′磁极和 C-C′磁极下的小齿与转子齿又错开了 1.8°。依次类推，控制绕组按照 A-B-C-D-A…的顺序循环通电时，转子就按顺时针方向一步一步地连续转动起来，每切换一次控制绕组，转子转过 1/4 齿距角。显然，如果通电顺序改为 A-D-C-B-A…，则转子便按逆时针方向一步一步地转动，步距角同样为 1/4 齿距角，即 1.8°。

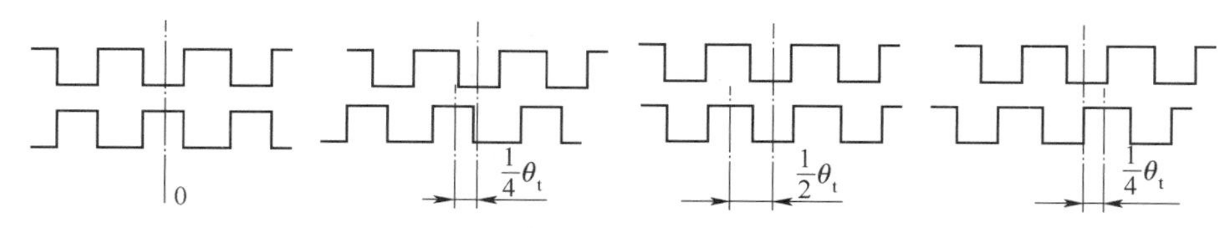

图 4-18　A 相通电时定子齿与转子齿的相对位置

如果运行方式改为四相八拍，则其通电方式为 A-AB-B-BC-C-CD-D-DA-A…，即单相通电和两相通电相间供电时，其运行状况与三相六拍供电的运行状况相似，即 A 相绕组通电时的运行状况与四相单四拍相同，此时转子齿的轴线和定子上磁极 A 和 A′下的小齿轴线重合。当 A、B 两相绕组同时通电时，转子的位置处于使 A、B 两对磁极所产生的磁通在气隙中形成的磁阻相同程度地达到最小值，这时相邻磁极 A 和 B（或 A′与 B′）对转子齿的磁拉力大小相等、方向相反。A、B 两相同时通电时，定子齿、转子齿的相对位置如图 4-19 所示。这时转子按顺时针方向仅转 1/8 齿距角，即 0.9°，磁极 A 和 B 下的小齿轴线与转子齿轴线间均错开了 1/8 齿距角。当切换为 B 相绕组一相通电时，转子齿的轴线与磁极 B 下的小齿轴线相重合，转子按顺时针方向又转过了 1/8 齿距角。依次类推，每切换一次绕组，转子就转过 1/8 齿距角。由此可知，四相八拍运行方式的步距角比四相单四拍运行时也小了一半。

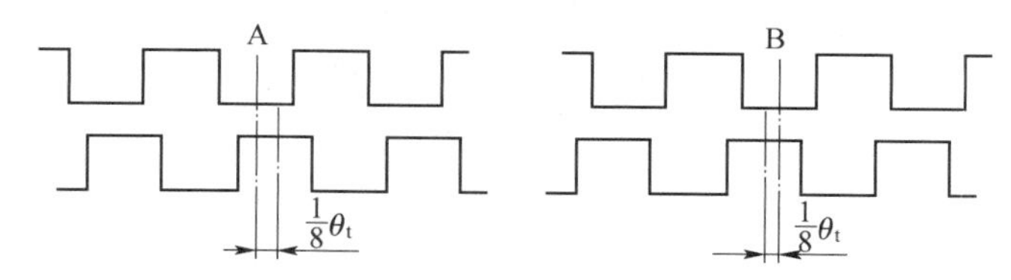

图 4-19　A、B 两相同时通电时，定子齿、转子齿的相对位置

同理，当步进电动机按四相双四拍方式运行，亦即按照 AB-BC-CD-DA-AB…顺序切换控制绕组时，其步距角应与四相单四拍运行方式相同，即为 1/4 齿距角或 1.8°。

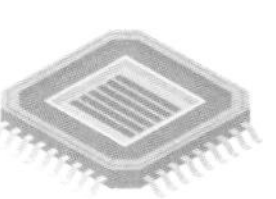

4.3.2　步进电动机的基本特性

1. 步进电动机的静特性

步进电动机的静特性，是指在不改变通电方式下的运行特性。它包括以下几个特性。

(1) 矩角特性。在固定的通电方式下，电动机的电磁转矩和转子位置的关系称为矩角特性。而转子的位置是以通电相磁极小齿和转子齿轴线间的夹角 θ（指空间角度）来表示的。有时也用电角度 θ_e 来表示，称为失调角。由于一个齿距对应的电角度为 2π，因此它与空间角度的关系是：

$$\theta_e = z\theta \tag{4-11}$$

式中，z 为转子齿数。

图 4-20 表示了电磁转矩与转子位置展开的关系。从图中可知，当 $\theta_e = 0°$时，转子齿的轴线和定子上磁极小齿的轴线重合。此时定、转子之间虽有较大的磁力，但其方向是垂直于转轴的，故电动机产生的电磁转矩为0，如图 4-20（a）所示。随着 θ_e 的增大，电磁转矩也增大，直到 $\theta_e = \frac{\pi}{2}$时电磁转矩达到最大值，如图 4-20（b）所示。若 θ_e 继续增大，则电磁转矩反而减小，直到 $\theta_e = \pi$ 时，由于定子上磁极小齿对转子齿左右两个方向的拉力，在水平方向的分量大小相等而方向相反，因此电磁转矩又降为0，如图 4-20（c）所示。当 $\theta_e > \pi$ 时，电磁转矩改变了方向即变为负值，直到 $\theta_e = \frac{3\pi}{2}$时电磁转矩达到负的最大值，如图 4-20（d）所示。$\theta_e = 2\pi$ 时的情况与 $\theta_e = 0°$时的情况一样，若 θ_e 再增大，则重复上述过程。由此可见，电动机的电磁转矩随失调角作周期性变化，其周期为 2π。但其变化波形比较复杂，它与定、转子间气隙、冲片齿形及磁路饱和程度都有关系。实践表明，一般性能良好的反应式步进电动机的矩角特性近似正弦波，但须将纵轴右移一个 π 角，如图 4-21 所示。

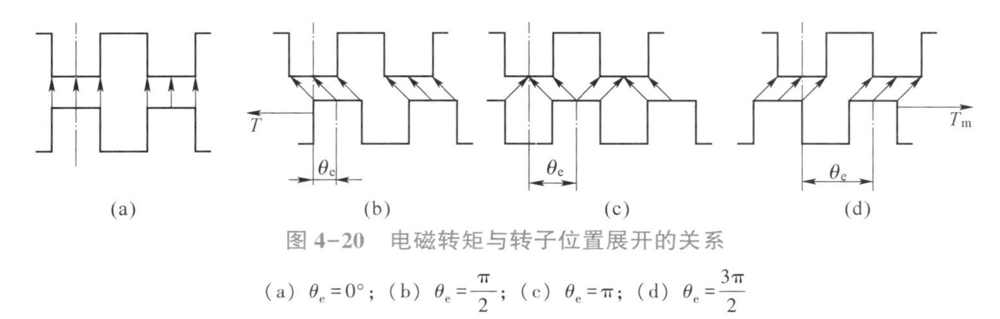

图 4-20　电磁转矩与转子位置展开的关系

(a) $\theta_e = 0°$；(b) $\theta_e = \frac{\pi}{2}$；(c) $\theta_e = \pi$；(d) $\theta_e = \frac{3\pi}{2}$

(2) 静稳定区。从图 4-20 中可以看出，虽然 $\theta_e = 0°$、$\pm\pi$ 这 3 点上的电磁转矩均为 0，但是，只有 $\theta_e = 0°$这一点，当外加力矩使转子偏移 0°点但又不超过 $\theta_e = \pm\pi$ 时，一旦外加力矩消失，转子将在电磁转矩的作用下恢复到 0°点。因此，该点称为初始稳定平衡点。而当 $\theta_e = \pm\pi$时，若外加力矩使转子位移超出 $\theta_e = \pm\pi$，则当外加力矩消失后，转子将不能回到原来的平衡位置。在电磁转矩的作用下，转子将趋向于相邻的另一个稳定平衡点。

这样，失调角 θ_e 在$-\pi \sim +\pi$ 之间形成了一个静稳定区，如图 4-21 所示。在这个区域内，若没有外加力矩，则转子总会在电磁转矩作用下回到初始稳定平衡点，以达到平衡状态。

(3) 最大静转矩。步进电动机矩角特性上的静转矩最大值 T_{sm} 表示了步进电动机承受负载的能力，它与步进电动机许多特性有直接的关系。因此，它是步进电动机主要的性能指标之一。很显然，最大静转矩与绕组电流有关，即绕组电流越大，最大静转矩也越大。但是，由于铁磁材料的曲线是非线性的，所以最大静转矩 T_{sm} 与绕组电流 I 之间的关系也是非线性的，如图 4-22 所示。

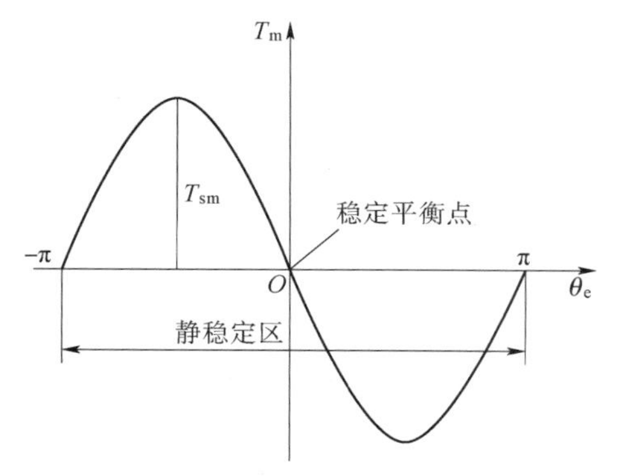

图 4-21　反应式步进电动机的矩角特性及静稳定区

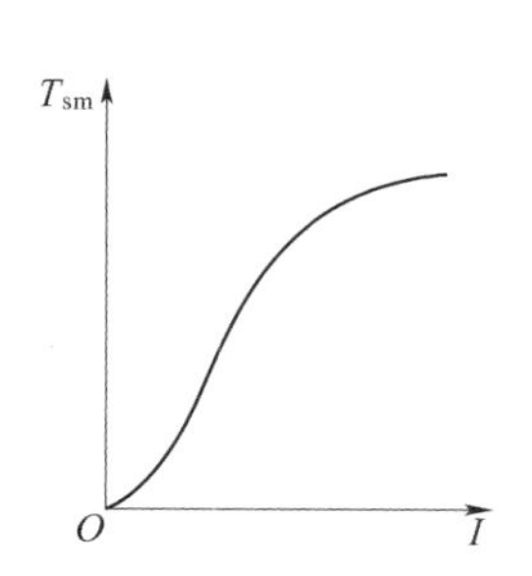

图 4-22　步进电动机最大静转矩特性

反应式步进电动机往往是两相或多相同时通电的，这时最大静转矩应为

$$T_{sm}=K_m T_{sm_1} \tag{4-12}$$

式中，T_{sm} 为多相通电时步进电动机的最大静转矩；K_m 为多相通电时转矩增大系数；T_{sm_1} 为单相通电时步进电动机的最大静转矩。

两相同时通电时：

$$K_m=2\cos\frac{\pi}{m} \tag{4-13}$$

三相同时通电时：

$$K_m=1+2\cos\frac{\pi}{m} \tag{4-14}$$

式中，m 为步进电动机的相数。

（4）矩角特性族。在某一通电方式下矩角特性的总和，称为矩角特性族。图 4-23 为转子齿数为 2 的反应式步进电动机的结构原理及矩角特性族。在图 4-23（b）中，如果以 A 相磁极的中心线为原点，则其他各相的稳定平衡点依次错开一个步距角，因为该步进电动机转子齿数为 2，相数为 3，所以单三拍通电方式中稳定平衡点在空间依次相差 $\frac{\pi}{3}$，折算到角度为 $\frac{2\pi}{3}$，它们分别为 O_A、O_B、O_C。

同理，在六拍通电方式中其稳定平衡点依次差于电角度，分别为 O_A、O_{AB}、O_B、O_{BC}、O_C、O_{CA}，如图 4-23（c）所示。

普通情况下，矩角特性族，稳定平衡点错开电角度为

$$\theta_{se}=\frac{2\pi}{m_1} \tag{4-15}$$

式中，m_1 为步进电动机的相数。

当一相导通时 $m_1=m$，而两相同时导通时有 $m_1=2m$。例如，单三拍方式时步距角 $\theta_{se}=$

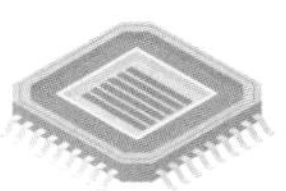

$\frac{2\pi}{3}$，六拍方式时步距角则为 $\theta_{se}=\frac{\pi}{3}$。

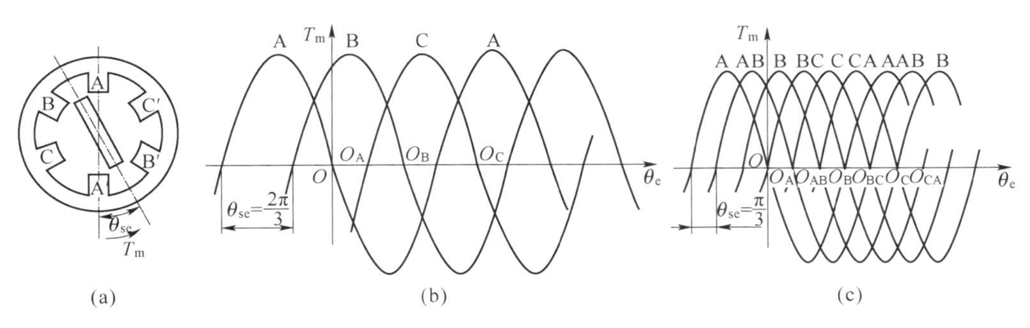

图 4-23　转子齿数为 2 的反应式步进电动机的结构原理及矩角特性族

（a）结构原理；（b）三相单三拍矩角特性族；（c）三相六拍矩角特性族

2. 步进电动机的动特性

动特性是指与步进电动机启动或旋转时有关的特性。

步进电动机的运行过程总是在电和机械的过渡过程中进行的，因此对它的动特性要求是较高的。其动特性将直接影响系统的快速响应及工作可靠性。但它的动特性不仅与电动机本身性能和负载性质有关，还和电源的特性及通电方式有关，其中有些因素还是非线性的，要进行精确分析较为困难。下面介绍几种不同运行方式下的动特性。

（1）单脉冲运行特性。单脉冲运行特性是指步进电动机在准备通电状态下，加一个脉冲信号，仅改变一次通电状态时的运行特性。这里主要研究其动态稳定区、启动转矩及自由振荡过程等 3 个问题。

1）动态稳定区。图 4-24（a）中曲线 A 为电动机处于准备状态时的矩角特性。如果电动机为空载，则转子处于稳定平衡点 Q_A 处。加一个脉冲通电状态后，矩角特性变为曲线 B，转子新的稳定平稳点为 O_B。

从图 4-24 中可以看出，只要在改变通电状态时，转子的位置在 $a\sim b$ 之间，转子就能向 O_B点运动而达到新的稳定平衡。因此，区间 $a\sim b$ 称为步进电动机空载状态下的动态稳定区。动态稳定区的边界 a 点到初始平衡位置 O_A 点的区域 θ_r 称为稳定性的“裕度”。θ_r 越大则电动机运行越稳定。

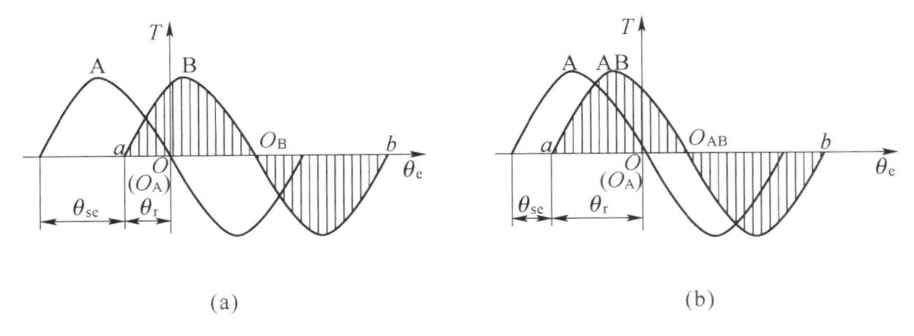

图 4-24　三相步进电动机的动态稳定区

（a）单三拍；（b）单、双六拍

从图 4-24 中还可以看出 $\theta_r=\pi-\theta_{se}$，因 $\theta_{se}=\frac{2\pi}{m_1}$，故有

$$\theta_r = \pi - \frac{2\pi}{m_1} = \frac{\pi}{m_1}(m_1 - 2) \tag{4-16}$$

由此可见，拍数越多，步进电动机运行越稳，而且 m_1 必须大于 2。

2）启动转矩。上面介绍的是步进电动机在空载状态下加一个脉冲后的运行稳定性。但是，在系统中往往是带有负载的，那么在什么情况下输出转矩最大呢？

图 4-25 为步进电动机的启动转矩。在图 4-25 中，曲线 A 对应初始状态的矩角特性，而曲线 B 则为加一个脉冲后的矩角特性。

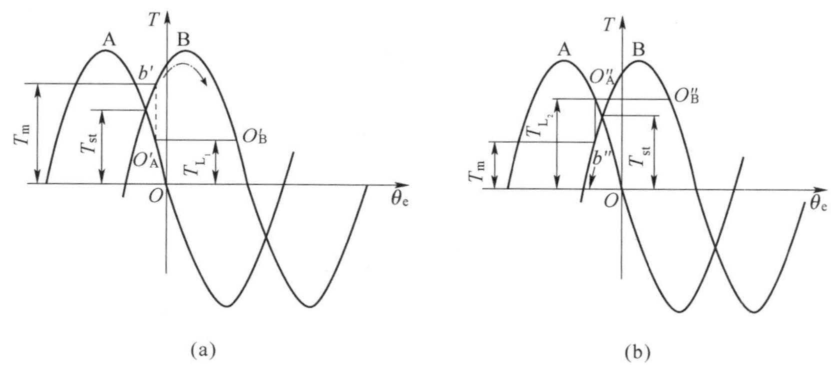

图 4-25　步进电动机的启动转矩

（a）$T_{L_1}<T_{st}$；（b）$T_{L_2}>T_{st}$

图 4-25（a）对应于负载转矩较小的情况，如果加脉冲前负载转矩为 T_{L_1}，这时步进电动机转子的稳定位置为 O'_A点。改变通电状态后的矩角特性为曲线 B，这时由于 b'点对应的电磁转矩 $T_m>T_{L_1}$，于是电动机将加速并向着 θ_e 增大的方向运动，直到新的稳定位置 O'_B，这时电磁转矩与负载转矩又达到了平衡。

图 4-25（b）对应于负载转矩相当大时的情况，设其初始平衡点为 O'_A，在通电状态改变后，新的矩角特性曲线 B 上的电磁转矩 $T_m<T_{L_2}$，这时尽管有电磁转矩，但电动机却不能向着所期望的稳定工作点运动，而是向 θ_e 减小的方向滑行，如图中箭头所指的方向，这时电动机已处于失控状态。由此不难看出：仅是最大静转矩 T_{sm}大于负载转矩 T_L 并不能保证电动机正常的步进运动。只有相邻两个矩角特性曲线交点处的电磁转矩大于负载转矩 T_L，才能保证步进电动机带动负载完成正常的步进运动。此时的电磁转矩称为步进电动机的启动转矩 T_{st}。其值为

$$T_{st} = T_{sm}\sin\left(\frac{\pi - \theta_{se}}{2}\right) \tag{4-17}$$

$$T_{st} = T_{sm}\cos\frac{\theta_{se}}{2} = T_{sm}\cos\frac{\pi}{N} \tag{4-18}$$

式中，N 为转过一个齿矩的运行拍数。

从式（4-18）可以看出：在相同的电源下（此时 T_{sm}已定），为了提高启动转矩应当增大运行拍数。

3）自由振荡过程。步进电动机单步运行时动态过程中有振荡现象，如图 4-26 所示，当步进电动机输入电脉冲，由 A 相控制绕组切换到 B 相控制绕组时，转子最终转过了一个步矩角 θ_{se}，但整个过程将是一个振荡过程。一般情况下，振荡是衰减的，只有足够大的阻

尼作用时，电动机才不会出现振荡现象。因此，在功率步进电动机的转子上都装有机械阻尼器，以消除振荡从而提高工作的稳定性。

（2）连续脉冲运行特性。在实际工作中，步进电动机一般工作于连续脉冲运行状态，而且外加脉冲的频率对电动机的特性有很大的影响。因此，连续脉冲运行特性主要研究电动机工作对脉冲频率的反应，称为频率响应。外加脉冲的频率可以分为 3 个区段，即极低频段、高频段及低频段。前两频段的情况比较简单，在这里仅对低频段运行加以讨论。

1）最大动转矩。由于步进电动机控制绕组中电感的存在，因此其中电流的增长也有一个过渡过程。控制绕组中的电流波形如图 4-27 所示。当脉冲频率较低时，绕组中的电流可达稳定值，如图 4-27（a）所示，因电磁转矩和电流的二次分成正比，故此时电动机的最大动转矩接近于最大静转矩。当频率较高时，绕组中的电流波形如图 4-27（b）所示，此时电流已不能达到稳态值，故电动机的最大动转矩小于最大静转矩。而且，脉冲频率越高，最大动转矩越小。因此，步进电动机运行时对应于某一频率，只有当负载转矩小于它在该频率时的最大动转矩时，电动机才能正常运行。

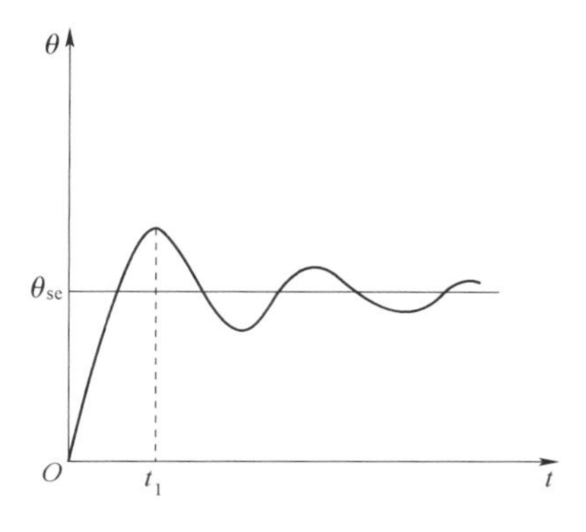

图 4-26　步进电动机自由振荡过程

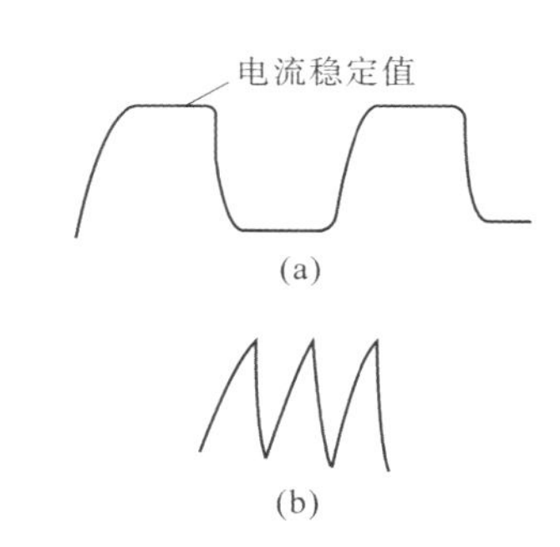

图 4-27　步进电动机控制绕组中的电流波形
（a）低频时；（b）高频时

由于控制绕组中电流增长的速度与绕组中的电气时间常数有关，因此为了提高电动机的最大动转矩，就必须设法减少步进电动机控制绕组的匝数，以减小其电感量 L，所以步进电动机控制绕组中的电流均较大。有时也可以在控制回路中串联一只较大的附加电阻，以减小回路的电气时间常数，但是这将增加附加电阻上的功率损耗，导致步进电动机及整个供电系统效率的降低。

目前，提高步进电动机最大动转矩的较好办法是双电源供电法，即在控制绕组电流增大的阶段由高压电源供电，以缩短达到预定的稳态电流值的时间，而后改由低压电源供电，以维持其稳态电流值，这样就大大提高了步进电动机的稳定性。

2）极限启动频率 f_{stm}。在实践中发现：在固定电源、负载转矩及转动惯量的条件下，当脉冲频率超过某一临界值时，电动机不会启动。这一临界值称为极限启动频率。下面我们来分析其原因。

图 4-28 为步进电动机的启动过程，电动机静止时的稳定工作点为 O 点，当电源脉冲第一拍加上后，其工作点由 O 点移至 a 点，并在电磁转矩的作用下加速运动。在 $t=t_a$ 时第二

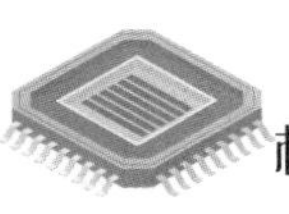

拍脉冲到来，此时工作点已到达 b 点，由于通电状态改变了，所以其工作点立即由第一拍矩角特性的 b 点移到第二拍矩角特性的 c 点。虽然 c 点的电磁转矩小于 b 点，但仍为正值，因此电动机继续向前运转。只要它处于稳定区 d—e 的范围内就能保证不会丢步，电动机也就可以启动起来。

如果脉冲频率大于极限启动频率，则第一拍脉冲到来时电动机工作点由 O 点一跃而达 a 点并加速运转。当 $t=t_a'$时加上第二拍脉冲，由于 $t=t_a'<t_a$，故工作点 b'在 b 的左边，此时工作点将由 b'点移到第二拍矩角特性的 c' 点。注意：此时电磁转矩已变为负值，所以电动机不是加速而是减速运行。如果转速降为 0，转子还不能进入稳定区 d—e 范围内，则电动机将在负电磁转矩作用下反方向（虚线箭头表示）运转，从而造成丢步，这样电动机就无法启动了。对于某一电动机，决定其 f_{stm} 的主要因素是转动惯量及负载转矩。

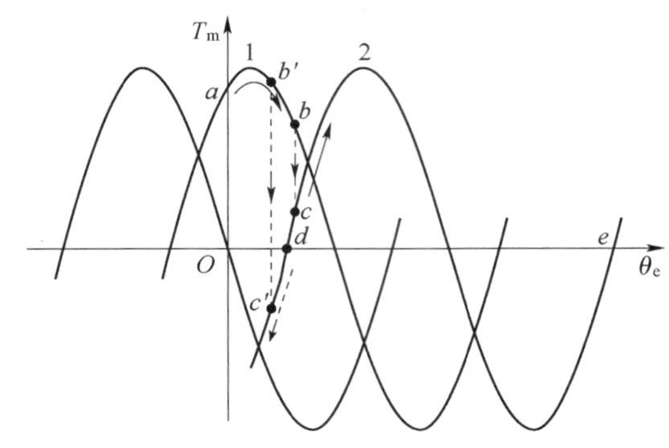

图 4-28　步进电动机的启动过程

3）启动特性。由于启动频率与负载转矩及转动惯量有关，所以启动特性包括启动矩频特性及启动惯频特性，简称矩频特性及惯频特性。矩频特性是指负载转动惯量为常数时，启动频率和负载转矩之间的关系。惯频特性则是指负载转矩为常数时，启动频率与负载转动惯量之间的关系。图 4-29（a）为步进电动机的惯频特性，图 4-29（b）为步进电动机的矩频特性。

4）连续工作频率 f_{suc}。步进电动机的连续工作频率 f_{suc} 又称运行频率，它是指步进电动机启动后，当控制脉冲频率连续上升时，能不失步（失步包括丢步和越步，丢步是指转子前进的步矩数少于脉冲数；越步是指转子前进的步矩数多于脉冲数）运行的最高频率，以拍/秒或脉冲数/秒为单位。连续工作频率 f_{suc} 比极限启动频率 f_{stm} 要高得多。这是因为步进电动机在启动时除了要克服负载转矩外，还要克服轴上的惯性转矩 $J\frac{\mathrm{d}\omega}{\mathrm{d}t}$，其中 J 是电动机和负载的总转动惯量；$\frac{\mathrm{d}\omega}{\mathrm{d}t}$为转子的角加速度。启动时电动机转子的角加速度较大，启动后电动机转子的角加速度大大减小。因此，再逐渐升高脉冲频率，电动机便能随之正常加速。这种情况下，电动机能达到的最高脉冲频率即为连续工作频率 f_{suc}，显然它要比极限启动频率 f_{stm} 高得多。

5）响应频率。步进电动机只能在一定范围内任意地启动、停止或反转而不失步。这个频率范围的极限值称为响应频率。

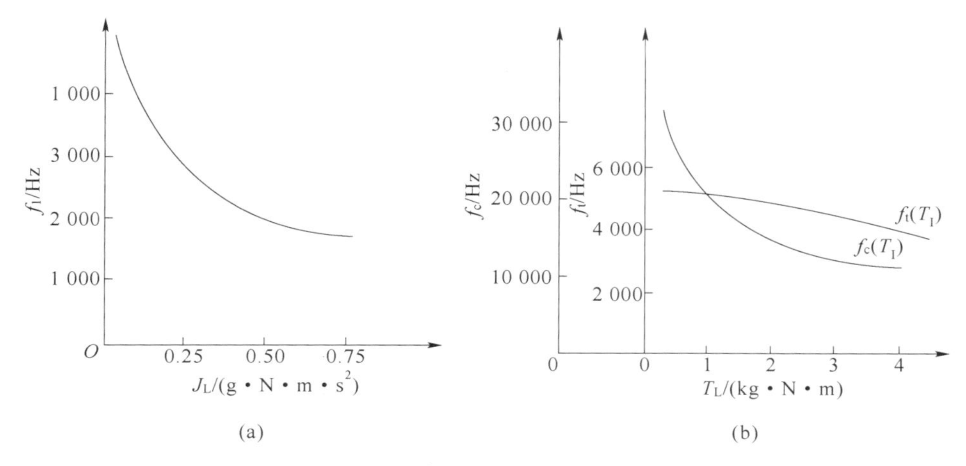

图 4-29　步进电动机的启动特性

（a）惯频特性；（b）矩频特征

4.3.3　步进电动机的驱动电源

步进电动机及其驱动电源是一个相互联系的整体。步进电动机的运行性能，是由电动机及其驱动电源两者配合的综合结果。因此，我们必须对驱动电源进行一定的理解。

1. 对驱动电源的基本要求

（1）驱动电源的相数、通电方式、电压、电流都应满足步进电动机的需要。

（2）满足步进电动机的启动频率和运行频率的要求。

（3）能最大限度抑制步进电动机的振荡。

（4）成本低、效率高、安装和维护方便。

（5）工作可靠、抗干扰能力强。

2. 驱动电源的组成

步进电动机的驱动电源包括脉冲信号源、脉冲分配器及功率放大器等三部分。其框图如图 4-30 所示。

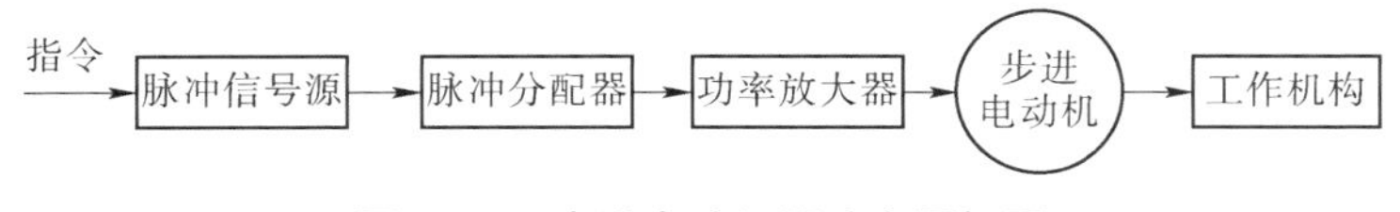

图 4-30　步进电动机驱动电源框图

脉冲信号源是一个脉冲频率由几赫兹到几十千赫兹可连续变化的信号发生器。它可以采用多种形式的电路，最常用的有多谐振荡器等。通过调节电阻和电容的大小来改变电容充放电的时间常数，以达到选取脉冲信号频率的目的。

脉冲分配器由逻辑电路组成，它根据指令把脉冲信号按一定的逻辑关系加到功率放大器上，并使步进电动机按确定的运行方式工作。图 4-31 为适应于正反转控制的三相六拍脉冲分配器的逻辑电路，图中 C_A、C_B、C_C 为 D 触发器，1~9 为与非门电路。在表 4-1 中将触发器的“1”状态用相应的通电绕组（相）来代替。

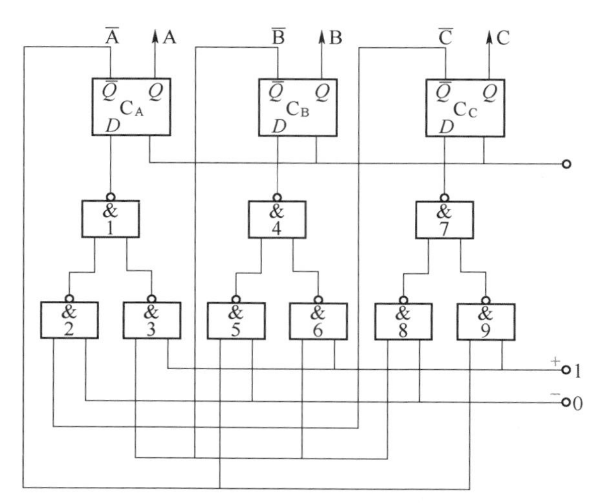

图 4-31　适应于正反转控制的三相六拍脉冲分配器的逻辑电路

表 4-1　三相六拍脉冲分配器工作情况

CP 脉冲 *n*	触发器状态			(*n*+1)个 *CP* 脉冲来到时将要翻转的触发器
	C_A	C_B	C_C	
0	A	B	0	触发器 C_A 的 D 与 Q_A 不对应，C_A 翻转
1	0	B	0	触发器 C_C 的 D 与 Q_C 不对应，C_C 翻转
2	0	B	C	触发器 C_B 的 D 与 Q_B 不对应，C_B 翻转
3	0	0	C	触发器 C_A 的 D 与 Q_A 不对应，C_A 翻转
4	A	0	C	触发器 C_C 的 D 与 Q_C 不对应，C_C 翻转
5	A	0	0	触发器 C_B 的 D 与 Q_B 不对应，C_B 翻转
6	A	B	0	回到 $n=0$ 的状态

由表 4-1 可以得到三相六拍脉冲分配器输出顺序的时序脉冲 CP'，即绕组通电状态与输入脉冲 CP 的关系，如图 4-32 所示。

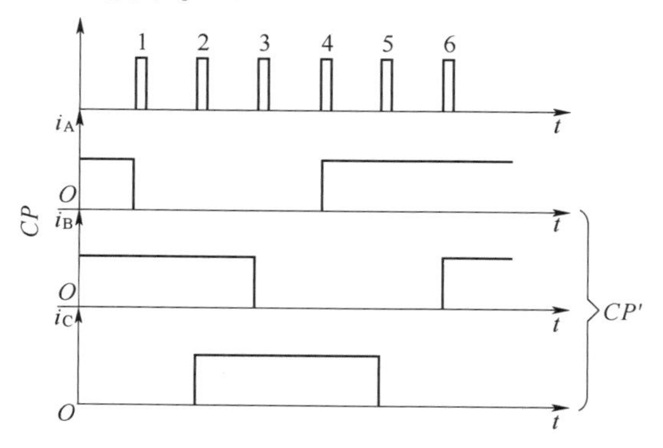

图 4-32　三相六拍顺相序的时序脉冲 CP'

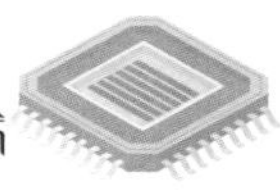

关于反转时，各触发器跟随输入脉冲 *CP* 的状态，读者可以自行分析。

3. 驱动电源电路

步进电动机的驱动电源电路有许多种形式，下面简要介绍两种驱动电源电路。

（1）单一电压型驱动电源电路：单一电压型驱动电源工作原理如图 4-33 所示。当脉冲控制信号输入时，晶体管导通，电容 *C* 在刚导通瞬间起着将电阻 *R* 短接的作用，而使通过步进电动机控制绕组中的电流迅速增长。当电流达到稳定状态后，由于电阻 *R* 的串入限制了控制电流，整个过程只采用一个电源供电。因此，步进电动机每一相控制绕组仅需用一个功率元件来供电给脉冲。所以这种驱动电源的特点是：线路简单，电阻 *R* 的串入不仅起限流作用，还可以减小控制回路的时间常数。但是，由于电阻要消耗能量，使驱动电源的效率降低，所以用这种驱动电源供电的步进电动机的启动和运行频率都不会太高。

（2）高、低压切换型驱动电源电路：高、低压切换型驱动电源工作原理如图 4-34 所示。步进电动机的每相控制绕组需用两个功率元件串联并分别由高压和低压两种不同的电源供电。高压供电系统用来加速电流的增长速度，而低压供电系统用来维持稳定的控制电流。在低压供电系统中串联了一只阻值较小的电阻 *R*，其目的是调节控制绕组中的电流，使各相电流平衡。因此，这种驱动电源的效率较高，启动和运行频率也比单一电压型驱动电源要高。

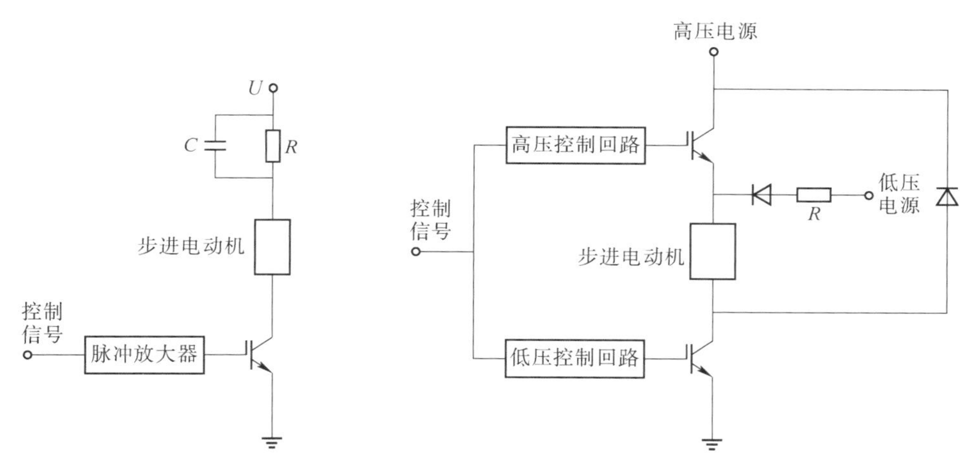

图 4-33 单一电压型驱动电源工作原理　　图 4-34 高、低压切换型驱动电源工作原理

4.3.4 步进电动机的选用

1. 步进电动机的特点

（1）步进电动机的矩角和转速与输入脉冲频率之间有严格的比例关系，不会因电源电压、负载及环境温度等外部因素的改变而变化。

（2）控制性能好，在一定的频率范围内，能按输入脉冲信号的要求迅速启动、反转和停止，而且能在比较宽的范围内通过改变脉冲频率来进行组建。

（3）误差不会长期积累，虽然在每个脉冲信号的作用下，转子所转过的实际角度与理论值之间会有误差，但是转子每转一圈以后，其累积误差都等于 0。

以上特点是其他伺服电动机不具备的。一般在伺服电动机控制系统中，要想在一定的控制信号下保证伺服电动机转速不受负载变化等外部干扰的影响，有一个稳定和准确的输出结果，仅靠伺服电动机本身是无法实现的。通常必须在系统中采用负反馈环节，即只有采用闭环控制系统才能解决这个问题。但是，步进电动机可以不用负反馈来实现高精度的角度和转速控制，简化了控制系统，降低了成本。因此，它特别适用于高精度的开环控制系统。

但是，步进电动机不宜用于转动惯量很大的负载，因为在相同的负载转矩下，当转动惯量很大时，启动频率会显著下降。对于已选定的步进电动机而言，负载的转动惯量应有一个合适的范围。

2. 主要技术数据

（1）相数：定子绕组的对数。

（2）额定电压：加在每相定子绕组上的直流电源电压值，也就是驱动电源中功率放大器的输出电压值。

（3）静态电流：静态时供给电动机定子每相控制绕组的最大电流。

（4）最大静转矩：一相通电时矩角特性上的转矩最大值。考虑到步进电动机做步进运动时的最大负载转矩总是小于最大静转矩，同时为了能有一定的转矩储备，通常根据折算到电动机上的实际负载转矩 T_t'，按下式选取步进电动机的最大静转矩：

$$T_{sm}=\frac{T_t'}{0.3\sim0.5} \tag{4-19}$$

拍数多时步距角小，最大负载转矩接近于最大静转矩，故分母取大的值；反之，拍数少时，分母取小的值。

（5）分配方式：步进电动机的通电运行方式。例如：对三相步进电动机来说，“1”表示单相通电，“2”表示双相通电，“1-2”分配方式即指三相单、双六拍运行方式。技术数据表中给出的其他技术数据，诸如步距角、启动频率、运行频率、矩频特性和惯频特性等都是指在这一规定运行方式下的数据。实际使用时，若采用其他运行方式，则上述各项数据均需重新测定。

（6）步矩角：在规定的运行方式下，每输入一个脉冲时，转子转过的机械角度。选用步进电动机时，应该使步矩角小于或等于负载要求的最小位移量。如果系统中传动比 i 已初步确定，则步矩角应满足：

$$\theta_s\leqslant i\theta_{min} \tag{4-20}$$

式中，θ_{min} 为负载轴上要求的最小位移量。

（7）步矩角误差：空载时实际步矩角与理论步矩角之差，此项指标是步进电动机的重要精度指标，可从产品说明书或有关产品目录中查到。选用步进电动机时应使步矩角误差和一圈内的累积误差小于或等于负载轴上所允许的角度误差（$\Delta\theta_t$）。如果系统中传动比为 i，则步距角误差 $\Delta\theta_s$ 应满足：

$$\Delta\theta_s\leqslant i(\Delta\theta_t) \tag{4-21}$$

（8）启动频率、运行频率、矩频特性和惯频特性。这些数据的含义前面均已讲述。除启动频率和运行频率外，其余参数均用分数表示，其中分母为频率值，分子为负载转矩或转动惯量值。选用时，根据折算到电动机轴上的负载转矩和转动惯量值，从矩频特性和惯频特性曲线上查到启动频率和运行频率应大于系统要求的数值。

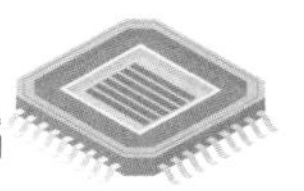

3. 使用注意事项

（1）步进电动机的引出线通常是用不同颜色加以区别的，使用时可参看产品说明书。例如，三相反应式步进电动机通常共引出 4 根连线，其中有一根与其他颜色不同的连线为三相绕组末端的公共引出线。接线时将它接到脉冲放大器的电源一端，另外 3 根相同颜色的连线为三相绕组的 3 个首端 A、B、C。如果电动机转向与要求的相反时，只需将这 3 根引出线中的任意两根对调即可满足要求。

（2）步进电动机按启动频率工作时，应能做到突然启动和突然停止而不会失步；如果按运行频率工作时，启动和停止都需要经过一个缓慢的升频和降频过程。启动时可在启动频率下启动，之后再逐渐升频直到达到运行频率。停止时先将频率逐渐降低到启动频率以下才能停止。特别是在负载的转动惯量比较大时更应注意到这一点。

（3）某些功率步进电动机是采用强迫风冷的，使用时应注意冷却系统其是否正常工作。

4.4　交流电动机及其变频调速

随着变频技术的发展，交流电动机调速技术得到了突破性的发展，目前正在逐步取代直流传动成为高性能电气传动的主流。三相交流电动机分为三相交流同步电动机和三相交流异步电动机。由于三相交流异步电动机在热加工控制，尤其是焊接自动化中占据主导地位，所以本节着重介绍三相交流异步电动机的调速系统。

4.4.1　交流电动机的基本特性

三相交流异步电动机主要由定子、转子及其他附件组成。如果将时间上互差 2π/3 相位角的三相交流电通入在空间上相差 2π/3 角度的三相定子线圈后，将产生一个旋转磁场。电动机的转子线圈将切割磁力线，在电磁力作用下形成电磁转矩 T_m。在 T_m 的作用下，转子将“跟着”定子的旋转磁场旋转起来。

1. 交流电动机的机械特性

三相交流异步电动机的机械特性是指定子电压 U_1、频率 f_1 及有关参数一定的条件下，电动机转子转速（电动机转速）n 与电磁转矩 T_m 之间的关系。电动机工作在额定电压、额定频率下，由电动机本身固有参数所决定的 $n=f(T_m)$ 曲线，称为交流电动机的自然特性曲线，它是交流电动机机械特性曲线族中的一条曲线，如图 4-35 所示。

图 4-35 中的 E 点为理想空载点。在 E 点，电动机以同步转速 n_0 运行（$s=0$），其电磁转矩 $T_m=0$。

曲线上的 S 点为电动机启动点，此时电动机已接通电源，但尚未启动，转速 $n=0(s=1)$，对应的电磁转矩为启动转矩 T_{st}。启动时带负载的能力一般用启动倍数来表示，即 $K_{st}=T_{st}/T_N$，其中 T_N 为额定转矩。

曲线上的 K 点为临界点，它是机械特性稳定运行区和非稳定运行区的分界线上的最大电磁转矩点。K 点对应的转速为 n_K，$n_K=n_0(1-s_K)$，其中 s_K 为临界转差率。s_K 越小，n_K 越大，机械特性就越硬。K 点的电磁转矩 T_K 为临界转矩，它表示了电动机所能产生的最大转矩。

交流电动机正常运行时，需要有一定的过载能力，一般用 β_m 表示。普通电动机过载能力 $\beta_m=2.0\sim2.2$，对于某些特殊用途电动机，其过载能力可以更强。T_K 的大小影响电动机的负载能力。在保证过载能力不变的条件下，T_K 越小，电动机所带的负载就越小。

2. 交流电动机的稳定运行

（1）交流电动机的稳定运行。当交流电动机稳定运行时，电动机的电磁转矩与负载转矩相等。如果电动机的额定转矩是 T_N，则电动机轴上所带的最大负载转矩也应该在电动机的额定转矩附近变化。假设在图 4-36 中的 A 点，电动机的电磁转矩与负载转矩相等，即都为 T_N，则该点的转矩平衡方程可近似写成

$$T_m=T_N \tag{4-22}$$

（2）交流电动机工作点的动态调整过程。如果交流电动机负载波动，使负载转矩增大为 T_L，则此时电磁转矩 $T_m=T_N<T_L$，交流电动机将减速。转速的下降使交流电动机的电磁转矩 T_m增大。当 T_m增大到与 T_L 相等，即到达图 4-36 中的 C 点时，转速不再下降，交流电动机在新的平衡点稳定运行。其调整过程为：$T_m=T_N<T_L\rightarrow n\downarrow\rightarrow T_m\uparrow\rightarrow T_m=T_L$。

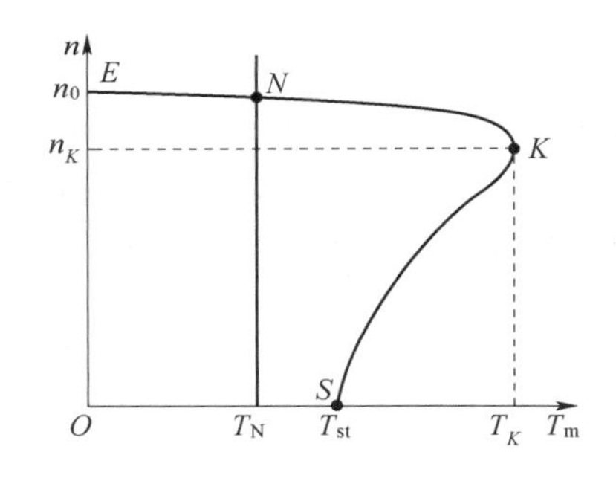

图 4-35　交流电动机机械特性

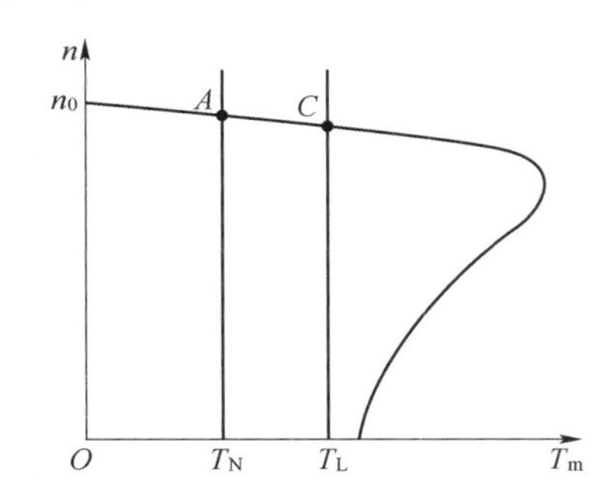

图 4-36　交流电动机的稳定运行

3. 交流电动机的启动和制动

（1）交流电动机的启动。电动机从静止状态一直加速到稳定转速的过程，称为启动过程。交流电动机的启动电流很大，可以达到额定电流的 5~7 倍，而启动转矩 T_{st}却不大，一般为（1.8~2）T_N。使用功率较大的电动机时，为了减小启动电流常采用降低电压的方法来启动。

（2）交流电动机的制动。电动机在工作过程中，如果电磁转矩方向和转子的实际旋转方向相反，则称为制动状态。常用的制动方式有再生制动、直流制动和反接制动等。

4.4.2　交流电动机的调速

1. 交流电动机的调速与速度变化

（1）交流电动机的调速。调速是指在负载没有改变的情况下，根据需要人为地、强制性地改变交流电动机转速的行为。如图 4-37 所示，当三相交流异步电动机供电电源的频率从 50 Hz 调至 40 Hz 时，电动机的工作点从 Q_1 移至 Q_2，其转速也从 1 460 r/min 减小到 1 168 r/min。由此可见，调速时交流电动机转速的变化是从电动机不同的机械特性上得到的。人们将调速得到的机械特性族称为调速特性。

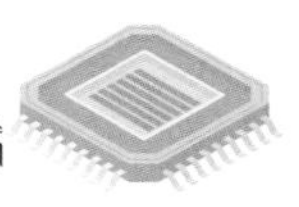

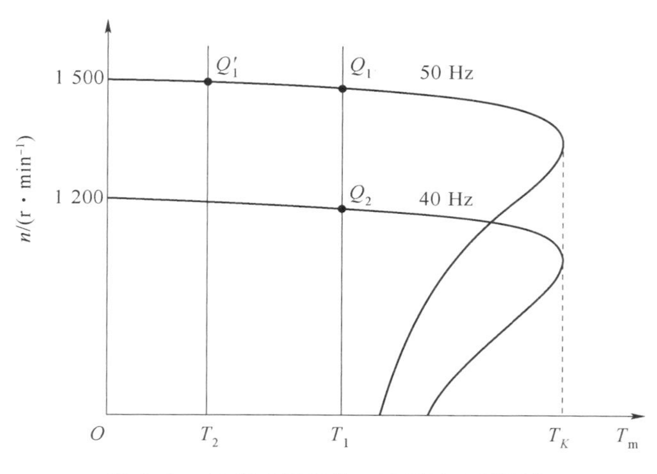

图 4-37　三相交流异步电动机的变频调速

（2）交流电动机的速度变化。交流电动机在工作过程中，负载变化等因素的影响会使转速发生变化。在图 4-37 中，电动机的初始工作点为 Q_1 点，对应的电动机转速为1 460 r/min，电动机的电磁转矩为 T_1；当负载变化使负载转矩由 T_1 减小到 T_2 时，引起电动机加速，电动机工作点由 Q_1 点移至 Q_1'点，其转速变为 1 480 r/min。此类转速的变化是由电动机的同一机械特性所决定的。

2. 交流电动机的调速方法

根据三相交流异步电动机的工作原理，可以推导出交流电动机的转速为

$$n=\frac{60f_1(1-s)}{p} \tag{4-23}$$

式中，f_1 为电源电压频率（Hz）；p 为极对数；s 为转差率，$s=(n-n_0)/n_0$；n_0 为旋转磁场转速（r/min）。

从式（4-23）可以看出，有 3 种方法可以调节交流电动机的转速 n，即改变电动机的转差率、改变极对数和改变电源电压频率。

（1）改变电动机的转差率。根据交流电动机的工作原理可知，改变定子电压、转子电阻、转子电压等可以改变电动机的转差率，从而改变电动机转速。以改变定子电压为例，可以采用晶闸管交流调压调速系统。晶闸管交流调压调速系统通常采用反并联的晶闸管（或双向晶闸管）电路，使电动机定子获得可控的交流电压，改变晶闸管的导通角即可改变电动机定子的电压，从而改变电动机的转差率，实现改变电动机转速。由于交流电动机的最大转矩与定子电压的平方成正比，因此降低定子电压会使电动机电磁转矩急剧降低，使电动机带载能力下降，在重载时会停转，并且会引起电动机过热，甚至烧坏，因而采用该方法调速的范围受到限制。

（2）改变极对数。电动机转速 n 与极对数 p 成反比。但是，电动机极对数 p 的增加是受到限制的，因此该方法只适用于要求少数几种转速的电动机调速系统。

（3）改变电源电压频率。改变定子电源频率可以改变电动机的转速。根据电动机的

机械特性可知，为了保证在变频调速（即改变电源电压频率）时电动机的最大转矩不变，即过载能力不变，应使定子电压 U_1 与 f_1 一起按比例变化，即 U_1/f_1 为常数。图 4-38 为变频调速特性，图 4-38（a）为变频调速时的机械特性，其中 f_{1N} 是电动机定子电源额定频率，f_1 是电动机定子电源实际频率；图 4-38（b）为保持电动机的最大转矩 T_K 为常数的 U_1/f_1 关系。

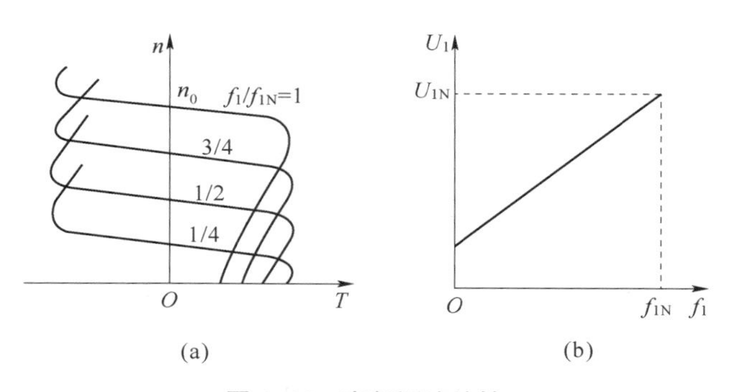

图 4-38　变频调速特性

（a）机械特性；（b）T_K 为常数的 U_1/f_1 关系

变频调速系统实际上是变频变压调速系统。在交流电动机各类调速方法中，变频变压法效率最高、性能最佳。采用变频变压调速系统，能获得近似平行移动的机械特性，并具有较好的控制特性。

交流电动机变频调速系统是交流电动机变频变压调速系统的简称。变频器是变频调速的核心部件，变频器的任务是将电压幅值和频率均固定不变的交流电压变换成两者均可调的交流电压。

由电动机学可知，交流电动机定子线圈的电动势的有效值 E_1 为

$$E_1 = 4.44 k_1 f_1 N_1 \Phi_m \tag{4-24}$$

式中，f_1 为电源电压频率（Hz）；N_1 为定子线圈匝数；k_1 为线圈系数；Φ_m 为磁通（Wb）。

若忽略电动机定子阻抗压降，则电动机定子电压 U_1 为

$$U_1 = E_1 = 4.44 k_1 f_1 N_1 \Phi_m \tag{4-25}$$

由式（4-25）可知，只要控制 U_1 和 f_1，即在改变频率 f_1 的同时协调地改变电动机定子电压 U_1，就能使 Φ_m 不变。由于交流电动机需考虑其额定频率（基频）和额定电压的制约，因而需要以基频为界加以分析和区别。

（1）基频以下调速控制。由式（4-25）可知，要保持 Φ_m 不变，当频率 f_1 从电动机频率的额定值 f_{1N} 向下调节时，必须同时降低 U_1，使 U_1/f_1 = 常数，即采用恒压频比的控制方式。

（2）基频以上调速控制。在基频以上调速时，频率可以从电动机频率的额定值 f_{1N} 向上调节。但是电动机定子电压 U_1 一般不能超过额定电压 U_{1N}，否则电动机容易损坏。由式（4-25）可知，如果迫使磁通 Φ_m 与频率 f_1 成反比地降低，那么就相当于直流电动机弱磁升速的情况了。

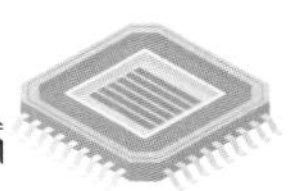

【拓展阅读】

材料成型其他传动技术——液压与气压传动，见二维码 4-2。

二维码 4-2　液压与气压传动

复习思考题

1. 具有往返运动的运料小车用到了哪几种控制电路？

2. 直流伺服电动机的激励磁电压、电枢电压均恒定时，增加负载转矩，此时电枢电流、转速将如何变化？叙述由原来的稳态过渡到新稳态的物理过程。

3. 解释直流伺服电动机的静态特性。

4. 解释步进电动机的转向、转速的控制原理。为什么步进电动机的连续工作频率比启动频率高？

5. 比较步进电动机的三相三拍驱动及三相六拍驱动时的步矩角的关系。

第 5 章 可编程逻辑控制器

【本章导读】

材料成型中自动控制既包括机械设备的顺序控制，也包括温度、压力、位移等物理量过程的控制，使用的控制器包括单片机、可编程逻辑控制器、工控机、微机等。可编程逻辑控制器现场适应性好，在顺序控制中具有优势，同时还可以进行数字量和模拟量等的控制，对于实时响应要求不高的控制系统是一种有效的控制器，可以与上位机结合进行一定的复杂控制。可编程逻辑控制器在冲天炉熔炼中的配料加料、造型生产线控制，电炉熔炼的配料、熔化炉控制，高压铸造、低压铸造等特种铸造设备控制，锻压成型液压机控制，焊接设备控制，以及热处理炉控制等方面均有应用。

本章在介绍可编程逻辑控制器基础知识的基础上，结合实例介绍可编程逻辑控制器在数字量控制、运动控制和过程控制中的控制系统设计和程序设计方法。本章知识架构如图 5-1 所示。

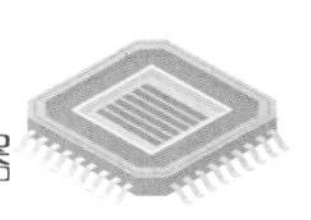

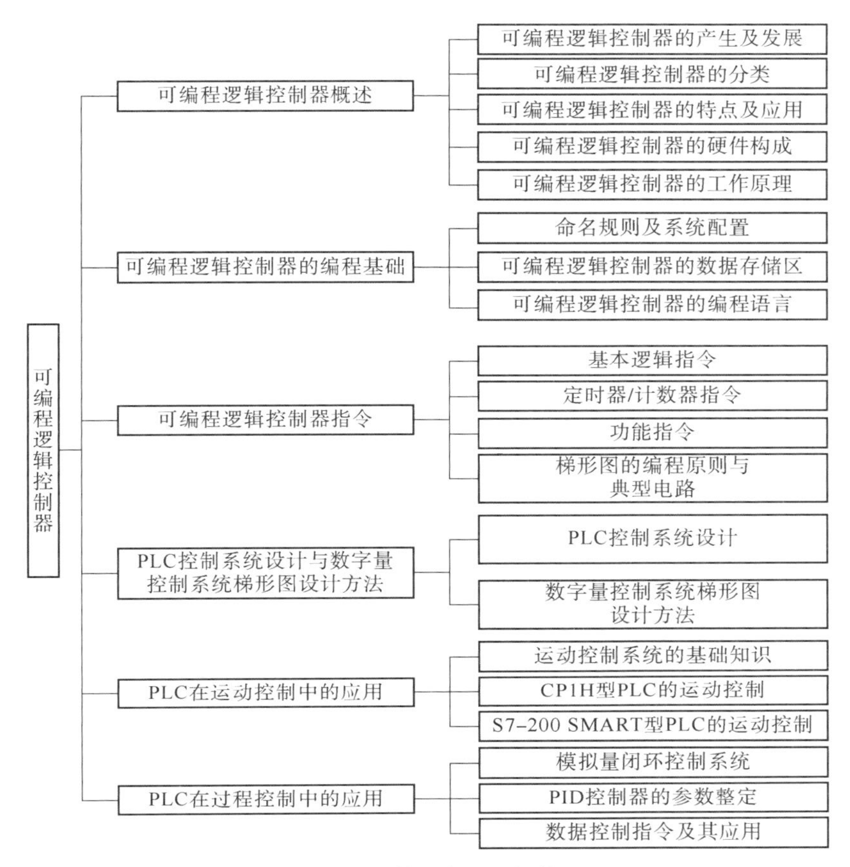

图 5-1　第 5 章知识架构

5.1　可编程逻辑控制器概述

可编程逻辑控制器是以微处理器为核心，综合计算机技术、自动控制技术和通信技术发展起来的一种通用工业自动控制装置。它采用可编程存储器作为内部指令记忆装置，具有逻辑、排序、定时、计数及算术运算等功能，并通过数字量或模拟量输入/输出模块控制各种形式的机器及过程。因为早期的可编程逻辑控制器只是用于基于逻辑的顺序控制，所以称为可编程逻辑控制器（Programmable Logic Controller，PLC）。随着现代科学技术的发展，可编程逻辑控制器不仅仅是作为逻辑的顺序控制，而且还可以接收各种数字信号、模拟信号，进行逻辑运算、函数运算和浮点运算等。更高级的可编程逻辑控制器还能进行模拟输出，甚至可以作为 PID 控制器使用，但是习惯上还是简称可编程逻辑控制器为 PLC。

在现代工业控制中，PLC 技术、数控技术和机器人技术并称为现代工业自动化的三大支柱，广泛应用于各个工业领域。

5.1.1 可编程逻辑控制器的产生及发展

可编程逻辑控制器是在继电器-接触器控制的基础上发展起来的。继电器-接触器控制简单、实用，但存在着固有缺陷：由于它是靠布线组成各种逻辑来实现控制的，需要使用大量的机械触点，所以可靠性不高；当改变生产流程时要改变大量的硬件接线，甚至要重新设计系统，其通用性和灵活性差；继电器控制的功能只限于一般布线逻辑、定时等，它的体积一般比较庞大，而且整个控制系统的加工周期长。

1969 年，美国数字设备公司（Digital Equipment Corporation，DEC）根据美国通用汽车公司（General Motors，GM）提出的“GM 十条”，研制出第一台可编程逻辑控制器，用它取代传统的继电器控制系统，成功地应用于美国通用汽车公司的汽车自动装配线上。从此，这种新型的工业控制装置很快就在美国其他工业领域得到了推广应用。1971 年，日本从美国引进了这项新技术，开始生产可编程逻辑控制器。1973 年，西欧国家也开始研制生产可编程逻辑控制器。我国从 1974 年开始研制可编程逻辑控制器，1977 年开始应用于工业生产。目前国内外知名的可编程逻辑控制器品牌包括美国的 A-B（Allen-Bradley）公司、德国西门子（SIEMENS）公司，日本三菱、欧姆龙，我国的和利时等。

5.1.2 可编程逻辑控制器的分类

（1）按结构分类。根据组成结构的不同，PLC 可以分为整体式 PLC 和模块式 PLC。

整体式 PLC 是把电源、CPU、I/O 点及通信端口装配在一个壳体内，形成一个整体，具有结构简单、体积小、价格低廉等特点，多作为小型成套设备或复杂工业控制网络末端的控制器。由于该类 PLC 的输入/输出（I/O）点数固定且较少，因此使用的灵活性较差。

模块式 PLC 是先把各组成部分分成若干模块，如 CPU 模块、输入模块、输出模块、电源模块等，然后把各模块组装到一个机架内构成的。这种结构形式的 PLC 可根据用户需要方便地组合，对现场的应变能力强，一般应用于大型设备、工厂生产线等需要较多 I/O 点或者需要组成较为复杂的工业控制网络的场合。

（2）按 I/O 点数分类。按照 I/O 点数，PLC 可分为小型、中型及大型 PLC。

小型 PLC 的 I/O 点数小于 256 点，中型 PLC 的 I/O 点数为 256~2 048 点；大型 PLC 的 I/O 点数大于 2 048 点。一般情况下，I/O 点数越多，PLC 的运算能力、编程语言等方面的功能越强。

5.1.3 可编程逻辑控制器的特点及应用

PLC 具有可靠性高，抗干扰能力强；控制程序可变，具有很好的柔性；编程简单，使用方便；功能完善；扩展方便，组合灵活；减少了控制系统设计及施工的工作量；体积小、质量轻、节能等特点。

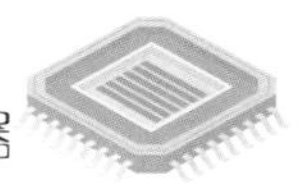

PLC 发展到现在，功能越来越完善，它可以实现以下各方面的控制。

（1）顺序控制（开关量控制）。这是目前 PLC 应用最广泛的领域，它取代了传统的继电器顺序控制，可用于单机控制、多机群控制、生产自动线控制等。在压铸机、板料成型机、砂处理生产线、焊接变位机、焊接生产线等方面都有 PLC 应用成功的例子。

（2）运动控制。大多数 PLC 都有驱动步进电动机或伺服电动机的单轴或多轴位置控制模块。利用这些模块，不仅可以控制电动机的启动、停止，而且可以进行电动机速度和加速度的控制，使电动机运动平稳，运动位置控制准确。

（3）过程控制（模拟量控制）。大、中型 PLC 都具有模拟量 I/O 模块和 PID 控制功能，有些小型 PLC 也具有模拟量 I/O 模块，所以 PLC 能进行大量物理参数，如温度、压力、速度和流量的控制。具有 PID 控制功能的 PLC 可以构成闭环控制，用于过程控制。在压铸机的压力、速度控制，电炉熔炼的电源控制，金属液温度控制，冷却水监控等方面，利用 PLC 进行模拟量控制都有应用。

（4）数据处理。PLC 具有数学运算、数据传送、转换、排序和查表功能，可进行数据采集、分析和处理，同时可通过通信接口将这些数据传送给其他智能装置，如传送给计算机数值控制（Computer Numerical Control，CNC）设备。提高 PLC 数据处理能力是将来 PLC 发展的趋势之一。

（5）通信联网。PLC 通信包括 PLC 与 PLC、PLC 与上位机、PLC 与其他智能设备之间的通信。PLC 系统与通用计算机可直接或通过通信处理单元、通信转换单元相连构成网络，以实现信息的交换，并构成“集中管理、分散控制”的多级分布式控制系统，满足工厂自动化系统发展的需要。

5.1.4　可编程逻辑控制器的硬件构成

PLC 的系统配置（硬件构成）主要包括基本配置、扩展配置、特殊配置、冗余配置。目前网络控制成为控制的发展趋势，当应用 PLC 构建控制网络时，需要在配置方面考虑与其他 PLC 或控制器、计算机等进行数据交换的配置。

图 5-2 为 PLC 的硬件系统简化框图。PLC 的基本单元主要由中央处理单元（Central Processing Unit，CPU）、存储器、输入/输出单元、电源单元、I/O 扩展接口、存储器接口及外部设备（简称外设）接口等组成。CPU 是 PLC 的运算和控制中心；存储器用于存储数据或程序；输入/输出单元是 PLC 与外部设备连接的接口，下面会作较详细介绍；PLC 供电电源一般是市电，也有用低压直流电的，如 DC 24 V 电源等，PLC 内部含有一个开关式稳压电源（电源单元），用于提供 PLC 内部电路供电，有些 PLC 还有 DC 24 V 输出，可以用于外部器件的供电，但是输出电流往往只是毫安级；I/O 扩展接口往往采用总线形式，可以连接输入/输出扩展单元或者模块，也可以连接模拟量处理、位置控制等功能模块及通信模块；存储器接口是为了存储用户程序及扩展用户程序的存储区、数据存储区，可以根据需要扩展存储空间，其连接也是应用总线技术；外部设备接口可以用于连接计算机、编程器及打印机等。基本单元一般不带编程器，为了对 PLC 进行编程及监控，PLC 设置了专门的接口，可以通过这个接口连接各种编程装置，还可以利用此接口进行控制过程的监控。

1. PLC 的输入/输出单元

输入/输出（I/O）单元是 PLC 与外部设备连接的接口，实际工程的现场信号、按钮信

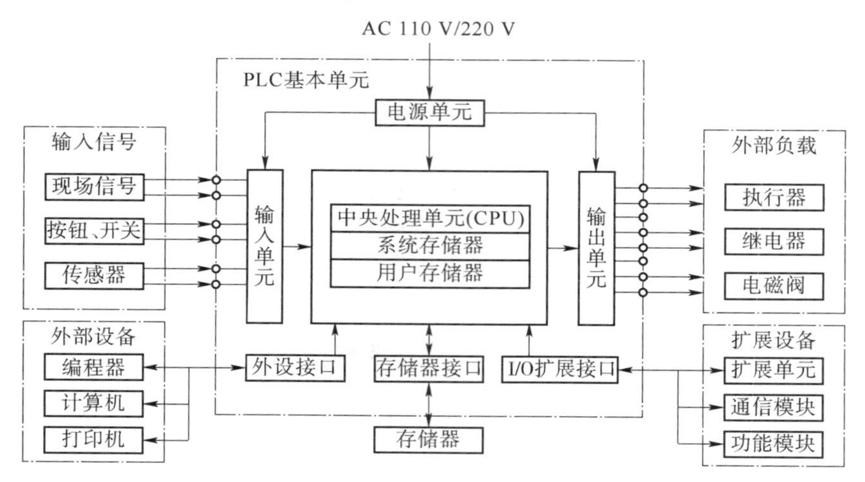

图 5-2　PLC 的硬件系统简化框图

号、行程开关信号、限位开关信号及传感器输出信号都需要通过输入接口的转换和处理才能传送给 CPU。CPU 输出的控制信号，也必须通过输出接口的转换和处理，才能驱动被控制的外部负载，如电磁阀、继电器、接触器等。PLC 的输入/输出单元包括开关量输入/输出单元、模拟量输入/输出单元。

（1）开关量输入/输出单元。开关量输入单元的作用是接收来自现场设备的按钮、开关、行程开关、限位开关等开关量信号，并将输入的高电平信号转换为 PLC 内部的低电平信号。每一个输入点的输入电路可以等效成一个输入继电器。开关量输出单元的作用是将 PLC 内部的低电平信号转换为外部所需电平的输出信号，用于控制电磁阀、继电器、接触器等外部负载（即用户输出设备）。每一个输出点的输出电路可以等效成一个输出继电器。按照输出开关器件种类的不同，开关量输出单元又分为继电器输出方式的模块、晶体管输出方式的模块及晶闸管输出方式的模块。开关量输出单元的输出类型及控制特点如表 5-1 所示。

表 5-1　开关量输出单元的输出类型及控制特点

输出类型	可驱动负载	承受瞬时过载能力	响应速度	寿命	适用场合
继电器型	AC 220 V，DC 24 V；2 A	较强	慢（10 ms）	有限	输出量通断不频繁，如直、交流电动机
晶体管型	DC 5～24 V，0.2～0.3 A	稍差	快（0.2 ms）	长	通断频繁动作，如步进电动机
晶闸管型	AC 220 V，1 A	稍差	快（1 ms）	长	频繁通断，如交流电子开关

（2）模拟量输入/输出单元。在工业控制中，经常遇到一些连续变化的物理量（称为模拟量），如温度、压力、流量、位移、速度等，这些模拟量经过传感器、变送器等转换为电压或电流后，通过 PLC 的模拟量输入单元转变成数字量才能为 PLC 所接收，进而进行运算或处理。这种把模拟量转换成数字量的过程称为模/数转换，简称 A/D 转换。同时，在工业

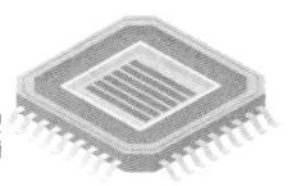

控制中，还经常遇到要对电液比例阀、电磁阀等执行机构进行连续控制，必须把 PLC 输出的数字量转换成模拟量才能满足这类执行机构的动作要求。这种把数字量转换成模拟量的过程称为数/模转换，简称 D/A 转换。PLC 模拟量输入/输出电路一般输入/输出的为标准的电信号，如电流 2~10 mA/4~20 mA；电压 1~5 V/0~10 V 等。

PLC 除提供以上所述的接口模块外，还提供其他用于特殊用途的接口单元，如通信接口模块、动态显示模块、步进电动机驱动模块、拨码开关模块等。

2. 编程器

编程器是专门用于用户程序编制的装置。它可以用于用户程序的编制、编辑、调试和监视；还可以调用和显示 PLC 的一些内部状态和系统参数。它经过接口与 CPU 连接，完成人-机对话连接。通常有盒式编程器和台式编程器。目前大多数厂商都开发了用于计算机的编程软件，因而可以利用计算机来代替编程器。

5.1.5 可编程逻辑控制器的工作原理

1. 可编程逻辑控制器的等效电路

PLC 的等效电路如图 5-3 所示，可分为三部分，即输入部分、内部控制电路和输出部分。输入部分的作用是收集被控设备的信息或操作命令。内部控制电路由用户根据控制要求编制的程序组成，其作用是按用户程序的控制要求，对输入信息进行运算处理，判断哪些信号需要输出，并将得到的结果输出给负载。PLC 常用梯形图编程，梯形图是从继电器控制的电气原理图演变而来的，继电器控制电路元件符号与梯形图所用元件符号如图 5-4 所示。输出部分的作用是驱动外部负载，输出端子是 PLC 向外部负载输出信号的端子，根据用户的负载要求可选用不同类型的负载电源。

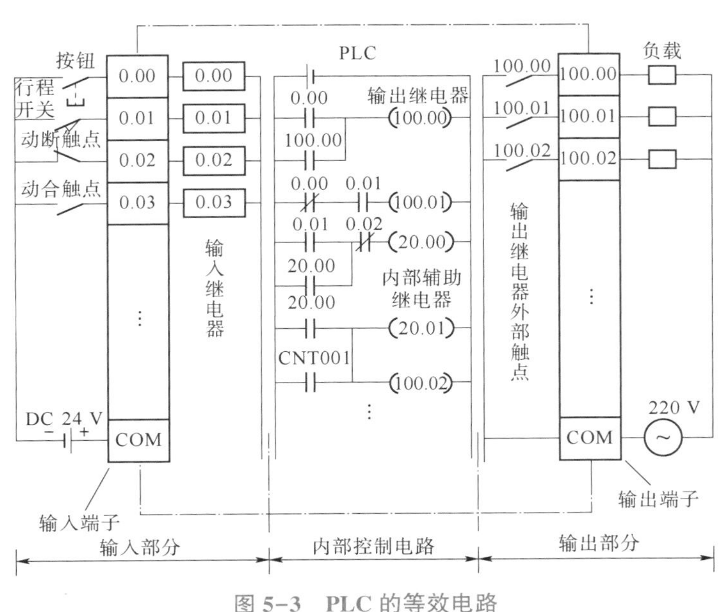

图 5-3 PLC 的等效电路

在实际进行控制过程设计时，PLC 控制电路设计包括两部分：I/O 电气接线图和梯形

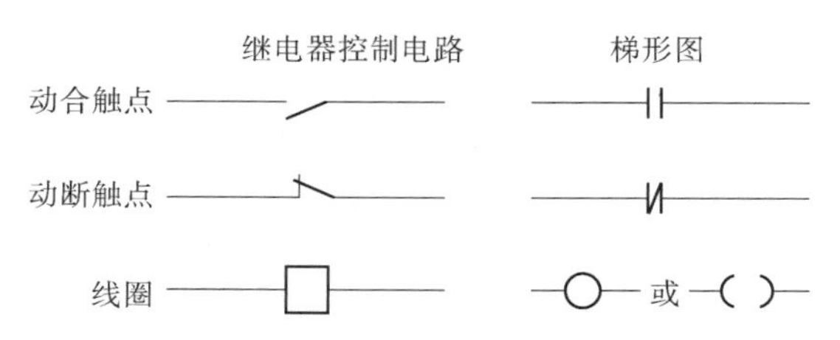

图 5-4　继电器控制电路元件符号与梯形图所用元件符号

图，I/O 电气接线图为图 5-3 中的输入部分和输出部分，梯形图为图 5-3 中的内部控制电路。三相交流异步电动机启/停的继电器控制电路与 PLC 控制电路分别如图 5-5 和图 5-6 所示。

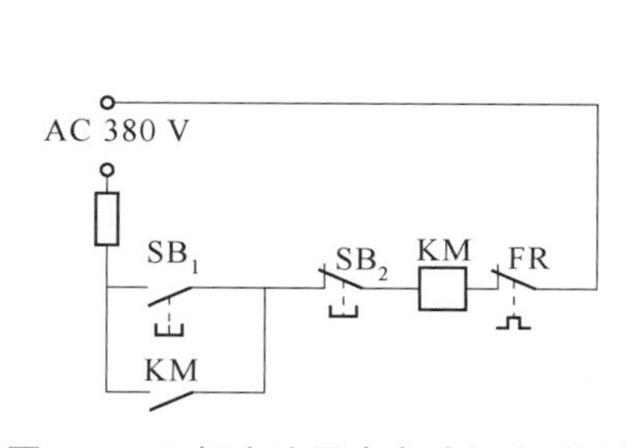

图 5-5　三相交流异步电动机启/停的继电器控制电路

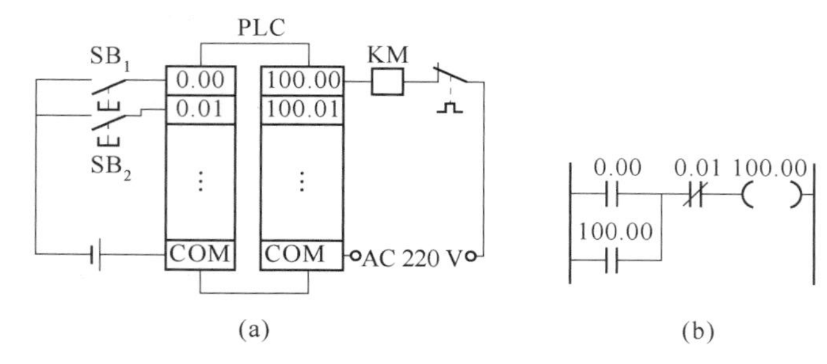

图 5-6　三相交流异步电动机启/停的 PLC 控制电路
(a) I/O 接线图；(b) 梯形图

2. 可编程逻辑控制器的工作方式

PLC 与继电器控制的重要区别之一就是工作方式不同。继电器控制是按“并行”方式工作的，即是按同时执行方式工作的，只要形成电流通路，就可能有几个电器同时动作。而 PLC 采用串行循环扫描的工作方式，所谓扫描，就是 CPU 从第一条指令开始执行程序，直到最后一条（结束指令）。扫描过程大致分为输入采样、用户程序执行和输出刷新 3 个阶段，另外，在每个扫描周期还要完成内部诊断、通信、公共处理，以及输入/输出服务等辅助任务，如图 5-7 所示。

图 5-7　PLC 工作方式

（1）输入采样（读取输入）阶段。在第 n 个扫描周期，首先进行的是读入现场信号，即输入采样阶段，PLC 依次读入所有输入状态和数据，并将它们存入输入映像寄存器区（存储器输入暂存区）中相应的单元。输入采样结束后，即使输入状态和数据发生变化，PLC 也不再响应，则输入映像寄存器区中相应单元的状态和数据保持不变，要等到第 $n+1$ 个扫描周期才能读入。

（2）用户程序执行阶段。PLC 在用户程序执行阶段，按先左后右、先上后下的顺序扫描用户程序。在执行指令时，从输入映像寄存器或输出映像寄存器中读取通断状态和数据，并依照指令进行逻辑运算和算术运算，运算的结果存入输出映像寄存器区中相应的单元。在这一阶段，除了输入映像寄存器的内容保持不变，其他映像寄存器的内容会随着程序的执行而变化，排在上面的梯形图指令的执行结果会对排在下面的凡是用到状态或数据的梯形图起作用。

（3）输出刷新阶段。输出刷新阶段亦称为写输出阶段，CPU将输出映像寄存器的状态和数据传送到输出锁存器，再经输出电路的隔离和功率放大，转换成适合被控制装置接收的电压、电流或脉冲信号，驱动接触器、电磁铁、电磁阀及各种执行器，此时才是PLC真正的输出。

普通继电器的动作时间大于100 ms，一般PLC的一个扫描周期小于100 ms。在扫描时间小于继电器动作时间的情况下，继电器硬逻辑电路的并行工作方式和PLC的串行工作方式的处理结果是相同的。PLC只扫描一个周期是无法满足要求的，必须周而复始地进行扫描，这就是循环扫描。

5.2　可编程逻辑控制器的编程基础

本书将以欧姆龙CP1H和西门子S7-200 SMART两种小型PLC为例进行介绍。这两种类型的PLC具有功能强、速度快、体积小、适用范围广等特点，在工业控制中应用较为广泛。

5.2.1　命名规则及系统配置

CP1H和S7-200 SMART两种PLC命名规则如图5-8所示。例如，CP1H-XA40DR-A表示带内置模拟量输出、I/O点数为40、DC直流输入型、继电器输出型、AC电源；S7-200 SMART中CPU SR40表示标准型、继电器输出型、I/O点数为40。

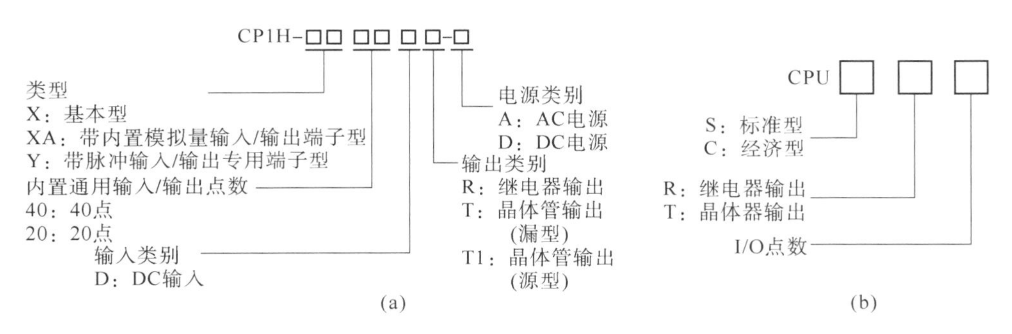

图5-8　CP1H和S7-200 SMART两种PLC命名规则

（a）CP1H；（b）S7-200 SMART

二维码5-1　两种PLC完整的基本单元和扩展单元

CP1H和S7-200 SMART型PLC各有几种型号的PLC基本单元，可以实现一定输入/输出点数的控制；同时，两者还具有一些扩展单元，在基本单元控制点数不满足时，可以选择其中的扩展单元进行系统配置，实现点数或功能的扩充。两种PLC完整的基本单元和扩展单元见二维码5-1。

表5-2为CP1H-XA型PLC部分型号规格举例。CP1H-XA型PLC基本单元包含24点输入（I：0.00~0.11、1.00~1.11）、16点输出（O：100.00~100.07、101.00~101.07），内置4点模拟输入（200~203）和2点模拟输出（210、211）。

表 5-2　CP1H-XA 型 PLC 部分型号规格举例

名称	型号	输入特性	输出特性	电源电压	备注
基本单元	CP1H-XA40DR-A	DC 24 V 24 点	继电器输出 16 点	AC 100~240 V	实现 4 轴高速计数、4 轴脉冲输出；内置模拟电压/电流输入 4 点和模拟电压/电流输出 2 点
	CP1H-XA40DT-D		晶体管输出（漏型）16 点	DC 24 V	
	CP1H-XA40DT1-D		晶体管输出（源型）16 点		
扩展单元	CPM1A-40EDR	DC 24 V 24 点	继电器输出 16 点	DC 24 V	—
	CPM1A-40EDT		晶体管输出（漏型）16 点		—
	CPM1A-40EDT1		晶体管输出（源型）16 点		—
模拟量输入/输出单元	CPM1A-MAD01	模拟量输入 4 点	模拟量输出 2 点	—	分辨率：1/256
温度传感器单元	CPM1A-TS001	输入 2 点	—	—	热电偶输入 K、J
	CPM1A-TS101	输入 2 点	—	—	热电阻测温输入 Pt100，JPt100

CP1H 的基本单元最多可以扩展 7 个 CPM1A 系列的扩展 I/O 单元，这样既可以增加 CP1H 系统的 I/O 点数（最多扩展输入/输出点数为 280 点），又可以增加新的控制功能（如温度传感器输入）。CP1H CPU 单元将按照连接顺序给扩展单元分配输入/输出通道号。输入通道号从 2 通道开始，输出通道号从 102 通道开始，分配通道示例如图 5-9 所示。其所连接的扩展单元、扩展 I/O 单元所占用的 I/O 通道数总和必须在 15 以内。由于温度调节单元 CPM1A-TS002/102 占用 4 个输入通道，因此在使用此类单元时，要减少可分接的单元数。

S7-200 SMART 型 PLC 有两种类型的 CPU：标准型（S）和经济型（C）。标准型 CPU 作为可扩展 CPU 模块，可满足对 I/O 规模有较大需求、逻辑控制较为复杂的应用，最多配置的扩展模块为 6 个；而经济型 CPU 直接通过单机本体满足相对简单的控制需求，不能扩展。S7-200 SMART 共提供了包括数字量、模拟量及温度测控模块在内的 12 种不同的扩展模块。通过扩展模块，可以很容易地扩展控制器的本地 I/O，以满足不同的应用需求。另外，S7-200 SMART 提供了 4 种不同的信号板，使用信号板，可以在不额外占用电控柜空间的前提下，提供额外的数字量 I/O、模拟量 I/O 和通信接口，达到精确化配置。

S7-200 SMART 型 PLC 部分型号举例如表 5-3 所示。基本单元输入、输出的起始通道分别为 I0、Q0。以 CPU SR40 为例，其输入点数为 24 点、输出点数为 16，该类型 PLC 每个

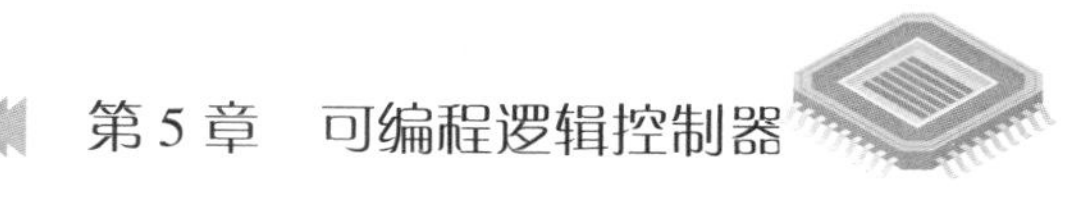

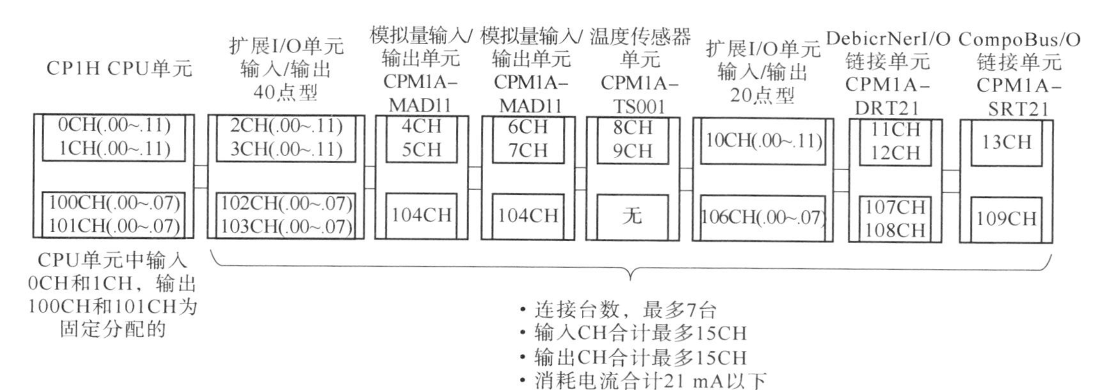

图 5-9　CP1H CPU 扩展单元分配通道示例

通道有 8 位，输入占据 3 个通道（I0、I1、I2），输出占据 2 个通道（Q0、Q1），即输入地址为 I0. 0～I0. 7，I1. 0～I1. 7，I2. 0～I2. 7。一个基本单元最多可配置的模块及其起始位如表 5-4 所示。

表 5-3　S7-200 SMART 型 PLC 部分型号举例

名称	型号	输入特性	输出特性	备注
基本单元	CPU SR40	DC 24 V 24 点	继电器输出 16 点	—
	CPU ST40		晶体管输出 16 点	
扩展单元	EM DR16	DC 24 V，8 点	继电器输出 8 点	—
	EM DT16	DC 24 V，8 点	晶体管输出 8 点	—
模拟量输入/输出单元	EM AI04	模拟量输入，4 点	无	—
	EM AQ02	无	模拟量输出 2 点	—
测温模块	EM AR02	输入 2 点	—	电阻式温度传感器
	EM AR04	输入 4 点	—	热电偶测温
信号板	SB DT04	输入 2 点	输出 2 点	—
	SB AQ01	模拟量输入，1 点	—	—
	SB CM01	—	—	通信信号板，RS485/RS232
	SB BA01	—	—	电池信号板，支持 CR1025 纽扣电池，保持时钟大约 1 年

表 5-4　一个基本单元最多可配置的模块及其起始位

模块	CPU	信号板	信号模块 0	信号模块 1	信号模块 2	信号模块 3	信号模块 4	信号模块 5
数入起始地址	I0. 0	I7. 0	I8. 0	I12. 0	I16. 0	I20. 0	I24. 0	I28. 0
数出起始地址	Q0. 0	Q7. 0	Q8. 0	Q12. 0	Q16. 0	Q20. 0	Q24. 0	Q28. 0
模入起始地址	—	—	AIW16	AIW32	AIW48	AIW64	AIW80	AIW96
模出起始地址	—	AQW12	AQW16	AQW32	AQW48	AQW64	AQW80	AQW96

5.2.2 可编程逻辑控制器的数据存储区

1. 数制

（1）二进制数。二进制数的 1 位只能为 0 和 1。用 1 位二进制数来表示开关量的两种不同状态，线圈通电、动合触点接通、动断触点断开，为 1 状态（ON）；反之为 0 状态（OFF）。二进制的数据类型为布尔（BOOL）型。

多位二进制数用来表示大于 1 的数字。从右往左的第 n 位（最低位为第 0 位）的权值为 2^n。例如，2#0000 0100 1000 0110 对应的十进制数为 1 158。

（2）十六进制数。十六进制数用于简化二进制数的表示方法，16 个数分别为 0~9 和A~F（10~15），4 位二进制数对应于 1 位十六进制数，如 2#1000 1111 可以转换为 16#8F。十六进制数“逢 16 进 1”，第 n 位的权值为 16^n。例如，16#8F 对应的十进制数为 $8\times16^1+15\times16^0=143$。

（3）BCD（Binary Coded Decimal）码。BCD 码用 4 位二进制数（或者 1 位十六进制数）表示 1 位十进制数。例如，1 位十进制数 9 的 BCD 码是 1001。4 位二进制数有 16 种组合，但 BCD 码只用到前 10 个（0000~1001），后 6 个（1010~1111）没有在 BCD 码中使用。例如，BCD 码 1001 0110 0111 0101 对应的十进制数为 9 675。

十进制、十六进制、二进制与 BCD 码的关系如表 5-5 所示。

表 5-5 十进制、十六进制、二进制与 BCD 码的关系

十进制	十六进制	二进制	BCD 码
0	0	0000	0000
1	1	0001	0001
2	2	0010	0010
3	3	0011	0011
4	4	0100	0100
5	5	0101	0101
6	6	0110	0110
7	7	0111	0111
8	8	1000	1000
9	9	1001	1001
10	A	1010	0001 0000

2. 数据类型及取值范围

数据类型包括：布尔型（BOOL），为 1 位二进制，也是数据的最小单位，只有 0 和 1 两个值，可以表示开关量的两种状态，仅占 1 个位的内存区；字节型（BYTE），8 位二进制数组成 1 个字节；字型（WORD），也称 16 位无符号整数，两个字节组成 1 个字；双字型（DWORD），也称 32 位无符号整数，相邻的两个字组成 1 个双字；整型（INT），也称 16 位有符号整数；双整型（DINT），也称 32 位有符号整数；实数型。

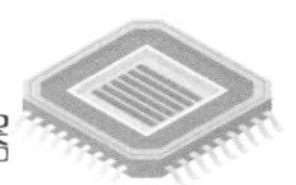

CP1H 和 S7-200 SMART 型 PLC 常用的数据类型的取值范围如表 5-6 所示，需要指出的是，该表中数据类型 S7-200 SMART 均使用，CP1H 数据类型只选用表中 16 位和 32 位有符号和无符号的数。

表 5-6 CP1H 和 S7-200 SMART 型 PLC 常用的数据类型的取值范围

数据类型	位数	数值范围		PLC 数据类型选用
		十进制数	十六进制数	
字节型 (BYTE)	8	0~255	0~FF	S7-200 SMART
字型 (WORD)	16	0~65 535	0~FFFF	S7-200 SMART，CP1H
双字型 (DWORD)	32	0~4 294 967 295	0~FFFFFFFF	S7-200 SMART，CP1H
整型（INT）	16	-32 768~+32 767	8000~7FFF	S7-200 SMART，CP1H
双整型 (DINT)	32	-2 147 483 648~2 147 483 647	80000000~7FFFFFFF	S7-200 SMART，CP1H

3. 软器件的编址、寻址方式

PLC 存储器中提供特定区域供指令访问，存储程序数据。这些被访问的区域一般使用与电器相关的含义命名，称为软器件。

CP1H 型 PLC 的软器件包括输出/输出继电器区（CIO）、内部辅助继电器区（W）、保持继电器区（HR）、特殊辅助继电器区（AR）、暂时存储继电器（TR）、数据存储器（DM）、定时器（TIM）、计数器（CNT）、状态标志、时钟脉冲、任务标志（TK）、变址寄存器（IR）和数据寄存器（DR）等，主要用来存储输入、输出数据和中间变量，提供定时器、计数器、寄存器等，还包括系统程序所使用和管理的系统状态和标志信息。

S7-200 SMART 型 PLC 的软器件包括输入过程映像寄存器（I）、输出过程映像寄存器（Q）、模拟量输入过程映像寄存器（AI）、模拟量输出过程映像寄存器（AQ）、变量存储器（V）、内部标志位存储器（M）、特殊存储器（SM）、定时器存储器（T）、计数器存储器（C）、高速计数器（HC）、累加器（AC0~AC3）、局部存储器（L）、顺序控制继电器（S）。

这些软器件通过地址进行访问。CP1H 软器件通过字（通道）或位进行访问，其编址方式如图 5-10 所示，CP1H 一个字（通道）中包含 00~15 共 16 个位。例如，位地址 1.03 表示的是 0001 通道的 03 位，该地址是输入继电器的一个位。

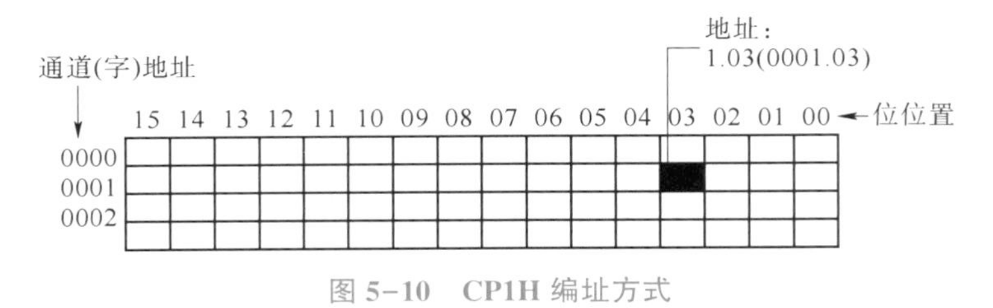

图 5-10 CP1H 编址方式

S7-200 SMART 的编址方式较为复杂，包括位地址编址、字节地址编址、字地址编址、双字地址编址，如图 5-11 所示。位地址编址（简称位编址）的方式为：[数据存储区] + [字节地址].[位地址]，如图 5-10（a）所示，其中第 0 位为最低位（LSB），第 7 位为最高位（MSB）；字节地址的编址（简称字节编址）方式为：[数据存储区] +字节长度符B+ [字节地址]，如 VB100 表示由 VB100.0~VB100.7 这 8 位组成的字节，如图 5-11（b）所示；字地址的编址（简称字编址）方式为：[数据存储区] +字长度符 W+ [起始字节地址]，如 VW100 表示由 VB100 和 VB101 这 2 字节组成的字，如图 5-11（c）所示；双字地址编址（简称双字编址）方式为：[数据存储区] +双字长度符 D+ [起始字节地址]，如 VD100 表示由 VB100~VB103 这 4 字节组成的双字，如图 5-11（d）所示。

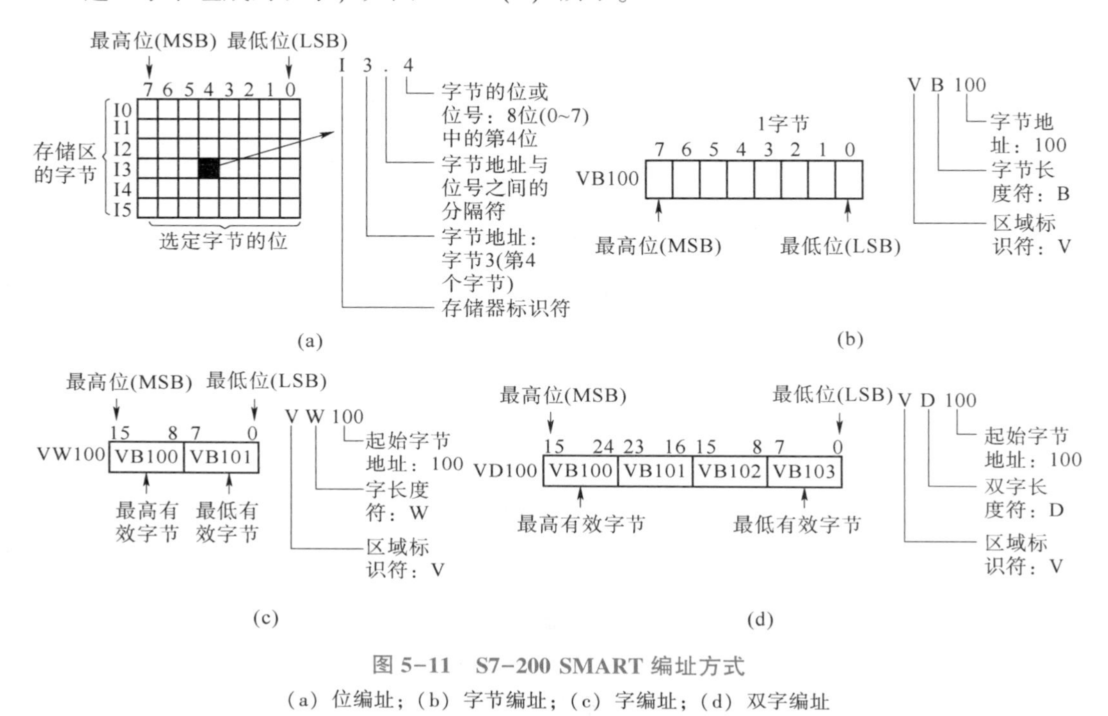

图 5-11 S7-200 SMART 编址方式

（a）位编址；（b）字节编址；（c）字编址；（d）双字编址

PLC 中各类软器件的通道号可查阅相关书籍或相应型号 PLC 手册。

5.2.3 可编程逻辑控制器的编程语言

PLC 是专为工业自动控制而开发的装置，主要使用对象是广大工程技术人员及操作维护人员，为了满足他们的传统习惯，PLC 通常不直接采用微机的编程语言，而是采用面向控制过程、面向问题的自然语言编程。PLC 常用的编程语言有梯形图（Ladder Diagram，LAD）、指令表（Instruction List，IL）、顺序功能图（Sequential Function Chart，SFC）。

1. 梯形图

梯形图是在传统的电气控制系统电路图的基础上演变而来的一种图形语言，世界上各厂家的 PLC 都把梯形图作为其第一用户编程语言。梯形图在形式上类似于继电器控制电路。它是用各种图形符号连接而成的。其图形符号分别表示动合触点、动断触点、线圈和功能块等。梯形图中的每一个触点和线圈均对应有一个编号。尽管各厂家所生产的 PLC 使用的符

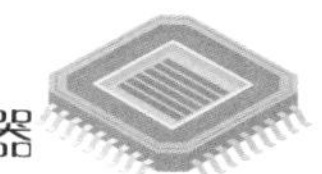

号和编程元件编号不同，但梯形图的设计与编程方法大同小异。PLC 梯形图具有如下特点。

（1）在编程时，应对所使用的元件进行编号，PLC 是按编号来区别操作元件的，而且同一个继电器的线圈和触点要使用同一编号。

（2）梯形图左、右两条垂直线分别称为起始母线、终止母线。梯形图按自上而下、从左到右的顺序绘制。与每一个继电器线圈相连的全部支路形成一个逻辑行，即一个阶梯，称为一个梯形。每个逻辑行必须从起始母线开始画起，结束于终止母线（终止母线可以省略）。两条母线之间为触点的各种连接。

（3）梯形图的最右侧必须连接输出元素或功能块。输出元素包括输出继电器、计数器、定时器、辅助继电器等。

（4）梯形图中，一般情况下（除有跳转指令和前进指令的程序段外）某个编号的继电器线圈只能出现一次，而触点可无限次使用。

（5）梯形图中的继电器往往不是继电器控制电路中的物理继电器，它实际上是存储器中的位触发器，因而称为“软继电器”。相应地，某位触发器为 1 时，表示该继电器的线圈得电，其动合触点闭合，动断触点断开。

（6）输入继电器用于接收来自 PLC 外部的信号，由此信号决定其状态，而不能由其内部其他继电器的触点驱动。因此，梯形图中只出现输入继电器的触点，而不出现其线圈。

（7）输出继电器是 PLC 作为输出控制用的，它只是输出状态寄存表中的相应位，不能直接驱动现场执行部件。现场执行部件由输出模块去驱动。当梯形图中的输出继电器线圈得电闭合时，输出模块中的功率开关闭合。由于每个输出继电器只有一个功率开关，因此只能驱动一个外部设备。

（8）PLC 中的内部继电器不能作为输出用，它们只是一些逻辑运算过程中的中间存储单元的状态，其触点可供 PLC 内部编程使用。

（9）梯形图中的触点可以任意串、并联，但输出线圈只能并联，不能串联。

2. 指令表

PLC 的指令又称语句，它是用英文字母的缩写来表示 PLC 各种功能的助记符。由若干条指令构成的、能完成控制任务的程序称为指令表程序。每一条语句一般由程序地址、指令助记符和操作数三部分组成，程序地址是指 PLC 程序存储器的地址（大多数场合是由 PLC 自动给出的，无须人为设定）；指令助记符是指要 PLC 执行何种操作；操作数是指令的作用对象。不难看出，PLC 指令表类似于计算机的汇编语言，但比汇编语言通俗易懂，配上带有 LED 显示器的手持编程器即可使用。指令表比较适合熟悉 PLC 和逻辑程序设计的经验丰富的程序员，它可以实现某些不能用梯形图或顺序功能图实现的功能，因此也是应用较多的一种编程语言。助记符语言的指令与梯形图指令有严格的对应关系，两者之间可以相互转化。欧姆龙 PLC 的梯形图及其指令表如图 5-12 所示。

3. 顺序功能图

顺序功能图是一种描述顺序控制系统功能的图解表示法，主要由“步”“转换”及“有向线段”等元素组成。如果适当运用组成元素，则可得到控制系统的静态表示方法，再根据转移触发规则进行模拟系统的运行，就可得到控制系统的动态过程，并可以从运动中发现潜在的故障。顺序功能图用约定的几何图形、有向线和简单的文字说明来描述 PLC 的处理过程和程序的执行步骤。

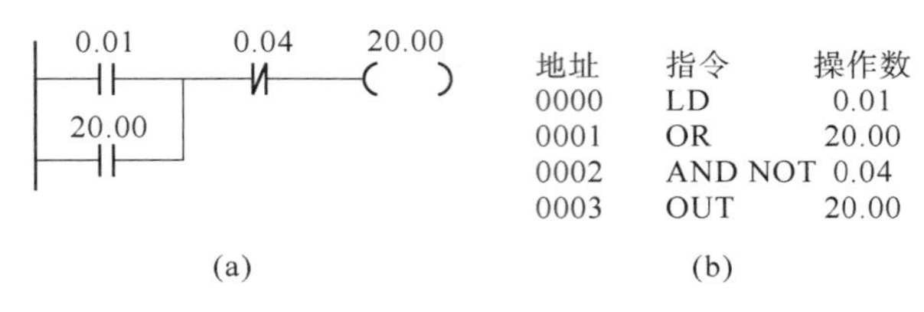

图 5-12 欧姆龙 PLC 的梯形图及其指令表
(a) 梯形图；(b) 指令表

5.3 可编程逻辑控制器指令

二维码 5-2 CP1H 和 S7-200 SMART 型 PLC 梯形图表达一致的基本逻辑指令

不同的 PLC 有不同的指令系统，但它们的基本功能大同小异。

5.3.1 基本逻辑指令

CP1H 和 S7-200 SMART 两种 PLC 的多数基本逻辑指令有多种，不少基本逻辑指令的梯形图表达方法相同，如装载、装载非、输出、逻辑块与、逻辑块或等，详情请见二维码 5-2。还有一些基本逻辑指令梯形图的表达方法不同，如置位/复位指令、微分指令等，如表 5-7 所示。两种 PLC 指令的指令表表达形式多数都有差别。

表 5-7 CP1H 和 S7-200 SMART 型 PLC 梯形图表达不同的基本逻辑指令

指令名称	梯形图	CP1H			S7-200 SMART		
		指令表	操作数区域	功能	指令表	操作数区域	功能
置位	SET A bit (S) N	SET A	CIO（I/O 区中输入卡占用的位不能使用）、W、H、A44800~A95915	使指定位置位（ON）	S bit N	Q、V、M、SM、S、T、C、L	从指定位地址开始连续 N 位被置位
复位	RSET A bit (R) N	RSET A	CIO（I/O 区中输入卡占用的位不能使用）、W、H、A44800~A95915	使指定位复位（OFF）	R bit N	同上	从指定位地址开始连续 N 位被复位
保持	S KEEP R A	KEEP A	同上	置位复位信号同时 ON 时，复位优先	—	—	—

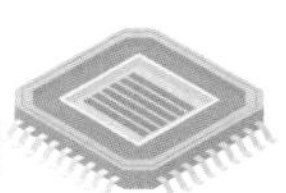

续表

指令名称	梯形图	CP1H			S7-200 SMART		
		指令表	操作数区域	功能	指令表	操作数区域	功能
置位优先双稳态触发器	bit S1 OUT SR R		—	—	SR	S1、R（S、R1）的操作数：I、Q、V、M、SM、S、T、C、L bit 操作数：I、Q、V、M、S	置位复位信号同时 ON 时，置位
复位优先双稳态触发器	bit S OUT RS R1	—	—	—	RS		置位复位信号同时 ON 时，复位优先
上微分（正跳变触点 P）	DTFU A P	DIFU A	CIO（I/O 区中输入卡占用的位不能使用）、W、H、A44800~A95915	输入脉冲上升沿使指定继电器闭合一个扫描周期	EU	—	检测到一次正跳变，触点接通一个扫描周期
下微分（负跳变触点 N）	DIFD A N	DIFD A		输入脉冲下降沿使指定继电器闭合一个扫描周期	ED	—	检测到一次负跳变，触点接通一个扫描周期

需要指出的是，指令除了常用形式外，CP1H 型 PLC 还有微分型指令（上微分型“@”，下微分型“%”）和即时刷新指令（!）。常用形式的指令在每个扫描周期都执行一次，微分型指令只在条件变化时（由 OFF→ON 或由 ON→OFF）执行一次。指令常用形式的输入、输出在 I/O 刷新时执行，即时刷新指令不等 I/O 刷新阶段立即执行。S7-200 SMART PLC 也有类似指令：立即触点指令和立即输出指令，指令和梯形图中加 I。详情请见二维码 5-3。

二维码 5-3　微分型指令和即时刷新指令

1. 几个基本程序

下面介绍等效控制输出、长效控制输出、短效控制输出 3 种控制输出程序，以增强对基本逻辑指令的认识。

（1）等效控制输出。等效控制输出是指输出仅取决于控制输入的现状态，开关控制电器、工控中的点动控制就属于等效控制输出，如图 5-13 所示。

（2）长效控制输出。长效控制输出是指输入对输出有长效作用，如工程中常见的自保持（启保停）电路，如图 5-14 所示。

（3）短效控制输出。短效控制输出是指输入对输出仅有短暂的作用，常作为中间控制电路，如图 5-15 所示。

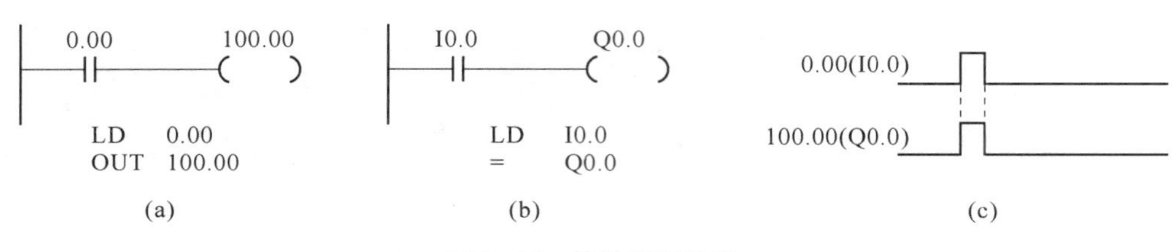

图 5-13 等效控制输出

（a）CP1H 梯形图和指令表；（b）S7-200 SMART 梯形图和指令表；（c）时序图

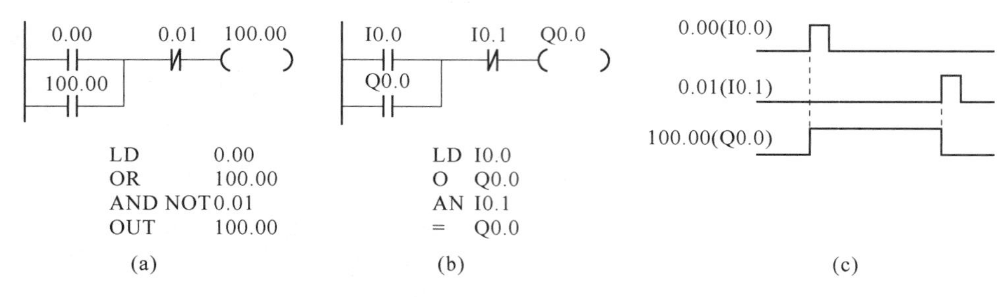

图 5-14 长效控制输出

（a）CP1H 梯形图和指令表；（b）S7-200 SMART 梯形图和指令表；（c）时序图

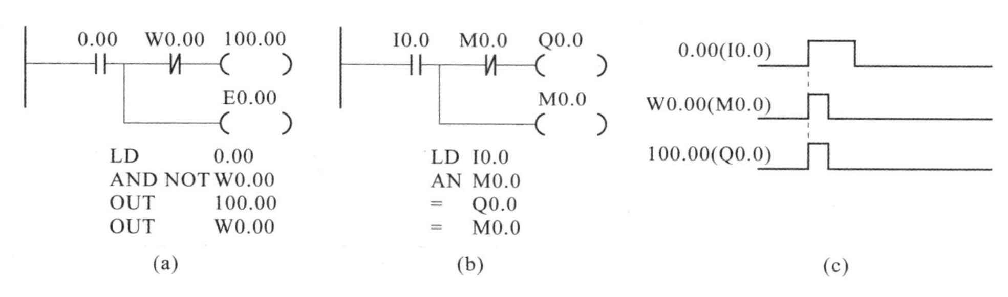

图 5-15 短效控制输出

（a）CP1H 梯形图和指令表；（b）S7-200 SMART 梯形图和指令表；（c）时序图

其中，图 5-13 对应点动控制电路，图 5-13（a）中的 0. 00 和图 5-13（b）中的 I0. 0 是输入继电器（或输入过程映像寄存器）的动合触点，接收来自按钮的信号，与动合左母线相连；100. 00、Q0. 0 是输出继电器（输出过程映像寄存器）线圈，其通断由动合触点 0. 00、I0. 0 控制。当 0. 00、I0. 0 接通时，线圈 100. 00、Q0. 0 得电；当 0. 00 和 I0. 00 断开时，线圈 100. 00 和 Q0. 0 失电。

图 5-14 对应自保持电路，图 5-14（a）中的 0. 00、0. 01 和图 5-14（b）中的 I0. 0、I0. 1 均为输入继电器（或输入过程映像寄存器）的触点；100. 00、（Q0. 0）线圈在程序中由前面的串联电路控制，该串联电路是由一个动合触点 0. 00（I0. 0）和 100. 00（Q0. 0）组成并联电路块与动断触点 0. 01（I0. 1）串联组成，并联电路块与左母线相连。程序实现的功能是：输入继电器动合触点 0. 00（I0. 0）接通后，100. 00（Q0. 0）线圈得电，此时即使动合触点 0. 00（I0. 0）断开，线圈 100. 00（Q0. 0）也能保持得电状态，直到继电器 0. 01（I0. 1）的动断触点断开时，线圈 100. 00 失电。

图 5-15 对应短效控制输出电路，输出线圈 100. 00（Q0. 0）得/失电由动合触点 0. 00

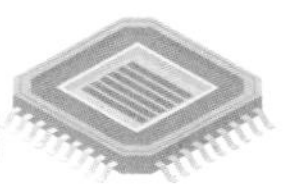

(I0.0) 与辅助继电器 W0.00 (标志存储器 M0.0) 动断触点组成的串联电路控制，该串联电路也控制辅助继电器 W0.00 (标志存储器 M0.0) 线圈的得/失电。程序实现的功能是：当输入继电器 0.00 (I0.0) 动合触点接通，输出线圈 100.00 (Q0.0) 得电，辅助继电器 W0.00 (标志存储器 M0.0) 线圈得电，其动断触点断开，使输出继电器线圈 100.00 (Q0.0) 失电，无论 0.00 (I0.0) 接通多长时间，线圈 100.00 (Q0.0) 只接通一个扫描周期。

2. 置位、复位指令

置位指令 (SET) 的功能是当执行条件为 ON 时，将指定位置位 (ON)；当执行条件由 ON 变为 OFF 时，指定位仍保持为 ON，直至用复位指令将其复位。复位指令 (RSET) 的功能是当执行条件为 ON 时，将指定位复位 (OFF)；当执行条件由 ON 变为 OFF 时，指定位仍保持为 OFF。

置位、复位指令示例如图 5-16 所示，在 CP1H 梯形图 (如图 5-16 (a) 所示) 中，0.00、0.01 为输入继电器动合触点，100.00 为输出继电器；在 S7-200 SMART 梯形图 (如图 5-16 (b) 所示) 中，I0.0、I0.1 为过程映像输入寄存器动合触点，Q0.0 为过程映像输出寄存器。程序实现的功能是：当 0.00 (I0.0) 为 ON 时，100.00 (Q0.0) 置位并保持 ON 状态；当 0.01 (I0.1) 为 ON 时，100.00 (Q0.0) 被复位。图 5-16 (c) 所示的时序图展示了梯形图中输入与输出的对应状态。

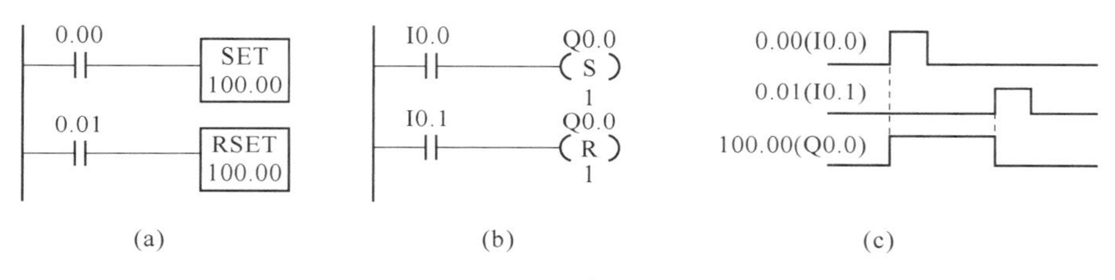

图 5-16　置位、复位指令示例

(a) CP1H 梯形图；(b) S7-200 SMART 梯形图；(c) 时序图

两种 PLC 的置位、复位指令有所差别：CP1H 的 SET/RSET 指令只能使一个位置位/复位，而 S7-200 SMART 中的 S bit N/R bit N 指令可以将指定位地址开始的 N 个连续的位地址置位 (变为 ON) 和复位 (变为 OFF)，其中，N=1~255。CP1H 型 PLC 的置位、复位指令不适用于定时器和计数器指令，而 S7-200 SMART 型 PLC 则没有此限制 (这一点从表 5-8 中的操作数区域就可以看出来)，并且 S7-200 SMAR 型 PLC 可用复位指令清除定时器/计数器的当前值，同时将它们的位复位为 OFF。

CP1H 型 PLC 中的多位置位指令 (SETA) 和多位复位指令 (RSTA) 可以实现多个通道、多个位的置位与复位，如表 5-8 所示。其梯形图举例如图 5-17 所示，指令中 100 为输出继电器的字 (也称通道)，&0 表示起始位为 0 号位，&5 表示有 5 个位。梯形图实现的功能是：当输入条件 0.00 为 ON 时，将 100 通道从 0 位开始连续 5 位置 ON，也就是将 100.00~100.04 共 5 位全部置 ON；当 0.01 为 ON 时，将这些位全部复位。

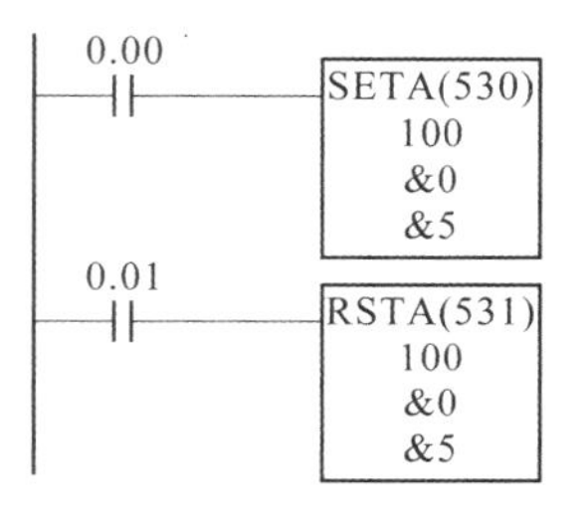

图 5-17　SETA/RSTA 指令梯形图举例

表 5-8　CP1H 型 PLC 中的多位置位指令与多位复位指令

指令名称	梯形图	指令表	操作数区域	功能
多位置位	SETA D N1 N2 D：置位起始通道号 N1：置位起始位号 N2：位数	SETA（530）	包括 SET 指令区域；还可对 DM、EM 区通道连续指定位操作	使连续通道的若干位置位
多位复位	RSTA D N1 N2 D：复位起始通道号 N1：置位起始位号 N2：位数	RSTA（531）	包括 SET 指令区域；还可对 DM、EM 区通道连续指定位操作	使连续通道的若干位复位

3. KEEP 指令

KEEP 指令为 CP1H 型 PLC 指令，该指令有两个输入端，即置位端（S）和复位端（R），相当于把 SET 和 RSET 指令复合在一起，当置位端和复位端同时为 ON 时，复位端优先。KEEP 指令的梯形图及时序图如图 5-18 所示，输入继电器 0.00、0.01 分别处于置位端和复位端。从时序图中可以看到，当复位端的 0.01 为 ON 时，即使置位端的 0.00 为 ON，输出继电器 100.00 也不会产生输出。当 0.01 为 OFF、0.00 为 ON 时，100.00 产生输出，即使 0.00 变为 OFF，100.00 输出仍保持；当 0.01 变为 ON 时，100.00 才被复位（OFF）。

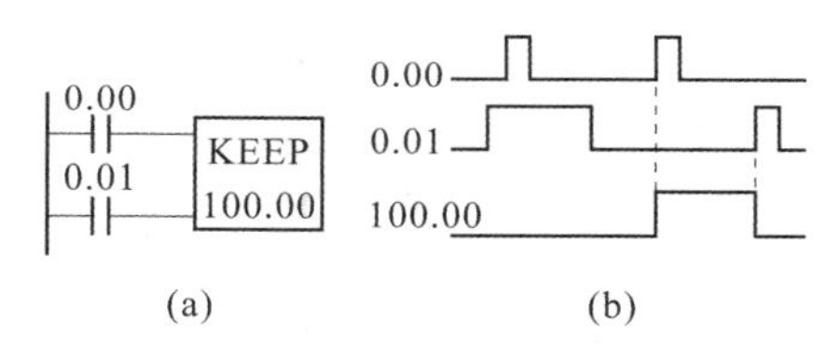

图 5-18　KEEP 指令梯形图及时序图
（a）梯形图；（b）时序图

4. 置位优先双稳态触发器与复位优先双稳态触发器

置位优先双稳态触发器（SR）与复位优先双稳态触发器（RS）为 S7-200 SMART 型 PLC 指令。指令均有两个输入端，其中复位优先双稳态触发器与 CP1H 中的 KEEP 指令功能相同，即 R、S 端均为 ON 时，操作数复位；而置位优先双稳态触发器则是置位优先，即 R、S 端均为 ON 时，操作数置位。图 5-19 为 SR 与 RS 指令梯形图，在 SR 梯形图中（如图 5-19（a）所示），当置位端触点 I0.2、复位端触点 I0.3 均为 ON 时，置位优先，位存储器 M0.5 为 ON，使 M1.6 为 ON；而在 RS 梯形图中（如图 5-19（b）所示），当置位端 I0.4 和复位端 I0.5 均为 ON 时，复位优先，M0.6 为 OFF，M1.7 为 OFF。

5. 微分指令

CP1H 微分指令为输出型指令，上微分指令 DIFU（13）的功能是输入脉冲的上升沿使

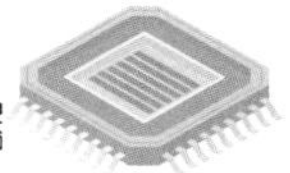

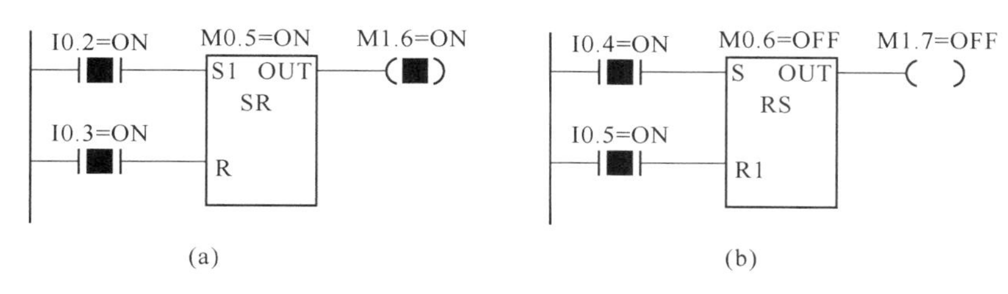

图 5-19　SR 与 RS 指令梯形图
（a）SR 指令梯形图；（b）RS 指令梯形图

指定继电器闭合一个扫描周期，然后复位。下微分指令 DIFD（14）的功能是输入脉冲的下降沿使指定继电器闭合一个扫描周期，然后复位。CP1H 和 S7-200 SMART 微分指令梯形图及时序图如图 5-20 所示。

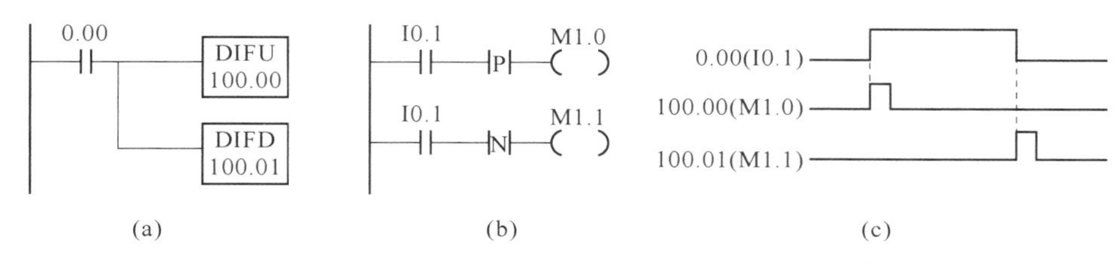

图 5-20　CP1H 和 S7-200 SMART 微分指令梯形图及时序图
（a）CP1H 梯形图；（b）S7-200 SMART 梯形图；（c）时序图

对于 CP1H，如图 5-20（a）所示，当 0.00 闭合时，其上升沿使 100.00 闭合一个扫描周期，而后断开；当 0.00 断开时，其下降沿使 100.01 闭合一个扫描周期，而后断开。

S7-200 SMART 的正跳变触点（P）和负跳变触点（N）也与微分指令相似，正跳变触点（P）检测到一次正跳变或负跳变触点（N）检测到一次负跳变时，触点接通一个扫描周期。但它们为中间指令，可加在一组输入指令之后、输出指令之前，如图 5-20（b）所示，当正跳变触点（P）检测到 I0.1 由 OFF 变为 ON 时，触点 P 接通一个扫描周期，从而使 M1.0 输出一个扫描周期；当负跳变触点（N）检测到 I0.1 由 ON 变为 OFF 时，触点 N 接通一个扫描周期，从而使 M1.1 产生一个扫描周期的输出。

5.3.2　定时器/计数器指令

定时器指令用于定时控制；计数器指令用于记录数量，也可与定时器指令组合控制，实现长时间定时。

1. CP1H 型 PLC

（1）定时器指令。欧姆龙 CP1H 型 PLC 的定时器指令有多种，表 5-9 列出了 CP1H 型 PLC 中的基本定时器指令和高速定时器指令。定时器的地址按字编号，范围为 0000～4095，其设定值范围为 BCD 码（十进制）0～9999。定时时间等于设定值乘以定时精度，定时器指令 TIM 的定时精度为 0.1 s，最长定时时间等于 9999×0.1 s=999.9 s；高速定时器指令 TIMH 的定时精度为 0.01 s，最长定时时间为 99.99 s，其他定时器指令可查阅相关资料。

当定时器的输入条件为 OFF 或电源断电时，TIM 复位，此时定时器的当前值 PV 等于设定值 SV；当输入条件为 ON 时，定时器开始定时，当前值 PV 每隔 0.1 s 减 1，当 PV 为 0 时，定时器输出，其动合触点闭合，动断触点断开。需要注意的是，定时器工作时，其输入端持续保持 ON。

表 5-9　CP1H 型 PLC 中的基本定时器指令和高速定时器指令

指令名称	梯形图	指令表	操作数区域	说明
基本定时器指令	TIM N SV N：定时器编号 0000~4095 SV：定时器设定值 BCD 码 0~9999	TIM N SV	SV：CIO、W、H、A、T、C、D、＊D、@D 或#	定时精度 0.1 s；定时范围 0~999.9 s；设定数值时，数值前加“#”
高速定时器指令	TIMH N SV N：定时器编号 0000~4095 SV：定时器设定值 BCD 码 0~9999	TIMH N SV	SV：CIO、W、H、A、T、C、D、＊D、@D 或#	定时精度 0.01 s，定时范围 0~99.99 s，当前值 PV 每 10 ms 刷新一次

CP1H 定时器指令梯形图及时序图如图 5-21 所示，当输入条件 0.00 为 ON 时，定时器 TIM0000 开始计时，4 s 后产生输出，其动合触点 T0000 置位（ON），输出继电器 100.04 产生输出（ON）；当 0.00 为 OFF 时，TIM0000 立即复位，当前值恢复为 4 s 的设定值，100.04 断开（OFF）。程序实现了延时输出功能，即输入 0.00 为 ON 后，经过 4 s 后 100.04 产生输出。

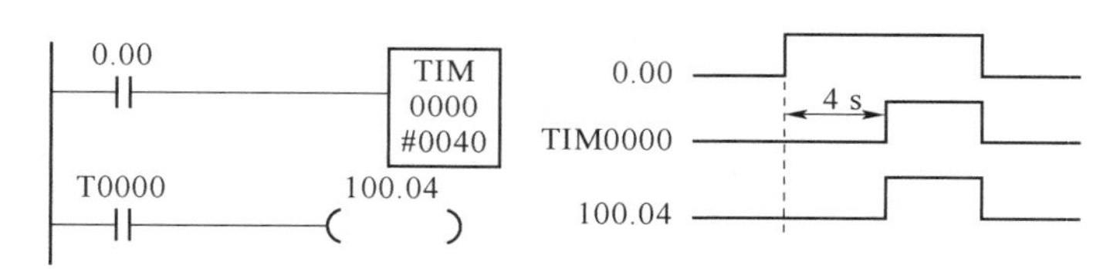

图 5-21　CP1H 定时器指令梯形图及时序图

TIM 定时器指令除了实现延时输出，还可以实现延时断开功能和长时间定时功能，如图 5-22、图 5-23 所示。在图 5-22 中，输入 0.00 接通（ON），定时器 TIM0000 开始计时，输出 100.04 接通，经过 4 s 后定时器产生输出，其动断触点 T0000 断开，100.04 断开。输入 0.00 断开后，定时器为 OFF。图 5-23 所示程序有 1 800 s（30 min）的延时输出：输入 0.00 接通，定时器 TIM0000 开始计，经过 900 s 产生输出，其动合触点 T0000 接通，定时器 TIM0001 开始计，同样经过 900 s 产生输出，其动合触点 T0001 接通，使 100.04 为 ON，即 0.00 接通后，100.04 经过 30 min 后为 ON。需要注意的是，用一个 TIM 不能直接定时 30 min（1 800 s），因为其最长定时时间为 999.9 s。

（2）计数器指令。CP1H 型 PLC 计数器指令为输出型指令，计数器指令包括 CNT 指令、CNTX 指令、可逆计数指令 CNTR（012）等。表 5-10 列出了 CP1H 型 PLC 中的 CNT 指令和可逆计数器指令。与定时器一样，计数器也是字寻址。计数器有两个输入端，即计数端（C）和复位端（R），当计数输入（C）和复位输入（R）同时为 ON 时，复位输入（R）优先。

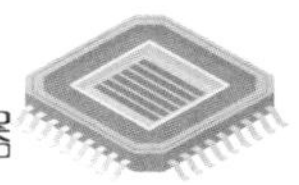

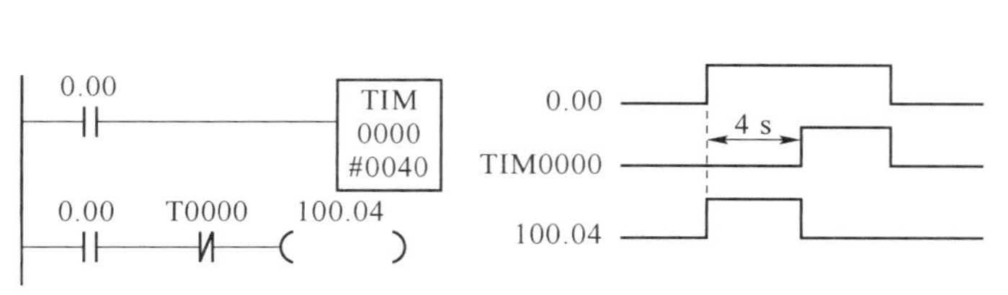

图 5-22　延时断开功能

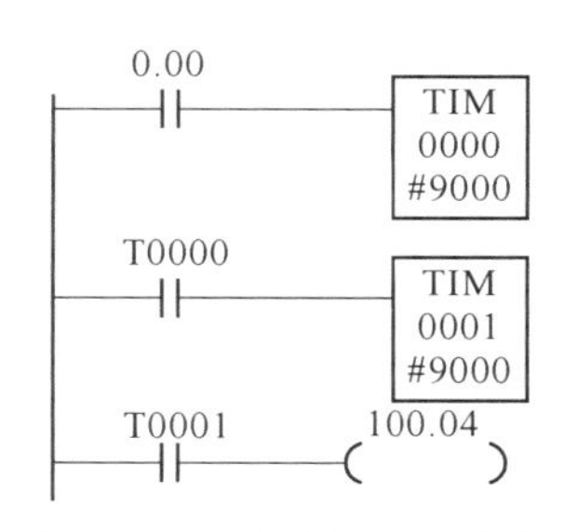

图 5-23　长时间定时功能

表 5-10　CP1H 型 PLC 中的 CNT 指令和可逆计数器指令

指令名称	梯形图	指令表	操作数区域	说明
CNT 指令	C、R —[CNT N SV] N：计数器编号 0000~4095 SV：计数器设定值BCD码0~9999	CNT N SV	CIO、W、H、A、T、C、D、*D、@D 或#	指令预置计数器，实现减数计数功能；C、R 同时为 ON 时，R 优先；设定数值时，数值前加“#”
可逆计数器指令	ACP、SCP、R —[CNTR N SV] N：计数器编号 0000~4095 SV：计数器设定值BCD码0~9999	CNTR N SV	CIO、W、H、A、T、C、D、*D、@D 或#	可实现加数和减数计数功能，两个功能不能同时实现；ACP、SCP、R 同时为 ON 时，R 优先

CNT 指令是预置计数器指令，实现减数操作功能。复位端（R）的逻辑条件为 ON，停止计数，现值复位为设定值。复位端为 OFF，允许计数，这种情况下，当计数端（C）的逻辑条件从 OFF 到 ON 时，计数器的当前值减 1，其他情况下，当前值不变。当当前值减为 0 时，产生输出，其动合触点变为 ON，动断触点变为 OFF，计数器产生输出时现值保持为 0。当电源断电时，计数器当前值保持不变，计数器不复位。

图 5-24 为 CNT 指令梯形图及时序图，计数输入 0.01 通断 3 次时，计数器 CNT001 当前值减为 0，产生输出，其动合触点 C0001 变为 ON，使输出继电器 100.04 变为 ON。当复位输入 0.02 为 ON 时，CNT0001 复位，其动合触点 C0001 变为 OFF，使 100.04 为 OFF。

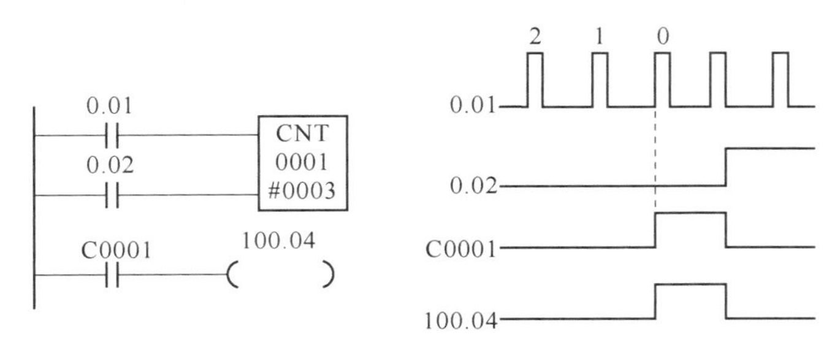

图 5-24　CNT 指令梯形图及时序图

CNTX 指令的功能与 CNT 指令相同，区别是设定值 SV 为十六进制数，取值范围是 0000~FFFF，计数范围是 0~65 535。

可逆计数指令 CNTR 的功能是：当 ACP 端信号从 OFF 变为 ON 时，CNTR 将计数当前值 PV 加 1；当 SCP 端信号从 OFF 变为 ON 时，CNTR 将 PV 值减 1；当 ACP 与 SCP 端同时从 OFF 变 ON 时，CNTR 不计数。R 端信号从 OFF 变为 ON 时，CNTR 复位，PV 值等于 0。R 端保持为 ON 时，CNTR 不能计数。在电源掉电或 CNTR 位于 IL-ILC 间而 IL 条件为 OFF 时，CNTR 的 PV 值被保持。当递增计数，PV 值达到 SV 值时，CNTR 不输出，当下一个 ACP 端信号到达时 CNTR 才有输出；当递减计数，PV 值减为 0 时，CNTR 不输出，当下一个 SCP 端信号到达时，CNTR 才有输出。

（3）定时器/计数器扩展应用。

1）长时间定时。除了可以利用上面介绍的两个基本定时器指令 TIM 实现长时间定时（如图 5-23 所示），还可以利用 TIM+CNT 或时钟脉冲+CNT 的方式实现，如图 5-25 所示。在图 5-25（a）中，当启动开关 0.00 接通后，TIM0000 每 5 s 产生一个脉冲，使计数器 CNT0001 每隔 5 s 减 1，360 个脉冲后，计数器当前值减为 0，计数器产生输出，动合触点 C0001 接通，使 100.04 产生输出。定时时间=（定时器设定时间+扫描周期）×计数器设定值。图中定时器 TIM0000 的设定时间为 5 s，计数器 CNT0001 的计数设定值为 360 次，扫描周期可忽略不计，因此计算得到总定时时间为 1 800 s，即 0.00 为 ON 30 min 后，100.04 产生输出。由于 CNT0001 具有保持当前值的特性，所以必须将复位端 0.01 接通一次才能使 CNT0001 复位，从而可以重复计时使用。图 5-25（b）中，计数器的计数器端接一周期为 1 s的时钟脉冲的动断触点，0.00 为 ON 后，计数器 CNT0001 在脉冲作用下，每隔1 s计数器当前值减 1，1 800 s 后，计数器当前值减为 0，产生输出，其动合触点 C0001 闭合，使 100.04 产生输出。定时时间=时钟脉冲周期×计数器，因此本程序定时时间=1×1 800 s=1 800 s=30 min。复位端 0.01 的功能与图 5-25（a）中一样。接入复位端的 A200.11 是特殊继电器，是上电第一周期置位标志，它的作用是将计数器 CNT0001 上电初始复位。

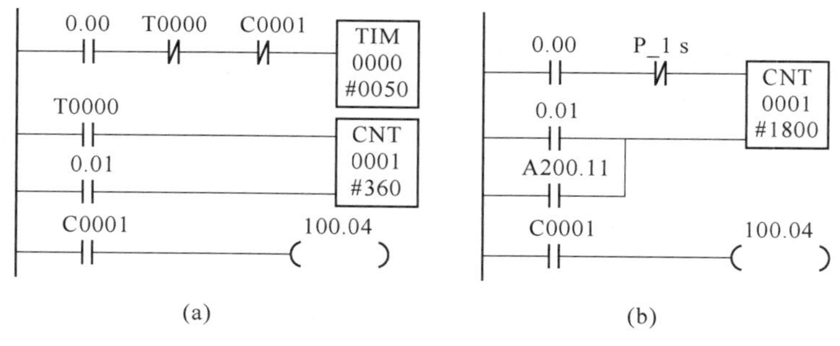

图 5-25　长时间定时

（a）TIM+CNT；（b）时钟脉冲+CNT

2）定时器与自保持电路配合实现延时断开。如图 5-26 所示，从时序图可以分析出输入 0.01 是 100.04 的启动信号，而 TIM0000 到时标志 T0000 是 100.04 的停止信号。100.04 采用自保持电路的形式，当 0.01 为 OFF 且 100.04 为 ON 时，TIM0000 的执行条件满足开始定时，定时时间达到 5 s，其动断触点断开，使 100.04 停止。

2. S7-200 SMART 型 PLC

（1）定时器指令。按工作方式的不同，可以将定时器分为通电延时型定时器（TON）、

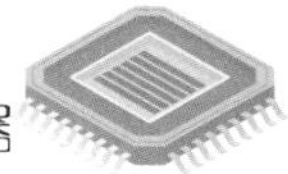

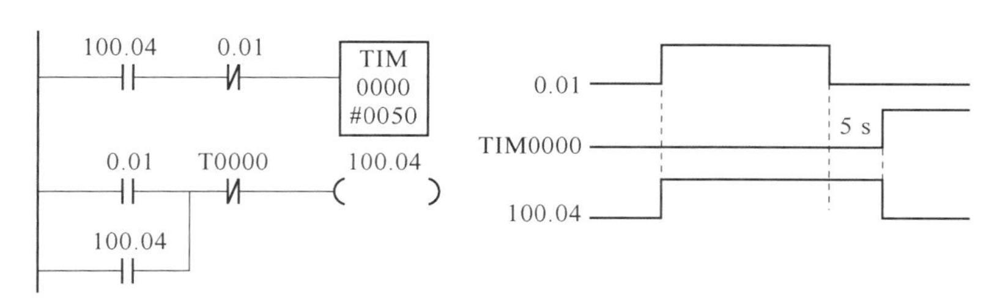

图 5-26　延时断开

保持型通电延时定时器（TONR）和断电延时型定时器（TOF）三大类。定时器指令包括定时器编号（T××）、使能端（IN）、预置值输入端（PT）、定时器类型端（TOF）、时基（＊＊＊ms或 μm），较为详细的内容如表 5-11 所示。

表 5-11　S7-200 SMART 型 PLC 的定时器指令

指令名称	梯形图	指令表	操作数区域	说明
通电延时型定时器	T××× IN　TON PT ***ms	TON T×××，PT	定时器编号： T0～T255 使能端（IN）： I、O、V、M、SM、S、T、C、L 预置值输入端（PT）：IW、QW、VW、MW、SMW、SW、T、C、LW、AC、AIW、常数	TON：用于测定单独的时间 TONR：累计多个定时时间间隔的时间值 TOF：用于 OFF（或 FALSE）条件之后延长一段时间间隔 PT：用于设置定时器的计时预置值或存放预置值的地址，其数据类型为 INT（16 位有符号整数），允许设定的最大值为 32 767 ＊＊＊ms：时基，定时器提供 1 ms、10 ms、100 ms 3 种时基，由定时器编号决定
保持型通电延时定时器	T××× IN TONR PT ***ms	TONR T×××，PT		
断电延时型定时器	T××× IN　TOF PT ***ms	TOF T×××，PT		

TON 和 TOF 定时器的编号范围相同，但同一个定时器编号不能同时用于 TON 和 TOF 定时器。TONR 与 TON、TOF 定时器编号范围不同。定时器的时基由定时器的编号决定，如表 5-12所示。定时器的定时时间 T = PT×S（PT 为预置值，S 表示时基），PT 端最大预置值为 32 767。一个定时器指令最大的定时时长为 32 767×100 ms＝3 276. 7 s。

表 5-12　定时器编号、时基及定时范围

定时器分类	定时器编号	时基/ms	最大定时范围/s
TON/TOF	T32、T96	1	32. 767
	T33～T36、T97～T100	10	327. 67
	T37～T63、T101～T255	100	3 276. 7
TONR	T0、T64	1	32. 767
	T1～T4、T65～T68	10	327. 67
	T5～T31、T69～T95	100	3 276. 7

1）通电延时型定时器（TON）和保持型通电延时定时器（TONR）。通电延时型定时器和保持型通电延时定时器的使能（IN）输入电路接通后开始定时，当前值不断增大；当前值大于或等于 PT 端指定的预设值时，定时器位变为 ON；达到预设值后，当前值仍继续增加，直到最大值为 32 767。通电延时型定时器的使能输入电路断开时，定时器被复位，其当前值被清零，定时器位变为 OFF。还可以用复位指令（R）复位定时器和计数器。保持型通电延时定时器的使能（IN）输入电路断开时，当前值保持不变；使能输入电路再次接通时，继续定时，当累计的时间间隔等于预设值时，定时器位变为 ON。只能用复位指令来复位 TONR。图 5-27、图 5-28 分别为通电延时型和保持型通电延时定时器举例。

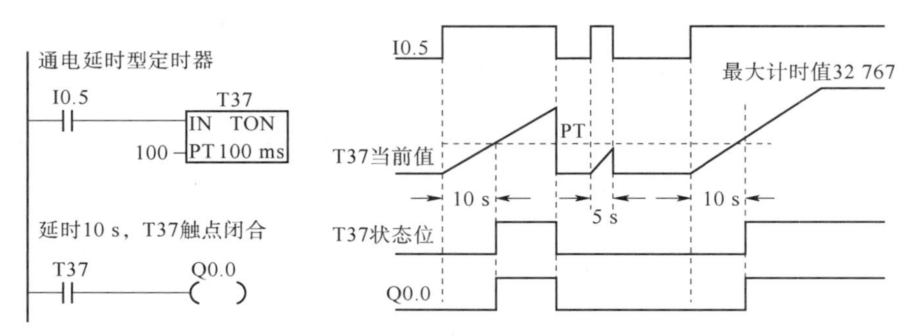

图 5-27 通电延时型定时器举例

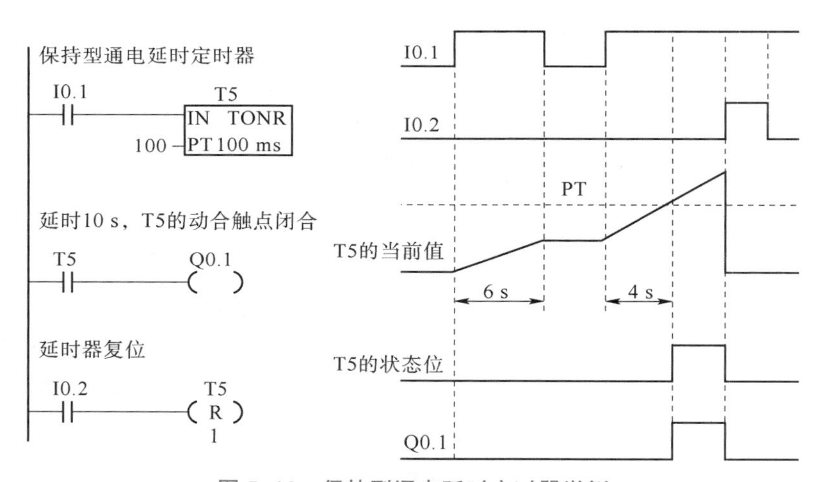

图 5-28 保持型通电延时定时器举例

2）断电延时型定时器（TOF）。断电延时型定时器举例如图 5-29 所示，使能（IN）输入电路接通时，定时器位立即变为 ON，当前值被清零；当使能（IN）输入电路断开时，开始定时；当前值等于预设值时，输出位变为 OFF，当前值保持不变，直到使能输入电路接通。断电延时型定时器用于设备停机后的延时，如变频电动机的冷却风扇的延时。

3）分辨率对定时器的影响。执行 1 ms 分辨率的定时器指令时开始计时，其定时器位和当前值每 1 ms 更新一次；扫描周期大于 1 ms 时，在一个扫描周期内被多次更新。执行 10 ms 分辨率的定时器指令时开始计时，记录自定时器启用以来经过的 10 ms 时间间隔的个

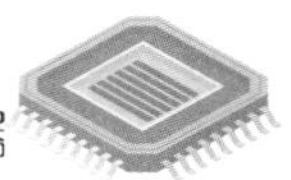

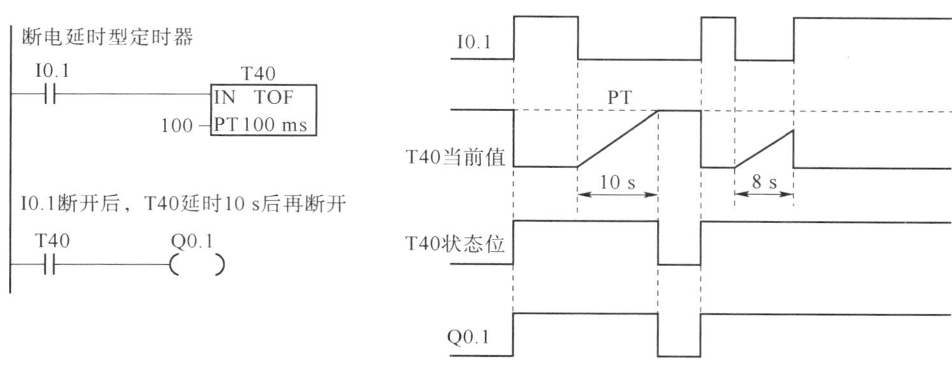

图 5-29　断电延时型定时器举例

数；在每个扫描周期开始时，定时器位和当前值被刷新，一个扫描周期累计的 10 ms 时间间隔数被加到定时器当前值中，定时器位和当前值在整个扫描周期中不变。100 ms 分辨率的定时器记录从定时器上次更新以来经过的 100 ms 时间间隔的个数，在执行该定时器指令时，将从前一扫描周期起累计的 100 ms 时间间隔个数累加到定时器的当前值；启用定时器后，如果在某个扫描周期内未执行某条定时器指令，或者在一个扫描周期多次执行同一条定时器指令，则定时时间都会出错。

用本身触点激励输入的定时器，时基为 1 ms 和 10 ms 时不能可靠工作，一般不宜使用本身触点作为激励输入。若将自激励改成非自激励，则无论何种时基都能正常工作。自激励触点的不合理选择及改正如图 5-30所示。

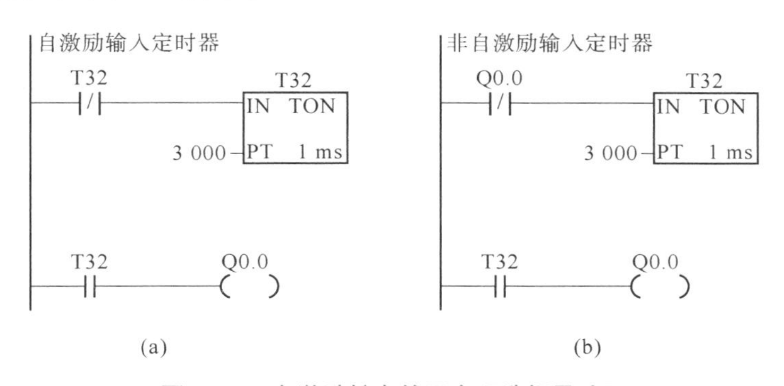

图 5-30　自激励触点的不合理选择及改正

（a）自激励触点的不合理选择；（b）自激励触点的改正

4）定时器的应用。定时器主要用于定时器接力和延时通断。

①定时器接力。如图 5-31 所示，程序中使用了两个定时器 T45、T46，I0. 5 接通后，定时器 T45 启动，经过 3 s，T45 产生输出，其动合触点使 T46 启动，经过 5 s，T46 产生输出，其动合触点接通，使 Q0. 3 产生输出，即在 I0. 5 接通后，Q0. 3 经过 8 s 产生输出。这个程序可以实现长时间定时：例如，两个定时器的时间均设为 3 000 s，则程序可在 I0. 5 接通后，延时 6 000 s 后输出。

②延时通断。如图 5-32 所示，当定时器输入端 I0. 2 接通后，通电延时型定时器 T50 开

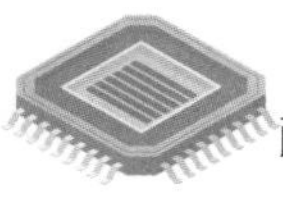

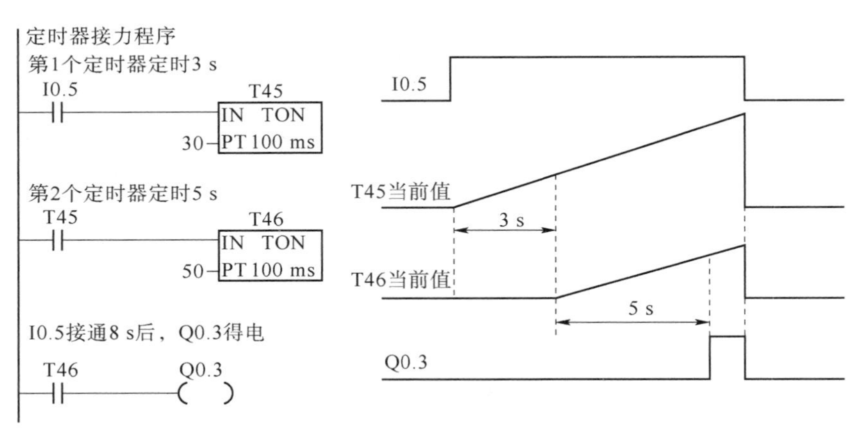

图 5-31　定时器接力

始计时，断电延时型定时器 T55 在 I0. 2 接通后立即接通，其动合触点接通；经过 5 s，定时器 T50 接通，其动合触点接通，使 Q0. 3 产生输出并自保持；当动合触点 I0. 2 断开后，T50 立即断电停止工作，其动合触点断开，而断电延时型定时器 T55 经过 7 s 断开，其动合触点断开，使 Q0. 3 停止工作。

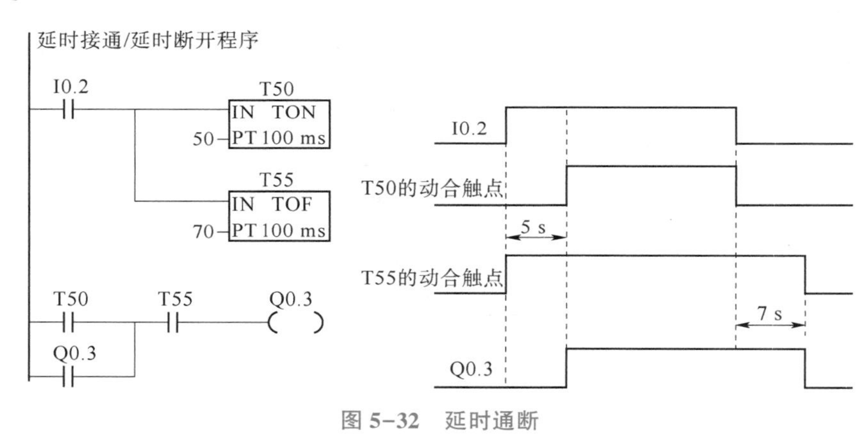

图 5-32　延时通断

（2）计数器指令。S7-200 SMART 型 PLC 的计数器指令如表 5-13 所示。计数器指令一般包括计数器编号、计数器类型、计数脉冲输入端、复位端、预置值输入端等。S7-200 SMART 型 PLC 共有 256 个计数器，编号范围为 C0~C255，数据类型为 WORD。由于每个计数器都有一个当前值，因此不能将同一计数器编号分配给多个计数器。计数器包括加计数器（CTU）、减计数器（CTD）和加/减计数器（CTUD）3 种类型，它们的编号范围相同。加计数器（CTU）和减计数器（CTD）各有一个脉冲输入端，分别为加脉冲输入端（CU）和减脉冲输入端（CD）；加/减计数器（CTUD）则具备两个脉冲输入端（CU 和 CD）。计数器的复位端对计数器进行复位；预置值输入端用于存放计数器的预置值或存放预置值的地址，其数据类型为 INT（16 位有符号整数），允许设定的最大值为 32 767。

表 5-13　S7-200 SMART 型 PLC 的计数器指令

指令名称	梯形图	指令表	操作数区域	说明
加计数器	C××× CU　CTU R PV	CTU C×××，PV	C×××：T0～T255 CU、CD：I、Q、V、M、SM、S、T、C、L PV：IW、QW、VW、MW、SMW、SW、T、C、LW、AC、AIW、常数	CU 计数条件输入端，增加当前值：该端接收一个脉冲，计数器当前值加 1。直到当前值持续增加到 32 767 CD 计数条件输入端，减小当前值：该端接收一个脉冲，计数器当前值减 1。直到当前值减小到 0 PV 预置值输入端：存放计数器的预置值或预置值的地址，其数据类型为 INT（16 位有符号整数），允许设定的最大值为 32 767 R 复位端：R 端为 ON 时，计数器被复位，计数器位变为 OFF，当前值被清零
减计数器	C××× CD　CTD LD PV	CTD C×××，PV		
加/减 计数器	C××× CU CTUD CD R PV	CTUD C×××，PV		

1）加计数器（CTU）。同时满足下列条件时，加计数器的当前值加 1，直至计数最大值 32 767：复位输入电路断开；加计数脉冲输入电路由断开变为接通（CU 信号的上升沿）；当前值小于最大值 32 767。当前值大于或等于预设值 PV 时，计数器位为 ON；反之为 OFF。当复位输入 R 为 ON 或对计数器执行复位（R）指令时，计数器被复位，计数器位变为 OFF，当前值被清零。在首次扫描时，所有的计数器位被复位为 OFF，功能解释如图 5-33 所示。

2）减计数器（CTD）。在装载输入 LD 的上升沿时，计数器位被复位为 OFF，预设值 PV 被装入当前值寄存器。在减计数脉冲输入信号 CD 的上升沿，从预设值开始，当前值减 1，减至 0 时，停止计数，计数器位被置位为 ON，功能解释如图 5-34 所示。

3）加/减计数器（CTUD）。在加计数脉冲输入 CU 的上升沿，当前值加 1；在减计数脉冲输入 CD 的上升沿，当前值减 1。当前值大于或等于预设值 PV 时，计数器位为 ON；反之为 OFF。若复位输入 R 为 ON，或对计数器执行复位（R）指令时，计数器被复位，功能解释如图 5-35 所示。

（3）定时器/计数器扩展应用。

1）用计数器设计长延时电路。定时器最长的定时时间为 3 276.7 s。用周期为 1 min 的时钟脉冲 SM0.4 的动合触点为加计数器 C6 提供计数脉冲，PV 值为 1 440，则定时时间为 1 440 min（24 h），如图 5-36 所示。

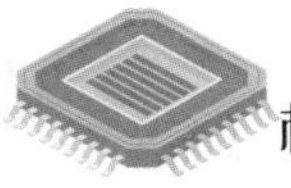

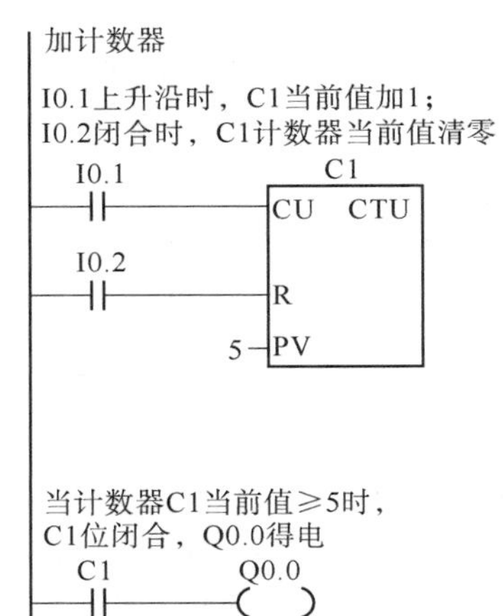

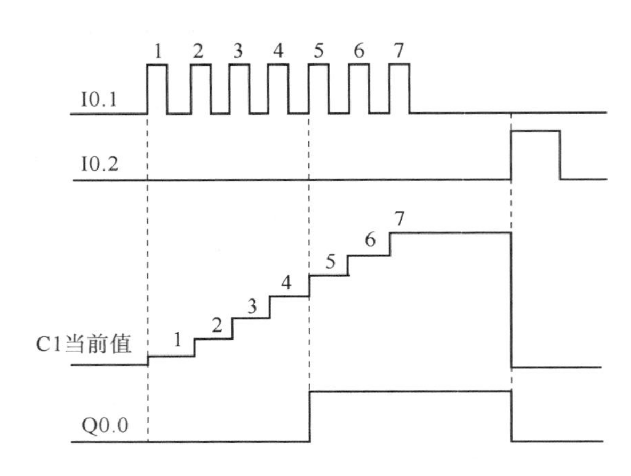

图 5-33　加计数器

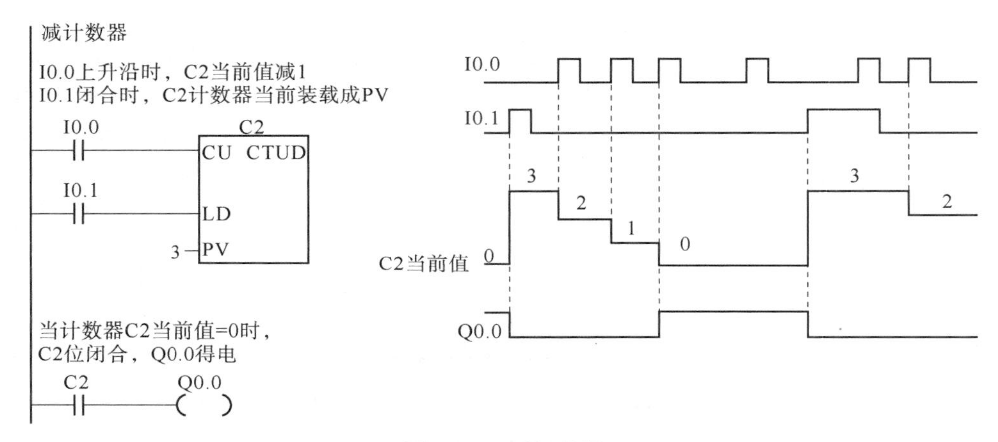

图 5-34　减计数器

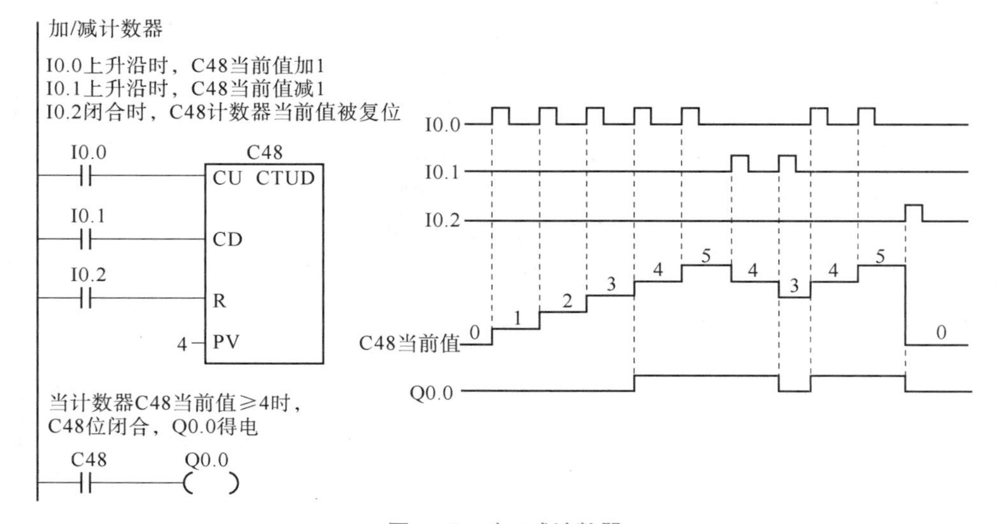

图 5-35　加/减计数器

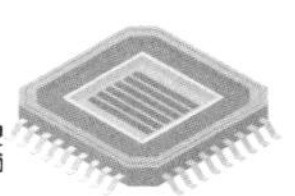

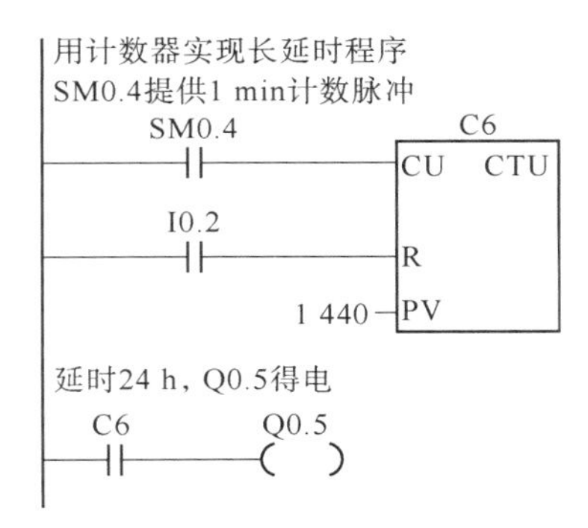

图 5-36　用计数器设计长延时电路

2）用计数器扩展定时器的定时范围。如图 5-37 所示，I0.5 为 ON 时，定时器 T37 开始定时，2 880 s 后 T37 的定时时间到，其动合触点闭合，使计数器 C20 加 1。T37 的动断触点断开，使它自己复位，当前值变为 0。下一扫描周期 T37 的动断触点接通，又开始定时。总的定时时间为 T=0. 1KTKC=0. 1×28 800×30 =86 400 s=24 h。

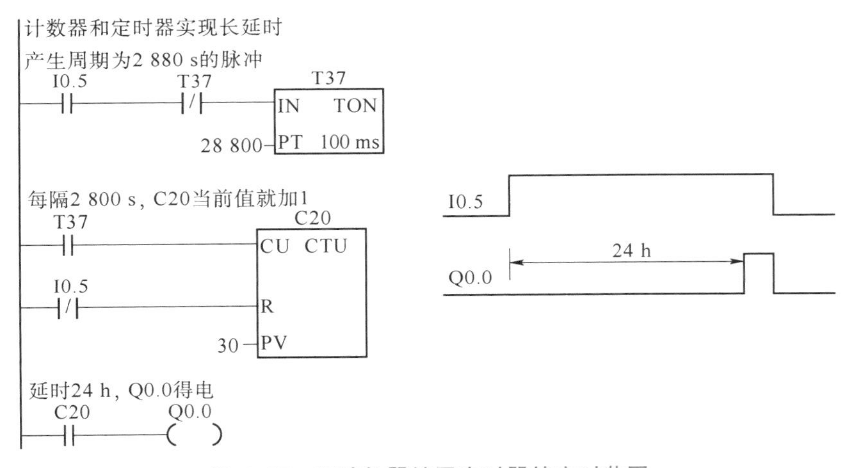

图 5-37　用计数器扩展定时器的定时范围

5. 3. 3　功能指令

除了上述基本逻辑指令、定时/计数指令，PLC 还具有一些功能指令，可以完成一些特定动作，如顺序控制、数据移位、数据传送、数据比较、数据转换、数据运算等，本小节只介绍部分功能指令，其他的指令请参考有关书籍及 PLC 手册。

1. CP1H 型 PLC

（1）比较指令与数据传送指令。CP1H 型 PLC 比较指令和数据传送指令有多种。

1）比较指令。本书主要介绍无符号比较指令（CMP）、符号比较指令和区域比较指令（ZCP）。这 3 种指令的名称及操作数区域等信息如表 5-14 所示。

CMP 和 ZCP 两个比较指令的标志位如表 5-15、表 5-16 所示。

表 5-14　CP1H 型 PLC 的几种比较指令

指令名称	梯形图	操作数区域	说明
无符号比较指令	CMP(020) S1 S2	S1：CIO、W、H、A、T、C、D、*D、@D、#或 DR S2：CIO、W、H、A、T、C、D、*D、@D、#或 IR	将两个通道值或两个 4 位十六进制数进行比较，并将结果反映到状态标志位上，参与比较的两个数值不变
符号比较指令	LD型 符号 选项 S1 S2 AND型 符号 选项 S1 S2 OR型 符号 选项 S1 S2	S1，S2：CIO、W、H、A、T、C、D、*D、@D，#或 DR	将两个通道值或两个 4 位十六进制数进行无符号或带符号的比较，比较结果为真时，逻辑导通执行下一步程序 符号包括“=”“<>”“<”“<=”“>”“>=” 选项包括 S（带符号）和 L（双字）
区域比较指令	ZCP(088) S T1 T2	S：CIO、W、H、A、T、C、D、*D、@D、#或 DR	将一个 4 位十六进制数与设定的上、下限值进行比较，将比较结果反映在状态标志位上

表 5-15　CMP 指令的标志位

CMP 执行结果	标志位状态					
	>,P_GT	>=,P_GE	=,P_EQ	<=,P_LE	<,P_LT	<>,P_NE
S1>S2	ON	ON	OFF	OFF	OFF	ON
S1=S2	OFF	ON	ON	ON	OFF	OFF
S1<S2	OFF	OFF	OFF	ON	ON	ON

表 5-16　ZCP 指令的标志位

ZCP 执行结果	标志位状态					
	>,P_GT	>=,P_GE	=,P_EQ	<=,P_LE	<,P_LT	<>,P_NE
S>T2	ON	—	OFF	—	OFF	—
T1≤S1≤T2	OFF	—	ON	—	OFF	—
S<T1	OFF	—	OFF	—	ON	—

①CMP 指令。图 5-38、图 5-39 为 CMP 指令的梯形图举例，图 5-38 比较通道（字）W30 和 H90 值，如果 W30 通道值大于 H90 通道值，则 P_GT 为 ON，使 100.00 为 ON；如果两个通道值相等，则 P_EQ 为 ON，100.01 为 ON；如果 W30 通道值小于 H90 通道值，则 100.02 为 ON。

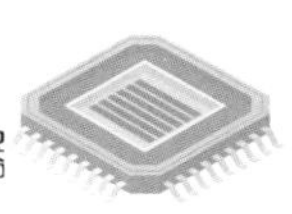

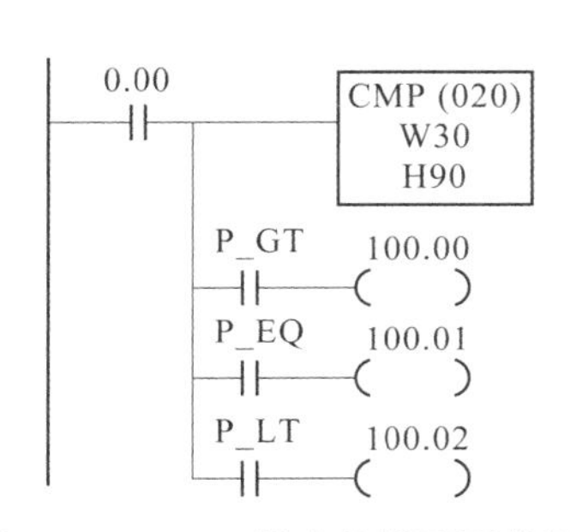

图 5-38 CMP 指令的梯形图举例 1

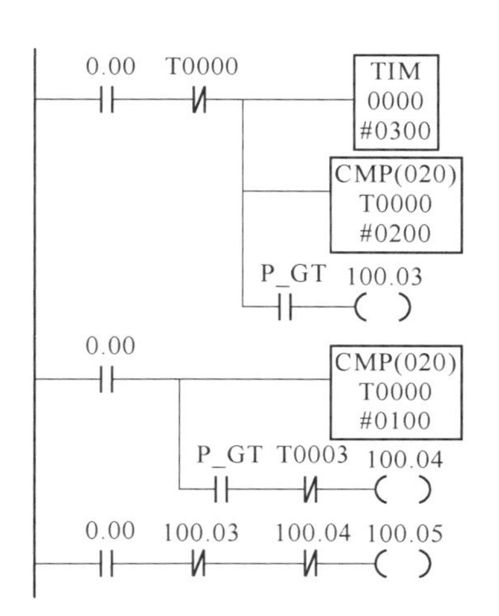

图 5-39 CMP 指令的梯形图举例 2

图 5-39 为利用两个 CMP 监视 TIM0000 的当前值，第一个 CMP 的常数为 20 s，第二个 CMP 的常数为 10 s。在 0.00 为 ON 时，当 TIM0000 当前值大于 20 s 且小于 30 s 时，第一个大于标志 P_GT 为 ON，100.03 为 ON，而 100.04 和 100.05 为 OFF。当 TIM0000 当前值大于 0 且小于 10 s 时，两个 P_GT 均为 OFF，100.03 和 100.04 均为 OFF，100.05 为 ON。当 TIM0000 为 ON 时，TIM0000 复位，此比较过程重新开始。

注意：状态标志位必须紧跟 CMP 指令，两者共用一个执行条件且中间不能插入其他指令。

②符号比较指令。符号比较指令的逻辑连接方式分 LD 型、AND 型和 OR 型。以 AND 型符号比较指令为例进行介绍，如图 5-40 所示，当执行条件 0.11 为 ON 时，将 H51 通道的值（BCD 码 34580）与 H81 通道的值（BCD 码 14876）进行无符号数的“<”比较，由于 34580>14876，所以“<”指令后的逻辑行不导通，100.01 为 OFF；当执行条件 0.12 为 ON 时，将 H52 通道的值（BCD 码-30956）与 H82 通道的值（BCD 码 14876）进行有符号数的“<s”比较，由于-30956<14876，所以“<s”指令后的逻辑行导通，100.02 为 ON。

③ZCP 指令。如图 5-41 所示，当执行条件 0.00 为 ON 时，将源通道 H30 的值与下限通道 D10 的值和上限通道 W20 的值进行比较，当 H30 的值小于 D10 的值时，小于标志位 P_LT 置位，使 100.12 为 ON；当 H30 的值大于 W20 的值时，大于标志位 P_GT 置位，使 100.10 为 ON；当 H30 的值在限值范围之间时，等于标志位 P_EQ 置位，使 100.11 为 ON。

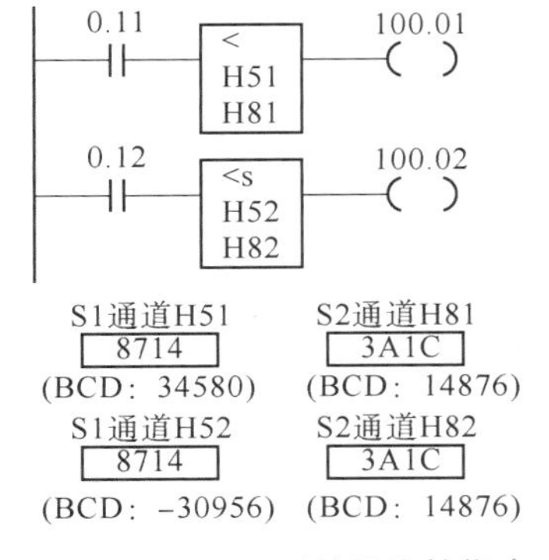

图 5-40 AND 型符号比较指令

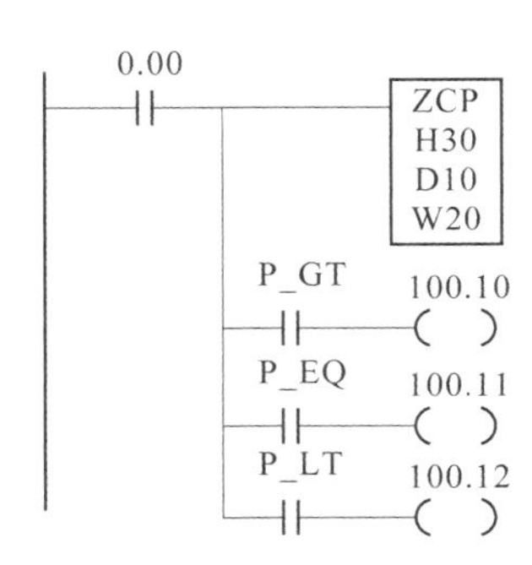

图 5-41 ZCP 指令

2）数据传送指令。本书只介绍传送指令（MOV）/求反传送指令（MVN）、块传送指令（XFER）、块设置指令（BSET）、数（4 bit）传送指令（MOVD），较为详细的内容如表 5-17 所示。

表 5-17 部分数据传送指令

指令名称	梯形图	操作数区域	说明
传送指令	MOV(021) S D	S：CIO、W、H、A、T、C、D、*D、@0 或# D：CIO、W、H、A448～A959、T、C、D	将源数据（指定通道内的数据或一个 4 位十六进制数）传递到一个目标通道
求反传送指令	MVN(022) S D		先把源数据（指定通道内的数据或一个 4 位十六进制数）求反后，再传送到一个目标通道
块传送指令	XFER(070) W S D	S：CIO、W、H、A、T、C、D、*D、@D、#或 DR W：CIO、W、H、A、T、C、D、*D、@D 或# S：CIO、W、H、A、T、C、D、*D或@D D：CIO、W、H、A448～A959、T、C、D、*D 或@D	将若干个连续源通道的内容传送到相同数量的连续目标通道中，源通道和目标通道若在同一个区域，则不能重叠
块设置指令	BSET(071) W D1 D2	W：CIO、W、H、A、T、C、D、*D、@D 或# D1、D2：CIO、W、H、A448～A959、T、C、D、*D 或@D	将一个通道内的数据或一个 4 位十六进制数复制到若干个连续通道中
数（4 bit）传送指令	MOVD(083) S C D	S：CIO、W、H、A、T、C、D、*D、@D 或# C：CIO、W、H、A、T、C、D、*D、@D 或指定的立即数 D：CIO、W、H、A448～A959、T、C、D、*D 或@D	S：源数据；C：控制数据；D：目标通道 将源数据中的指定位传送到目标通道的指定位。其中源位和目标位的设定值以控制通道或 4 位立即数形式给出

①传送指令（MOV）/求反传送指令（MVN）。这两个指令的梯形图示例如图 5-42（a）所示，当输入 0.00 为 ON 时，MOV 将 20 通道的值传送到 H5 通道；而 MVN 又把 H5 通道的值取反再传送到 W10 通道，而且每个周期执行一遍。当输入 0.01 为 ON 时，@MOV 将立即数 2007H 传送到 D100 通道，而@MVN 将 A0 通道的值取反再传送到 H10 通道，由于两者是上微分型指令，因此这两条指令仅在一个扫描周期内执行。执行结果如 5-42（b）所示。

②块传送指令（XFER）。该指令梯形图示例如图 5-43（a）所示，当 0.00 为 ON 时，梯形图的执行结果如图 5-43（b）所示。

③块设置指令（BSET）。该指令梯形图示例如图 5-44（a）所示，当 0.00 为 ON 时，梯形图执行结果如图 5-44（b）所示。

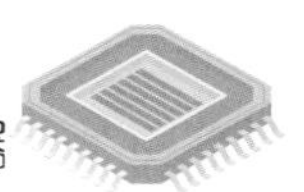

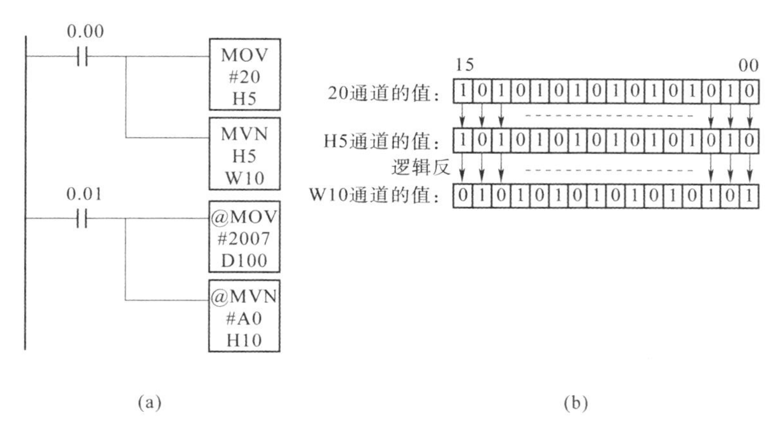

图 5-42　传送指令与求反传送指令示例

（a）梯形图；（b）执行结果

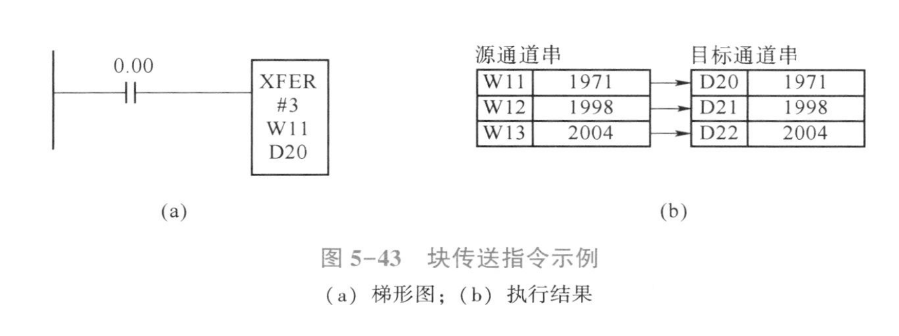

图 5-43　块传送指令示例

（a）梯形图；（b）执行结果

图 5-44　块设置指令示例

（a）梯形图；（b）执行结果

④数（4 bit）传送指令（MOVD）。该指令功能是将源数据中的指定位传送到目标通道的指定位，各通道定义如下：

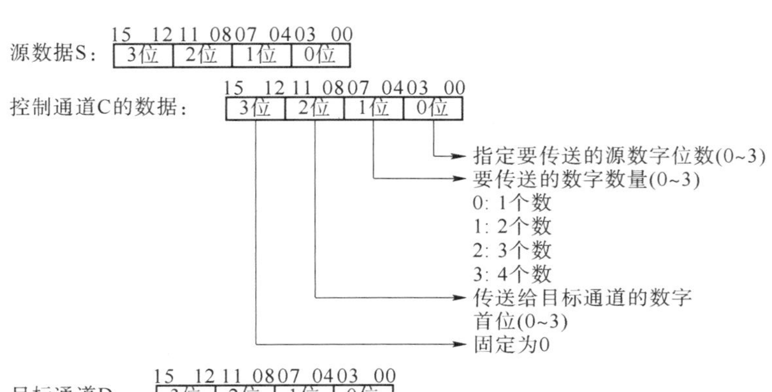

例如，若传送 4 个数字，并且第一个目标数字是“2”，那么首先将数据传送到目标数字 2，然后依次是 3、0、1。图 5-45 为数（4 bit）传送指令实现多位传送的控制数据与传送结果举例。

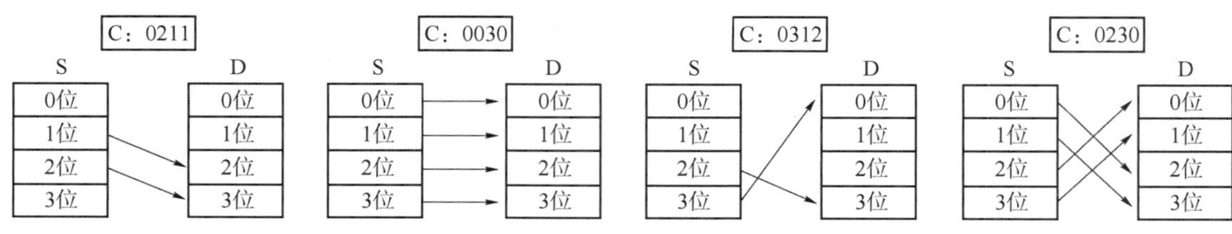

图 5-45 数（4 bit）传送指令实现多位传送的控制数据与传送结果举例

（2）数据移位指令。数据移位指令根据数据移位的方向和数量分类。通常，移位指令是由移位寄存器实现的。除此之外，根据移位的方向，可分为算术左移指令和算术右移指令，循环左移指令和循环右移指令，数字左移指令和数字右移指令及字移位指令等。部分数据移位指令如表 5-18 所示。

表 5-18 部分数据移位指令

指令名称	梯形图	操作数区域	说明
移位寄存器指令	IN SFT(010) CR B R E	B：首通道号，E：末通道号 CIO（I/O 区中输入卡占用的字不能使用）、W、H、A448~A959 B 和 E 必须是相同类型	当复位端（R）输入条件为 OFF 时，脉冲输入端（CR）每产生一个上升沿，SFT 指令就采集一个数据输入端（IN）的值（ON 为“1”，OFF 为“0”）移入参与移位通道的最低位，原位的数据依次向高位移位一次，最高位的值将溢出。当复位端输入条件为 ON 时，所有参与移位的通道数据将清零
可逆移位寄存器指令	SFTR(084) C D1 D2	C：控制通道；D1：开始通道；D2：结束通道 C：CIO、W、H、A、T、C、D、＊D 或@D D1、D2：CIO（I/O 区中输入卡占用的字不能使用）、W、H、A448~A959、T、C、D、＊D 或@D D1 和 D2 必须在同一数据区域，且必须有 D2≥D1	在指令执行条件为 ON 的前提下，当复位加到 SFTR 时（即控制通道 C 的 15 位为 ON 时），控制通道的所有位和进位标志 P_CY 都被清零，并且 SFTR 的输入也被禁止 当控制通道 C 的 15 位为 OFF，12 位为 ON（左移位）时，在移位脉冲（14 位）的作用下，将数据输入端（13 位）的值（ON 为“1”，OFF 为“0”）移到 D1 通道的最低位，数据串依次左移一位，而 D2 通道的最高位则移到进位标志位 CY 当控制通道 C 的 15 位为 OFF，12 位为 OFF（右移位）时，在移位脉冲的作用下将数据输入端（13 位）的值（ON 为“1”，OFF 为“0”）移到 D2 通道的最高位，通道串依次右移一位，而 D1 通道的最低位则移到进位标志位 CY

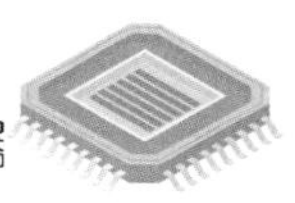

续表

指令名称	梯形图	操作数区域	说明
算数左移指令/双字算术左移指令	ASL(025) D ASLL(570) D	CIO（I/O 区中输入卡占用的字不能使用）、W、H、A448 ~ A959、T、C、D、*D 或@D	指定通道的 16 位向左移一位，最高位（15 位）进入进位标志位 CY，最低位（0 位）补 0 双字算术左移指令是将两个连续通道（即高字和低字）指定为移位通道串，当执行条件为 ON 时，32 位依次向左移一位，最高位（高字的 15 位）进入进位标志 P_CY，最低位（低字的 0 位）补 0
循环左移指令/双字循环左移指令	ROL(027) D ROLL(572) D	CIO（I/O 区中输入卡占用的字不能使用）、W、H、A448 ~ A959、T、C、D、*D 或@D	把指定通道的 16 位向左移一位，最低位（0 位）进入进位标志 P_CY，最高位（15 位）补 0 双字循环左移指令的功能是将两个连续通道（即高字和低字）指定为移位通道串，当执行条件为 ON 时，32 位依次向左移一位，最高位（高字的 15 位）进入进位标志 P_CY，P_CY 的值进入最低位（低字的 0 位）
数（4 bit）左移指令/数（4 bit）右移指令	SLD(073) D1 D2 SRD(075) D1 D2	CIO（I/O 区中输入卡占用的字不能使用）、W、H、A448 ~ A959、T、C、D、*D 或@D	把由若干个通道构成的移位通道串内的数据（十六进制数）向左移一个数字（4 位二进制数），移位首通道的最低位数字（0~3 位）补入十六进制数，而移位首通道的最高位数字丢失 数（4 bit）右移指令的功能是把由若干个通道构成的移位通道串内的数据（十六进制数）向右移一个数字（4 位二进制数），移位末通道的最高位数字（12~15 位）补入十六进制数，而移位首通道的最低位数字丢失

下面主要介绍数据移位指令中的移位寄存器指令（SFT）、可逆移位寄存器指令（SFTR）、算术左移指令（ASL）和循环左移指令（ROL）。

1）移位寄存器指令（SFT）。图 5-46 为移位寄存器示例，首通道和末通道都是 100 通道，表明该通道从 100.00~100.15 共 16 位均参与移位。在脉冲输入端 0.01 的上升沿采集数据输入端（IN）0.00 的值并将其移入 100.00 位。例如，在第一个脉冲时，IN 端为 ON（1），其值被采集进最低 100.00，以此类推。当复位信号 0.02 为 ON 时，100 通道的 16 位数据全部复位为 0。当脉冲输入端和复位输入端同时为 ON 时，复位信号优先。

若需要超过 16 位参与位移，则可以增加参与位移的通道数，但首、末通道必须属于同一区域。48 位移位寄存器示例如图 5-47 所示，移位的首通道为 20，末通道为 22，构成了一个从 20.00~22.15 的 48 位移位寄存器。

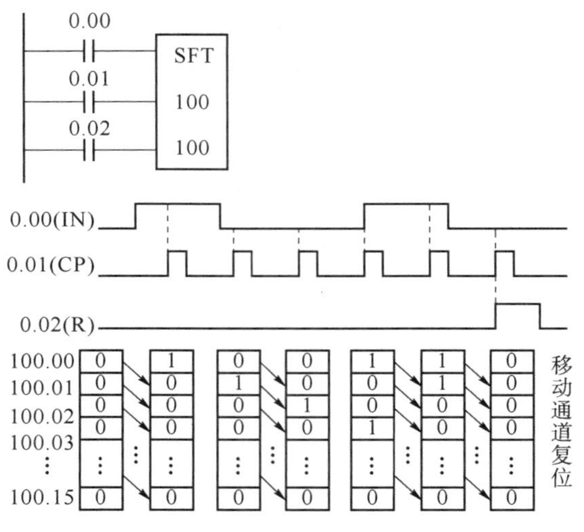

图 5-46 移位寄存器示例

【例 5-1】 编写一个 100.00~100.07 的指示灯，以 1 s 的周期依次点亮，当第 8 盏灯亮 1 s 后，8 盏灯全部熄灭，周而复始重复以上动作的程序。

【解】 程序如图 5-48 所示。

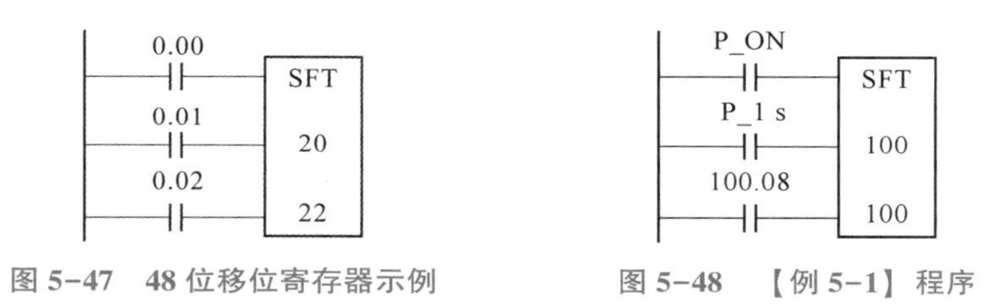

图 5-47 48 位移位寄存器示例　　图 5-48 【例 5-1】程序

2）可逆移位寄存器指令（SFTR）。可逆移位寄存器是实现移位方向可以切换的移位寄存器。相比于 SFT 指令，SFTR 指令的特殊之处是有一个控制通道 C：

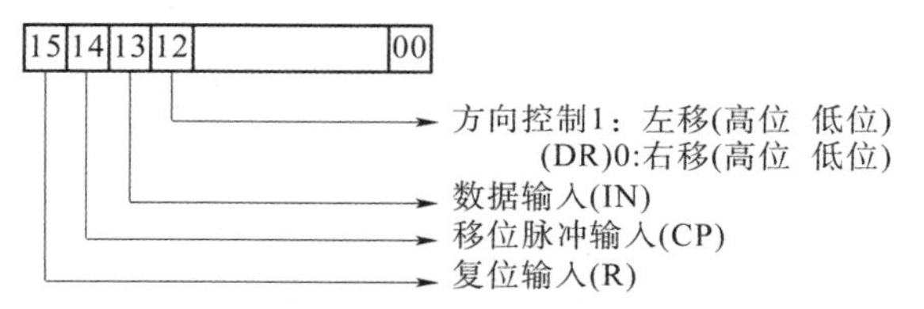

3）算术左移指令（ASL）。每次移位后，当 CY 接收移位通道 15 位的“1”时，P_CY 置位；当移位通道的值为 0 时，等于标志位 P_EQ 置位；当“1”移入位移通道的位 15 时，负标志位 P_N 置位。算术左移指令示例如图 5-49 所示，P_First Circle 为第一次循环标志，仅在程序第一次扫描 ON 一次，将十六进制数#9C53（二进制数表示为 1001 1100 0101 0011）传送到通道 D0，当 0.00 闭合时，激活左移指令 ASL，使 D0 通道中的数向左移一位，移位后 D0 中数据变为 0011 1000 1010 0110。

还有一个算术右移指令（ASR），其功能是把指定通道的 16 位向右移一位，最低位（0 位）进入进位标志 P_CY，最高位（15 位）补 0。

4）循环左移指令（ROL）。ROL 指把指定通道的 16 位连带进位标志 P_CY 向左移一位，

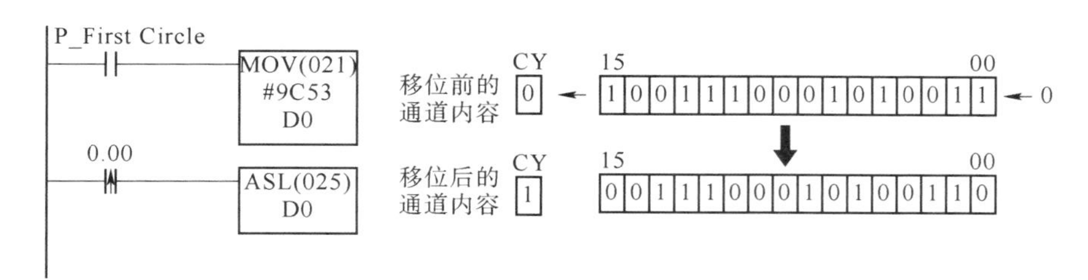

图 5-49　算术左移指令示例

最高位（15 位）进入进位标志 P_CY，P_CY 的值进入最低位（0 位）。当 CY 接收移位通道 15 位的“1”时，P_CY 置位；当移位通道的值为 0 时，等于标志位 P_EQ 置位；当“1”移入位移通道的位 15 时，负标志位 P_N 置位。循环左移指令示例如图 5-50 所示，上电瞬间，4 位十六进制数#9C53（1001 1100 0101 0011）传送到通道 D0，最高位 D0.15 为 1，因此 P_N 为 ON，100.02 得电，送入一个扫描周期。当 0.00 闭合一次时，激活循环左移指令，移位后 D0 中数据变为#58A6（0011 1000 1010 0110），不为 0，P_EQ 未被置位，100.01 没有产生输出。

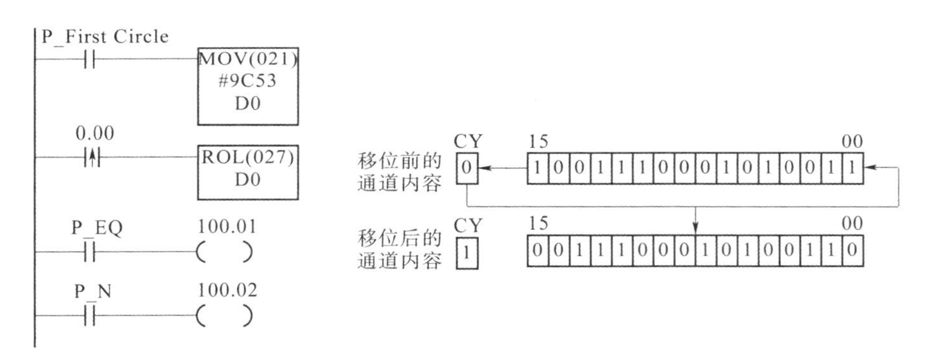

图 5-50　循环左移指令示例

（3）数据转换指令。数据转换指令是将一种数据格式转换成另一种数据格式进行存储，如二进制与十进制的相互转换，十六进制与 ACSⅡ码的相互转换等。本书只介绍二进制与十进制相互转换的指令（BIN 和 BCD 指令），如表 5-19 所示，其他指令请参考相关数据和手册。

表 5-19　BIN 和 BCD 指令

指令名称	梯形图	操作数区域	功能
BIN 指令（BCD→BIN 转换指令）	BIN(023) S D	S：CIO、W、H、A、T、C、D、*D 或@D D：CIO、W、H、A448～A959、T、C、D、*D 或@D	将一个通道（S）中的 4 位 BCD 码换算成 16 位二进制数，并将换算后的数据输出到一个结果通道（D）中 注意：当源通道内容不是 BCD 码时，P_ER 置位；当结果通道的内容为全 0 时，P_EQ 置位

续表

指令名称	梯形图	操作数区域	功能
BCD 指令(BIN→BCD 转换指令)	BCD(024) S D	S：CIO、W、H、A、T、C、D、*D 或@D D：CIO、W、H、A448~A959、T、C、D、*D 或@D	把源通道（S）中的 16 位二进制数换算成 4 位十进制数，并把换算结果输出到结果通道（D）中 注意：源通道值大于 270FH 时，P_ER 置位，当源通道值大于 270FH 时，换算结果就会大于 9999，出现这种情况时，指令不执行，D 值也不变；当结果通道的内容为全 0 时，P_EQ 置位

1）BIN 指令（BCD→BIN 转换指令）。该指令的示例如图 5-51 所示，0.00 接通后，将 W1 通道的 BCD 码转为二进制数后在 H10 通道输出，由于二进制数读起来不方便，数据转换后一般用十六进制数表示，示例中将十进制数 1987 转成了十六进制数 07C3。

2）BCD 指令（BIN→BCD 转换指令）。该指令的示例如图 5-52 所示，0.01 接通后，将 100 通道的十六进制表示的二进制数 1971 转换为十进制数 6513。

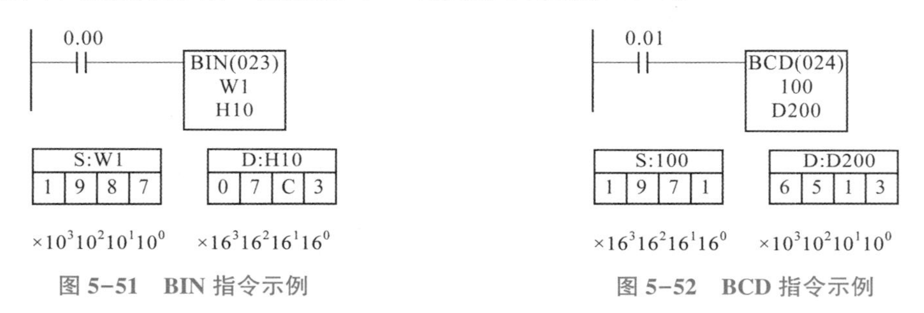

图 5-51　BIN 指令示例　　图 5-52　BCD 指令示例

（4）数学运算指令。CP1H 型 PLC 的运算指令很丰富，包括递增/递减指令、BCD 码和二进制的加、减、乘、除指令，以及双字 BCD 码和二进制的加、减、乘、除等指令。

图 5-53、图 5-54 分别为无 CY BCD 码加法指令（+B）、无 CY BCD 码减法指令（-B）示例；图 5-55、图 5-56 分别为 BCD 码乘法指令（*B）、BCD 码除法指令（/B）示例；图 5-57、图 5-58 分别为带符号无 CY BIN 码加法指令（+）、带符号无 CY BIN 码减法指令（-）示例；图 5-59、图 5-60 分别为带符号 BIN 码乘法指令（*）、带符号 BIN 码除法指令（/）示例；图 5-61、图 5-62 分别为 BCD 码递增指令(++B)、二进制递减指令（--）示例。

下面以++指令为例介绍实际应用的例子。

【例 5-2】　有一个电炉，加热功率有 1 000 W、2 000 W 和 3 000 W 这 3 个挡，电炉有 1 000 W 和 2 000 W 两种电阻丝。要求用一个按钮选择 3 个加热挡，当按 1 次按钮时，1 000 W电阻丝加热，即第一挡；当按 2 次按钮时，2 000 W 电阻丝加热，即第二挡；当按 3 次按钮时，1 000 W 和 2 000 W 电阻丝同时加热，即第三挡；当按 4 次按钮时停止加热。编程实现该控制。

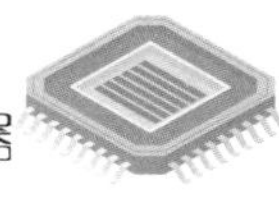

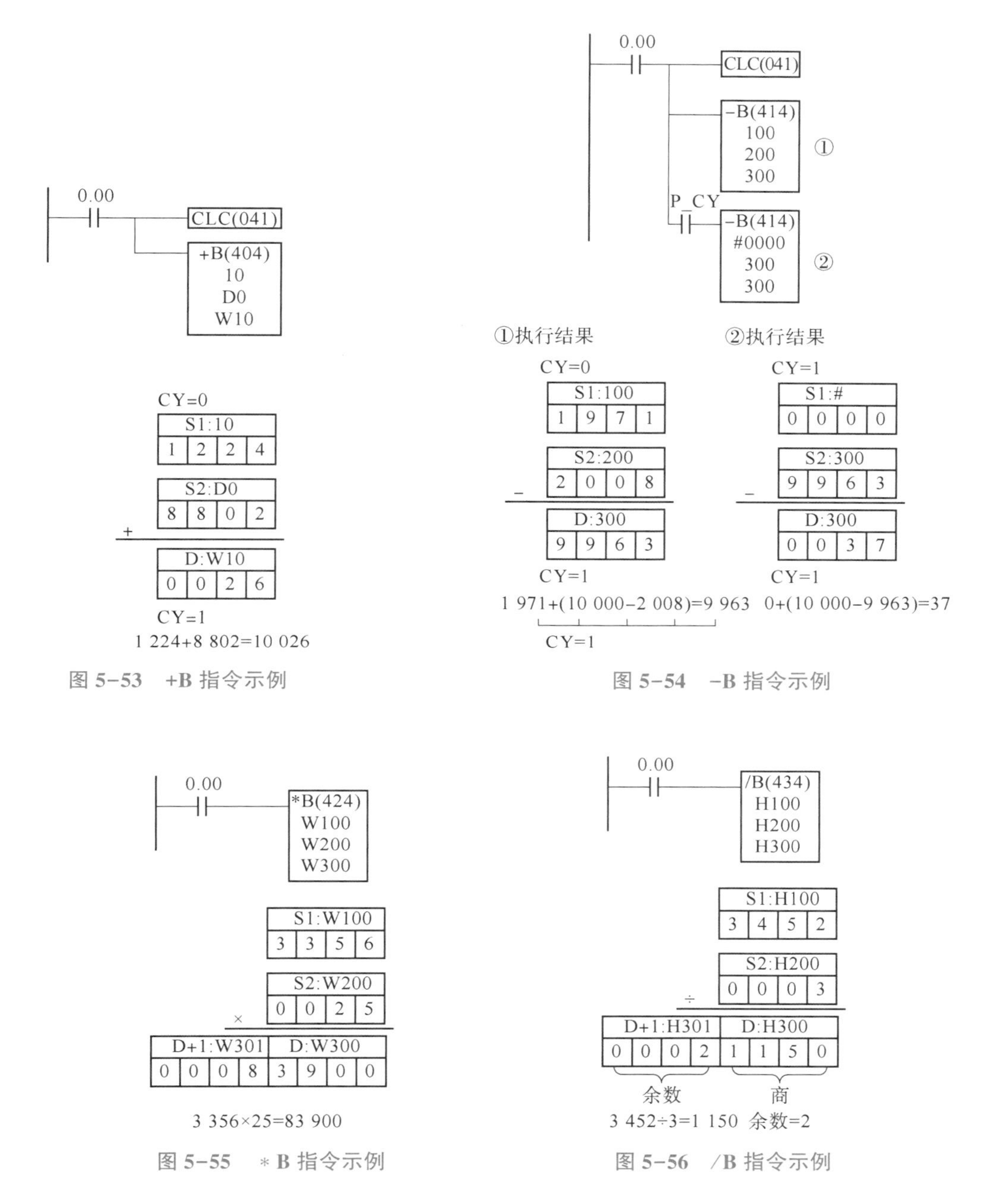

图 5-53　+B 指令示例

图 5-54　-B 指令示例

图 5-55　*B 指令示例

图 5-56　/B 指令示例

【解】 该控制有按钮一个输入，1 000 W、2 000 W 电阻丝两个输出。按钮分配地址为输入继电器 0.01，电阻丝 1 000 W、2 000 W 分配地址分别为输出继电器 100.00、100.01，程序如图 5-63 所示。程序中输入继电器动合触点采用上升沿微分，也就是该触点只是在接通的瞬间有效一次，以后不再扫描。++指令作用在 100 通道上，按 1 次按钮，100 通道进行二进制递增运算，即 100.00 位变为 1，使 1 000 W 电阻丝加热；按 2 次按钮，100 通道进行二进制递增运算，100.00 变为 0、100.01 变为 1，使 2 000 W 电阻丝加热、1 000 W 电阻丝停止加热；按 3 次按钮，100 通道进行二进制递增运算，100.00 和 100.01 位均变为 1，1 000 W 和 2 000 W 电阻丝均加热，即电炉输出 3 000 W。按 4 次按钮时，由于 100 通道的数值等于 4，符号比较指令

“>=”导通，多位复位指令 RSTA 将 100 通道从 00、01、02、03 共 4 个位复位。

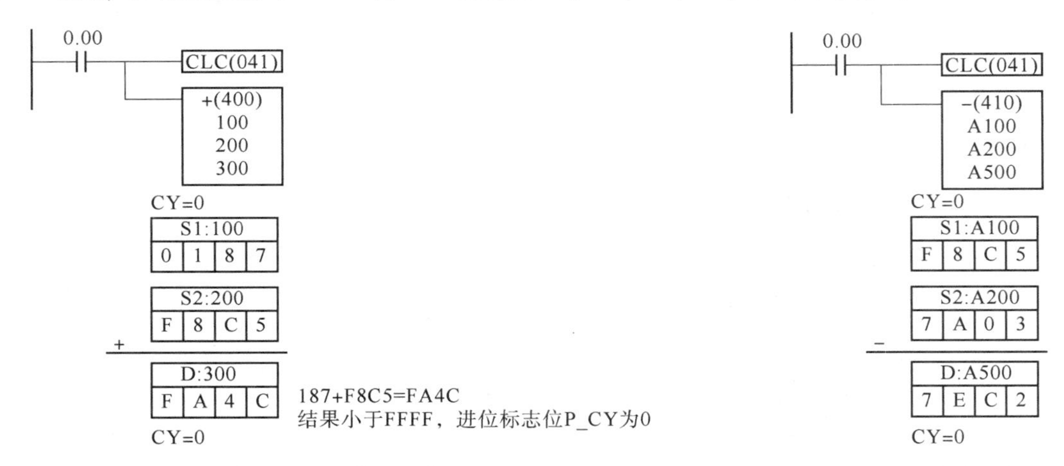

图 5-57　+指令示例

图 5-58　−指令示例

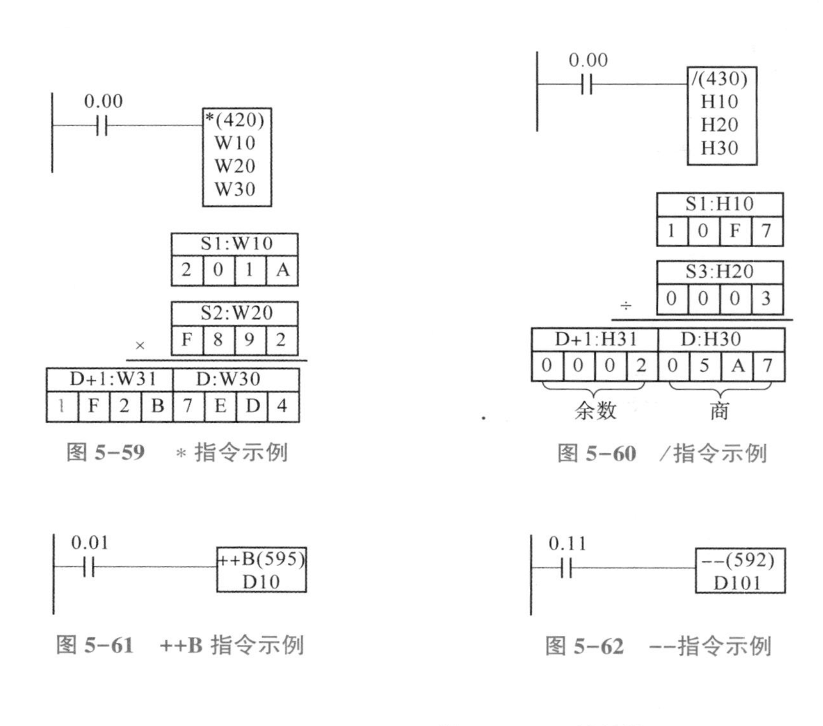

图 5-59　* 指令示例

图 5-60　/指令示例

图 5-61　++B 指令示例

图 5-62　−−指令示例

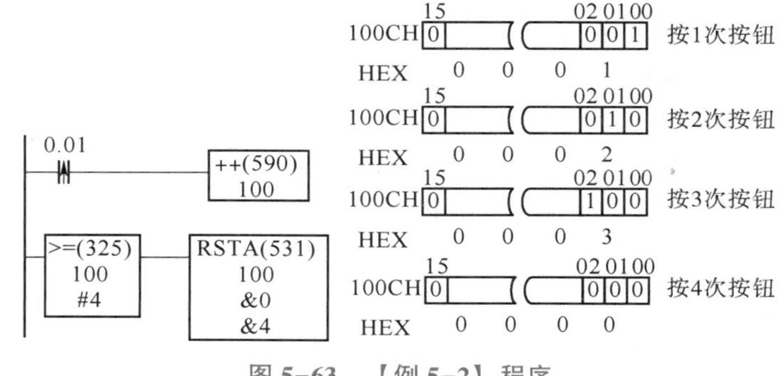

图 5-63　【例 5-2】程序

(5) 顺序控制类指令。顺序控制类指令包括程序结束指令(END)、空操作指令(NOP)、联锁指令(IL)、联锁清除指令(ILC)、跳转指令(JMP)、跳转结束指令(JME)、循环指令(FOR-NEXT)等，在一些PLC中也称为程序控制类指令。部分顺序控制类指令如表5-20所示。

表5-20 部分顺序控制类指令

指令名称	梯形图	操作数区域	功能
结束指令	END	—	该指令表示一个循环内程序段的结束，END指令后面的任何指令都不执行，转而执行下一任务程序
联锁指令/联锁清除指令	IL ILP	—	IL和ILC指令总是成对使用，分别位于某一段程序的段首和段尾。当IL的条件为ON时，IL和ILC之间的程序继续执行，如同没有IL和ILC一样。当IL的条件为OFF时，IL和ILC之间的程序将不执行，转去执行ILC后面的程序，此时IL和ILC之间的所有输出都联锁 IL和ILC指令不能以嵌套方式使用，即不能出现“IL…IL…ILC…ILC”的程序，可以将多个IL指令和一个ILC指令搭配使用，即IL…IL…ILC
跳转指令/跳转结束指令	JMP N JME N	N是跳转号，其取值范围为0~FF(0~255)。其操作数区域：CIO、W、H、A、T、C、D、*D、@D或#	JMP和JME指令用于控制程序分支。JMP位于程序段首，JME位于段尾。当JMP的输入条件为ON时，在JMP和JME之间的程序将按照没有设置JMP和JME指令的情况正常执行。当JMP的输入条件为OFF时，在JMP和JME之间的程序将中止执行，即被跳过，程序将从JME后的第一条指令继续执行

下面较详细地介绍联锁指令(IL)/联锁清除指令(ILC)、跳转指令(JMP)/跳转结束指令(JME)。

1) 联锁指令(IL)/联锁清除指令(ILC)。当IL的条件为ON时(IL前面支路的结果是ON)，IL和ILC之间的程序继续执行，如同没有IL和ILC一样。当IL的条件为OFF时，IL和ILC之间的程序将不执行，转去执行ILC后面的程序，此时IL和ILC之间的所有输出都联锁。IL和ILC之间的联锁状态如表5-21所示。

表5-21 IL和ILC之间的联锁状态

指令名称	继电器状态
所有OUT、OUT NOT或OUTB(534)指令驱动的位	OFF
TIM、TIMXX、TIMH、TLMHX、TMHH、TMHHX、TIML和TIMLX	复位
其他指令使用的通道或位	保持当前状态

图5-64为IL/ILC指令示例，置于IL和ILC之间的程序段中的输出有100.01、100.03线圈和定时器TIM0000。当IL输入条件0.00为ON时，IL与ILC之间的程序段正常执行，线圈100.00、线圈100.03、定时器TIM0000的状态分别由P_ON(动合触点)、0.02动断触

点、T0000 动合触点决定，与没有 IL/ILC 指令相同。当 IL 输入条件 0.00 为 OFF 时，线圈 100.00、线圈 100.03、定时器 TIM0000 为 OFF。

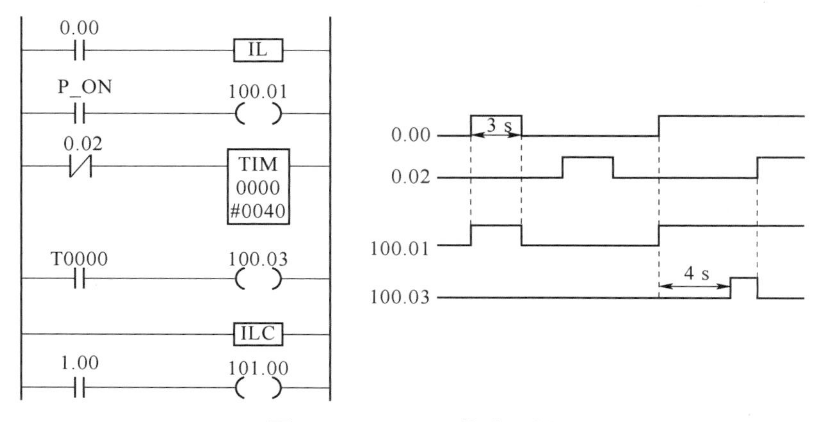

图 5-64 IL/ILC 指令示例

2）跳转指令（JMP）/跳转结束指令（JME）。当 JMP 的输入条件为 ON 时，在 JMP 和 JME 之间的程序将按照没有设置 JMP 和 JME 指令的情况正常执行。当 JMP 的输入条件为 OFF 时，在 JMP 和 JME 之间的程序将中止执行，即被跳过，程序将从 JME 后的第一条指令继续执行，此时 JMP 和 JME 之间的各继电器状态如表 5-22 所示。

表 5-22 发生跳转时 JMP 和 JME 之间的各继电器状态

指令名称	继电器状态
所有 OUT、OUT NOT 或 OUTB（534）指令驱动的位	保持当前状态
TIM、TIMXX、TIMH、TMHH、TMHHX	保持当前值
其他指令使用的通道或位	保持当前状态

JMP/JME 指令示例如图 5-65 所示。在 JMP 和 JME 之间的程序有两个输出 100.01 和 100.02，0.00 作为 JMP 指令的执行条件，当 0.00 为 ON 时，JMP 和 JME 之间的程序顺序执行；当 0.00 为 OFF 时，JMP 和 JME 之间的输出 101.01、101.02 保持原有状态。

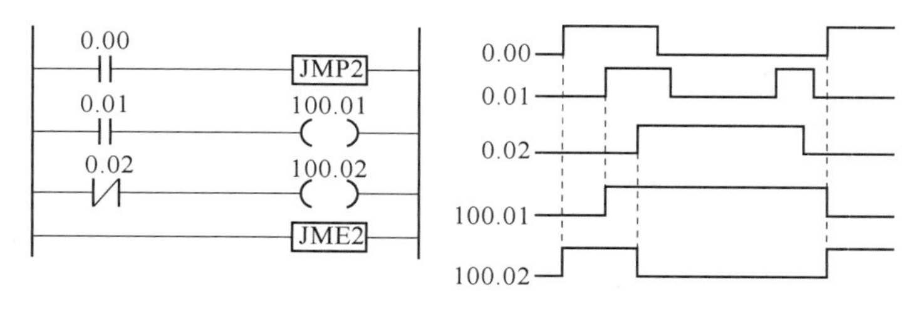

图 5-65 JMP/JME 指令示例

图 5-66 为 IL/ILC 与 JMP/JME 指令对比示例。在外部条件完全相同的情况下，当执行条件 0.00 由 ON 变为 OFF 时，IL 与 ILC 之间的 100.01 被复位；而 JMP 与 JME 之间的 100.02 保持当前值。同样，当执行条件 0.00 由 ON 变为 OFF 时，IL 与 ILC 之间的 TIM0000 被复位，所以当 0.00 再次为 ON 时，TIM0000 需重新定时 4 s 后才使 100.03 为 ON；而 JMP 与 JME 之间的 TIM0001 保持了定时当前值（3 s），当 0.00 再次为 ON 时，TIM0001 只需再

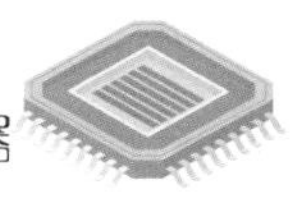

延时 1 s，100.04 为 ON。

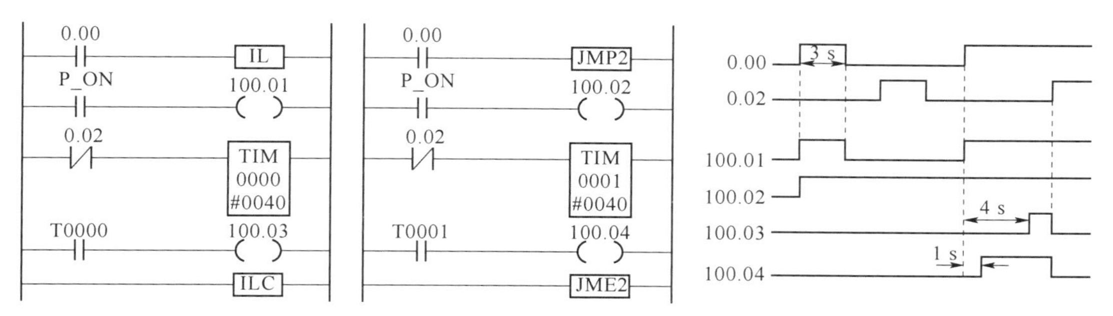

图 5-66　IL/ILC 与 JMP/JME 指令对比示例

（6）子程序指令。子程序指令包括子程序调用指令（SBS）、宏指令（MCRO）、子程序进入指令（SBN）、子程序回送指令（RET）、全局子程序调用指令（GSBS）、全局子程序进入指令（GSBN）、全局子程序回送指令（GRET）。本书只介绍 SBS、SBN、RET。

SBS、SBN、RET 指令为组合使用指令，其工作示意如图 5-67 所示，功能为：当 SBS 输入端为 ON 时，调用 n 所指定编号的子程序区域（SBN～RET 指令之间的区域）的程序。执行子程序区域的程序后，返回本指令后的下一指令。n 为常数，n=0～255。子程序嵌套最多 16 层。

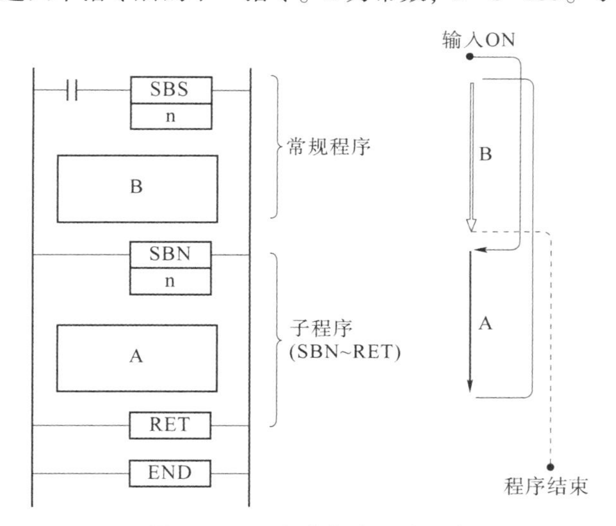

图 5-67　子程序指令工作示意

【例 5-3】　电动机有两种工作方式，即点动和自动运行。设计程序：选择点动工作方式时，按下点动按钮，电动机运行一下；选择自动工作方式时，按下启动按钮，电动机自动运行，直至按下停止按钮，电动机停止运行。

【解】　程序如图 5-68 所示。程序使用了子程序调用指令 SBS，点动和自动分别作为两个被调用的程序段 1 和 2。选择点动工作方式开关 1.00，调用程序段 1，按下点动按钮，电动机产生输出；选择自动工作方式开关 1.01，调用程序段 2，按下启动按钮，电动机自动运行，直至按下停止按钮，电动机停止运行。

程序中，为了防止重复输出，电动机输出 100.00 置于公共程序中，由点动位 W0.00 和自动位 W0.01 的动合触点并联后控制。同时，为了防止点动和自动相互影响，将 1.00 和

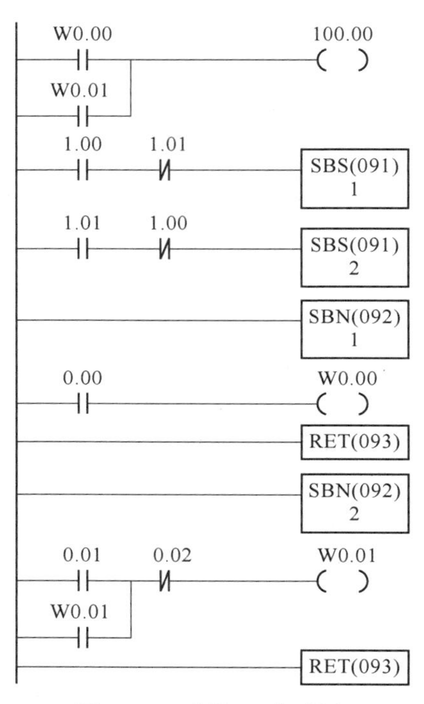

图 5-68 【例 5-3】程序

1.01 动断触点进行串联。

本例是介绍子程序指令的简单程序，子程序的调用可以减少扫描时间，使程序简单清晰，在多工艺、多参数控制中编程中更为适用。

2. S7-200 SMART 型 PLC

（1）比较指令与数据传送指令。下面将结合图表分别介绍。

1）比较指令。比较指令如表 5-23 所示，它是由两个操作数 IN1 和 IN2、比较符组成。它的功能是将两个同类型的数据 IN1 和 IN2 按指定条件比较大小，当比较的结果为真时，该动合触点闭合，输出接通；否则比较触点断开。

表 5-23 比较指令

指令名称	梯形图	操作数区域	说明
比较指令	IN1 ─┤比较符 数据类型├─ IN2	IN1、IN2 不同数据类型的区域 字节（BYTE）：IB、QB、VB、MB、SMB、SB、LB、AC、常数 整数（INT）：IW、QW、VW、MW、SMW、SW、T、C、LW、AC、AIW、常数 双整数（DINT）：ID、QD、VD、MD、SMD、SD、LD、AC、HC、常数 实数（REAL）：ID、QD、VD、MD、SMD、SD、LD、AC、常数	比较符：==、<>、<、<=、>、>= 数据类型：字节（BYTE）、整数（INT）、双整数（DINT）、实数（REAL） 功能：将两个同类型的数据 IN1 和 IN2 按指定条件比较大小，当比较的结果为真时，该动合触点闭合，输出接通；否则比较触点断开 比较指令的触点和普通触点一样，可以装载（LD）、串联（A）和并联（O）编程

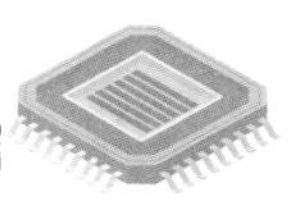

图 5-69 为利用比较指令实现断电 6 s、通电 4 s 的脉冲输出程序。比较指令用于比较定时器的当前值与 60 的大小，当前值大于或等于 60 时，比较触点接通，使 Q0.0 得电，比较指令的数据类型为整数（INT）。Q0.0 得电后，再经过 40（4 s）达到定时器预置值 100（10 s），定时器动断触点使定时器断开，下一周期定时器再次进行计时比较产生输出，如此循环。

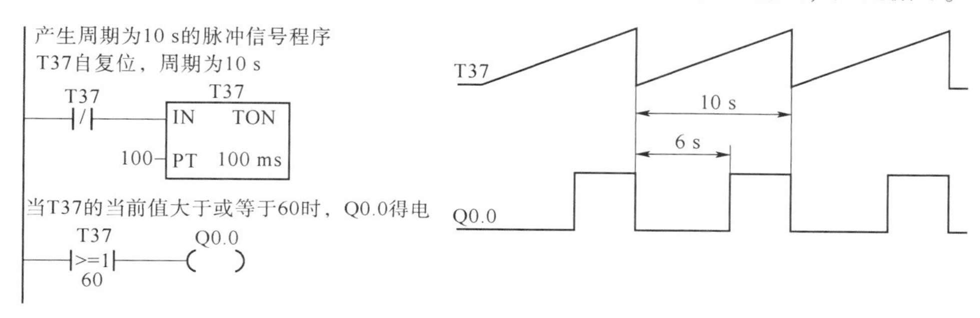

图 5-69　利用比较指令实现断电 6 s、通电 4 s 的脉冲输出程序

2）数据传送指令。数据传送指令包括单一数据传送指令、数据块传送指令、字节交换指令等。本书仅介绍单一数据传送指令，其他指令请参考相关书籍或资料。

单一数据传送指令用来传送一个数据，其数据类型可以为字节、字、双字和实数，在传送过程中，数据内容保持不变，如表 5-24 所示。

表 5-24　单一数据传送指令

指令名称	梯形图	操作数区域	说明
字节传送	MOV_B EN ENO IN OUT	IN：IB、QB、VB、MB、SMB、SB、LB、AC、常数 OUT：IB、QB、VB、MB、SMB、SB、LB、AC	EN：使能端；操作数区域：I、Q、V、M、SM、S、L 接通使能端 EN，能将输入端 IN 中的数据传送到输出 OUT 指定的地址中。传送过程实际为复制过程，源数据不变
字传送	MOV_W EN ENO IN OUT	IN：IW、QW、VW、MW、SMW、SW、T、C、LW、AC、AIW、常数 OUT：IW、QW、VW、MW、SMW、SW、T、C、LW、AC、AQW	
双字传送	MOV_DW EN ENO IN OUT	IN：ID、QD、VD、MD、SMD、SD、LD、AC、HC、常数 OUT：ID、QD、VD、MD、SMD、SD、LD、AC	
实数传送	MOV_R EN ENO IN OUT	IN：ID、QD、VD、MD、SMD、SD、LD、AC、常数 OUT：ID、QD、VD、MD、SMD、SD、LD、AC	

字节传送指令和字传送指令示例如图 5-70 所示，常数 5 对应的二进制字节为 0000 0101，对应的二进制字为 0000 0000 0000 0101，使能端 I0.2 为 ON 时，将字节 0000 0101 传送给 QB0；当使能端 I0.3 为 ON 时，将字 0000 0000 0000 0101 传送给由字节 QB0、QB1 组成的字 QW0 中。

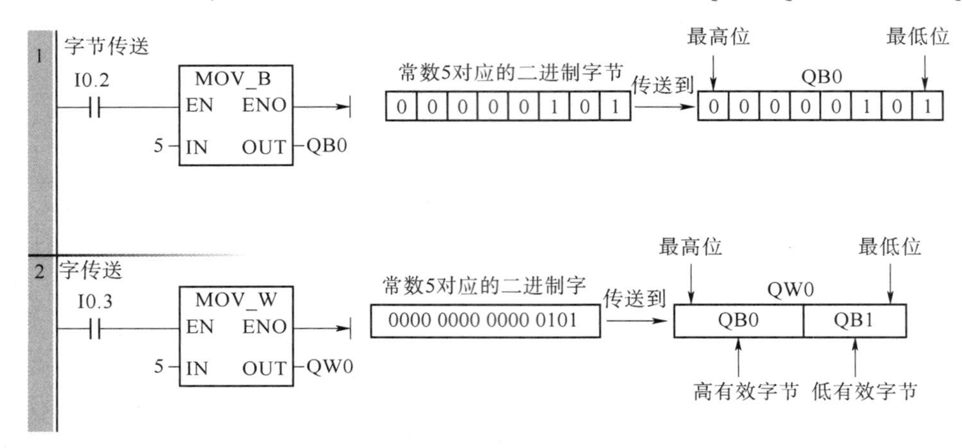

图 5-70　字节传送指令与字传送指令示例

【例 5-4】　利用数据传送指令编写 4 盏灯每隔 1 s 顺序点亮，并可同时熄灭的 PLC 程序。

【解】　程序如图 5-71 所示，I2.0 和 I2.1 为启动和停止按钮分配地址，4 盏灯的输出分配地址为 Q0.1~Q0.3。SM0.1 在程序上电时导通一次，进行字节传送：将“0”传送给 QB0 字节，使 Q0.0~Q0.7 均变为 0，即将 QB0 清零；按下启动按钮，I2.0 变为 ON，使 M0.0 得电并保持，M0.0 的动合触点变为 ON，通过字节传送，将“1”传送给 QB0 字节，由于 1 对应的字节为0000 0001，所以 Q0.0 为 ON，第 1 盏灯亮；M0.0 变为 ON，定时器 T37~T39 开始计时，T37 经过 1 s 导

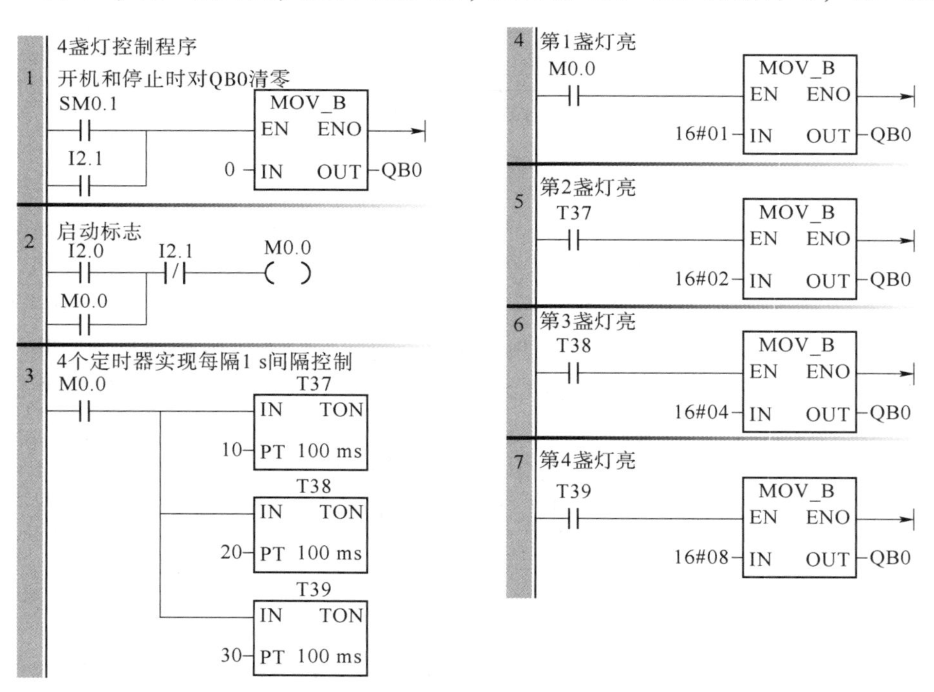

图 5-71　【例 5-4】程序

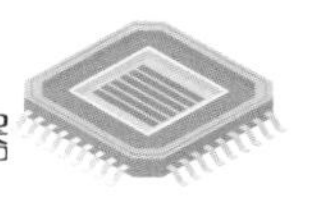

通，其动合触点作用字节传送的使能端变为 ON 后，将“2”传送给 QB0 字节，由于 2 对应的字节为 0000 0010，因此 Q0. 1 导通，即第 2 盏灯亮；以此类推，第 3、4 盏灯依次间隔 1 s 变亮。当按下停止按钮时，I2. 1 变为 ON，进行字节传送，将“0”传送给 QB0 字节，使 Q0. 1～Q0. 4 变为 OFF，灯同时熄灭。

（2）移位指令。移位指令包括左移位/右移位指令、移位寄存器指令、循环移位指令等。本书介绍左移位/右移位指令和移位寄存器指令。

1）左移位/右移位指令。左移位/右移位指令根据数据类型的不同又分为字节移位、字移位、双字移位，如表 5-25 所示。

表 5-25　左移位/右移位指令

<table>
<tr><th>指令名称</th><th>梯形图</th><th>操作数区域</th><th>说明</th></tr>
<tr><td>字节左移</td><td>SHL_B
EN ENO
IN OUT
N</td><td rowspan="2">IN（数据类型 BYTE）：IB、QB、VB、MB、SMB、SB、LB、AC、常数
OUT（数据类型 BYTE）：IB、QB、VB、MB、SMB、SB、LB、AC
N（数据类型 BYTE）：IB、QB、VB、MB、SMB、SB、LB、AC、常数</td><td rowspan="6">EN：使能端；IN：数据输入端；N：移位长度
移位指令的功能是将输入 IN 中的数各位的值向右或向左移动 N 位后，送给输出 OUT 指定的地址。移位指令对移出位自动补 0，有符号的字和双字的符号位也被移位。如果移位次数非 0，则溢出位 SM1. 1 保存最后一次被移出的位的值。
注意：
①只要满足移位指令的使能端条件，IN 中的数据就会左移或右移 N 位，并将结果保存在 OUT 中
②因为满足移位指令使能端的执行条件时，每一个扫描周期都会执行移位指令，所以在实际应用中，常采用上升沿或下降沿脉冲，保证当使能端的条件满足时，只移位一次
③移位指令对移出位自动补 0。如果 N 大于或等于允许的最大值（字节操作为 8，字操作为 16，双字操作为 32），则实际移动的位数为最大允许值
④如果 N 大于 0，则最后移出位的数值将保存在溢出位 SM1. 1 中；如果移位结果为 0，则零标志位 SM1. 0 将被置 1</td></tr>
<tr><td>字节右移</td><td>SHR_B
EN ENO
IN OUT
N</td></tr>
<tr><td>字左移</td><td>SHL_W
EN ENO
IN OUT
N</td><td rowspan="2">IN（数据类型 WORD）：IW、QW、VW、MW、SMW、SW、T、C、LW、AC、AIW、常数
OUT（数据类型 WORD）：IW、QW、VW、MW、SMW、SW、T、C、LW、AC
IN（数据类型 BYTE）：IB、QB、VB、MB、SMB、SB、LB、AC、常数</td></tr>
<tr><td>字右移</td><td>SHR_W
EN ENO
IN OUT
N</td></tr>
<tr><td>双字左移</td><td>SHL_DW
EN ENO
IN OUT
N</td><td rowspan="2">IN（数据类型 DWORD）：ID、QD、VD、MD、SMD、SD、LD、AC、HC、常数
OUT（数据类型 DWORD）：ID、QD、VD、MD、SMD、SD、LD、AC
IN（数据类型 BYTE）：IB、QB、VB、MB、SMB、SB、LB、AC、常数</td></tr>
<tr><td>双字右移</td><td>SHR_DW
EN ENO
IN OUT
N</td></tr>
</table>

下面通过字节左移和字左移指令来介绍左移位/右移位指令的工作过程。图 5-72 为字节左移指令示例。当 I0.2 为 ON 时，将十六进制数 07（二进制字节为 0000 0111）传送给 QB0 通道，使 Q0.0、Q0.1、Q0.2 为 1；同时，I0.2 为 ON 使 V2.0、V2.1 复位。在程序段 2 中，SM0.0 为动合触点，I0.3 闭合一次，其上升沿使 QB0 通道中的数据向左移动 3 位，最后移除位的数值将保存在溢出位 SM1.1 中；同时，I0.3 为 ON 时，其上升沿将 SMB1 通道的数据传送给 VB2，如果溢出位 SM1.1 为 1，则 V2.1 为 1，使 M0.0 为 1；当 QB0 通道数据为 0 时，零标志位 SM1.0 被置为 1，V2.0 为 1，使 M0.1 为 1。

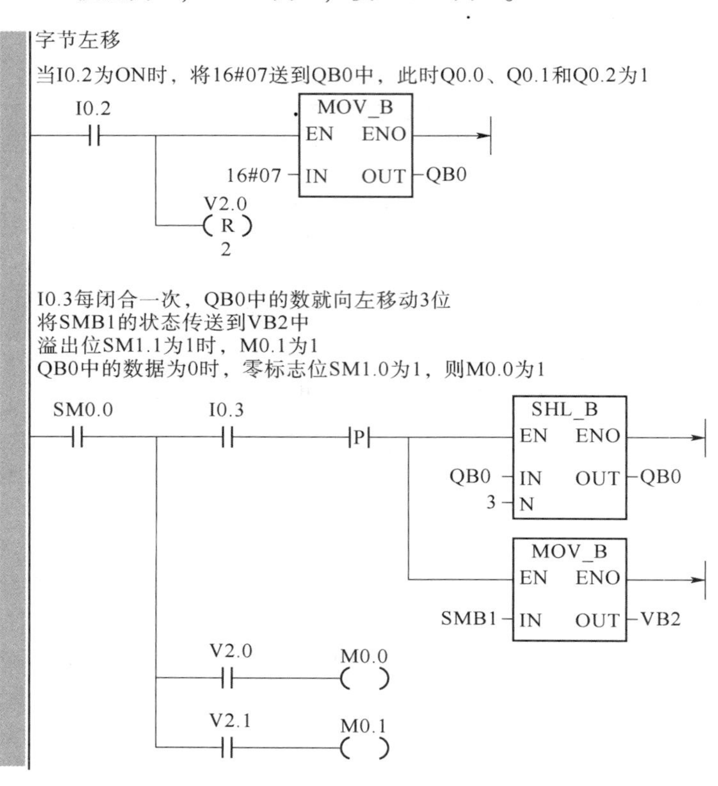

图 5-72 字节左移指令示例

【例 5-5】 编程实现 16 盏流水灯每隔 1 s 顺序点亮，并不断循环控制。

【解】 程序如图 5-73 所示。程序中用到字左移指令 SHL_W，由程序可知，用到的输出字为 QW0，其低位通道为 QB1，高位通道为 QB0，接通顺序先是 Q1.0→Q1.7，然后是 Q0.0→Q0.7。当 I0.1 为 ON 时，通过字传送指令将“1”（字为 0000 0000 0000 0001）传送给 QW0 通道，使 Q1.0 被点亮；程序段 2 中，SM0.5 为 1 s 时钟脉冲，每隔 1 s QW0 通道中的数据向左移动 1 位，因此接下来依次使 Q1.1、Q1.2、…、Q1.7、Q0.0、Q0.1、…、Q0.7 接通；由程序段 1 可知，当 Q0.7 由 ON 变为 OFF 时，“1”又被传送给 QW0 通道，使 Q1.0 变亮，开始下次循环。

2）移位寄存器指令。移位寄存器指令如表 5-26 所示。这里需要进一步补充的是移位寄存器最高位的计算：移位寄存器的最高位可以由最低位 S_BIT 和移位寄存器的长度 N 决定，设移位寄存器的最高位为 MSB.b，则有 MSB.b 的字节号 =｛(S_BIT 的字节号)+[(N_1)+(S_BIT 的位号)]/8｝的商，MSB.b 的位号 =｛[(S_BIT 的字节号)+(N_1)+(S_BIT 的位

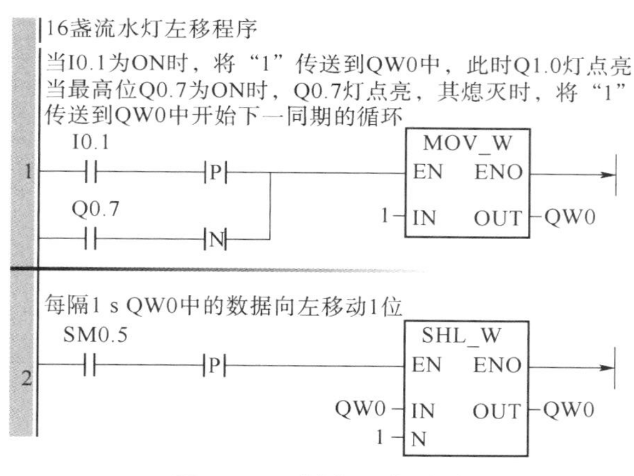

图 5-73　【例 5-5】程序

号)]/8}的余数。例如，S_BIT = V33.4，N = 14，因为[33+(11+4)/8] = 35 余 1，所以有 MSB.b 的字节号 = 35，MSB.b 的位号 = 1，则 MSB.b = V35.1。

表 5-26　移位寄存器指令

指令名称	梯形图	操作数区域	说明
移位寄存器	SHRB EN ENO DATA S_BIT N	DATA、S_BIT（数据类型 BOOL）：I、Q、V、M、SM、S、T、C、L N（数据类型 BYTE）：IB、QB、VB、MB、SMB、SB、LB、AC、常数	EN：使能端，连接移位脉冲信号，每次使能有效时，整个移位寄存器移动 1 位 DATA：数据输入端，连接移入移位寄存器的二进制数值，执行指令时，将该位的值移入寄存器 S_BIT：指定移位寄存器的最低有效位 N：指定移位寄存器的长度和移位方向，移位寄存器的最大长度为 64 位 功能：在使能端 EN 输入的上升沿，数据输入端 DATA 的值从移位寄存器的最低有效位 S_BIT 移入，寄存器中的各位左移 1 位，最高位的值被移到溢出位 SM1.1。N 为负值时，DATA 端的值从最高位移入，寄存器中的各位右移 1 位，最低位移到溢出位 SM1.1

移位寄存器指令示例如图 5-74 所示。14 位移位寄存器由 V30.0～V31.5 组成，在 I0.2 的上升沿，I0.3 的值从移位寄存器的最低位 V30.0 移入，寄存器中的各位左移 1 位，最高位 V31.5 的值被移到溢出位 SM1.1。N 为-14 时，I0.4 的值从最高位 V31.5 移入，寄存器中的各位右移 1 位，从最低位 V30.0 移到溢出位 SM1.1。

（3）数据转换指令。数据转换指令有许多种，包括字节（I）与整数（B）间的转换、整数（I）与双整数（DI）间的转换、双整数（DI）与实数（R）间的转换、BCD 码与整数间的转换、段码指令、解码/编码指令等。本书主要介绍 BCD 码与整数间的转换指令，其他指令请参考相关书籍或资料。BCD 码与整数间的转换指令如表 5-27 所示。

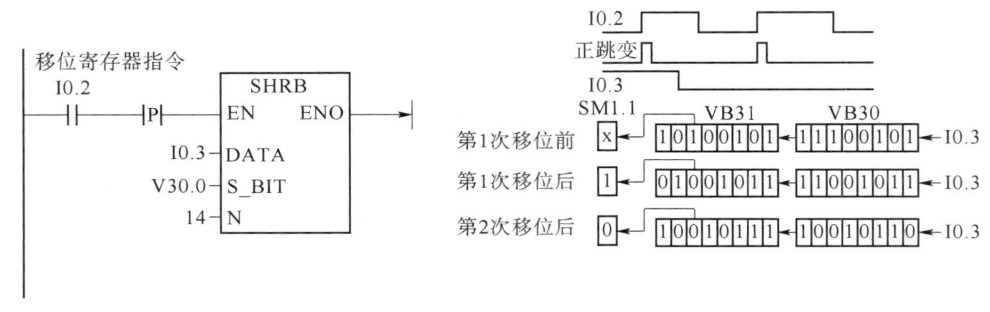

图 5-74 移位寄存器指令示例

表 5-27 BCD 码与整数间的转换指令

指令名称	梯形图	操作数区域	说明
BCD 码转换为整数	BCD_I EN ENO IN OUT	IN（字）：IW、QW、VW、MW、SMW、SW、T、C、LW、AC、AIW、常数 OUT（字）：IW、QW、VW、MW、SMW、SW、T、C、LW、AC	将 IN 中的 BCD 码转换为整数，并将结果存入目标地址 OUT 中。IN 的有效范围 BCD 码为 0~9999
整数转换为 BCD 码	I_BCD EN ENO IN OUT		将输入整数 IN 转换为 BCD 码，并将结果存入目标地址 OUT 中。IN 的有效范围为 0~9999

整数转换为 BCD 码指令示例如图 5-75 所示。I0.2 变为 ON 时，字传送指令将 5 028（其二进制为 0001 0011 1010 0100）传送到 VW0 通道，VW0 通道的数据通过整数转换为 BCD 码指令，转为 BCD 码，此时 QW0 通道内的数值变为 0101 0000 0010 1000。

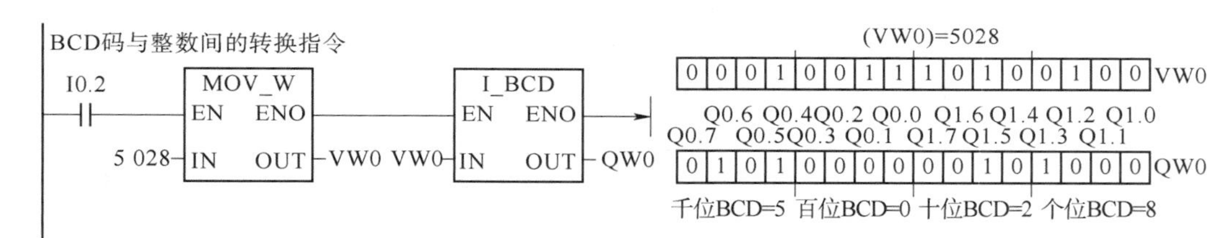

图 5-75 整数转换为 BCD 码指令示例

下面结合拨码开关来介绍 BCD 码转换为整数的程序。

【例 5-6】 拨码开关接线图如图 5-76 所示，按动拨码开关的按键可以向 PLC 输入十进制数码（0~9）。编程实现：

①将图所示的拨码开关数据经 BCD_ I 变换后存储到变量存储器 VW10 中；

②将图所示的拨码开关数据不经 BCD_ I 变换直接传送到变量存储器 VW20 中。

【解】 程序如图 5-77 所示。拨码盘连接的 PLC 输入 IB0 字节，拨码盘上显示数据为 32，其对应的 BCD 码为 0011 0010，对应的十进制数为+50，由条件①知，该十进制数通过拨码盘开关按键向 PLC 输入，因此 IB0 中十进制数为+50（相应的二进制数为 0011 0010），通过字节传送指令 MOV_B 传送给字节 VB1。字 VW0 由字节 VB0 和 VB1 组成，且 VB1 是低位，从高到低为 V0. 7 ~ V0. 0，V1. 7 ~ V1. 0 为 0000 0000 0011 0010，十进制数为+50，经过 BCD_I 转换后，输入到 VW10 的值为+32；VW0 中的数据通过字传送指令传给 VW20，因此

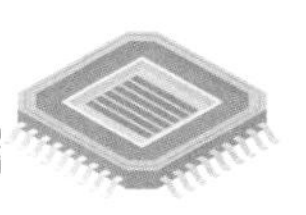

VW20 的内容与 VW0 一致，为+50。程序如图 5-77 所示。

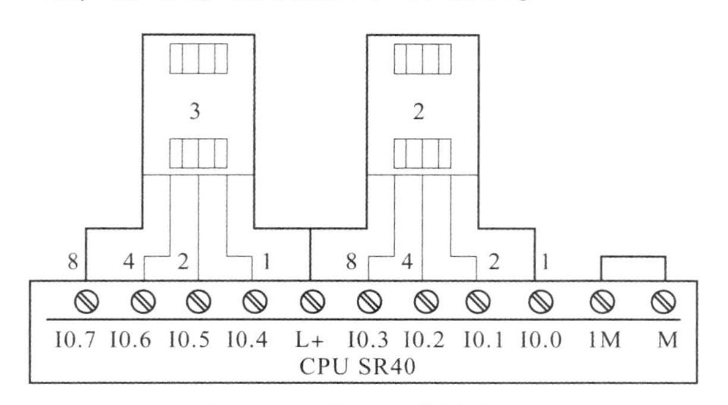

图 5-76　拨码开关接线图

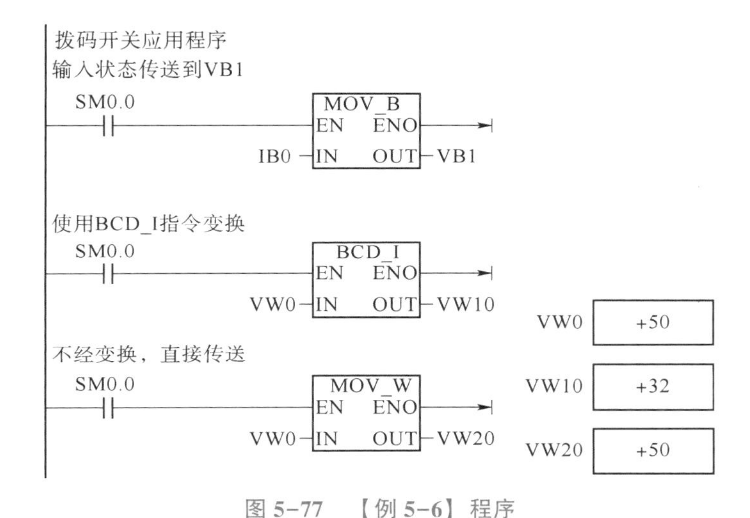

图 5-77　【例 5-6】程序

（4）数学运算指令。数学运算指令包括四则运算指令、递增/递减指令、浮点函数运算指令、逻辑运算指令等。本书只介绍四则运算指令和递增/递减指令，其他指令请参考相关书籍和资料。

图 5-78 为利用整数加法指令和常数双整数的整数乘法指令进行计算的示例，整数加法计数是将整数 40 加上 50，计数结果输出到 VW10，再用 VW10 的数据乘以 5，结果输出到 VD20 中，如果 VD20 中的数据等于 450，则 Q0.1 产生输出。

【例 5-7】　编写程序利用四则运算指令计算外界压力 N 进入压力变送器的值：$P=10\ 000\times(N-5\ 530)/2\ 2118$ kPa，N 为整数。

【解】　式中涉及减法、乘法、除法运算指令。外界压力 N 接入模拟输入通道 AIW16 中，与5 530进行整数减法运算（利用 SUB_I 指令），结果为 16 位整数，该整数与 10 000 相乘，由于值会较大，所以利用 MUL 指令，该指令得到的乘积为双整数；除法指令利用双整数除法 DIV_DI。为了清楚看到运行结果，用右键菜单命令强制 AIW16 值为 10 000，如图 5-79 所示。

图 5-80 为利用递增/递减指令编写的程序。如果在 VW10 中写入+32 767，此时按下 I0.2，执行递增指令，即 32 767 加 1，则 VW10 中的数值会变为-32 768。如果在 VW10 中写入-32 768，此时按下 I0.3，执行递减指令，即-32 768 减 1，则 VW10 中的数值会变为 32 767。

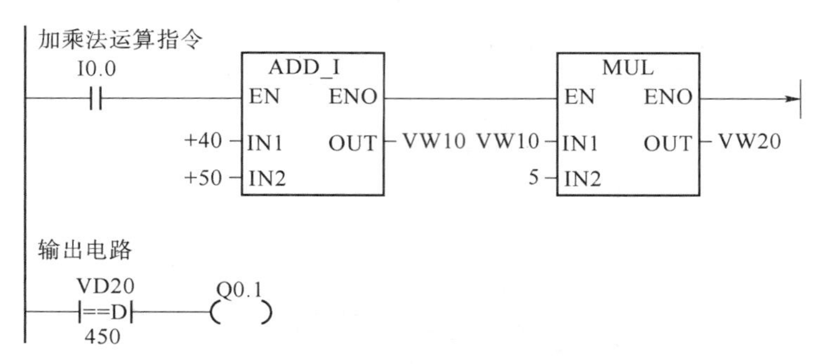

图 5-78　整数加法指令和常数双整数的整数乘法指令示例

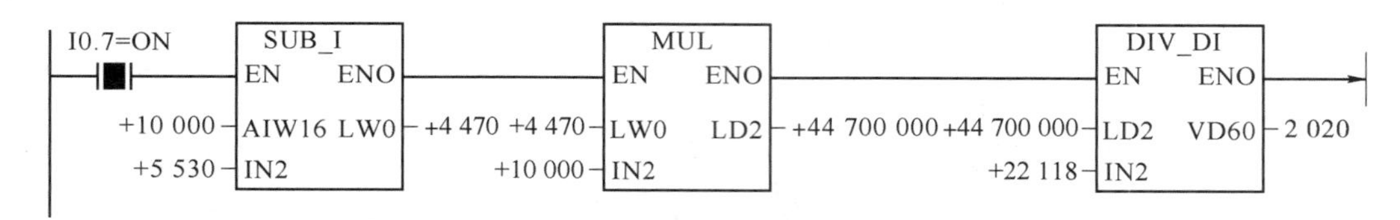

图 5-79　【例 5-7】程序（利用四则运算指令）

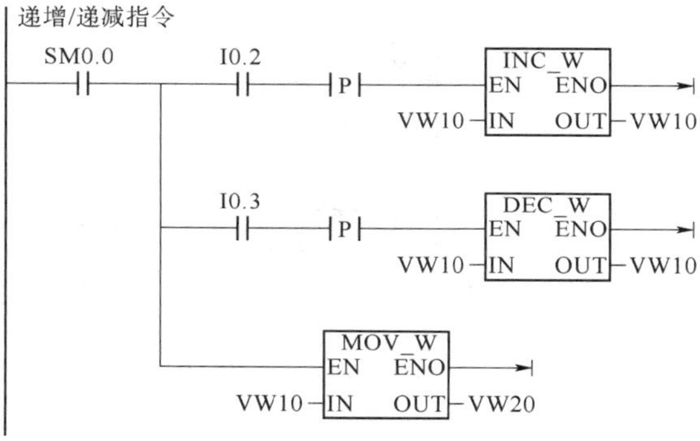

图 5-80　【例 5-7】程序（利用递增/递减指令）

（5）程序控制指令。程序控制指令包括跳转指令、循环指令、条件结束与条件停止指令、监控定时器复位指令等。本书只介绍跳转指令，如表 5-28 所示。

表 5-28　跳转指令

指令名称	梯形图	操作数区域	说明
跳转	n —(JMP)	0~255	跳转指令和标号指令配合实现程序的跳转 跳转条件满足时，跳转指令使程序流程跳转到对应的标号 n 处 标号指令用于标记跳转目的地 n 的位置
标号	n —[LBL]		

对跳转指令作进一步说明。

1）跳转指令和标号指令必须成对出现，且允许多条跳转指令使用同一标号，但不允许一个跳转指令对应两个标号，即在同一程序中不允许存在两个相同的标号。

2）跳转指令只能在同一程序块中使用，如主程子、同一子程序或同一中断程序，不能在不同的程序块中相互跳转。

3）执行跳转指令后，被跳过程序段中的各元器件的状态如下：Q、M、S、C 等元器件的位保持跳转发生前的状态；在各定时器正在定时时跳转，100 ms 定时器停止定时，当前值保持不变，10 ms 和 1 ms 定时器继续定时，定时时间到时跳转区外的触点也会动作；跳转条件满足时递增指令（INC）被跳过，其操作数中的值保持不变。跳转指令示例如图 5-81 所示。

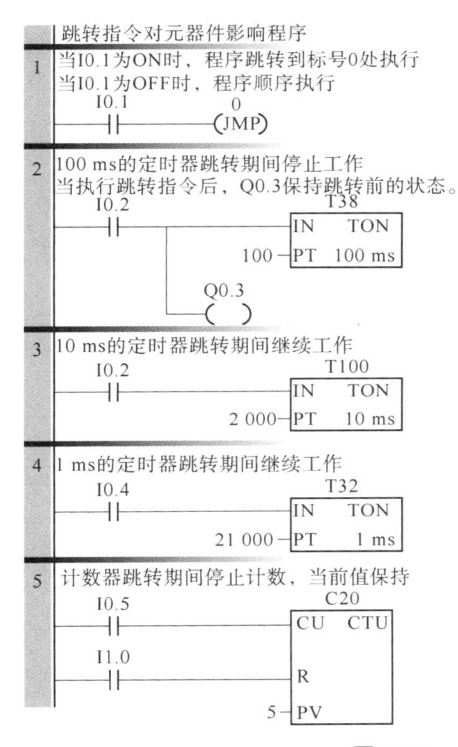

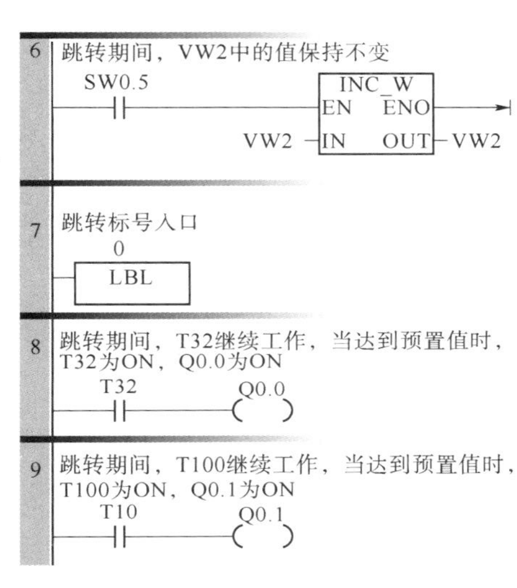

图 5-81 跳转指令示例

【例 5-8】 某台设备具有手动停止和自动停止两种操作方式。SA 是操作方式选择开关，当 SA 处于断开状态时，选择手动停止操作方式；当 SA 处于接通状态时，选择自动停止操作方式，编程实现如下不同操作方式进程。

①手动停止操作方式：按启动按钮 SB_2，电动机运转；按停止按钮 SB_1，电动机停止。

②自动停止操作方式：按启动按钮 SB_2，电动机连续运转 1 min 后，自动停机；按停止按钮 SB_1，电动机立即停机。

【解】 程序如图 5-82 所示，I0.3 的动合触点断开，不执行 JMP 1 指令，执行手动停止程序；I0.3 的动合触点闭合，执行 JMP 1 指令，程序跳到程序段 4 执行自动停止程序；I0.3 的动断触点闭合，执行 JMP 2 指令，跳到程段序段 6 结束。

（6）子程序的编写与调用。在 S7-200 SMART 的编程软件 STEP 7-Micro/WIN SMART 中，在“程序块”中选择 SBR_0 进行子程序编写，然后在主程序的 OB1 中调用子程序。用子程序编写与调用实现手动/自动停止控制如图 5-83 所示。

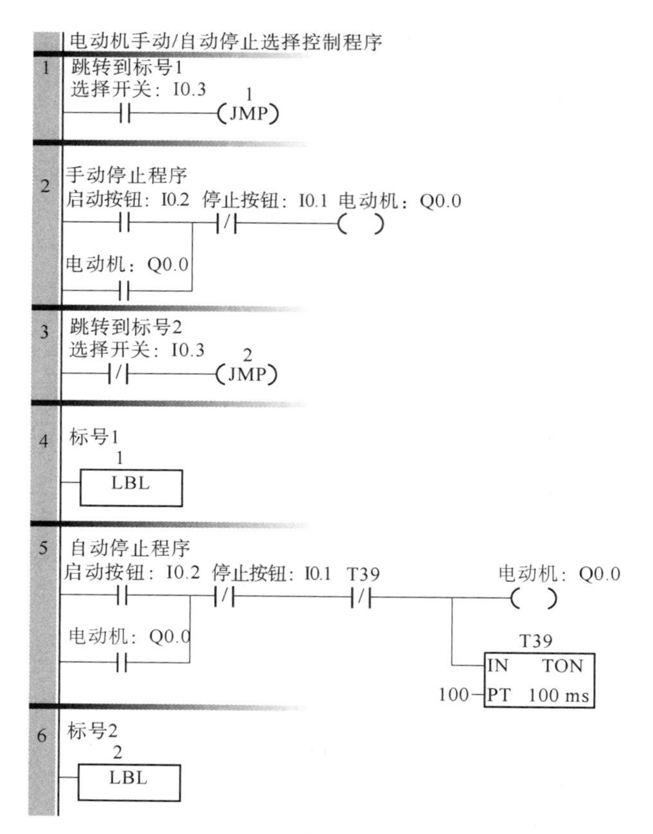

图 5-82 【例 5-8】程序

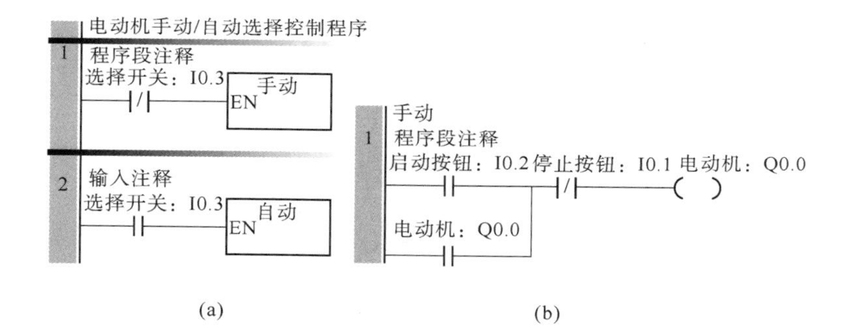

(a) (b)

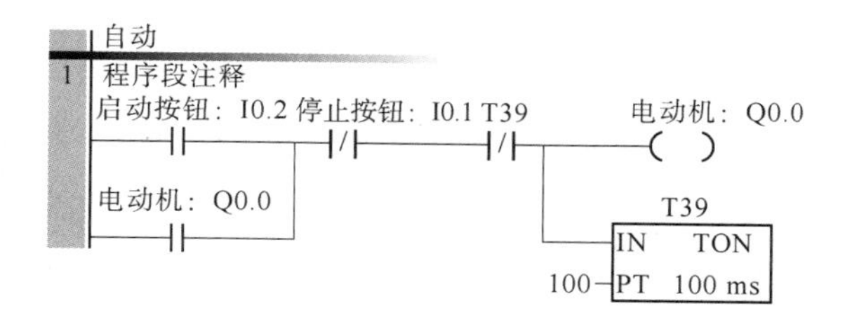

(c)

图 5-83 用子程序编写与调用实现手动/自动停止控制

(a) 主程序；(b) 手动停止子程序；(c) 自动停止子程序

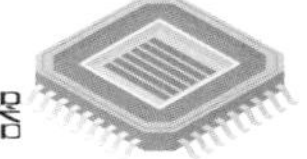

5.3.4　梯形图的编程原则与典型电路

1. 梯形图的编程原则

（1）在每一个逻辑行上（与每个继电器线圈相连的全部支路形成一个逻辑行），当几条支路并联时，串联触点多的应安排在上面，如图5-84（a）所示；几条支路串联时，并联触点多的应安排在左边，如图5-84（b）所示。

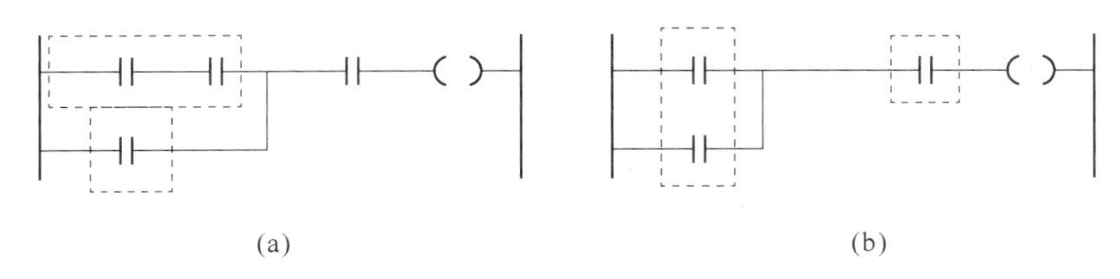

图5-84　支路的串/并联关系

（a）支路并联；（b）支路串联

（2）在梯形图中的一个触点上不应有双向电流通过，这种情况下不可编程。应将梯形图进行适当变化，即变为逻辑关系明晰的支路串、并联关系，并按前面的原则安排各元件的绘制顺序，如图5-85所示。

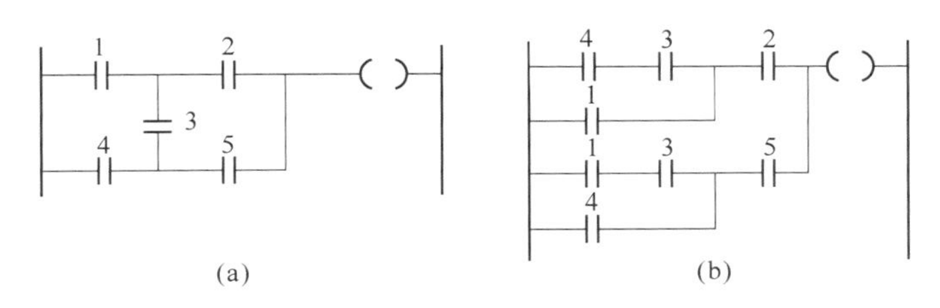

图5-85　触点不应有双向电流通过

（a）不合理；（b）合理

（3）设计梯形图时，输入继电器的触点状态全部按相应的输入设备为动合进行设计更为合理，不易出错。因此，也建议尽可能用输入设备的动合触点与PLC输入端相连。如果某些信号只能用动断输入，则可先按输入设备全部为动合来设计，然后将梯形图中对应的输入继电器触点取反（即动合改成动断、动断改成动合）。

2. 典型电路

在梯形图编程中，常用到一些基本电路，下面介绍CP1H和S7-200 SMART中几种典型电路。需要指出的是，这些电路的表达方法有多种，本书只给出一种，其他方法读者可以结合前面学的指令进行尝试。

（1）电动机的单按钮启停控制。该程序可以利用一个按钮实现电动机的启动、停止，如图5-86所示。图5-86（a）中前面的程序段是脉冲生成程序。按一下按钮，产生的脉冲输出（工作）产生并自保持；再按一下按钮，产生的脉冲将自保持处切断，从而停止工作。图5-86（b）中，产生的脉冲使输出（工作）产生并保持的电路同图5-86（a）相同，区别在于前面产生脉冲的方式，它利用了正跳变触点P。

（2）电动机异地启停控制。用自保持电路编程实现电动机异地启停控制如图5-87所示，实现方式是两个启动的动合触点、输出的动合触点并联，两个停止的动断触点串联控制

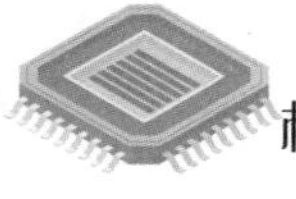

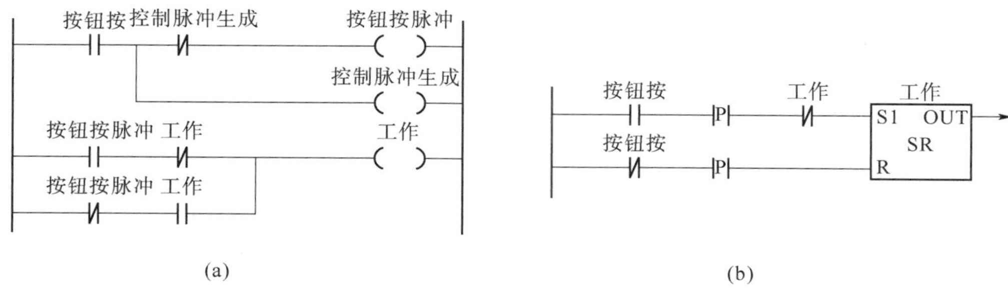

图 5-86 电动机的单按钮启停控制

（a）CP1H 型 PLC；（b）S7-200S MART 型 PLC

一个输出。程序中标注的“启动”“停止”的地址为 PLC 的输入继电器（或输入过程映像寄存器），“工作”的地址连接输出继电器（或输出过程映像寄存器）。例如，CP1H 型 PLC 启动 1、启动 2、工作可以分配地址 0.00、0.01、100.00；而 S7-200 SMART 型 PLC 可以分配地址 I0.0、I0.1、Q0.0。

（3）连锁控制。以甲“工作”作为乙“工作”的前提条件，称为甲对乙的连锁。如图 5-88 所示，甲、乙工作都采用了自保持电路，甲对乙的连锁在梯形图上的实现方法是在乙线圈前串联甲的动合触点。在顺次启动中经常会用到连锁控制，如混砂机混砂时，要求先启动混砂机，再向其内输送砂子等材料。

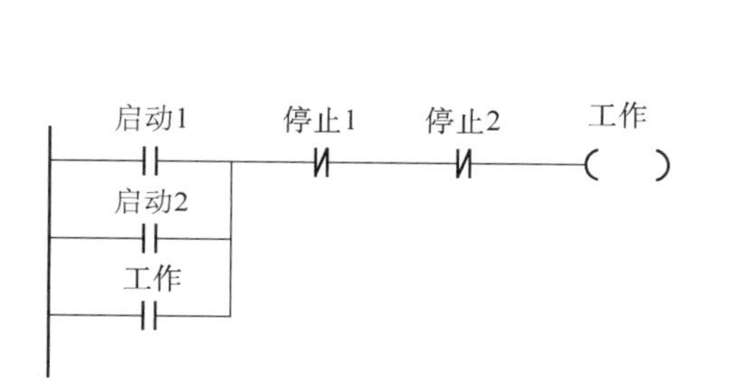

图 5-87 电动机异地启停控制

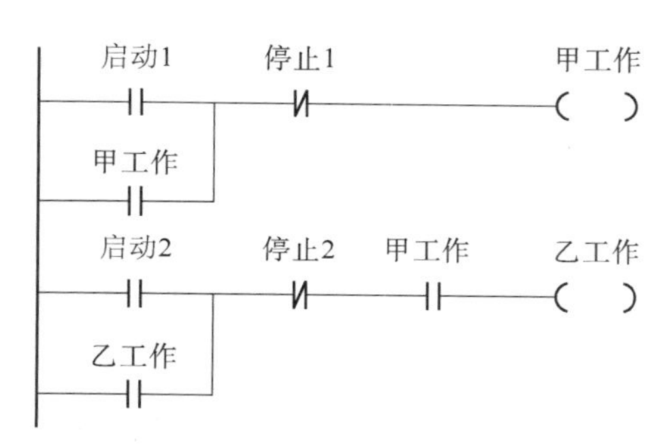

图 5-88 连锁控制

（4）互锁控制。互以对方不工作作为自身工作的前提条件，称为互锁。如图 5-89 所示，甲、乙工作都采用了自保持电路，甲、乙互锁在梯形图上的实现方法是在线圈前串联对方输出的动断触点，此时甲和乙不能同时工作。在电动机正反转控制中，为了防止正反转线圈同时接通造成短路，利用程序进行软件互锁是常用手段之一。

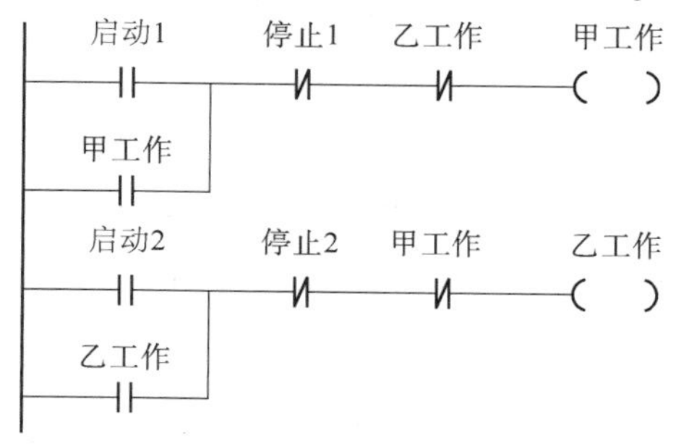

图 5-89 互锁控制

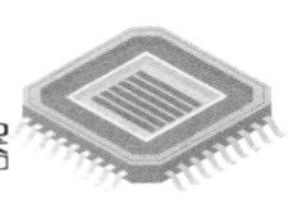

5.4　PLC 控制系统设计与数字量控制系统梯形图设计方法

5.4.1　PLC 控制系统设计

1. 基本原则

任何一种电气控制系统都是为了实现被控对象（生产设备或生产过程）的工艺要求，以提高生产效率和产品质量。因此，在设计 PLC 控制系统时，应遵循以下基本原则：

（1）最大限度地满足被控对象的控制要求；

（2）在满足控制要求的前提下，力求使控制系统简单、经济，使用及维修方便；

（3）保证控制系统的安全、可靠；

（4）考虑到生产的发展和工艺的改进，在选择 PLC 容量时，应适当留有余量。

2. 基本内容

PLC 控制系统是由 PLC 与用户输入/输出设备连接而成的，其设计的基本内容如下。

（1）选择用户输入设备（操作开关、限位开关、传感器等）、输出设备（继电器、接触器、信号灯、电磁阀等执行元件）及由输出设备驱动的控制对象，如电动机等。

（2）PLC 的选择，包括机型、容量、I/O 模块和电源模块等。PLC 是控制系统的核心部件。正确选择 PLC 对于保证整个控制系统的技术性能和经济指标起着重要的作用。

（3）分配 I/O 点，绘制 I/O 接线图。

（4）设计控制程序。设计控制程序包括设计梯形图、助记符语句表或控制系统流程图。控制程序是控制整个系统工作的软件，是保证系统工作正常、安全、可靠的关键。控制系统的设计必须经过反复调试、修改，直到满足要求为止。

（5）必要时还需设计控制台（柜）。

（6）编制控制系统的技术文件。技术文件包括说明书、电气图及电气元件明细表等。传统的电气图，一般包括电气原理图、电气布置图及电气安装图。在 PLC 控制系统中，这一部分图可以统称为“硬件图”。在传统电气图的基础上，再增加 PLC 的 I/O 接线图。此外，在 PLC 控制系统的电气图还包括程序图（梯形图）。

3. 设计步骤

（1）根据生产的工艺过程分析控制要求，如需要完成的动作（动作顺序、动作条件、必需的保护等）、操作方式（手动、自动、连续、单周期、单步等）。

（2）根据控制要求确定用户所需的输入/输出设备，据此确定 PLC 的 I/O 点数。

（3）选择 PLC。

（4）分配 PLC 的 I/O 点，设计 I/O 接线图，这一步也可以结合第（2）步进行。

（5）进行 PLC 程序设计，同时可进行控制台（柜）的设计和施工。

必须在控制电路（接线）设计完后，才能进行控制台（柜）的设计和现场施工。

5.4.2 数字量控制系统梯形图设计方法

数字量控制系统梯形图设计方法有多种，如经验设计法、继电器-接触器电路图/梯形图转换设计法、顺序功能图法、移位步进法、步进指令法等。本节介绍前 3 种方法，移位步进法在下一节应用中结合实例介绍，步进指令法较简单，本书不作介绍，读者可参考相关书籍和手册进行学习。

1. 经验设计法

经验设计法又称试凑法，是通过将一些典型电路进行修改和完善来设计梯形图，应用广泛。典型电路包括自保持电路、互锁电路、定时器/计数器等。对于简单控制，用经验设计法编程简单方便；对于复杂控制，需要厘清前后逻辑关系，避免前后发生冲突。

下面以送料小车为例进行介绍，送料小车的工作过程示意如图 5-90 所示。按下启动按钮后，首先小车左行，到达限位开关 SQ_1 处装料，20 s 后装料完毕，小车右行；小车右行到达限位开关 SQ_2 处卸料，12 s 后卸料完毕，小车再次左行到 SQ_1 处装料，如此反复循环，直至按下停止按钮结束工作（如果小车内有料，则先让小车右行卸料，再自动返回取料、卸料）。

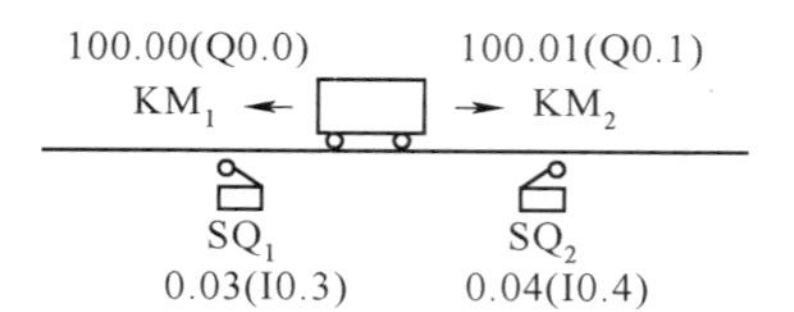

图 5-90 送料小车工作过程示意

通过送料小车工作过程分析，确定输入点 5 个：左/右行启动按钮、停止按钮、左/右限位开关；输出 4 个：左/右行、装料/卸料。可以选择小型 PLC，如 CP1H-XA40-DR 型或 S7-200 SMART 的 CPUSR20 型 PLC，前者包括 24 点输入（0.00～0.11，1.00～1.11）、15 点输出（100.00～100.07，101.00～101.07）；后者包括 12 点输入（I0.0～I0.7，I1.0～I1.7），8 点输出（Q0.0～Q0.7）。I/O 地址分配如表 5-29 所示，表中括号内为 S7-200 SMART 型 PLC 地址。

表 5-29 I/O 地址分配

输入点			输出点		
符号	地址	注释	符号	地址	注释
SB_1	0.00（I0.0）	小车左行启动按钮	KM_1	100.00（Q0.0）	小车左行
SB_2	0.01（I0.1）	小车右行启动按钮	KM_2	100.01（Q0.1）	小车右行
SB_3	0.02（I0.2）	小车运行停止按钮	KM_3	100.03（Q0.3）	装料
SQ_1	0.03（I0.3）	左限位开关	KM_4	100.04（Q0.4）	卸料
SQ_2	0.04（I0.4）	右限位开关	—	—	—

通过分析可知，小车运料控制用到的典型电路包括启保停（自保持）、互锁及延时输出电路，梯形图如图 5-91 所示。梯形图编程的重点包括：利用启保停电路实现小车单方向的运行，将左行和右行的输出动断触点分别串联在右行和左行输出的逻辑行上，实现互锁；使用定时器 T0001（T37）和 T0002（T38）分别作为装料和卸料的计时；为使小车能自动启动，将装料、卸料定时器的动合触点 T0001（T37）和 T2（T38）分别与手动右行按钮 0.01

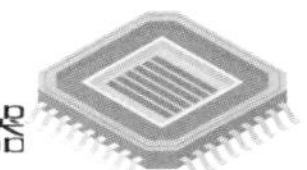

(I0.1) 和手动左行按钮 0.00 (I0.0) 的动合触点并联，并用两个限位开关的动合触点 0.03 (I0.3) 分别接通装料、卸料电磁阀和定时器；为使小车能自动停止，将限位开关 0.03 (I0.3) 和 0.04 (I0.4) 的动合触点分别串联到左行与右行逻辑行。

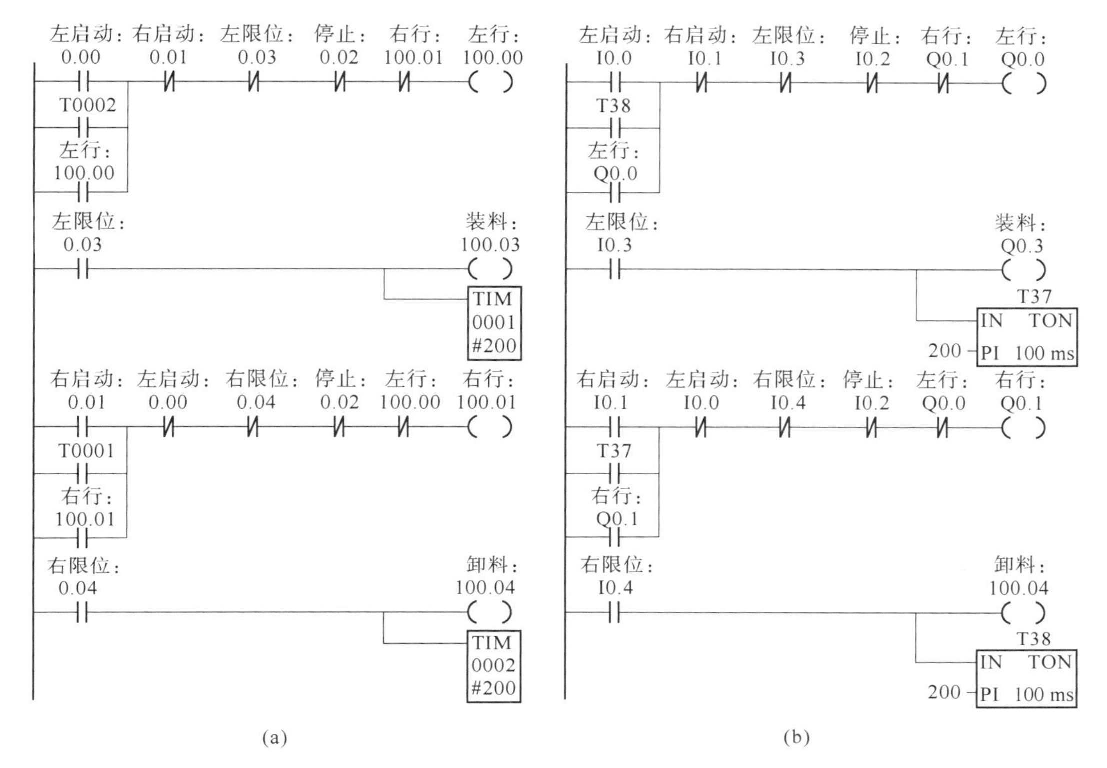

图 5-91　小车运料控制梯形图

(a) CP1H 型 PLC；(b) S7-200 SMART 型 PLC

2. 继电器-接触器电路图/梯形图转换设计法

PLC 的梯形图是由继电器控制电路图演化而来的，若用 PLC 改造继电器控制系统，则根据继电器电路图来设计梯形图是一种简单易行的设计方法。对于采用继电器控制电路的设备，经过长期的实际生产考验，证明其电气控制电路的设计是合理的，能够满足工艺要求。而继电器电路图又与梯形图有诸多相似之处，因此可将继电器电路图“翻译”为梯形图，即用 PLC 的外部硬件接线图和梯形图软件实现继电器系统的功能，这种设计方法一般无须改动控制面板，保持了系统原有的外部特性和操作风格。

该设计法的一般步骤如下。

(1) 了解和熟悉被控设备的工作原理、工艺过程和机械动作情况，根据继电器-接触器电气控制图分析和掌握控制系统的工作原理。

(2) 确定 PLC 的输入信号和输出负载，包括：统计按钮、各类开关等的数量，从而确定 PLC 开关量输入信号的点数，如果还有模拟量传感器，则要了解其输出信号的类型和范围，确定模拟量输入的点数；统计原电气控制电路中改由 PLC 控制的接触器和电磁阀等执行机构的数量，以确定 PLC 开关量输出信号的点数，将它们的线圈接到 PLC 的输出端。原电气控制电路中的中间继电器和时间继电器等原则上都可以取消，由 PLC 内部存储器的工作位和定时器及其他 PLC 元件来实现顺序控制和逻辑控制功能。

（3）选择 PLC 机型，根据系统所需的功能和规模选择 CPU 单元、电源单元、开关量输入/输出单元、模拟量输入/输出单元及其他特殊单元等并进行系统组装，确定 I/O 地址。

（4）确定 PLC 的 I/O 地址并画出外部接线图，各输入/输出点在梯形图中的地址由对应单元所在通道和接线端子号决定。

（5）确定与继电器控制电路图的中间继电器、时间继电器对应的梯形图中的存储器工作 位和定时器/计数器的地址。

下面以小车自动往返运动控制为例进行介绍。小车自动往返运动的电气控制电路如图 5-92 所示，按下右行（左行）启动按钮 SB_2（SB_3），小车右行（左行），碰到右行（左行）限位开关 SQ_2（SQ_1），小车停止右行（左行），开始左行（右行），碰到限位开关 SQ_1（SQ_2），小车又开始右行（左行），如此往返，直至按下停止按钮 SB_1，小车停止运行。小车左右行是通过电动机的正反转实现的，接触器线圈分别为 KM_2 和 KM_1。

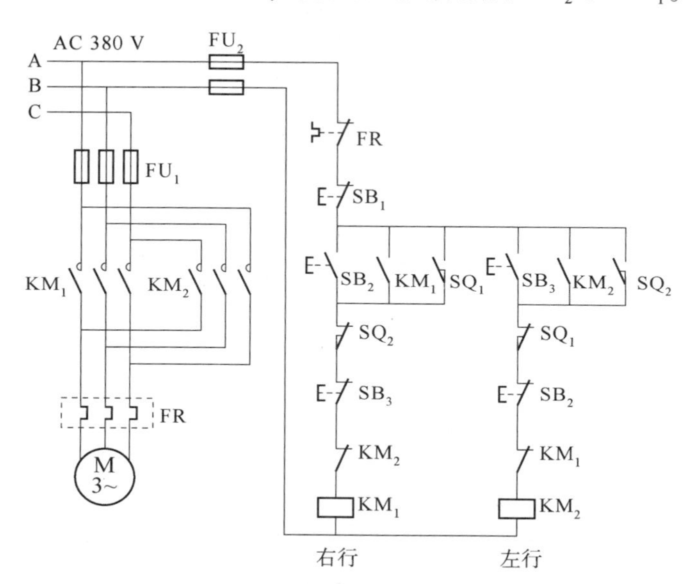

图 5-92　小车自动往返运动的电气控制电路

通过电路原理分析可知，控制电路中包含 6 个输入：3 只按钮、2 只限位开关、1 个热继电器触点；2 个输出：KM_1、KM_2 接触器线圈。I/O 地址分配如表 5-30 所示，表中括号内为 S7-200 SMART 型 PLC 地址。

表 5-30　I/O 地址分配

输入点			输出点		
符号	地址	注释	符号	地址	注释
SB_2	0.00（I0.0）	右行启动按钮	KM_1	100.00（Q0.0）	右行线圈
SB_3	0.01（I0.1）	左行启动按钮	KM_2	100.01（Q0.1）	左行线圈
SB_1	0.02（I0.2）	停止按钮	—	—	—

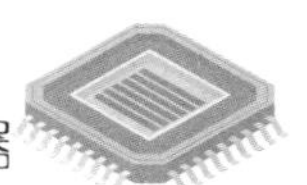

续表

输入点			输出点		
SQ_1	0.03（I0.3）	左限位开关	—	—	—
SQ_2	0.04（I0.4）	右限位开关	—	—	—
FR	0.05（I0.5）	热继电器	—	—	—

将继电器-接触器控制电路图“翻译”为梯形图，即用 PLC 的 I/O 电气接线图和梯形图实现电气控制电路的控制功能。两种 PLC 的 I/O 电气接线图如图 5-93 所示，“翻译”出的梯形图如图 5-94 所示。需要注意的是，为了使图 5-94 中的停止按钮触点、热继电器触点能够与电气控制电路中的触点形式相对应，即使用闭合触点，在图 5-93 中停止按钮和热继电器触点应该使用动合形式，这是常见的处理方式，在前面梯形图编程原则中也强调了这一点。

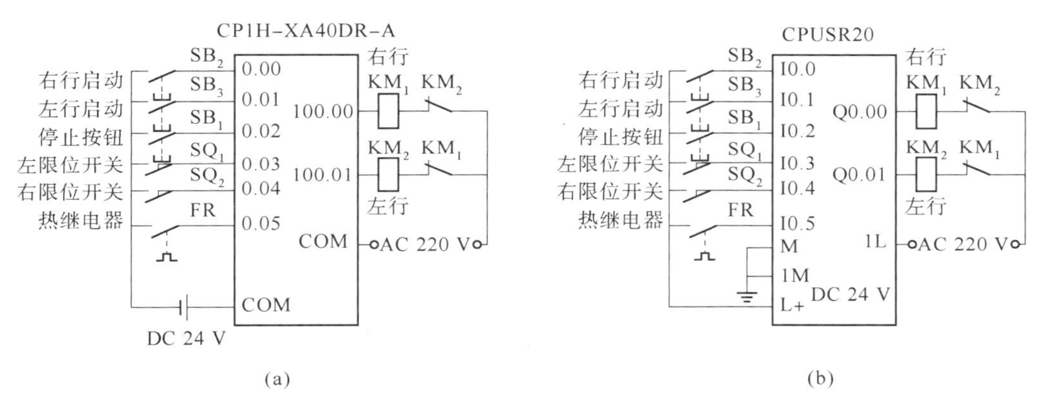

图 5-93　两种 PLC 的 I/O 电气接线图

（a）CP1H 型 PLC；（b）S7-200 SMART 型 PLC

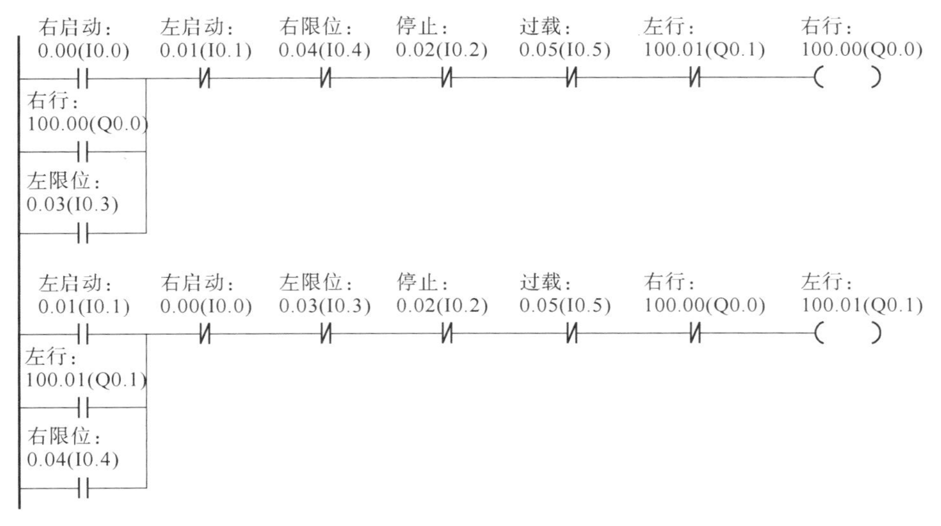

图 5-94　小车自动往返控制梯形图

该控制采取了多种措施防止电动机短路。梯形图上：软件互锁，动合触点 100.00 与 100.01；按钮联锁，动断触点 0.01 与 0.00。PLC 外部硬件互锁：I/O 电气接线图 KM_1、KM_2 的动断辅助触点。

该控制的适用场合：小容量的异步电动机，且往返不能太频繁。

3. 顺序功能图法

所谓顺序控制，就是按照生产工艺预先规定的顺序，在各个输入信号的作用下，根据内部状态和时间的顺序，在生产过程中各个执行机构自动有序地进行操作。设备或生产线运行经常需要实现顺序控制，其 PLC 控制编程可采用顺序功能图法。总体步骤为：首先根据系统的工艺过程，画出顺序功能图，然后根据顺序功能图画出梯形图。

（1）顺序功能图。顺序功能图主要由步、有向连线、转换、转换条件和动作（命令）组成，运料小车的顺序功能图如图 5-95 所示。

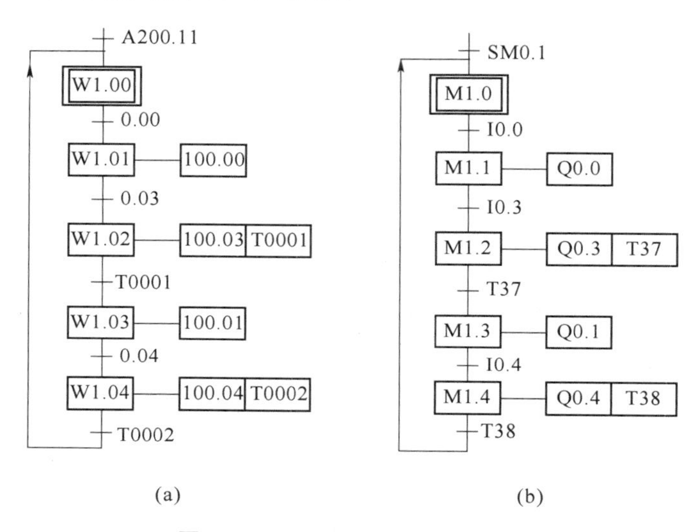

图 5-95 运料小车的顺序功能图

（a）CP1H 型 PLC；（b）S7-200 SMART 型 PLC

1）步与动作。顺序功能图法是将系统的一个工作周期划分为若干个顺序相连的阶段，这些阶段称为“步”。用矩形框表示步，用编程元件（如 CP1H 可用“W”，S7-200 SMART 可用“M”）的元件号作为该步的编号，如图 5-95 所示。步是根据输出量的 ON/OFF 状态的变化来划分的，在任何一步之内，各输出量的状态不变，但是相邻两步输出量总的状态是不同的，步的这种划分使代表各步的编程元件的状态与各输出量的状态之间存在着极为简单的逻辑关系。

与系统的初始状态相对应的步称为“初始步”，初始状态一般是系统等待启动命令的相对静止的状态。初始步用双线方框表示，每一个顺序功能图至少应该有一个初始步。当系统正处于某一步所在的阶段时，该步处于活动状态，称该步为“活动步”。当步处于活动状态时，相应的动作被执行；处于非活动状态时，相应的非存储型动作被停止执行。

一个步表示控制过程中的稳定状态，它可以对应一个或多个动作。在步的右边加一矩形框，用矩形框中的文字或符号来表示与该步相对应的动作。动作分为存储型动作和非存储型动作，存储型动作在某一步为活动步时被执行，在该步为非活动步时，仍继续执行，可在后

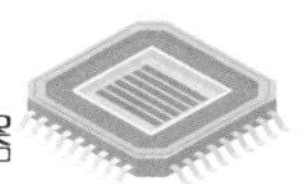

续步的动作中继续体现该动作，或者在开始被激活的步的动作语句中进行清楚表述；非存储型动作在对应的步为活动步时执行，非活动步时关闭。在进行工艺过程分析时一定要注意这一点。

2）有向连线与转换条件。

①有向连线。在画顺序功能图时，将代表各步的方框按它们成为活动步的先后次序顺序排列，并用有向连线将它们连接起来。步的活动状态习惯的进展方向是从上到下或从左至右，在这两个方向有向连线上的箭头可以省略。如果不是上述方向，则应在有向连线上用箭头注明进展方向。

②转换。步的活动状态的进展是由转换的实现来完成的，用有向连线上与有向连线垂直的短线来表示转换。

③转换条件。使系统由当前步进入下一步的信号称为转换条件。按钮、开关、限位开关等发令元件对应的输入继电器、定时器、计数器等均可作为转换条件。初始步一般在初次扫描进入活动步，PLC 有特殊位激活初始步，如 CP1H 用 A200. 11，S7-200 SMART 用 SM0. 1。

绘制顺序功能图时需要注意：两个步绝对不能直接相连，必须用一个转换将它们分隔开；两个转换也不能直接相连，必须用一个步将它们分隔开；不要漏掉初始步；在顺序功能图中一般应有由步和有向连线组成的闭环。

3）顺序功能图的结构。顺序功能图包括单序列、选择序列和并行序列，如图 5-96 所示。

①单序列。单序列顺序功能图如图 5-96（a）所示，没有分支和合并。

②选择序列。选择序列的开始称为分支，转换符号只能标在水平连线之下，如图 5-96（b）所示。图中，如果步 5 是活动步，并且转换条件 h 为 ON，则由步 5→步 8；如果步 5 是活动步，并且 k 为 ON，则由步 5→步 10。选择序列的结束称为合并，转换符号只允许标在水平连线上。如果步 9 是活动步，并且转换条件 j 为 ON，则由步 9→步 12；如果步 11 是活动步，并且 n 为 ON，则由步 11→步 12。

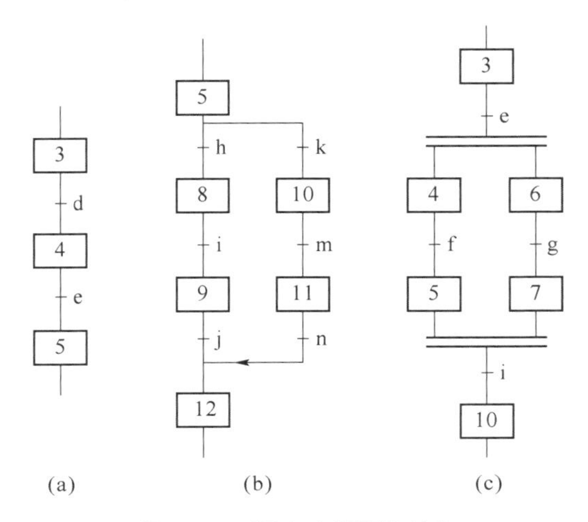

图 5-96　顺序功能图的结构
（a）单序列；（b）选择序列；（c）并行序列

③并行序列。并行序列用来表示系统几个同时工作的独立部分的工作情况，如

图 5-96（c）所示。并行序列的开始称为分支，如果步 3 是活动步，并且转换条件 e 为 ON，则从步 3 转换到步 4 和步 6。为了强调转换的同步实现，水平连线用双线表示。并行序列的结束称为合并，在水平双线下，只允许有一个转换符号。如果步 5 和步 7 都是活动步，并且转换条件 i 为 ON，则从步 5 和步 7 转换到步 10。

4）复杂顺序功能图举例。以剪板机为例进行复杂顺序功能图的介绍。

图 5-97 为某剪板机示意，开始时压钳和剪刀在上限位置，限位开关 0.01（I0.1）和 0.02（I0.2）为 ON。按下启动按钮 0.00（I0.0），工作过程如下：首先板料右行（100.00 或 Q0.0 为 ON），至限位开关 0.04（I0.4）接通后停止，然后压钳下行（100.01 或 Q0.1 为 ON 并保持），压紧板料后，压力继电器 0.05（I0.5）为 ON，压钳保持压紧，剪刀开始下行（100.02 或 Q0.2 为 ON）。剪断板料后，0.03（I0.3）接通为 ON，压钳和剪刀同时上行（100.03 和 100.04 或 Q0.3 和 Q0.4 为 ON，100.01 和 100.02 或 Q0.1 和 Q0.2 为 OFF），它们分别碰到限位开关 0.01 和 0.02（I0.1 和 I0.2）后，停止上行，然后开始下一周期的工作，直至剪完 10 块板料后停止工作并回到初始状态。

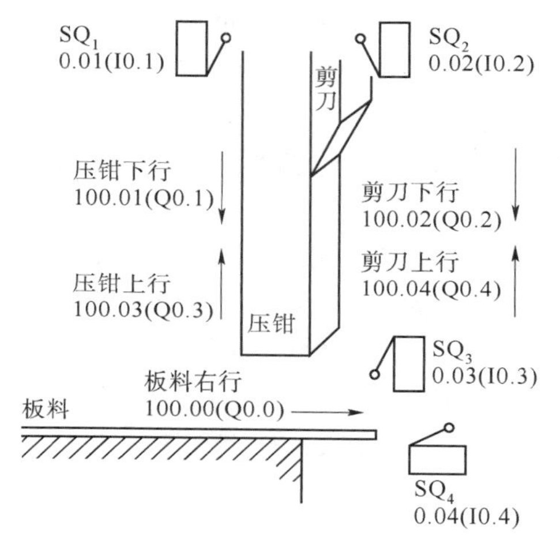

图 5-97 某剪板机示意

剪板机的顺序功能图如图 5-98 所示。在剪板机的工作过程描述中，要求开始时压钳和剪刀在上限位置，这是初始态的要求，在程序设计中需要特别关注。剪板机的初始态在顺序功能图中用“0.00·0.01·0.02”表达，三者是 AND 的关系，即系统要开始工作，需满足 0.00、0.01、0.02 同时为 ON 的转换条件。

用并行序列描述压钳和剪刀同时上行的工作过程。在步 W0.03（M0.3）之后，有一个并行序列的分支。当 W0.03（M0.3）为活动步，且转换条件 0.03（I0.3）得到满足时，并行序列的两个单序列中的第 1 步 W0.04 和 W0.06（步 M0.4 和 M0.6）同时变为活动步。由于压钳和剪刀不会同时上升到位，所以设置了等待步 W0.05（M0.5）和 W0.07（M0.7）来同时结束两个并行序列，将计数器作为 W0.07（M0.7）步的动作，当该步为活动步时进行计数。

在步 W0.05 和 W0.07（M0.5 和 M0.7）之后，有一个选择序列的分支。没有剪完 10 块板料时，C0001 的动断触点闭合，转换条件 $\overline{\text{C0001}}$ 满足，如果压钳和剪板机都上升到位，将从步 W0.05 和 W0.07（M0.5 和 M0.7）转换到步 W0.01（M0.1）。如果已经剪完 10 块板，

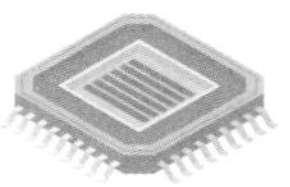

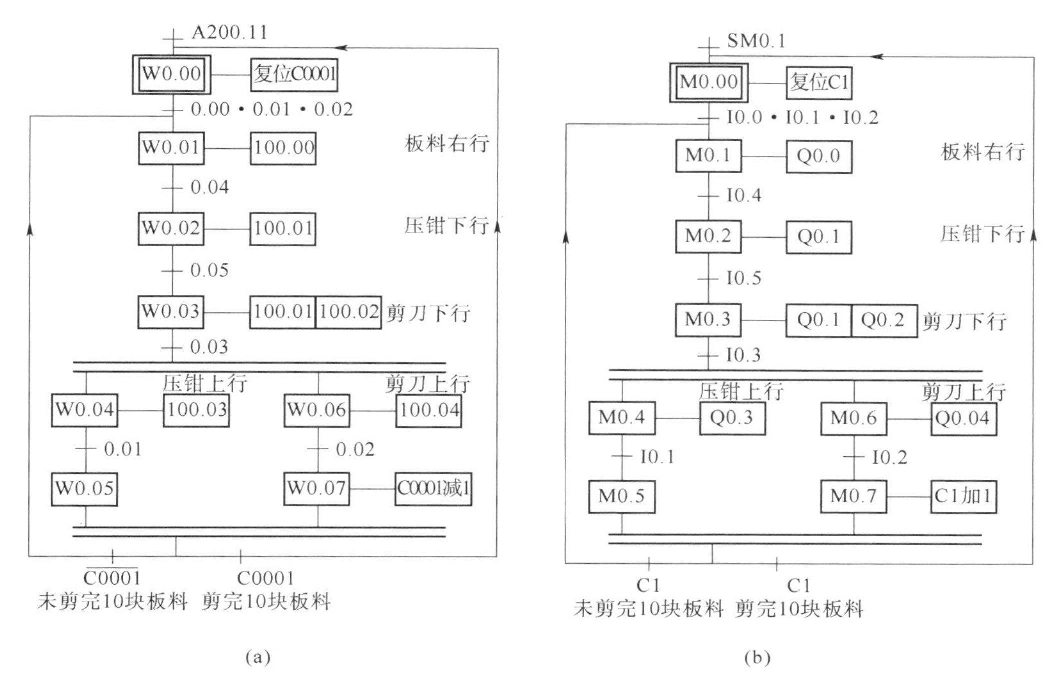

图 5-98 剪板机的顺序功能图

(a) CP1H 型 PLC；(b) S7-200 SMART 型 PLC

C0001的动合触点闭合，转换条件 C0001 满足，将从步 W0.05 和 W0.07（M0.5 和 M0.7）转换到步 W0.00（M0.0）。

（2）顺序功能图转换为梯形图的方法。根据顺序功能图的获得方法可知，要实现顺序功能图和梯形图的转换需要满足两个条件：该转换所有的前级步都是活动步；相应的转换条件得到满足。转换完成后，会实现两个操作：使所有的后续步变为活动步；使所有的前级步变为非活动步。在此基础上，可以将顺序功能图转换为梯形图。

顺序功能图转换为梯形图围绕着步的启动、停止展开，方法包括启保停电路法、置位/复位法、步进指令法和移位指令法等。本书仅介绍前两种方法，其他方法读者可参阅相关书籍和资料。

1）启保停电路法。启保停电路法转换的梯形图包括 5 个部分：步线圈、启动电路、停止电路、自保持电路、输出。启动电路用于使步成为活动步，其组成为与该步相连的所有前级步的动合触点串联相应转换条件的触点（一般为动合触点）；停止电路是用于使步成为非活动步，其组成为相邻下一步的动断触点；自保持电路是步的自保持，步的动合触点与该步的启动电路并联；输出是步对应的动作，一般为输出线圈或定时器、计数器等，并联在步线圈的下方。

图 5-95 所示的运料小车的顺序功能图用启保停电路法转化成的梯形图如图 5-99 所示。此处需要注意的是初始步的启动包括两个，一个是系统上电第一次扫描指令 A200.11（SM0.1），另一个是最后一步结束回到初始步，即 W1.04 动合触点串联定时器 T0002 的动合触点。

剪板机的顺序功能图是具有并行序列和选择序列的顺序功能图，用启保停电路法将其转

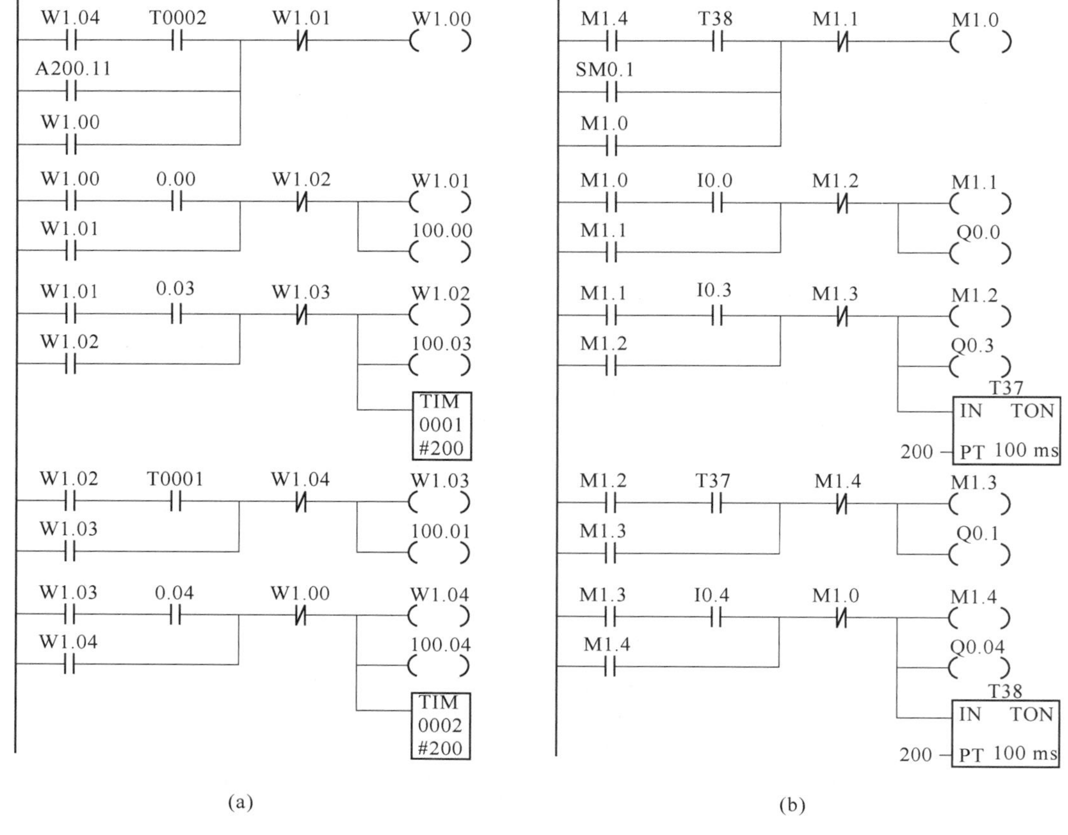

图 5-99 用启保停电路法转化成的运料小车梯形图

（a）CP1H 型 PLC；（b）S7-200 SMART 型 PLC

化成的梯形图如图 5-100 所示。初始态在梯形图上的表达方法是启动按钮 0.00 的动合触点与两个初始态 0.01、0.02 的动合触点串联。

该梯形图并行序列的分支处，当步 W0.03 为活动步，转换条件 0.03 满足时，W0.04 和 W0.06 均变为活动步，在梯形图上，W0.04 和 W0.06 的启动电路均为 W0.03 和 0.03 的动合触点串联，W0.03 在 W0.04 或 W0.06 变为活动步时均停止，因此 W0.03 的停止电路原则上应为 W0.04 和 W0.06 动合触点的串联；但 W0.04 和 W0.06 在顺序功能图中属于不同的分支，它们的停止电路不同，分别为 W0.05 和 W0.07。在并行序列的合并处，必须有 W0.05 和 W0.07 同为活动步，且转换条件 C0000（或 $\overline{C0}$）满足时，才能激活下一步，即 W0.00（或 W0.01）。在梯形图上的实现方法是 W0.05、W0.07 的动合触点与转换条件 C0000 的动合触点（或动断触点）串联。

选择序列体现在计数器判定是否剪完 10 块板料。当压钳和剪刀都返回顶部时，W0.05 和 W0.07 变为 ON，它们的动合触点接通；同时，W0.07 由 OFF 变为 ON 使计数器减 1。如果计数器完成 10 次计数，则计数器的动合触点 C0001 接通，这样，W0.05、W0.07 与计数器动合触点 C0001 组成的逻辑行接通，使 W0.00 步变为 ON，系统回到初始位置；如果未剪完 10 块板料，计数器 C0001 的动断触点是 ON 状态，系统返回 W0.01 步重复剪板过程。

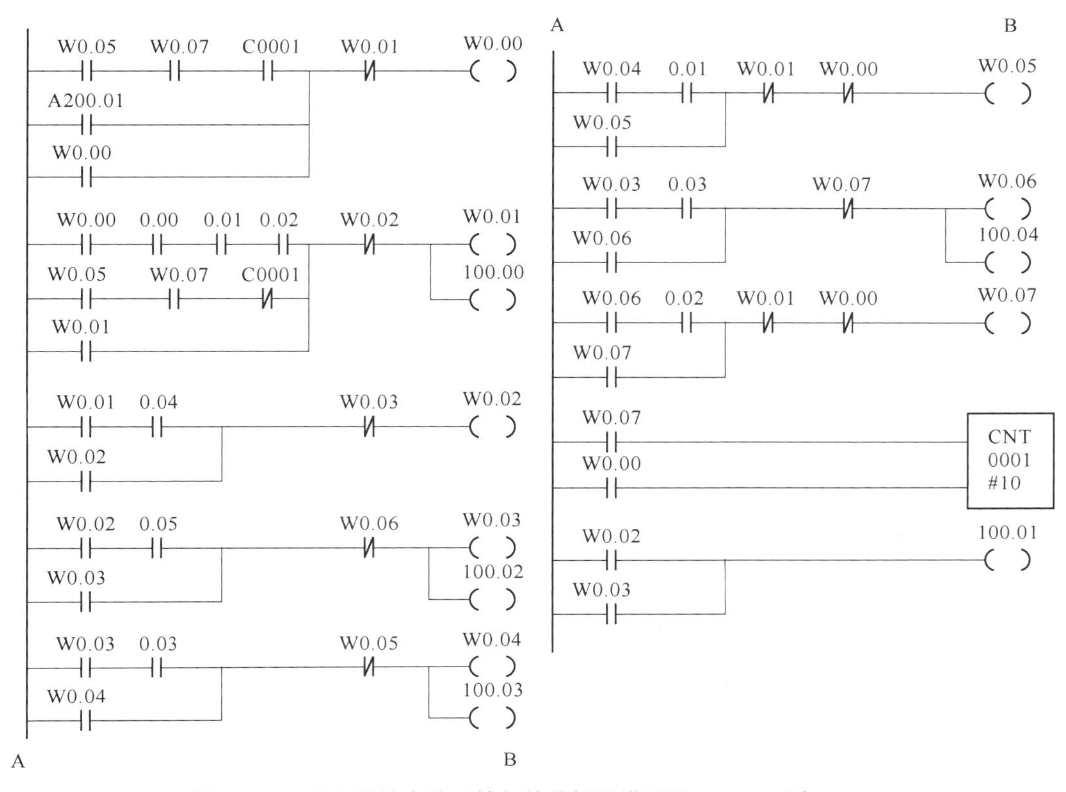

图 5-100　用启保停电路法转化的剪板机梯形图（CP1H 型 PLC）

在该梯形图中还有一点需要注意：步 W0.02 和 W0.03 都有输出 100.01，在这种情况下，为了防止线圈重复输出，不在步 W0.02 和 W0.03 下分别并联 100.01，而是将步 W0.02 和 W0.03 的动合触点并联后一起控制 100.01 线圈。

由于此种转换方法中两种 PLC 梯形图程序相似，所以为了节省篇幅，只给出了 CP1H 型 PLC 程序示例。

2）置位/复位法。置位/复位法转换出的梯形图包括 4 个部分：置位指令使步置位、启动电路、复位指令使步复位（停止电路）、单列输出线圈。

启动电路的组成与启保停电路法相同。利用置位指令使步成为活动步并保持；利用复位指令使步复位（即变为非活动步），置位指令与复位指令并联，它们的操作数分别为前一级步和当前步。也就是说，某一步成为活动步，同时其前级步成为非活动步；输出一般用线圈的形式单列在程序最后，相应步的触点作为其输入条件。

用置位/复位法转换的运料小车梯形图如图 5-101 所示。以激活 W1.01（M1.1）为活动步为例，当 W1.01（M1.1）的前一级步 W1.00（M1.0）为活动步，且转换条件 0.00（I0.0）为 ON 时，利用置位指令 SET（或 S）使 W1.01（M1.1）变为活动步，同时对 W1.00（M1.0）使用复位指令 RSET（R），置位 W1.01（M1.1）与复位 W1.00（M1.0）并联。程序中，输出没有并联在相应步的下方，而是单独列在最后。实际上，输出也可以用置位/复位指令并将其并联在相应步的置/复位下方，尤其是当某个输出连续出现在多个步中时；但如果不是这种情况，则建议单独列在后面，以防漏写或产生其他问题。

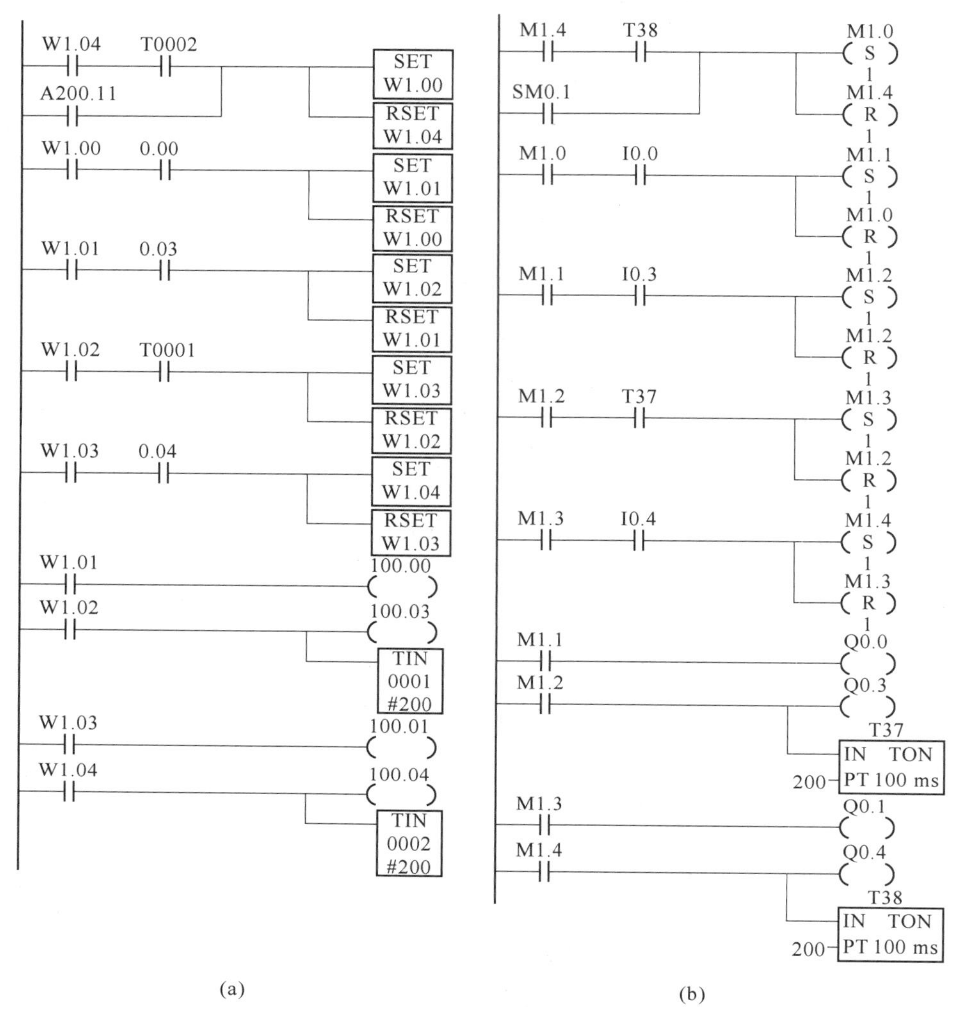

图 5-101　用置位/复位法转换的运料小车梯形图

（a）CP1H 型 PLC；（b）S7-200 SMART 型 PLC

图 5-102、图 5-103 分别为两种型号 PLC 用置位/复位法转换的剪板机梯形图，对于有并行序列的顺序功能图，置位/复位法转换逻辑关系更明晰。在分支处，W0.03（M0.3）为活动步，且转换条件 0.03（I0.3）为 ON 时，即分支处启动电路为 ON 时，置位指令使两个分支的开始步 W0.04（M0.4）和 W0.06（M0.6）均变为 ON 且保持，同时复位指令对 W0.03（M0.3）步进行复位，使其变为非活动步。在合并处，当两个分支的最后一步 W0.05（M0.5）和 W0.07（M0.7）为 ON，且剪完 10 块板料时，转换条件 C0001（C1）动合触点为 ON，置位指令使 W0.00（M0.0）步变为活动步，同时，复位指令使 W0.05（M0.5）、W0.07（M0.7）步变为非活动步；如果没有剪完 10 块板料，转换条件 C0001（C1）动断触点为 ON，置位指令使 W0.01（M0.1）步变为活动步，同时复位指令使 W0.05（M0.5）和 W0.07（M0.7）步变为非活动步。

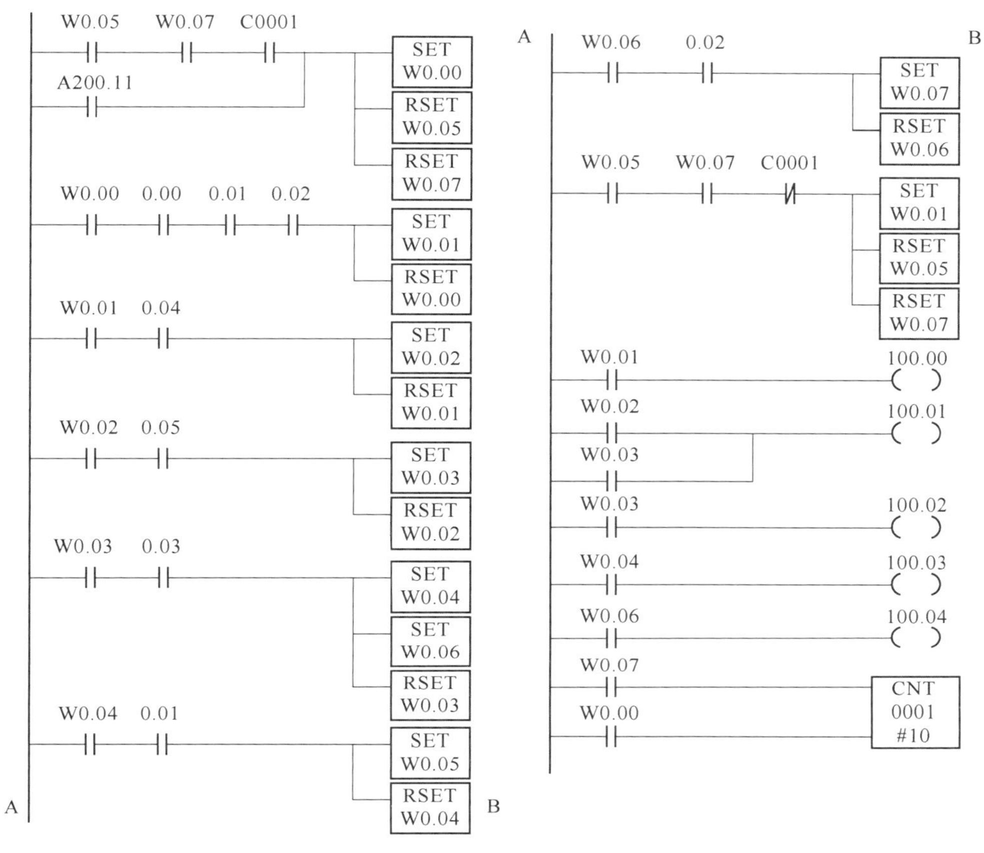

图 5-102　用置位/复位法转换的剪板机梯形图（CP1H 型 PLC）

4. 具有多种工作方式系统的顺序控制梯形图设计方法

为了满足生产的需要，很多设备要求设置多种工作方式，如手动和自动（包括连续、单周期、单步、回原点等）工作方式。手动程序比较简单，一般用经验法设计，复杂的自动程序一般采用顺序功能图法。下面以机械手搬运工件为例进行介绍。本设计以 S7-200 SMART 型 PLC 中的设计为例进行介绍。

（1）控制系统的控制要求。机械手工作过程示意如图 5-104 所示，机械手将 *A* 点上的工件搬运到 *B* 点。运动由限位开关控制，机械手的初始状态在左限位、上限位、手位放松状态。机械手搬运工件的动作过程为下降、夹紧、上升、右行、放松和左行，完成一个工作循环。

机械手要求有以下 5 种工作方式。

1）手动。在手动工作方式下用 6 只按钮分别控制机械手的下降、上升、右行、左行、放松、夹紧。

2）回原点。机械手在最上面和最左边且夹紧装置松开时，称为系统处于原点状态（初始状态）。进入单周期、连续和单步工作方式之前，系统应处于原点状态。如果不满足这一条件，则在回原点工作方式按启动按钮，可使系统自动返回原点状态。

3）单步。在单步工作方式下，从初始步开始，按一下启动按钮，系统转换到下一步，完成该步的任务后，自动停止工作并停留在该步。再按一下启动按钮，开始执行下一步的操

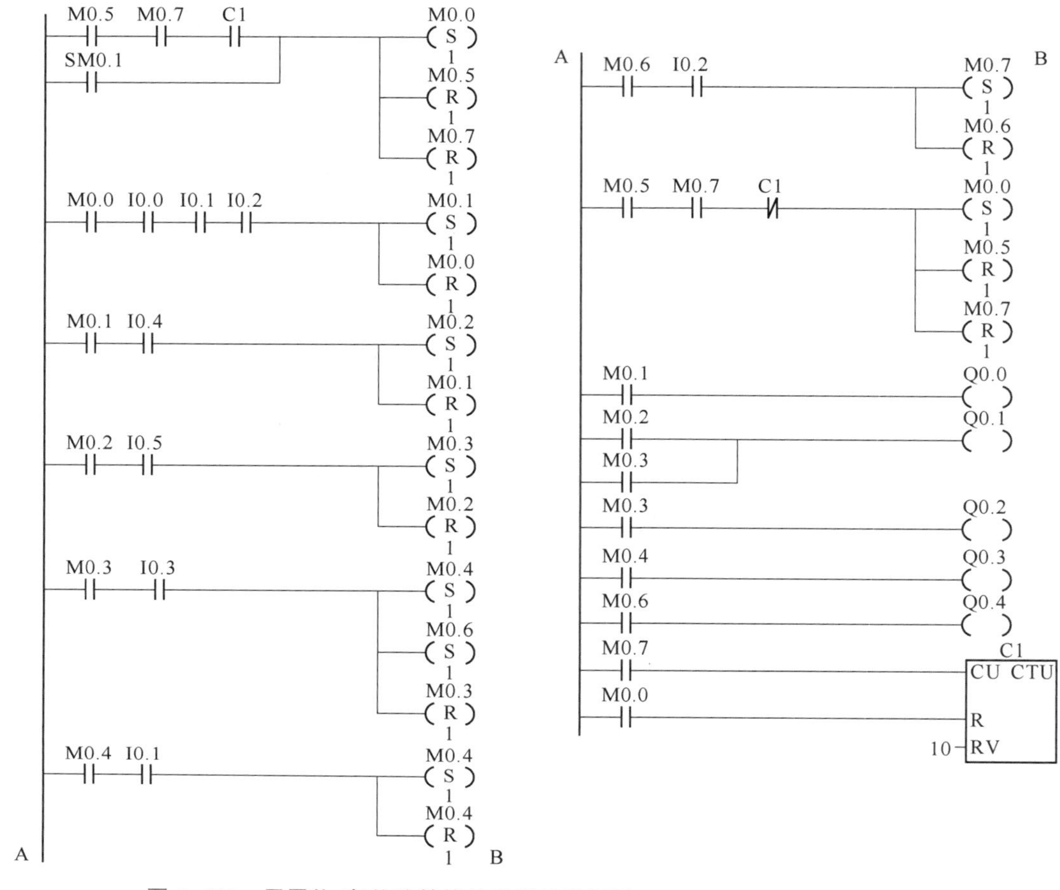

图 5-103 用置位/复位法转换的剪板机梯形图（S7-200 SMART 型 PLC）

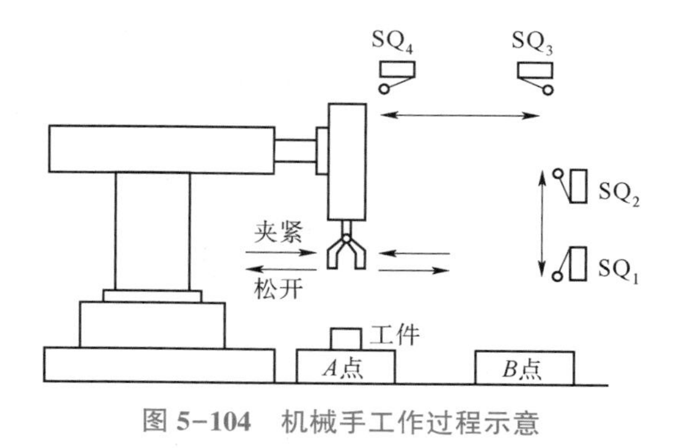

图 5-104 机械手工作过程示意

作。单步工作方式用于系统的调试。

4）单周期。在单周期工作方式且系统处于初始状态下，按下启动按钮，机械手按照规定的动作顺序完成一个循环后返回并停留在初始状态。

5）连续。在连续工作方式且系统处于初始状态下，按下启动按钮，系统反复连续自动工作。按下停止按钮，完成最后一个周期的工作后，返回并停留在初始状态。

（2）硬件电路设计。控制面板如图 5-105 所示，工作方式选择开关的 5 个位置分别对

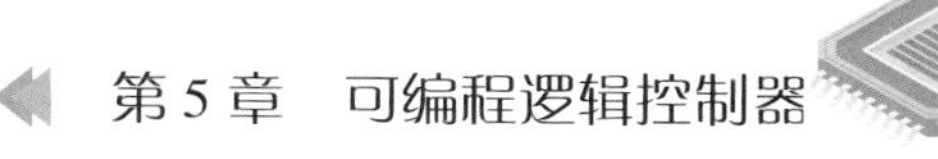

应于5种工作方式，操作面板左下部的6只按钮是“手动”按钮。为保证在紧急情况（包括PLC发生故障）下能可靠地切断PLC的负载电源，设置了交流接触器KM。在PLC开始运行时按下“负载电源”按钮，使KM线圈得电并自锁，KM的主触点接通，给外部负载提供交流电源，出现紧急情况时用“紧急停车”按钮断开负载电源。

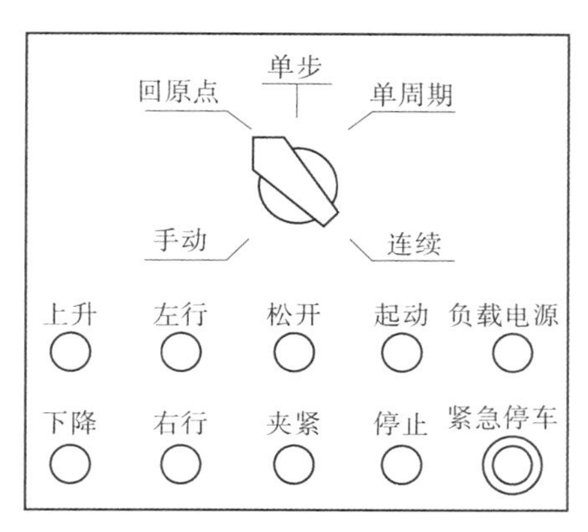

图5-105　控制面板

根据控制要求列出所用的I/O点，并为其分配相应的地址，如表5-31所示。机械手PLC控制I/O接线图如图5-106所示。Q0.1为ON时工件被夹紧，为OFF时工件被松开。

表5-31　机械手控制I/O地址分配

输入信号			输出信号		
符号	地址	注释	符号	地址	注释
SQ_1	I0.1	下限位检测	YV_0	Q0.0	手臂下降电磁阀
SQ_2	I0.2	上限位检测	YV_1	Q0.1	手指夹紧放松电磁阀
SQ_3	I0.3	右限位检测	YV_2	Q0.2	手臂上升电磁阀
SQ_4	I0.4	左限位检测	YV_3	Q0.3	手臂右行电磁阀
SB_4	I0.5	手动上升按钮	YV_4	Q0.4	手臂左行电磁阀
SB_5	I0.6	手动左行按钮	—	—	—
SB_6	I0.7	手动松开按钮	—	—	—
SB_7	I1.0	手动下降按钮	—	—	—
SB_8	I1.1	手动右行按钮	—	—	—
SB_9	I1.2	手动夹紧按钮	—	—	—
SA-1	I2.0	手动工作方式	—	—	—
SA-2	I2.1	回原点工作方式	—	—	—
SA-3	I2.2	单步工作方式	—	—	—
SA-4	I2.3	单周期工作方式	—	—	—

续表

输入信号			输出信号		
SA-5	I2.4	连续工作方式	—	—	—
SB_{10}	I2.6	启动按钮	—	—	—
SB_{11}	I2.7	停止按钮	—	—	—

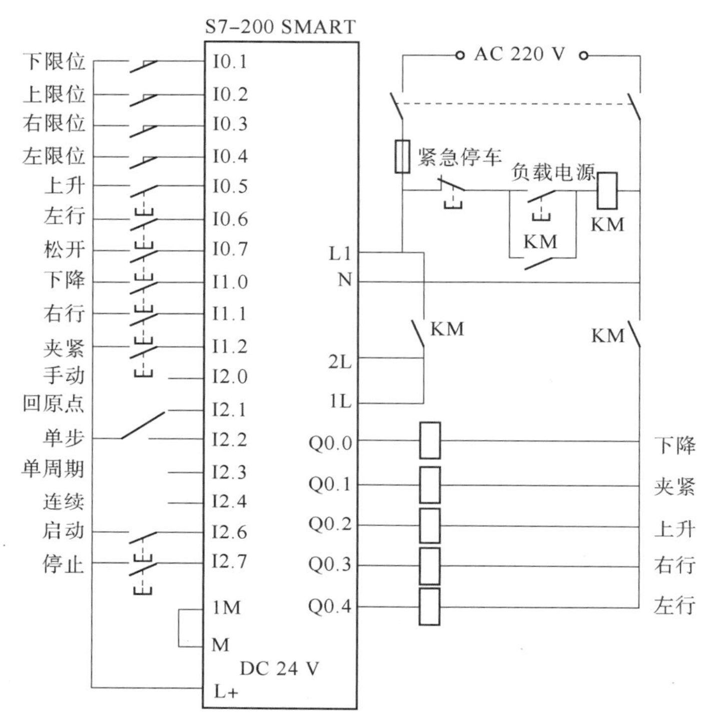

图 5-106 机械手 PLC 控制 I/O 接线图

（3）系统软件设计。程序采用在主程序（如图 5-107 所示）中调用子程序的方法来实现不同的工作方式的控制，同时只能选择一种工作方式。公用程序是无条件调用的。工作方式选择开关在“手动”位置时调用手动程序，在“回原点”位置时调用回原点程序。为了简化程序，将单步、单周期和连续这 3 种工作方式的程序合并为自动程序。

1）公用程序。公用程序用于处理各种工作方式都要执行的任务，以及不同的工作方式之间相互切换的任务，如图 5-108 所示。

机械手在最上面和最左边、夹紧装置松开时，左限位开关 I0.4、上限位开关 I0.2 的动合触点和 Q0.1 的动断触点组成的串联电路接通，使内部标志位 M0.5 变为 ON，称 M0.5 为 ON 是原点条件。

在开始执行用户程序（SM0.1 为 ON）、系统处于手动状态或回原点状态（I2.0 或 I2.1 为 ON）时，如果 M0.5 为 ON（满足原点条件），则初始步对应的 M0.0 将被置位，为进入单步、单周期和连续工作方式做好准备。如果此时 M0.5 为 OFF，则 M0.0 将被复位，按下启动按钮也不能进入步 M2.0，系统不能在单步、单周期和连续工作方式工作。

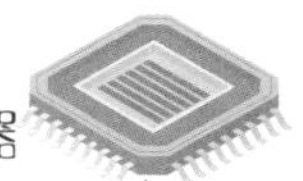

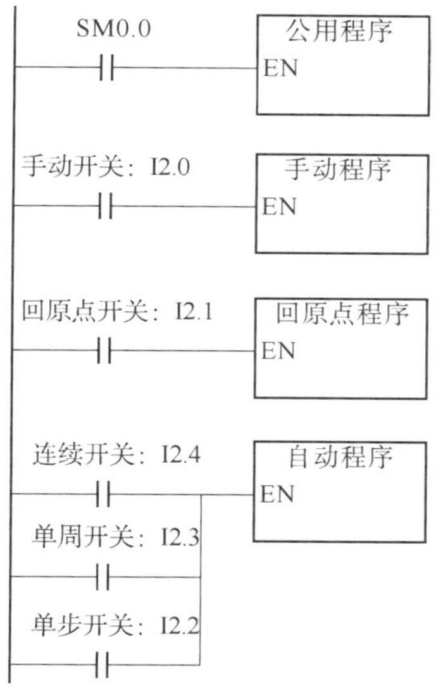

图 5-107 主程序

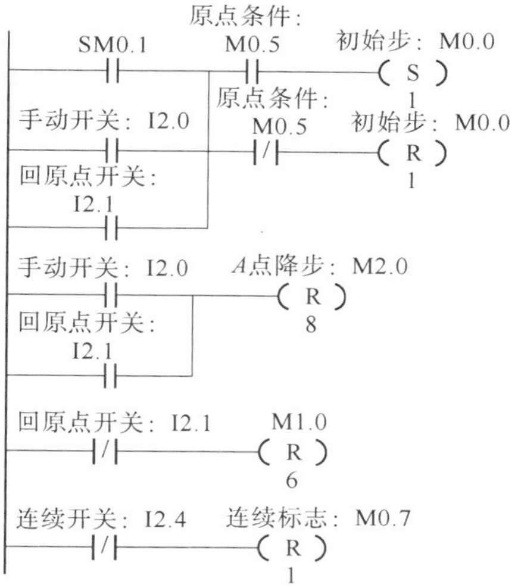

图 5-108 公用程序

2）手动程序。手动程序如图 5-109 所示。

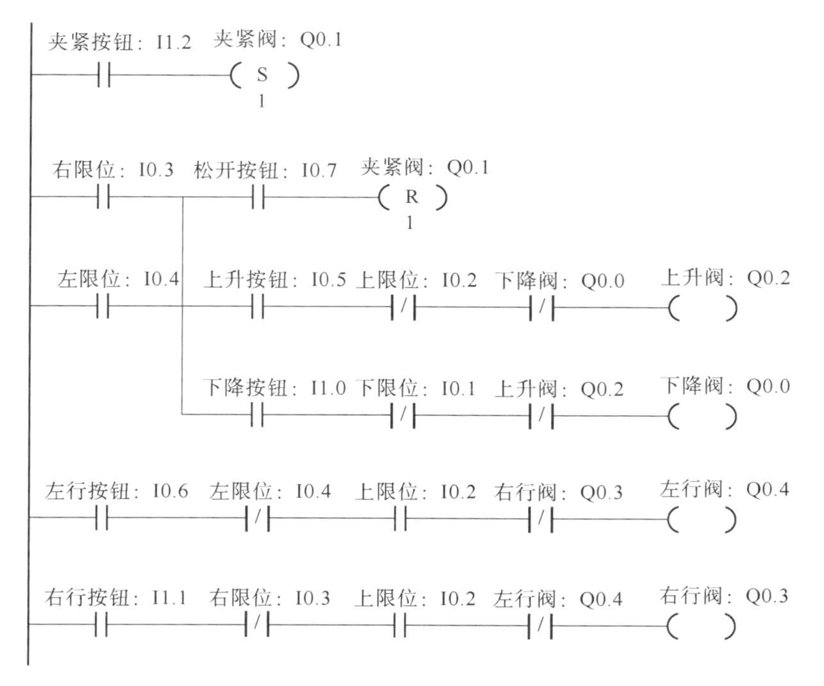

图 5-109 手动程序

为了保证系统的安全运行，在手动程序中设置了一些必要的联锁：

①用限位开关 I0.1～I0.4 的动断触点限制机械手移动的范围；

②设置上升与下降之间、左行与右行之间的互锁；

③上限位开关 I0.2 的动合触点与控制左、右行的 Q0.4 和 Q0.3 的线圈串联，机械手升到最高位置才能左、右移动；

④只有当左、右限位开关 I0.4 或 I0.3 为 ON 时，才允许机械手进行松开工件、上升和下降的操作。

3）自动程序。自动程序采用顺序功能图法编写而成，图 5-110 为机械手工作的顺序功能图，顺序功能图最上面的转换条件“M0.5·（SM0.1+I2.0+I2.1）”与公用程序有关，是公用程序第一逻辑行的输入条件。自动程序如图 5-111 所示。单周期、连续和单步这 3 种工作方式主要是用连续标志 M0.7 和转换允许标志 M0.6 来区分的。

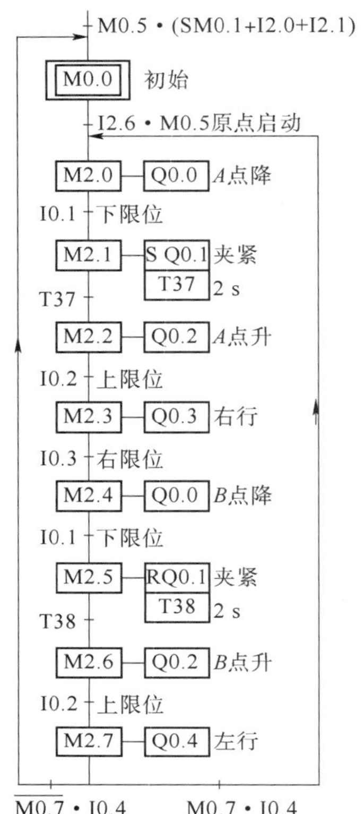

图 5-110　机械手工作的顺序功能图

①单周期与连续的区分。上电后如果原点条件不满足，M0.5 为 OFF，则无法开启自动模式，应进入手动或回原点工作方式，使原点条件满足，初始步 M0.0 为 ON 后切换到自动方式。

系统工作在连续和单周期方式时，单步开关 I2.2 的动断触点接通，转换允许标志 M0.6 的动合触点接通，允许步与步之间的正常转换。

在连续工作方式的初始步时，如果满足原点条件，按下启动按钮 I2.6，则连续标志 M0.7 的线圈得电并自保持。图 5-111 左边第 3 个网络的 4 个触点全部接通，从初始步转换到 *A* 点降步，机械手下降，碰到下限位开关 I0.1 时，转换到“夹紧”步 M2.1；T37 定时时间到时，转换到 *A* 点升步，系统将这样一步一步地工作下去。

在左行步 M2.7 返回最左边时，左限位开关 I0.4 变为 ON，因为连续标志 M0.7 为 ON，转换条件“M0.7·I0.4”满足，系统将返回 *A* 点降步 M2.0，反复连续地工作下去。

按下停止按钮 I2.7，M0.7 变为 OFF，完成当前工作周期的全部操作后，在步 M2.7 机械手返回最左边，左限位开关 I0.4 变为 ON，转换条件满足，系统返回并停留在初始步。

在单周期工作方式的步 M2.7 为活动步、左行阀 Q0.4 为 ON、机械手返回最左边时，左限位开关 I0.4 为 ON，因为连续标志 M0.7 为 OFF，所以转换条件“$\overline{\text{M0.7}}$·I0.4”满足，返回初始步，即按一次启动按钮，只工作一个周期。

②单步工作方式。在单步工作方式下，单步开关 I2.2 的动断触点断开，转换允许标志 M0.6 在一般情况下为 OFF，不允许步与步之间的转换。设初始步时系统处于原点状态，按下启动按钮 I2.6，M0.6 在一个扫描周期为 ON，转换到 *A* 点降步 M2.0，机械手下降。在启动按钮上升沿之后，M0.6 变为 OFF。

当机械手碰到下限位开关 I0.1 时，与下降阀 Q0.0 的线圈串联的下限位开关 I0.1 的动断触点断开，使下降阀 Q0.0 的线圈失电，机械手停止下降。此时图 5-111 左边第 4 个网络的下限位开关 I0.1 的动合触点闭合，如果没有按启动按钮，则转换允许标志 M0.6 处于 OFF，不会转换到下一步，一直要等到按下启动按钮，M0.6 的动合触点接通，才能使转换条件 I0.1（下限位）起作用，转换到夹紧步。完成每一步的操作后，都必须按一次启动按钮，才能转换到下一步。

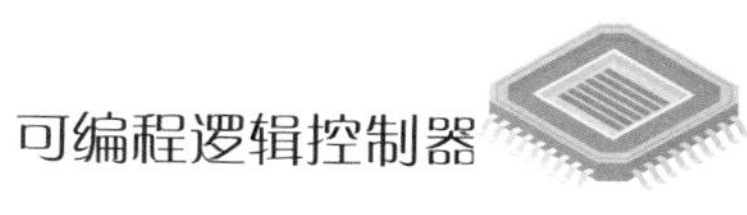

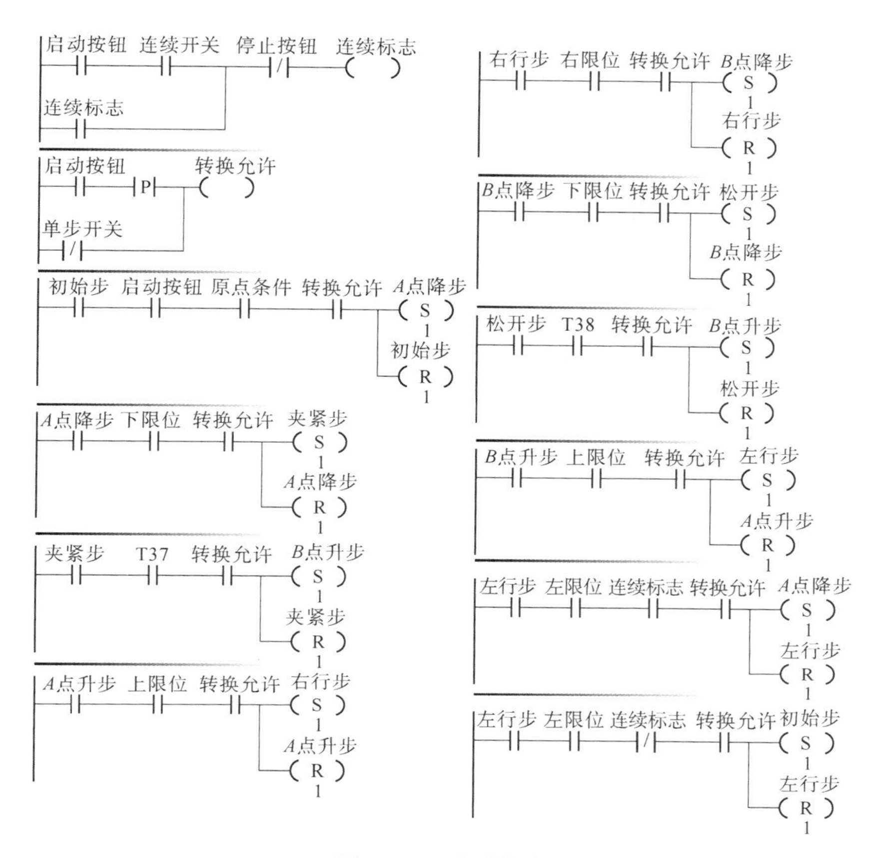

图 5-111　自动程序

③输出程序。相应步的动合触点连接输出阀，当步为活动步，其动合触点为 ON，使阀变为 ON。输出程序如图 5-112 所示，电路中 4 个限位开关 I0. 1 ~ I0. 4 的动断触点是为单步工作方式设置的。机械手碰到右限位开关 I0. 3 后，右行步 M2. 3 不会马上变为 OFF，如果右行阀 Q0. 3 的线圈不与右限位开关 I0. 3 的动断触点串联，则机械手还会继续右行，对于某些设备，可能会造成事故。

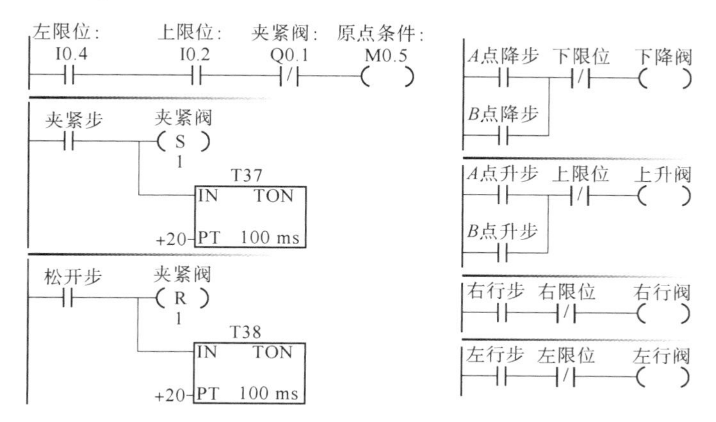

图 5-112　输出程序

④回原点程序。回原点的顺序功能图与程序如图 5-113 所示。

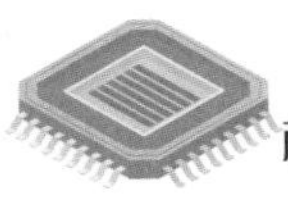

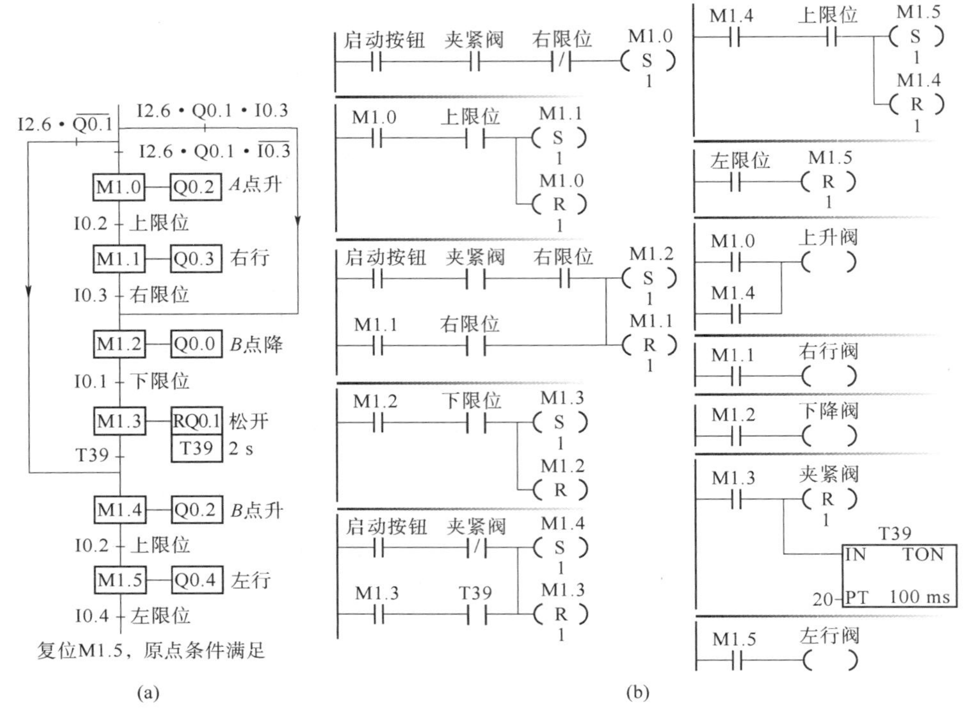

图 5-113　回原点的顺序功能图与程序

（a）顺序功能图；（b）程序

在回原点工作方式，回原点开关 I2.1 为 ON，调用回原点程序。根据机械手所处的位置和夹紧装置的状态，分为以下 3 种情况分别进行处理。

a）夹紧装置松开。夹紧装置松开时 Q0.1 为 OFF，机械手应上升和左行，直接返回原点位置。按下启动按钮 I2.6，进入 *B* 点升步 M1.4。如果机械手已经在最上面，则上限位开关 I0.2 为 ON，进入 *B* 点升步后，马上转换到左行步。

返回原点的操作结束后，原点条件满足。图 5-110、图 5-111 中的初始步 M0.0 在公用程序中被置位，可以认为步 M0.0 是左行步 M1.5 的后续步。

b）夹紧装置处于夹紧状态，机械手在最右边（I0.3 为 ON），此时应将工件放到 *B* 点后再返回原点位置。按下启动按钮 I2.6，机械手应进入 *B* 点降步 M1.2，首先执行下降和松开操作，释放工件后，机械手再上升和左行，返回原点位置。如果机械手已经在最下面，则下限位开关 I0.1 为 ON，进入 *B* 点降步后，因为转换条件已经满足，所以将马上转换到松开步。

c）夹紧装置处于夹紧状态，机械手不在最右边，按下启动按钮 I2.6，进入 *A* 点升步 M1.0，机械手首先上升，然后右行、下降和松开工件，将工件放到 *B* 点后再上升、左行，返回原点位置。如果机械手已经在最上面，则上限位开关 I0.2 为 ON，进入 *A* 点升步后，因为转换条件已经满足，所以将马上转换到右行步。

上述编程是利用 S7-200 SMART 进行的。对于 CP1H 型 PLC，可以使用子程序调用指令（SBS），将公用程序、手动程序、回原点程序、自动程序作为子程序进行调用，各程序段的编程方法与 S7-200 SMART 相同。另外，利用 JMP/JME 指令、IL /ILC 指令，也可以实现多种方式系统的控制编程，由于篇幅有限，故此处不再赘述。利用 SFT 指令编程的机械手控制梯形图见二维码 5-4。

二维码 5-4　利用 SFT 指令编程的机械手控制梯形图

5.5　PLC在运动控制中的应用

运动控制是通过控制被控对象（通常是步进电动机或伺服电动机）的速度、位移、力矩等物理量来完成指定的控制任务。例如，工业自动化中工作台的往返运动、3D打印机的控制、数控机床的控制、工业机器人的控制等，都属于运动控制范畴。与热加工最密切的就是工业机器人（机械手），如压铸单元的喷涂、取件机器人，焊接机器人等。

5.5.1　运动控制系统的基础知识

1. 运动控制系统的组成

一个完整的运动控制系统由运动控制器、步进驱动器或伺服驱动器、步进电动机或伺服电动机组成。运动控制器通过发送脉冲或者通信的方式将控制信号发送给步进驱动器或伺服驱动器，步进驱动器或伺服驱动器再根据控制指令驱动步进电动机或伺服电动机，PLC可作为运动控制器，能够通过发送脉冲实现运动控制的PLC是晶体管输出型的。由于伺服电动机本身集成了编码器，因此通常构成闭环控制系统，而步进电动机本身没有编码器，因此多构成开环控制系统，当然，也可以通过在运动轴上安装编码器而使步进电动机驱动轴也构成闭环控制系统。本章在主体内容中介绍步进电动机控制的基础知识，伺服电动机的控制内容见本章后面的【拓展阅读】。

2. 步进驱动器

步进电动机在前面的章节已经进行了详细的阐述，此处介绍步进驱动器的相关知识。

步进驱动器是驱动步进电动机运行的功率放大器，它能接收控制器（PLC或单片机等）发送来的控制信号，并控制步进电动机转过相应的角度/步数。最常见的控制信号是脉冲信号。步进驱动器接收到一个有效脉冲就控制步进电动机运行一步。具有细分功能的步进驱动器可以改变步进电动机的固有步距角，达到更高的控制精度，降低振动及提高输出转矩；除了脉冲信号，具有总线通信功能的步进驱动器还能接收总线信号控制步进电动机进行相应的动作。

以雷赛公司推出的DM542两相步进驱动器为例进行介绍，其结构见二维码5-5。步进驱动器一般包括控制信号端子、电源端子、电动机接线端子、输出电流设置拨码开关和细分驱动装置等部分，其接线原理如图5-114所示。

二维码5-5　DM542两相步进驱动器

（1）控制信号端子。控制信号端子与控制器（如PLC）相连，用来接收控制器发出的脉冲、方向及使能信号。脉冲信号（Pulse）有两个接线端子：PUL+和PUL-，分别连接脉冲信号的正极和负极。脉冲信号以PUL+和PUL-的电压差来衡量。拨码开关SW13可设置脉冲的有效沿，默认上升沿有效（SW13=OFF）。方向信号（Direction）有两个接线端子：DIR+和DIR-，分别连接方向信号的正极和负极。电动机运行过程中方向的改变可通过方向信号进行控制。使能信号（Enable）用于使能或禁止驱动器输出，有两个接线端子：ENA+和ENA-，分别连接使能信号的正极和负极。当ENA+信号接通时，驱动器将切断步进电动机各相电源而使其处于自由状态，该状态不响应脉冲信号。另外还有报警信号、抱闸信号及两者的公共端COM。

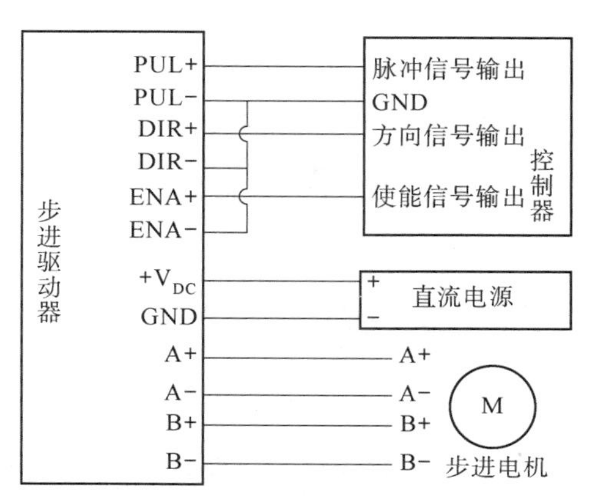

图 5-114　步进驱动器接线原理

（2）电源端子。电源接口包括两个接线端子：$+V_{DC}$、GND（0），其中$+V_{DC}$接直流电源正极，GND接直流电源负极。

（3）电动机接线端子。电动机接线端子包括A+、A-、B+、B-，其中A+和A-是步进电动机的A相绕组的两个接线柱；B+和B-是B相绕组的两个接线柱。

（4）输出电流设置拨码开关。DM542驱动器的中间有8个拨码开关，可以改变驱动器输出电流大小。$SW_1 \sim SW_3$拨码开关的设置如表5-32所示。当步进驱动器设置的输出电流越大时，其连接的步进电动机的输出力矩就越大。但电流过大会导致电动机和驱动器发热，严重时可能会损害电动机或驱动器。因此，在设置步进驱动器的电流时建议遵循以下原则：四线电动机设置输出电流等于或略小于电动机的额定电流；六线电动机高力矩模式下，设置输出电流等于电动机单极性接法额定电流的50%；六线电动机高速模式下，设置输出电流等于电动机单机、单极性接法额定电流的100%。

例如，用DM542驱动器驱动某一额定电流为2.5 A的步进电动机，可采用输出平均值2.36 A的挡位，设置SW_1=OFF、SW_2=ON、SW_3=OFF。

表 5-32　步进电动机输出电流设置

输出峰值电流	输出参考电流	SW_1	SW_2	SW_3
1.00 A	0.71 A	ON	ON	ON
1.45 A	1.04 A	OFF	ON	ON
1.91 A	1.36 A	ON	OFF	ON
2.37 A	1.69 A	OFF	OFF	ON
3.84 A	2.03 A	ON	ON	OFF
3.31 A	2.36 A	OFF	ON	OFF
3.76 A	2.69 A	ON	OFF	OFF
4.20 A	3.00 A	ON	ON	ON

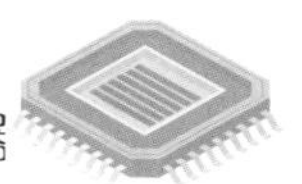

另外需要注意：步进电动机运动类型和停留时间的长短，都会影响其发热量，实际使用中应视电动机的发热情况适当调节输出电流的大小。原则上电动机运行 15~30 min 后如果表面温度低于 40 ℃，则可适当增加电流设置值，以增大输出扭矩；但如果温升太高（>70 ℃），则应降低电流的设置值。

拨码开关 SW_4 用于静止电流设置，默认 SW_4=OFF，表示驱动器在没有接到脉冲 0.4 s 之后，将输出电流改变为峰值电流的 50%，这样可以降低电动机和驱动器的发热；如果设置 SW_4=ON，则电动机在静止状态下，驱动器的输出电流为其峰值电流的 90%。

（5）细分驱动装置。步进电动机都标有“固有步距角”，如某电动机的固有步距角为 1.8°，意味着一个脉冲，电动机转 1.8°，则转一圈需要的脉冲数为 360/1.8=200 个。但对于较为精密的控制场景，如需要电动机转动 1°，那么就无法实现了。因此，引出了“细分”的功能。将一个固有步距角再分成很多步的驱动方法，称为细分驱动，能实现细分驱动的驱动器称为细分驱动器。常见的细分值有 2、4、8、16、32、62、128 等，细分后每转一周需要的脉冲数为 200 乘以相应的细分值。例如，进行 8 细分，每转一周需要的脉冲数为 200×8=1 600个。

以 DM542 驱动器为例，该驱动器提供了 SW_5~SW_8 这 4 个拨码开关用于细分驱动设置，如表 5-33 所示。当 SW_5~SW_8 全为 ON 时，驱动器每转脉冲数（即每转一周需要的脉冲数）为 200 个。需要注意的是，每转脉冲数为 200 的倍数，范围是 200~51 200。

例如，需要把电动机设置为 3 200 步/转（即每转一周需要 3 200 个脉冲信号），则拨码开关的设置如下：SW_5=ON，SW_6=ON，SW_7=OFF，SW_8=ON。

表 5-33　DM542 驱动器细分驱动设置

细分	步/转	SW_5	SW_6	SW_7	SW_8
无	200	ON	ON	ON	ON
2	400	OFF	ON	ON	ON
4	800	ON	OFF	ON	ON
8	1 600	OFF	OFF	ON	ON
16	3 200	ON	ON	OFF	ON
32	6 400	OFF	ON	OFF	ON
64	12 800	ON	OFF	OFF	ON
128	25 600	OFF	OFF	OFF	ON
5	1 000	ON	ON	ON	OFF
10	2 000	OFF	ON	ON	OFF
20	4 000	ON	OFF	ON	OFF
25	5 000	OFF	OFF	ON	OFF
40	8 000	ON	ON	OFF	OFF
50	10 000	OFF	ON	OFF	OFF
100	20 000	ON	OFF	OFF	OFF
125	25 000	OFF	OFF	OFF	OFF

5.5.2 CP1H 型 PLC 的运动控制

二维码 5-6 CP1H 的 X/XA 型 PLC 的高速计数器端子分配及编码器接线示例

CP1H 型 PLC 具有 4 轴高速计数输入、4 轴高频脉冲输出。高速计数的典型应用是测量转速。不同型号 PLC 高速计数器端子的接线端子不同，二维码5-6为 CP1H 的 X/XA 型 PLC 的高速计数器端子分配及与编码器接线示例。高频率脉冲输出可用于步进电动机或伺服电动机控制。

1. 运动控制指令

（1）频率设定指令 SPED（885）。SPED 指令是设定脉冲频率并通过指定的脉冲输出端口输出无加/减速的脉冲。它可以采用独立模式与 PULS 指令配合实现定位控制；也可以采用连续模式实现速度控制。若在脉冲输出过程中执行 SPED 指令，则将改变当前脉冲输出的频率值，可以实现阶跃方式的速度变化。SPED 指令具有上微分型指令的特性。其梯形图如下：

SPED	
C1	C1：端口指定
C2	C2：模式指定
S	S：目标频率低位CH编号

操作数区域：

C1、C2：设定的常数；S：CIO0000 ~ CIO6142、W000 ~ W510、H000 ~ H510、A000 ~ A958、T0000 ~ T4094、C0000 ~ C4094、D00000 ~ D32766、 * D 或@ D。

操作数说明：

C1：端口指定。

0000H：0#脉冲输出；0001H：1#脉冲输出；0002H：2#脉冲输出；0003H：3#脉冲输出。

C2：模式指定。具体说明如下：

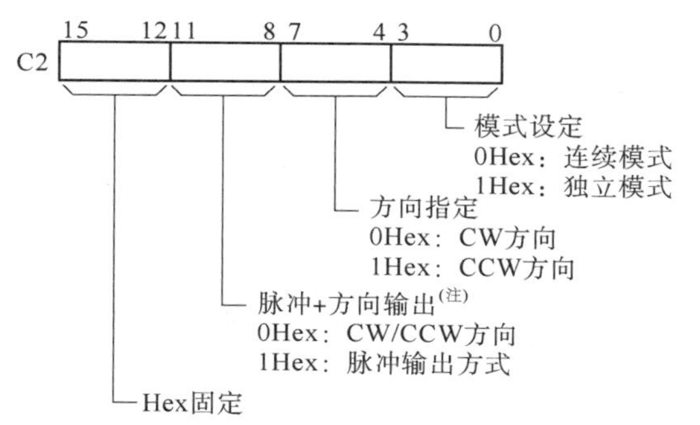

S：目标频率值的低位（首）通道编号，以 1 Hz 为输出频率单位。具体说明如下：

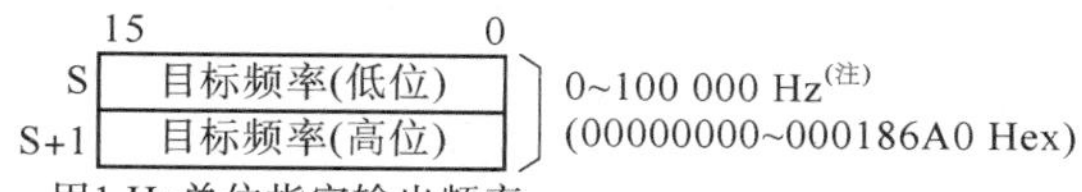

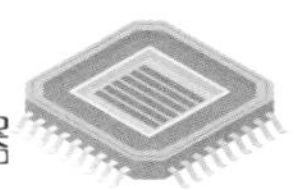

（2）脉冲量设置指令 PULS（886）。PULS 指令是通过独立模式将设定的脉冲输出量在频率设定指令（SPED）或频率加/减速控制指令（ACC）控制下产生输出。PULS 指令具有上微分型指令的特性。其梯形图如下：

PULS	
C1	C1：端口指定
C2	C2：控制数据
S	S：脉冲输出量设定低位CH编号

操作数区域同 SPED 指令。

操作数说明：

C1：端口指定，同 SPED 指令。

C2：控制数据，0000H——设定相对脉冲；0001H——设定绝对脉冲。

输出的脉冲量分为相对脉冲和绝对脉冲两种，设定为相对脉冲时，移动脉冲量=脉冲输出量的设定值；设定为绝对脉冲时，移动脉冲量=脉冲输出量的设定值-当前值。

S：脉冲输出量的低位通道号。具体说明如下：

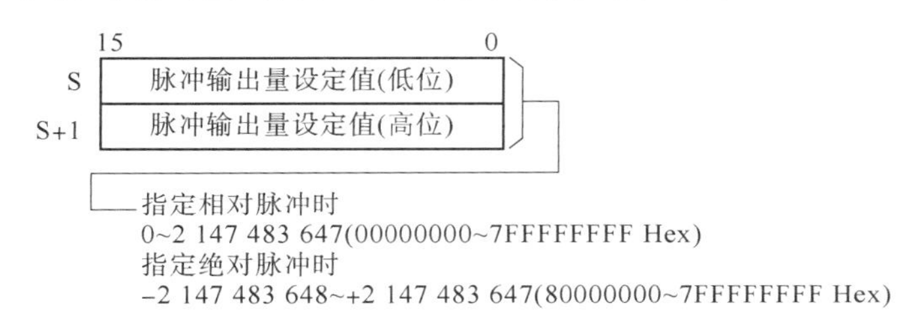

功能：对于有 C1 指定的端口，设定由 C2、S 所指定的方式/脉冲输出量。由 PULS 指令设定的脉冲输出量，通过用独立模式来执行 SPED 指令或 ACC 指令，进行输出。

PULS 指令与 SPED 指令示例如图 5-115 所示。

图 5-115　PULS 指令与 SPED 指令示例

0.00 由 OFF 变为 ON 时，通过 PULS 指令由相对脉冲指定将脉冲输出 0 的脉冲输出量设定为 5 000 脉冲，同时通过 SPED 指令由 CW/CCW 的方式、CW 方向、独立模式开始输出目标频率 500 Hz 的脉冲。

（3）动作模式控制指令 INI（880）。INI 指令是设置 PLC 的内置输入/输出的动作模式，其动作模式有以下 6 种：开始与高速计数器比较表的比较；停止与高速计数器比较表的比较；改变高速计数器的当前值；改变中断输入（计数模式）的当前值；改变脉冲输出的当前值（由 0 确定原点）；停止脉冲输出。

INI 指令具有上微分型指令的特性。其梯形图如下：

INI	
C1	C1：端口指定
C2	C2：控制数据
S	

操作数区域同 SPED 指令。

操作数说明：

C1：端口指定。

0000H：0#脉冲输出；0001H：1#脉冲输出；0002H：2#脉冲输出；0003H：3#脉冲输出；0010H：0#高速计数器输入；0011H：1#高速计数器输入；0012H：2#高速计数器输入；0013H：3#高速计数器输入；0100H：0#中断输入（计数模式）；0101H：1#中断输入（计数模式）；0102H：2#中断输入（计数模式）；0103H：3#中断输入（计数模式）；0104H：4#中断输入（计数模式）；0105H：5#中断输入（计数模式）；0106：6#中断输入（计数模式）；0107H：7#中断输入（计数模式）；1000H：0#PWM 输出；1001H：1#PWM 输出。

C2：控制数据。

0000H：开始比较；0001H：停止比较；0002H：改变当前值；0003H：停止脉冲输出。

S：变更数据保存的低位通道号，当设定改变当前值（C2=0002H）时，保存改变数据；当设定改变当前值以外的值时，不使用此操作数的值。具体说明如下：

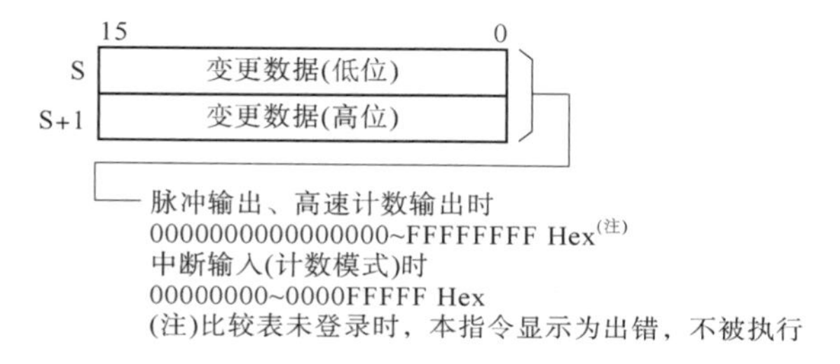

功能：对于由 C1 指定的端口，进行由 C2 指定的控制。

INI 指令示例如图 5-116 所示，0.00 由 OFF 变为 ON 时，通过 SPED 指令，采样连续模式，开始从脉冲输出 0 中输出 500 Hz 的脉冲。0.01 由 OFF 变为 ON 时，通过 INI 指令停止输出脉冲。

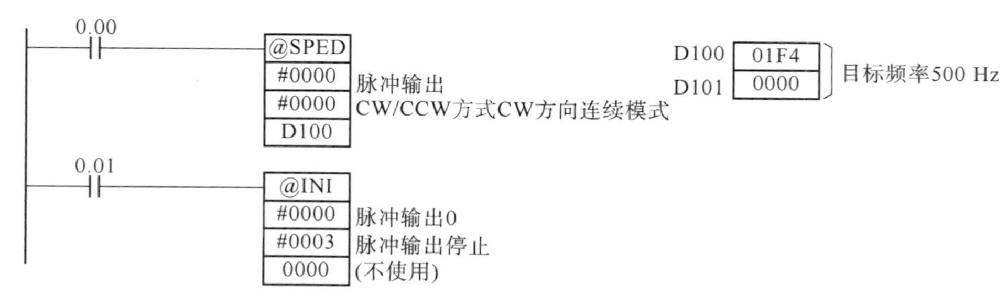

图 5-116　INI 指令示例

（4）读取脉冲数指令 PRV（881）。PRV 指令是读取 PLC 的内置输入/输出的数据，这些数据包括：当前值（高速计数器当前值、脉冲输出当前值、中断输入当前值等），状态信息（脉冲输出状态、高速计数器输入状态及 PWM 输出状态），区域比较结果，脉冲输出的频率（脉冲输出 0~3）及高速计数的频率（仅 0#高速计数器输入）等。

PRV 指令具有上微分型指令的特性。其梯形图如下：

PRV	
C1	C1：端口指定
C2	C2：控制数据
D	D：当前值保存低位CH编号

操作数区域同 SPED 指令

操作数说明：

C1：端口指定同 INI 指令。

C2：控制数据。

0000H：读取当前值；0001H：读取状态；0002H：读取区域比较结果；0003H：C1＝0000H 或 0001H 时，读取脉冲输出为 0 或 1 的频率，C1＝0010H 时，读取高速计数输入 0 的频率；0003H：通常方式；0013H：高频率对应 10 ms 采样方式；0023H：高频率对应 100 ms 采样方式；0033H：高频率对应 1 s 采样方式。

D：当前值保存的低位通道。具体说明如下：

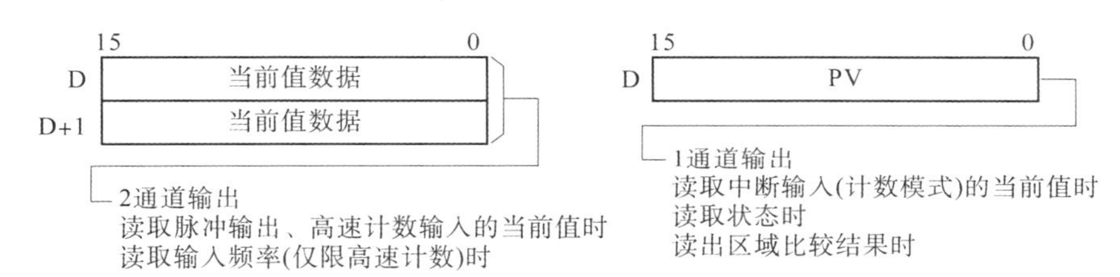

功能：在 C1 指定的端口，读取由 C2 指定的数据。

图 5-117 为 PRV 指令示例。0.01 为 ON 时，通过 PRV 指令，在该状态下读取输入到高速计数输入 0 中的脉冲频率，由十六进制数输出到 D201、D200 中。

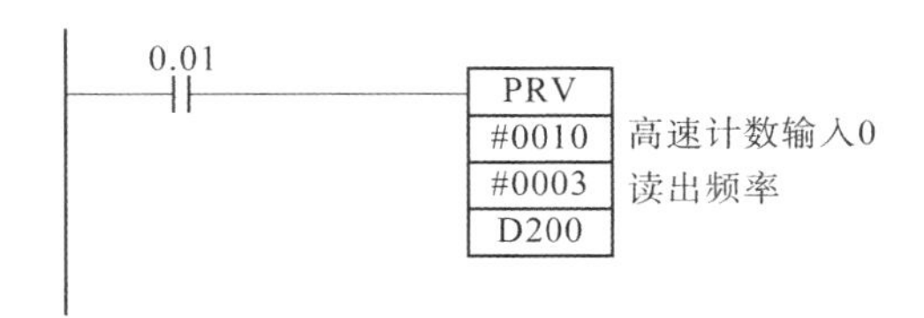

图 5-117　**PRV 指令示例**

（5）频率加/减速控制指令 ACC（888）。ACC 指令按照输出端口指定来指定脉冲频率和加/减速比率，进行有加/减速的脉冲输出（加速比率＝减速比率）；能够进行定位（独立模式）或速度控制（连续模式）。在定位时，将 PULS 指令作为一组来使用；另外在脉冲输出中执行本指令时能够变更当前的脉冲输出的“目标频率”“加/减速比率”，据此能够进行带斜率速度的变更。ACC 指令具有上微分型指令特性。其梯形图如下：

ACC	
C1	C1：端口指定
C2	C1：控制数据
S	S：脉冲输出量设定低位CH编号

操作数区域同 SPED 指令。

操作数说明：

C1、C2 同 SPED 指令。

S：设定表的低位通道。具体说明如下：

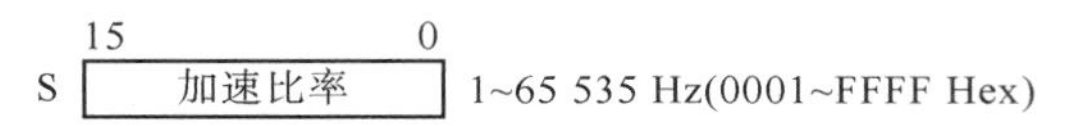

用1 Hz单位来分别指定按脉冲控制周期(4 ms)的增减量

S+1	目标频率(低位)	0~100 000 Hz(注)
S+2	目标频率(高位)	(00000000~000186A0 Hex)

用1 Hz单位来指定加速、减速后的频率
(注)能指定的频率的上限按照所支持的
机种及脉冲输出而不同。请参见用户手册

功能：从由 C1 指定的端口，通过由 C2 指定的方式，由 S 指定的“目标频率”和“加/减速比率”进行脉冲的输出。在每个控制周期中，按照由 S 指定的加/减速比率，在到达由 S+2、S+1 指定的目标频率之前，进行频率的加/减速；执行一次 ACC 指令时，按指定的条件开始进行脉冲的输出。因此，基本上在输入微分型（带@）或 1 周期 ON 的输入条件下使用。

ACC 指令示例如图 5-118 所示。0.00 由 OFF 变为 ON 时，通过 ACC 指令从脉冲输出 0 的端口，用 CW/CCW 方式、连续模式开始进行加/减速比率 20 Hz、目标频率 500 Hz 的脉冲输出。当 0.01 由 OFF 变为 ON 时，再一次通过 ACC 指令变更加/减速比率 10 Hz、目标频率 1 000 Hz。

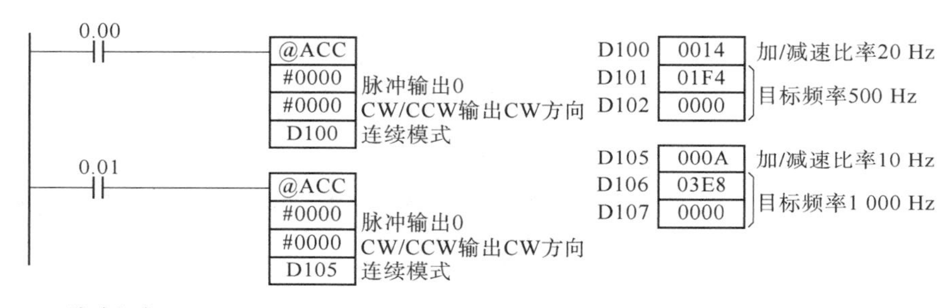

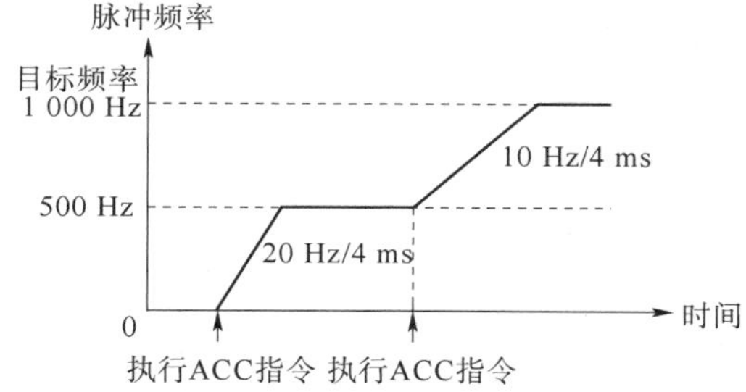

图 5-118 ACC 指令示例

（6）定位指令 PLS2。PLS2 指令是指在按照输出端口的指定中，指定脉冲输出量、目标频率、加速比率、减速比率，输出脉冲；只能为定位（独立模式）。PLS 指令可以产生各种形状的多段脉冲串；可以指定脉冲数和频率（以 1 Hz/4 ms 为增加量）。其梯形图如下：

PLS2	
C1	C1：端口指定
C2	C2：控制数据
S1	S1：设定表低位CH编号
S2	S2：启动频率低位CH编号

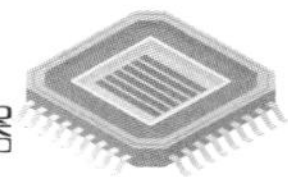

操作数区域同 SPED 指令。

操作数说明：

C1、C2 同 SPED 指令。

S1：设定表低位通道号。具体说明如下：

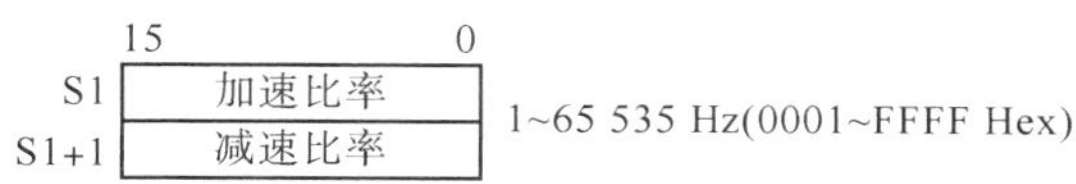

用1 Hz单位来分别指定按脉冲控制周期(4 ms)的增减量

S1+2 目标频率(低位)
S1+3 目标频率(高位)
0~100 000 Hz(注)
(00000000~000186A0 Hex)

用1 Hz单位来指定加速、减速后的频率
(注)能指定的频率的上限按照所支持的机种以及脉冲输出而不同，请参见用户手册

S1+4 脉冲输出设定量(低位)
S1+5 脉冲输出设定量(高位)

指定相对脉冲时
0~2 147 483 647(00000000~7FFFFFFF Hex)
指定绝对脉冲时
−2 147 483 648~+2 147 483 647(00000000~7FFFFFFF Hex)

相对脉冲指定时，移动脉冲量=脉冲输出量设定值。

绝对脉冲指定时，移动脉冲量=脉冲输出量设定值−当前值。

S2：启动频率低位通道编号。

功能：在由 C1 指定的端口中，用由 C2 指定的方式和由 S2 指定的启动频率，开始脉冲输出，如图 5−119 所示的①；在每个脉冲控制周期（4 ms）中，根据由 S1 指定的加速比率，在达到由 S1 指定的目标频率之前，使频率增加，如图 5−119 所示的②；达到频率后停止加速，以等待继续脉冲的输出，如图 5−119 所示的③；达到由 S1 指定的脉冲输出量和减速比率中所计算得到的减速点（使频率减少的定时）之后，在每个脉冲控制周期(4 ms)中对频率进行减少，当到达启动频率时，停止输出，如图 5−119 所示的④。执行一次 PLS2 指令，由指定条件开始输出脉冲，因此基本上是在输入微分型（带@）或 1 周期 ON 的输入条件下使用。

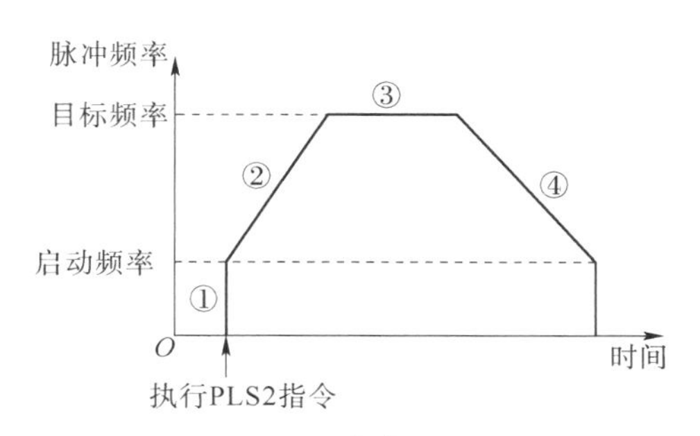

图 5−119　PLS2 指令执行控制过程

PLS2 指令示例如图 5−120 所示。0.00 由 OFF 变为 ON 时，通过 PLS2 指令由相对脉冲指定脉冲输出 0 开始进行 10 000 脉冲的输出，从启动频率的 200 Hz 开始，以 50 Hz/4 ms 的加速比率，加速到目标频率 50 kHz 为止；之后从减速点，以 250 Hz/4 ms 的减速比率进行减速，当减速到启动频率的 200 Hz 时，停止脉冲输出。

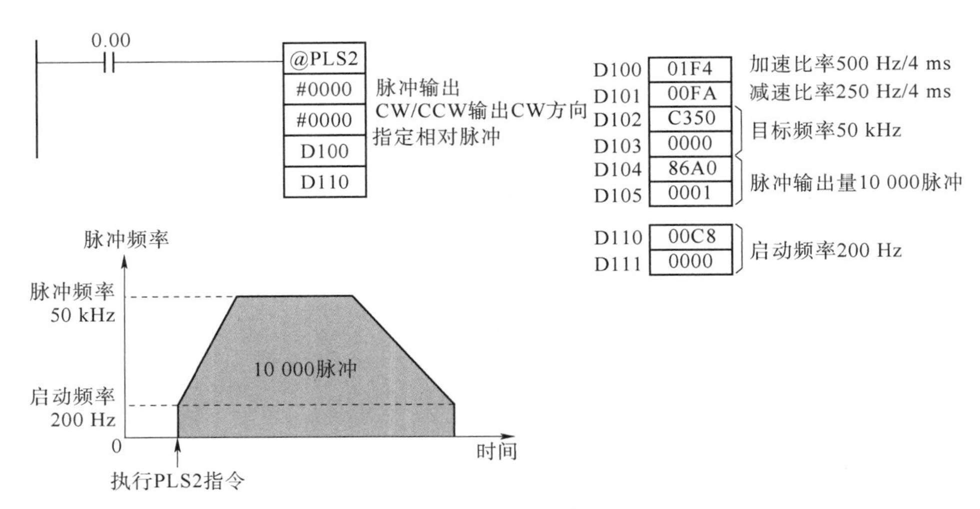

图 5-120 PLS2 指令示例

（7）PWM 输出指令 PWM（891）。PWM 指令是指从指定端口输出指定占空比的脉冲。其梯形图如下：

PWM	
C	C：端口指定
S1	S1：频率指定
S2	S2：占空比指定

操作数区域同 SPED 指令。

操作数说明：

C：端口指定。

1000 Hex：脉冲输出 0（占空比 0.1%单位）；1001 Hex：脉冲输出 1（占空比 0.1%单位）。

S1：频率指定。

0001～FFFF Hex：0.1～6 553.5 Hz（能用 0.1 Hz 单位指定），但由于输出回路的限制，实际上能够确保输入 PWM 波形精度（ON 占空+5%～0%）的为 0.1～1 000.0 Hz。

S2：占空比指定。具体说明如下：

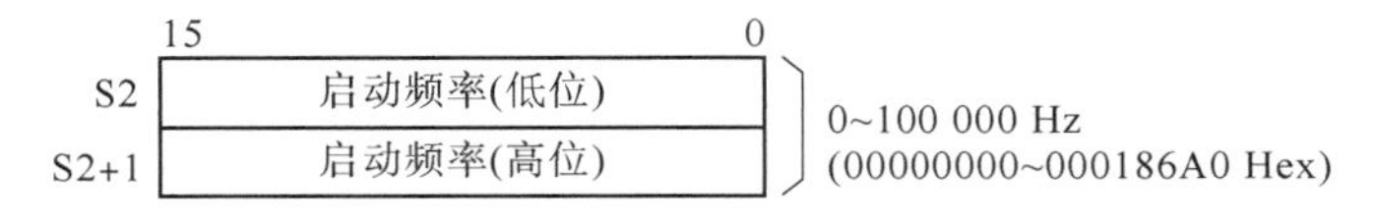

0000～03E8 Hex：0.0%～100.0%（能用 0.1%单位指定）。由百分率指定占空比（对于脉冲周期的 ON 的时间比例）。

功能：从由 C 指定的端口中输出由 S1 指定的频率和由 S2 指定的占空比的脉冲，再由 PWM 指令的可变占空比脉冲输出中，变更占空比的指定执行 PWM 指令时，可以不需要停止脉冲输出来变更占空比。但是频率变更为无效，必能被执行。执行一次 PWM 指令时，由指定的条件下开始脉冲的输出，因此基本是在输入微分型（带@）或 1 周期 ON 的输入条件下使用。脉冲输出的停止可以按照以下任何一种方式进行：执行 INI 指令（C2 = 0003 Hex——输出脉冲停止）；向“程序”模式转换。

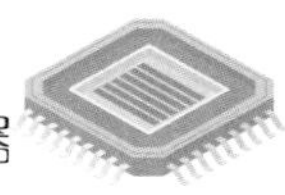

PWM 指令示例如图 5-121 所示。0.00 由 OFF 变为 ON 时，通过 PWM 指令，对于脉冲输出 0 来说，由频率 200 Hz、占空比 50%来开始脉冲的输出；0.01 由 OFF 变为 ON 时，变更为占空比 25%。

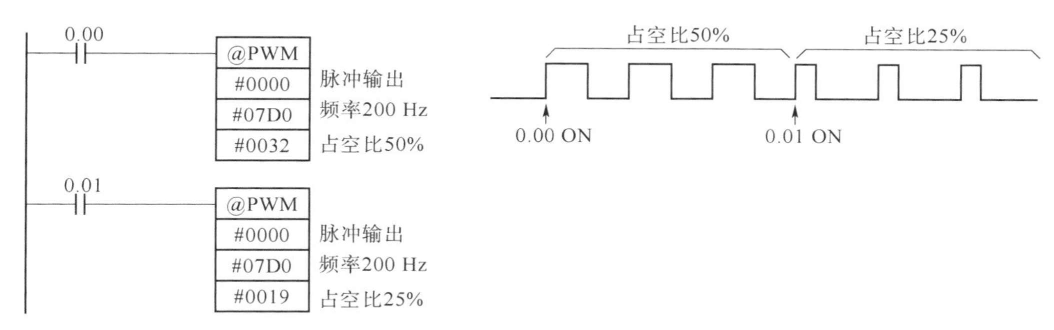

图 5-121　PWM 指令示例

2. 运动控制指令示例

【例 5-9】　某设备上有一套步进驱动系统，步进驱动器的型号为 SH-2H042；步进电动机的型号为 17HS111，是两相四线直流 24 V 步进电动机。要求：按下按钮 SB_1 时，步进电动机带动工作台沿 X 方向移动，当在 X 方向工作台靠近开关 SQ_1 时停止。画出 I/O 接线图并编写程序。

【解】　步进电动机利用高速脉冲信号进行控制，选型的 PLC 应为晶体管输出型。晶体管输出型 PLC 分为源型和漏型，源型 PLC 负载电流从输出端子流出，漏型 PLC 负载电流流入输出端子。本控制选用 CP1H-XA40DT-D 型 PLC，为漏型晶体管输出型，可实现 4 轴高速计数、4 轴脉冲输出。具体过程如下。

（1）步进电动机与步进驱动器的接线。本系统选用的步进电动机是两相四线的步进电动机，其型号是 17HS111，出线接线图如图 5-122 所示。其含义是：步进电动机的 4 根引出线分别是红线、绿线、黄线和蓝线；其中红线应该与步进驱动器的 A+接线端子相连，绿线应该与步进驱动器的 A-接线端子相连，黄线应该与步进驱动器的 B+接线端子相连，蓝线应该与步进驱动器的 B-接线端子相连。

（2）PLC 与步进电动机、步进驱动器的接线。步进驱动器有共阴和共阳两种接法，这与控制信号有关系，本例所选 CP1H-XA40DT-D 型号 PLC 输出信号是 0V 信号（即 NPN 接法），所以应该采用共阳接法。所谓共阳接法就是步进驱动器的 DIR+和 CP+与电源的正极短接，如图 5-122 所示。

同时，需要注意的是，PLC 不能直接与步进驱动器相连接，因为步进驱动器的控制信号多为+5 V，而欧姆龙 PLC 的输出信号是+24 V，显然是不匹配的。解决此问题的办法就是在 PLC 与步进驱动器之间串联一只 2 kΩ 电阻，起分压作用，因此输入信号近似等于+5 V。有的资料指出串联一只 2 kΩ 的电阻是为了将输入电流控制在 10 mA 左右，也就是起限流作用。在这里，电阻的限流或分压作用的含义在本质上是相同的。CP+（CP-）是脉冲接线端子，DIR+（DIR-）是方向控制信号接线端子。

另外，需要说明的是，本例中输入端的接线采用的是 NPN 接法，因此接近开关是 NPN 型；若选用的是 PNP 型接近开关，那么接法就不同。

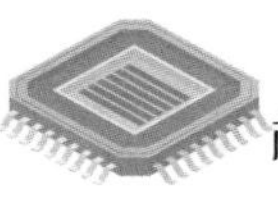

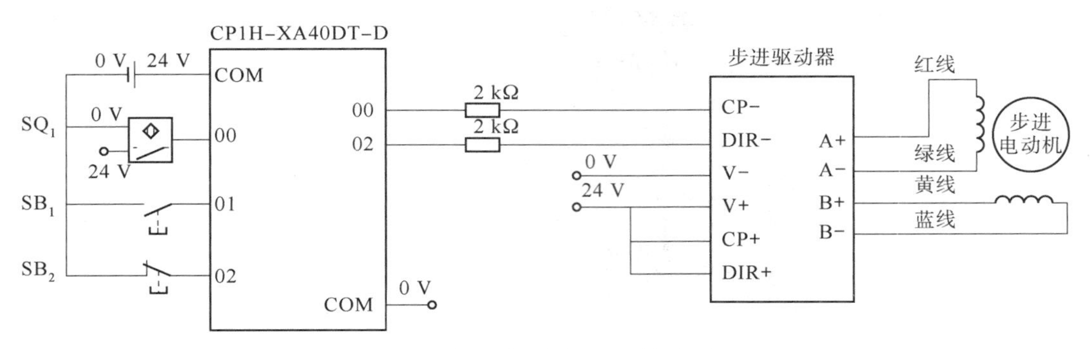

图 5-122　步进驱动系统接线图

程序如图 5-123 所示。在第一次扫描时，MOV 指令将 01FD Hex、0000 Hex 分别传送至 D100、D101 通道。当按下启动按钮 SB_1，使 0.01 由 OFF 变为 ON 时，通过 SPED 指令由 CW/CCW 的方式、CW 方向、连续模式在 PLC 的 0#脉冲端口开始输出目标频率为 509 Hz 的脉冲；输出脉冲通过步进驱动器驱动步进电动机运动，带动工作台沿 X 方向移动，当工作台移动靠近接近开关 SQ_1 时，使 0.00 由 OFF 变为 ON，通过 INI 指令停止输出脉冲，步进电动机停止运动。在未靠近接近开关 SQ_1 时，如果按下停止按钮 SB_2，则程序中的动断触点由 OFF 变为 ON，通过 INI 指令也会停止输出脉冲，使步进电动机运动停止。

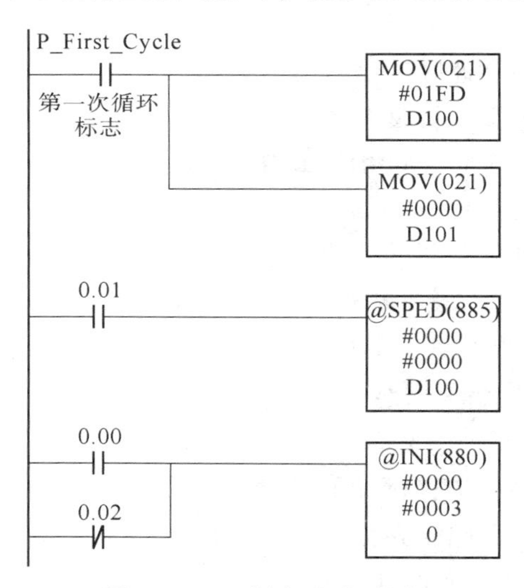

图 5-123　【例 5-9】程序

【例 5-10】　已知步进电动机的步距角为 1.8°，转速为 350 r/min，要求步进电动机正转 3 圈后，再反转 3 圈，如此往复，编写控制程序。

【解】　先求解脉冲频率和脉冲数，然后编程。360 r/min 对应的脉冲频率：$f=(360\times360°)/(1.8°\times60)=1\ 200$ Hz，对应的十六进制数为#4B0。3 圈对应的脉冲数：$n=(3\times360°)/1.8°=600$ 个，对应的十六进制数为#258。程序如图 5-124 所示。

【例 5-11】　通过 PLS2 指令由相对脉冲指定从 0 端口输出 10 000 个脉冲，启动和结束频率是 200 Hz，以 100 Hz/4 ms 的加速比率，加速到目标频率 20 kHz，之后以 100 Hz/4 ms 的减速比率，减速到启动频率时，停止脉冲输出，如图 5-125 所示。

【解】　将波形数据放在 D100 开始的 D 存储器中，设定值如表 5-34 所示。控制数据

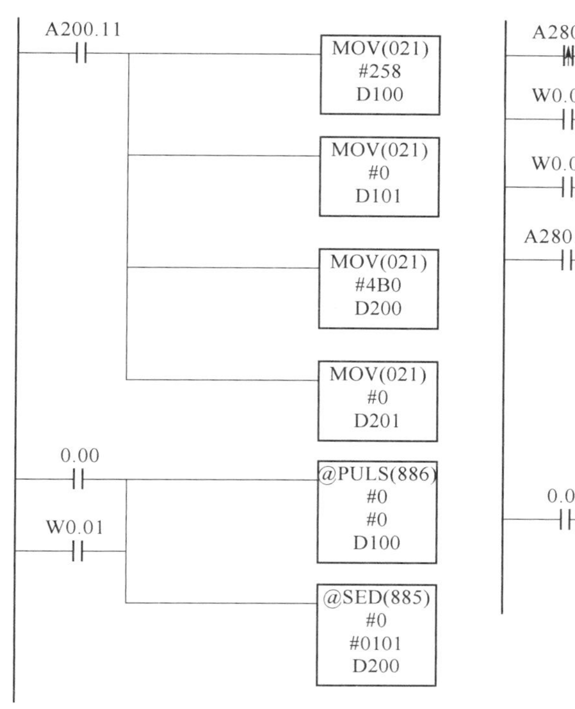

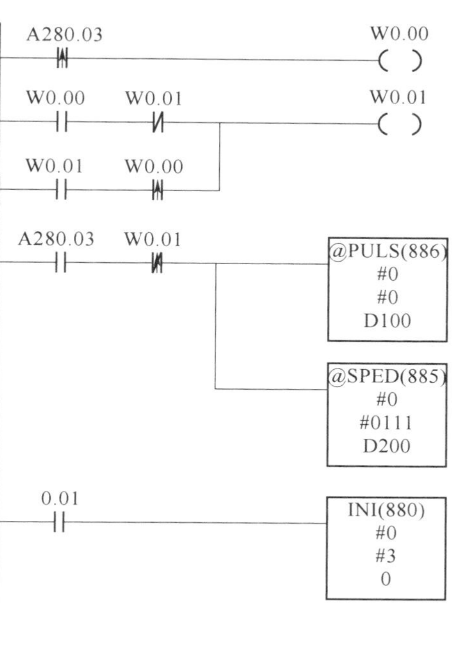

图 5-124　【例 5-10】程序

如表 5-35 所示。程序如图 5-126 所示。程序编好后，接线调试。改变启始频率、加/减速比率和脉冲数，可以改变电动机运行状况，这些参数要根据电动机和负载情况适时调整，使步进电动机处于最佳工作状态（运行稳定，噪声小）。一般遵循的原则为：在保证电动机能顺利启动的条件下，应使启动频率尽量低，还应注意观察电动机是否有失步、噪声等非正常情况。

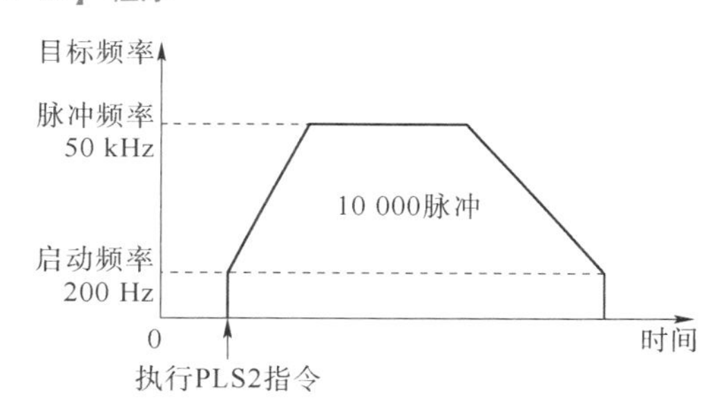

图 5-125　PLS2 指令执行控制过程

表 5-34　设定值

D 存储器地址	值	描述
D100	0064	加速比率 100 Hz/4 ms
D101	0064	减速比率 100 Hz/4 ms
D102	4E20	目标频率 20 kHz
D103	0000	
D104	86A0	脉冲输出量 10 000 个脉冲
D105	0001	
D110	00C8	启动频率 200 Hz
D111	0000	

表 5-35 控制数据

名称	值	描述
模式	0	相对脉冲
方向	1	CCW 方向，Q100，02 不输出
脉冲输出方式	1	脉冲+方向输出
固定	0	固定为 0 值

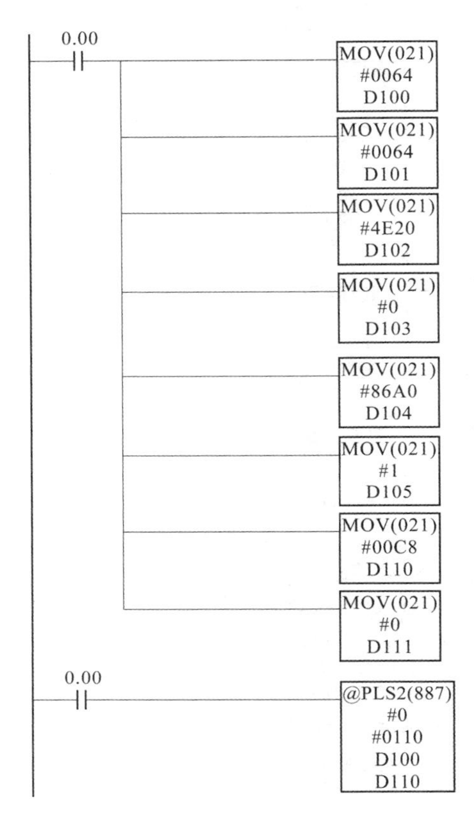

图 5-126 【例 5-11】程序

先让电动机在低频段运行，确保步进电动机能稳定运行，再逐步调高其运行频率。

5.5.3 S7-200 SMART 型 PLC 的运动控制

S7-200 SMART 型 PLC 通过发送脉冲的方式将控制信号发送给步进驱动器，后者再驱动步进电动机。占空比为 50%的脉冲信号输出称为脉冲串输出，也称 PTO 信号。

为了方便进行运动控制，S7-200 SMART 型 PLC 引入了运动轴的概念。运动轴是一个逻辑上的概念，它是一个直线型的、包括输出（电动机）信号和输入（限位）信号的轴。S7-200 SMART 标准型 CPU 支持运动控制功能，其中，CPU ST20 最多支持两个运动轴；CPU ST40 和 ST60 最多支持 3 个运动轴。每个运动轴有 3 个输出：P0、P1 和 DIS。P0 和 P1 用于控制电动机的速度和方向，有 4 种配置方式：单相（2 路脉冲输出）、双相（2 路脉冲输

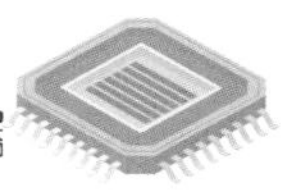

出）、A/B相位正交（2路脉冲输出）、单相（1路脉冲输出）；DIS信号为源型输出，用来禁止或使能步进驱动器或伺服驱动器。3个运动轴的P0、P1和DIS对应的输出通道如表5-36所示。如果轴1组态为单相两路输出（脉冲+方向），则P1分配到Q0.7；如果轴1组态为双向输出或A/B相输出，则P1被分配到Q0.3，但此时轴2不能使用。

表5-36　3个运动轴的P0、P1和DIS对应的输出通道

轴编号	P0	P1	DIS
轴0	Q0.0	Q0.2	Q0.4
轴1	Q0.1	Q0.7或Q0.3	Q0.5
轴2	Q0.3	Q1.0	Q0.6

S7-200 SMART型PLC可以通过PLS指令来控制PTO信号的输出（指令也可控制脉宽输出PWM，本书不作介绍），也提供了运动控制向导对运动轴进行组态。下面主要介绍PLS指令编程。

1. 脉冲输出指令（PLS）

脉冲输出指令（PLS）控制高速输出（Q0.0、Q0.1和Q0.3）是否提供脉冲串输出（PTO）功能。可使用PLS指令来创建最多3个PTO。PTO可控制方波（50%占空比）输出的频率和脉冲数量。PLS指令的梯形图如下：

```
   ┌─────────┐
   │   PLS   │
  ─┤EN    END├
   │         │
  ─┤N        │
   └─────────┘
```

该指令有两个输入参数端，PTO信号使能端（EN）和PTO信号通道（N），其中，EN为布尔型变量，通道N的编号为0、1、2（0=Q0.0，1=Q0.1，2=Q0.3）。需要指出的是，当使用PLS指令激活PTO脉冲发生器后，相应的输出通道被脉冲发生器接管，不受程序中其他数字量输出指令的控制；当脉冲发生器取消激活后，输出通道受普通指令输出的控制。

PLS指令读取存储于指定SM存储单元的数据，并相应地编程PTO/PWM生成器。各高速输出位对应的SM存储单元如表5-37所示。其中，SMB67、SMB77、SMB567为控制字节，每个控制字节包括8个位，每个位的含义如表5-38所示。以PTO0（Q0.0）为例，如果将其设置为单段PTO输出，在频率与脉冲数都不更新的情况下，则需要将控制字SMB67赋值为16#C0（2#1100 0000）；如果将其设置为单段输出，当频率脉冲都更新时，则将控制字SMB67赋值为16#C5（2#1100 0101）。

表5-37　各高速输出位对应的SM存储单元

PTO0	PTO1	PTO2	解释
Q0.0	Q0.1	Q0.3	
SMB67	SMB77	SMB567	控制字节，决定电动机运行状态
SMW68	SMW78	SMW568	PTO频率或PMW周期值：1~65 535 Hz（PTO），2~65 535 Hz（PWM）
SMW70	SMW80	SMW570	PWM脉冲宽度值：0~65 535

续表

PTO0	PTO1	PTO2	解释
Q0.0	Q0.1	Q0.3	
SMD72	SMD82	SMD572	PTO 脉冲计数值：1~2 147 483 467
SMB166	SMB176	SMB576	进行中段的编号：仅限多段 PTO 操作
SMW168	SMW178	SMW578	包络表的起始单元（相对 V0 的字节偏移）：仅限多段 PTO 操作

表 5-38　控制字节各位含义

位	含义
0	PTO/PWM 是否更新频率/周期时间。0：不更新；1：更新
1	PWM 是否更新脉冲宽度时间。0：不更新；1：更新
2	PTO 是否更新脉冲计数值。0：不更新；1：更新
3	PWM 时间基准。0：μm；1：ms
4	保留
5	PTO 设置单段或多段操作。0：单段；1：多段
6	PTO/PWM 模式选择。0：PWM；1：PTO
7	PTO/PWM 使能。0：禁用；1：启用

利用 PLS 指令进行编程时，内容包括：设定控制字节；设定频率；设定脉冲；触发 PLS 指令。

例如，对控制的要求为：进行单段输出，频率脉冲允许都更新（根据表 5-37，值为 16#C5），设定频率 5 000 Hz，脉冲 16 000。PLS 指令示例如图 5-127 所示，选择通道 PTO0（Q0.0），根据表 5-38，对应的控制字存储单元为 SMB67，频率存储单元为 SMW68，脉冲存储单元为 SMD72。在 PLC 上电时，传送指令将 16#C5、5 000、16 000 传送到 SMB67、SMW68、SMD72 中。按下启动按钮输入，在上升沿触发 PLS，使选定通道中产生相应的输出。

2. PLS 指令示例

【例 5-12】　已知步进电动机驱动螺杆进行传递，电动机步距角为 1.8°，丝杆螺距为 6 mm，要传递的距离为 6 cm，编程实现控制。控制要求：按下启动按钮，电动机从当前位置运行 6 cm，随时可以手动反向。

【解】　对于某种控制过程来说，先进行硬件配置，包括选 PLC、驱动器及接线，本例略过，仅介绍编程部分。编程前要求计算出电动机运行 6 cm 需要的脉冲数：要传送的距离 = 6×10 cm = 60 cm，需要螺杆旋转的周数 = 传送距离/螺距 = 60/6 = 10 周，步进驱动器选择 8 细分，即每转的脉冲数为 8×360/1.8 = 1 600 个，则电动机运行 6 cm 需要的脉冲数 = 10×1600 = 16 000 个。该计算过程可在程序中体现，将脉冲计算结果存在 VD10 中。脉冲控制选择 Q0.0（PTO0），方向控制 Q0.2。程序如图 5-128 所示，选择 PTO0 通道，根据表 5-38，该通道控制字节、频率、脉冲对应的 SM 存储单元分别为 SMB67、SMW68、SMD72，PLC 上电就传送参数。由于频率通过计数得到，所以将计数值存在 VD10 中，由

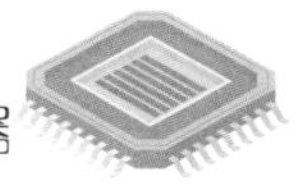

VD10 传送到 SMD72。

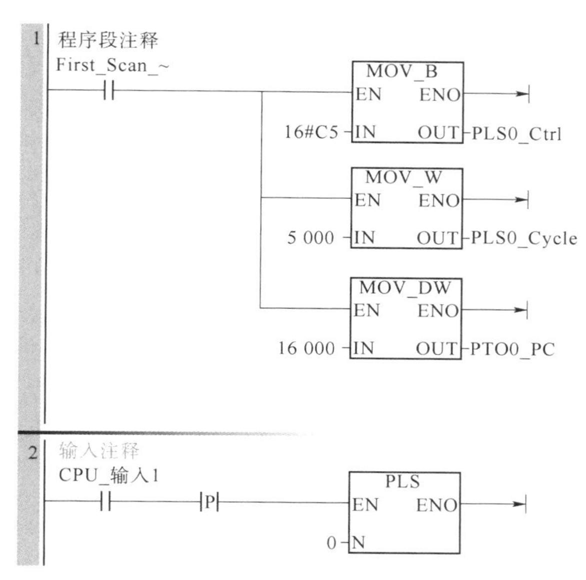

图 5-127　**PLS** 指令示例

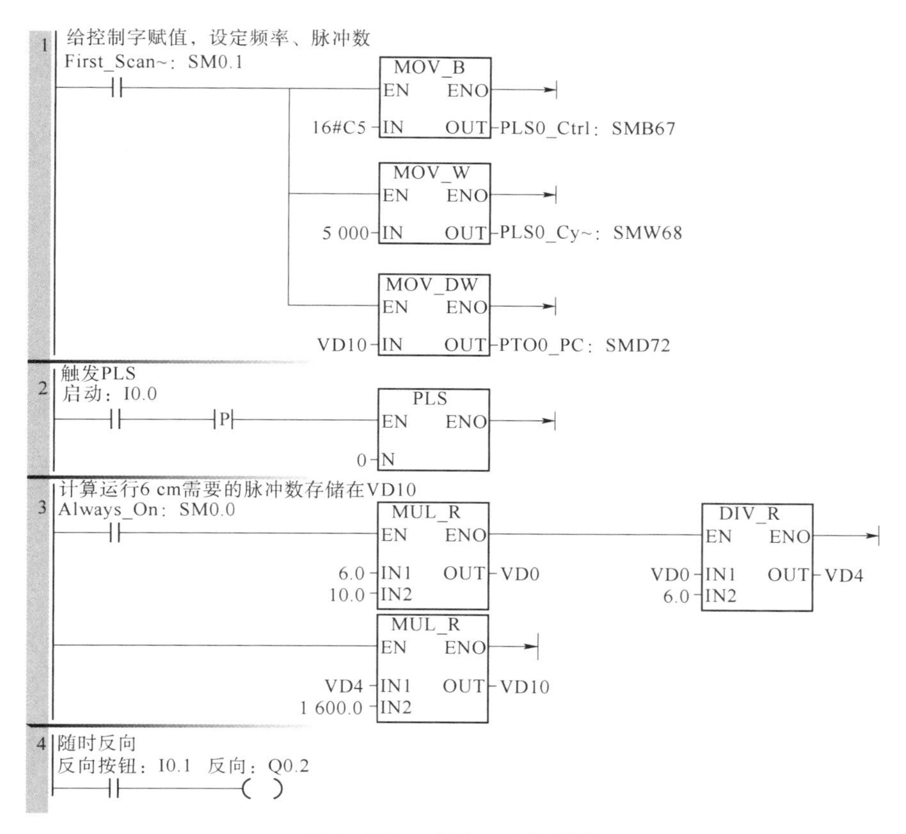

图 5-128　【例 5-12】程序

【例 5-13】　编程实现：按下启动按钮，电动机开始持续运行，当遇到左、右限位开关时，自动反向；随时可以停止；可以再次重启。

【解】 程序如图 5-129 所示。电动机持续运行的实现由脉冲数来确定，可以设为最大值，另外，也可以设为负值，本例脉冲设为-1；左、右限位开关上升沿触发字节取反指令，使 MB0 字节取反后再输出到 MB0 中，MB0 字节中有 M0.0～M0.7 共 8 个字，可用其中任意一个字控制方向 Q0.2，程序中选择用 M0.0，通过该程序段，碰到任何一个限位开关，都会使 Q0.2 状态发生变化，从而改变运动方向。电动机停止采用停止按钮 I0.1 使 SM67.7 复位（或者采用传送指令，在 I0.1 为 ON 时用字传送指令 MOV_B 将 0 传送给 SMB67），同时 I0.1 要并联在启动按钮 I0.0 下方，触发 PLS。由表 5-38 可知，该位为 0 时 PTO 禁用，这也是步进电动机控制停止的特殊性。需要注意的是，停止程序段应置于程序最前面。再次启动的实现是通过将启动按钮并联在 SM0.1 下方，使按下启动按钮时，利用传送指令进行控制要求 16#C5、频率 5 000、脉冲数-1的设定（此程序中用到的 INV_B 指令为取反指令，是一种逻辑运算指令，功能是使能 EN 为 ON 时，将 IN 端输入内容取反后再输出，具体内容可查阅手册）。

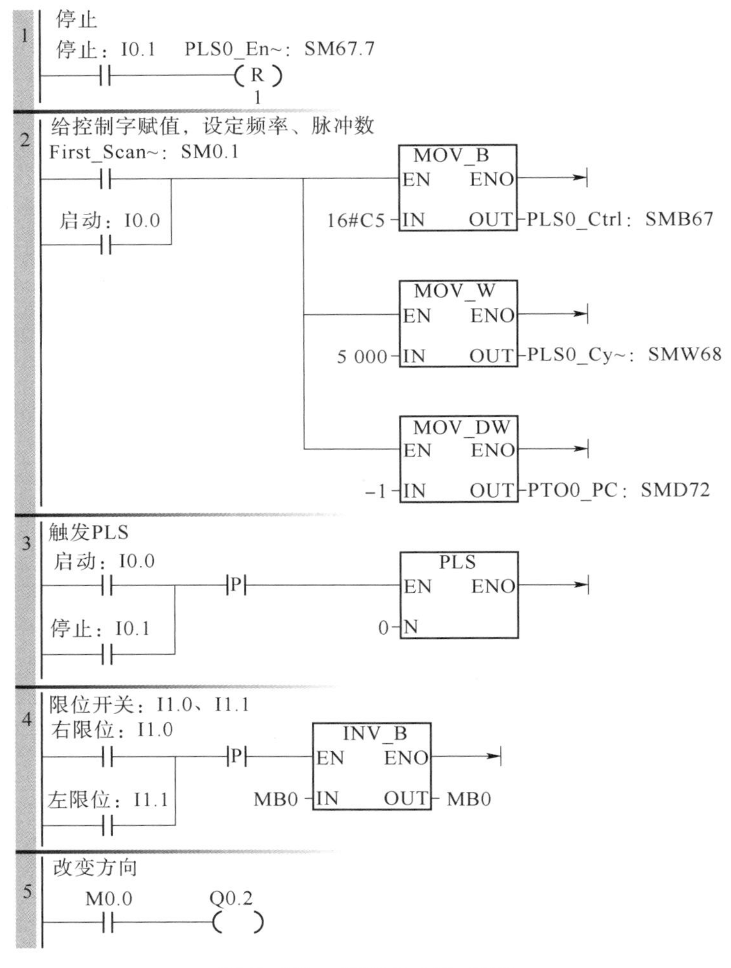

图 5-129 【例 5-13】程序

除了通过步进驱动器控制步进电动机，PLC 还可通过伺服驱动器控制伺服电动机、通过

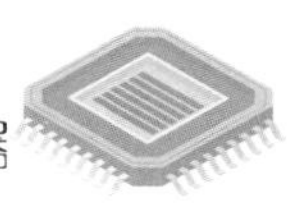

变频器驱动交流异步电动机。在本章后面的【拓展阅读】中，介绍了伺服电动机的编程驱动。变频器接线复杂，但程序驱动简单，感兴趣的读者可参考相关的书籍或资料。

5.6　PLC在过程控制中的应用

5.6.1　模拟量闭环控制系统

PLC可以利用自身模拟量输入/输出端口或通过扩展模拟量单元实现模拟量控制。图5-130为PLC利用PID控制器进行闭环控制的控制系统方框图，被控量$c(t)$被传感器和变送器转换为标准量程的直流电流、电压信号$PV(t)$，模拟量输入（Analog Input，AI）模块中的A/D转换器将它们转换为多位二进制数过程变量PV_n。SP_n为设定值，误差$e_n=SP_n-PV_n$。模拟量输出（Analog Output，AO）模块的D/A转换器将PID控制器的数字量输出值M_n转换为模拟量$M(t)$，再去控制执行机构。PID程序的执行是周期性的操作，其间隔时间称为采样周期T_s。

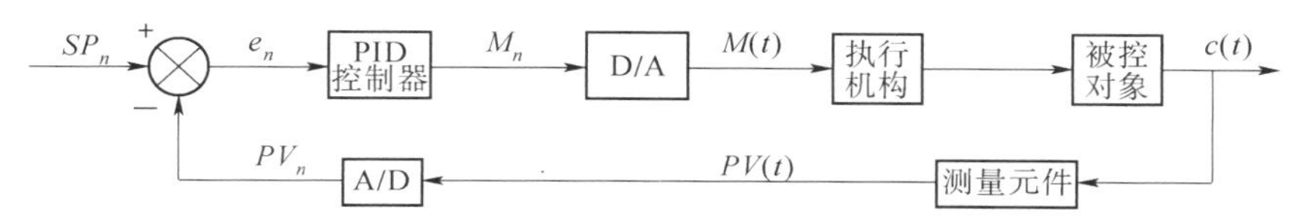

图5-130　PLC利用PID控制器进行闭环控制的控制系统方框图

与连续控制系统不同，PLC中进行PID控制要进行“离散化”，如图5-131所示。积分“离散化”就是用矩形面积之和来近似精确积分；微分“离散化”就是用差分代替微分，即$\mathrm{d}e(t)/\mathrm{d}t\approx\Delta e(t)/\Delta t=(e_n-e_{n-1})/T_s$，$T_s$是采样时间间隔。PLC中PID控制器输出量的表达式为

$$M_n=K_C\left[e_n+\frac{T_s}{T_I}\sum_{j=1}^{n}e_j+\frac{T_D}{T_s}(e_n-e_{n-1})\right]+M_{initial}$$

或

$$M_n=K_Ce_n+(K_Ie_n+MX)+K_D(e_n-e_{n-1})\tag{5-1}$$

式中，M_n是在采样时刻为n时PID回路输出的计算值；K_C是PID回路的增益；K_I是积分项的比例常数；K_D是微分项的比例常数；T_s是采样周期；T_I是积分时间；T_D是微分时间；e_j是采样时刻j回路的偏差值；e_n是采样时刻为n时PID回路的偏差值；e_{n-1}是采样时刻为$n-1$时PID回路的偏差值；$M_{initial}$是PID回路输出的初始值；MX是第$n-1$时刻的积分项（也称为积分前项）。

对式（5-1）进行改进和简化，得出如下PID算式：

$$M_n=MP_n+MI_n+MD_n\tag{5-2}$$

式中，MP_n是采样时刻为n的比例项值；MI_n是采样时刻为n的积分项的值；MD_n是采样时刻为n微分项的值。比例项$MP_n=K_Ce_n=K_C$（SP_n-PV_n），SP_n是采样时刻为n的给定值；PV_n是采样时刻为n的过程变量值；比例项MP_n数值的大小和增益K_C成正比，增益K_C的增加可以直接导致比例项M_{Pn}的快速增加，从而直接导致M_n增加。积分项$MI_n=K_Ie_n+MX=K_C$

$(T_s/T_I)(SP_n-VP_n)+MX$，很明显，积分项 MI_n 数值的大小随着积分时间 T_I 的减小而增加，即 T_I 的减小可以直接导致积分项 MI_n 数值的增加，从而直接导致 M_n 增加。微分项 $MD_n=K_C(PV_{n-1}-PV_n)T_D/T_s$，$PV_{n-1}$ 是采样时刻为 $n-1$ 的过程变量；MD_n 的大小随着微分时间 T_D 的增加而增加；T_D 的增加可以使 MD_n 增加，从而使 M_n 增加。

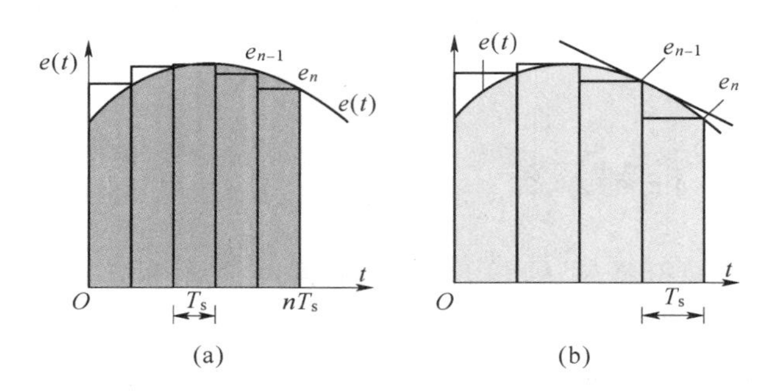

图 5-131　PLC 中 PID 控制的离散化

（a）积分离散化为矩形面积；（b）微分离散化为差分

在开环状态下，PID 输出值控制的执行机构的输出的增加使被控量增大的是正作用（加热炉）；使被控量减小的是反作用（空调压缩机）。把 PID 回路的增益 K_C 设为负数，就可以实现 PID 反作用调节。

5.6.2　PID 控制器的参数整定

PID 控制器的参数整定是控制系统设计的核心内容。它是根据被控过程的特性，确定 PID 控制器的比例系数、积分时间、微分时间的大小，PID 控制器参数整定方法包括以下两大类。

一类是理论计算整定法。它主要依据系统的数学模型，经过理论计算确定。这种方法所得到的计算数据未必可以直接使用，还必须通过工程实际验证并进行调整。

另一类是工程整定法。它主要依赖于工程经验，直接在控制系统的实验中进行，且方法简便、易于掌握，在工程实际中被广泛采用。PID 控制器参数的工程整定方法包括临界比例法、反应曲线法和衰减法。这 3 种方法各有其特点，共同点都是通过工程经验公式对控制器参数进行整定。但无论采用哪一种方法得到的控制器参数，都需要在实际运行中进行最后的调整与完善。

1. 整定的方法和步骤

现在一般采用的是临界比例法。利用该方法进行 PID 控制器参数的整定步骤如下：预选择一个足够短的采样周期让系统工作；仅加入比例控制环节，直到系统对输入的阶跃响应出现临界振荡，记下这时的比例放大系数和临界振荡周期；在一定的控制度下通过公式计算得到 PID 控制器的参数。

2. PID 参数的经验值

在实际调试中，只能先大致设定一个经验值，然后根据调节效果修改，常见系统的经验值如下。

（1）对于温度系统：P（%）20~60，I（min）3~10，D（min）0.5~3。

（2）对于流量系统：P（%）40~100，I（min）0.1~1。

（3）对于压力系统：P（%）30~70，I（min）0.4~3。

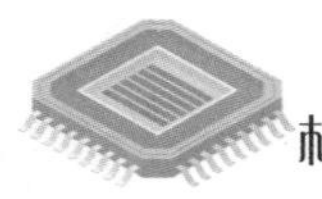

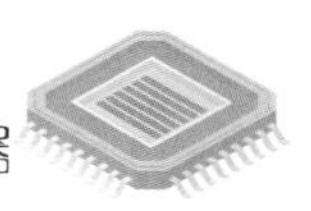

（4）对于液位系统：P（%）20~80，I（min）1~5。

PLC 进行 PID 控制可以通过 PID 指令或根据 PID 控制原理编写程序进行控制。本书只介绍与 PID 指令相关的编程。

5.6.3　数据控制指令及其应用

PLC 可以利用 PID 指令进行反馈数据控制，同时，在过程控制中实际检测和控制的都是工程量，如温度、压力、阀的开度等，PID 对输入检测量进行运算前，需要将其转化成标准量（浮点型或实数）；运算后进行控制前需要将标准量转换为实数值。标度指令（缩放指令）可完成这些转换。

1. CP1H 型 PLC 中的数据控制指令

本书只介绍 PID 指令和标度指令 SCL、SCL2、SCL3，其他指令请参考相关资料和书籍。

（1）PID 指令。PID 指令是将从输入通道获取指定的二进制数据，按照设定参数进行 PID 运算，并将运算结果存放到输出通道中。其梯形图如下：

PID	
S	S：测定值输入CH编号
C	C：PID参数保存低位CH编号
D	D：操作量输出CH编号

操作数区域：

S：CIO、W、H、A、T、C、D、＊D、@D 或 DR。

C：CIO0000 ~ CIO6105、W000 ~ W473、H000 ~ H473、A000 ~ A921、T0000 ~ T4057、C0000~C4057、D00000~D32729、＊D 或@D。

D：CIO、W、H、A、T、C、D、＊D、@D 或 DR。

PID 指令的参数通道范围是同一数据区中的 C~C+38，PID 指令操作数 C 的含义如图 5-132所示，操作数设置如表 5-39 所示。

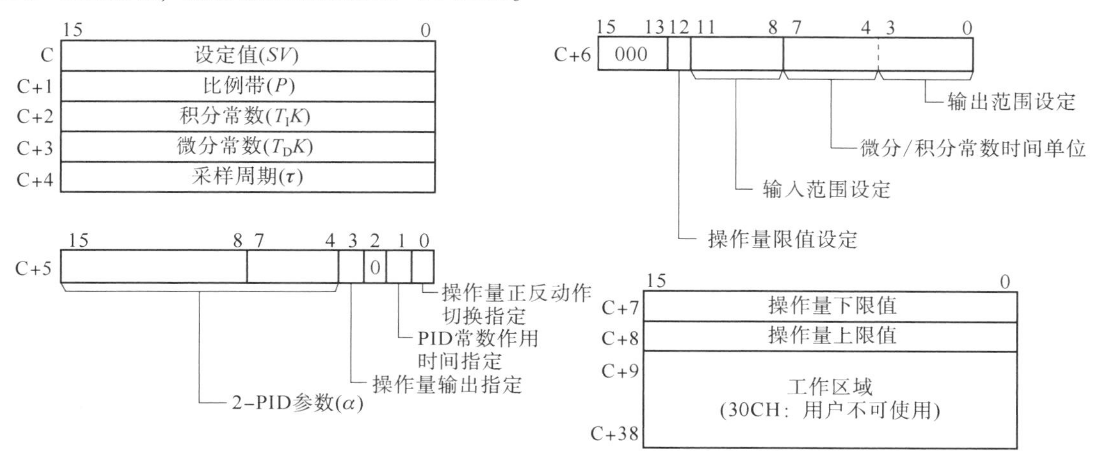

图 5-132　操作数 C 的含义

表 5-39　PID 操作数设置

控制数据	项目	内容	设定范围
C	设定值（*SV*）	控制对象的目标值	与指定输入范围位数相同的二进制数据（0~指定输入范围最大值）
C+1	比例带（*P*）	P（比例）控制参数，等于比例控制范围/整个控制范围	0001~270F Hex（BCD 码 1~9999）（0.1%~999.9%，单位 0.1%）
C+2	积分常数（T_IK）	描述积分作用强弱的常数，该值越大，积分作用愈小	0001~1FFF（BCD 码 1~8191） （270F 为无积分控制） 常数单位设为“1”：1~8191 倍 常数单位设为“9”：0.1~819.1 s
C+3	微分常数（T_DK）	常数，描述微分控制强度，值越大，微分作用越强 时间单位参数决定设定方法	与积分常数设定值相同
C+4	采样周期（τ）	执行 PID 运算的周期	0001~270F（BCD 码 1~9999） （0.01~99.99 s，单位 0.01 s）
C+5 的 0 位	PID 正向/反向设定	确定比例控制的方向	0：反向；1：正向
C+5 的 1 位	PID 常数作用时间设定	指定在何时将 *P*、T_IK、T_DK 参数作用于 PID 运算中	0：仅在输入条件上升沿 1：在输入条件上升沿和每个采样周期
C+5 的 3 位	操作量输出设定	设定测量值等于设定值时的操作量大小	0：输出 0% 1：输出 50%
C+5 的 4~15 位	2-PID 参数（α）	输入滤波系数。通常使用 0.65（即设定值 000）。当系数接近 000 时，滤波作用减弱	000：α=0.65 若设定为 100~163H，则根据设定值低 2 位数决定：α=0.00~0.99（3 位 BCD 码）
C+6 的 0~3 位	输出范围设定	输出数据的位数	0：8 位　5：13 位 1：9 位　6：14 位 2：10 位　7：15 位 3：11 位　8：16 位 4：12 位（1 位 BCD 码）
C+6 的 4~7 位	常数单位设定	指定积分/微分常数的时间单位	1 或 9（1 位 BCD 码） 1：采样周期倍数 9：时间（100 ms/单位）
C+6 的 8~11 位	输入范围设定	输入数据的位数	与输出设定范围相同
C+6 的 12 位	操作量限值设定	是否对操作量设定限值	0：不设定 1：设定
C+7	操作量下限值	设定操作量的下限值	0000~FFFF
C+8	操作量上限值	设定操作量的上限值	0000~FFFF

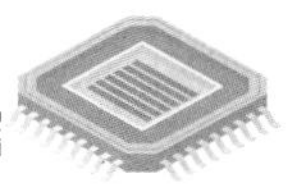

PID 指令的工作原理是在执行条件为 ON 的上升沿，根据设定的 PID 参数，工作区域（C+9～C+38 通道）被初始化，PID 运算开始，在刚开始运行时为避免控制系统受反向冲击（无冲击运行），运算输出值不发生突变和大幅变化。当 PID 参数更改时，指令执行条件从 OFF 变为 ON，更改参数才开始有效。

在指令执行条件为 ON 时，PID 运算是按采样周期间隔执行的，采样周期是采集测量数据提供给 PID 运算的间隔时间，采样周期以 10 ms 为单位进行指定。但是，实际 PID 运算取决于采样周期和 PID 指令执行时扫描周期的关系，如图 5-133 所示。采样周期小于扫描周期时，不进行每个取样周期的 PID 运算，而转成每个扫描周期时间的 PID 运算；采样周期大于扫描周期时，不进行每个扫描周期的 PID 运算；扫描周期累计值（PID 指令-PID 指令间的时间）大于或等于采样周期时，执行 PID 指令。累计值的逸出部分转入下一次累计值。例如，采样周期为 100 ms，扫描周期为 150 ms，此时 PID 指令将 150 s 执行一次。如果采样周期为100 ms，扫描周期为 60 ms，则执行初始化后第 1 次扫描累计值为 60 ms，没达到 PID 扫描周期 100 ms，不进行 PID 运算；第 2 次扫描累计值为 60 ms+60 ms=120 ms，大于 100 ms，执行 PID 指令，且多余的 20 ms 转入下一个周期；第 3 次扫描累计值为 20 ms+60 ms=80 ms，小于 100 ms，不进行 PID 运算；第 4 次扫描累计值为 80 ms+60 ms=140 ms，执行 PID 运算，逸出部分的40 ms转为下一次累计，依此类推。

通过以上分析不难发现，在前 300 ms 中指令执行分别是在 120 ms、240 ms、300 ms 处，它们是扫描周期的整倍数而不是采样周期的整倍数。因此，当采样周期设置较长时，可以不考虑扫描周期与采样周期的关系。

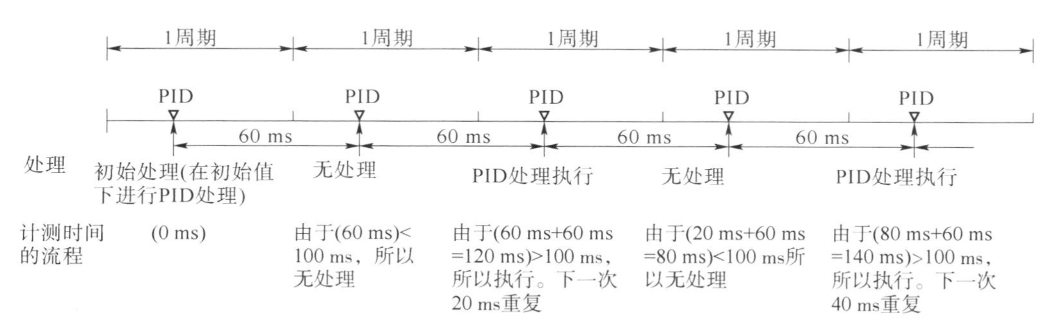

图 5-133　采样周期与扫描周期的关系

使用 PID 指令时需要注意以下几点。

①PID 参数 *SV*（设定值）超出数据区范围；实际的采样周期超过设定的采样周期 2 倍时，P_ER 置位，但不影响 PID 运算。

②PID 运算正在执行时，P_CY 置位。

③PID 运算的操作量大于设定操作量上限值时，大于标志 P_CT 置位，并以操作量上限值输出。

④PID 运算的操作量小于设定操作量下限值时，小于标志 P_LT 置位，并以操作量下限值输出。

⑤在中断程序、子程序、IL 和 ILC 之间、JMP 和 JME 之间，以及使用了 STEP 和 SNXT 指令的步进程序中，禁止使用 PID 指令。

⑥PID 控制运算过程中，当指令执行条件为 OFF 时，所有设定值保持不变，通过把操

作量写入输出字，可以进行手动控制。

（2）标度指令（SCL）。SCL 指令是将无符号的二进制数按照控制数据设定的一次函数转换为对应的无符号十进制数（BCD 码），并将结果输出到指定通道内。其工作原理如图 5-134所示，图中横坐标 S 为 A/D 转换得到的二进制数（无符号 BIN 码），纵坐标 D 为对应的实际工程值，由 A、B 两点坐标确定了一条直线，即一次函数，该直线上任意点均可由其横坐标 S 求得对应的工程值 D。SCL 指令实现了该转换运算，计算公式为

$$D=B_D-(B_D-A_D)\times\frac{B_S-S}{B_S-A_D} \tag{5-3}$$

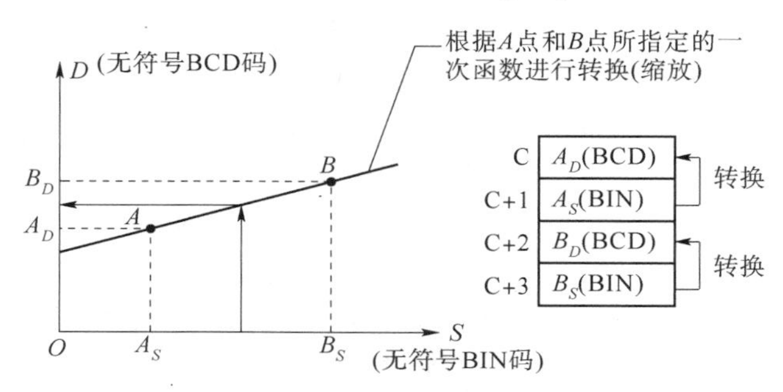

图 5-134　SCL 指令工作原理

SCL 指令具有上微分型指令特性，其梯形图如下：

SCL	
S	S：转换对象CH编号
C	C：参数存储低位CH编号
D	D：转换结果存储CH编号

操作数区域：

S：CIO、W、H、A、T、C、D、＊D、@D 或 DR。

C：CIO0000～CIO6140、W000～W508、H000～H508、A000～A956、T0000～T4092、C0000～C4092、D00000～D32764、＊D 或@D。

D：CIO、W、H、A448～A959、T、C、D、＊D、@D 或 DR。

SCL 指令中 4 个参数通道内容如下：

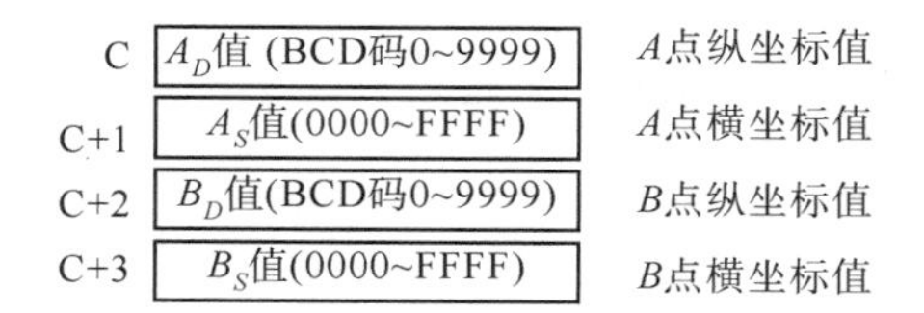

例如：设 A/D 单元输入信号为 1～5 V，经 A/D 转换后对应的十六进制数为 0000～0FA0，并存放在 10 通道中。利用 SCL 指令求出 A/D 输入信号对应于实际量程 200～800 kPa 中的工程值，并存放在 11 通道中，而 SCL 参数值存放在 D100～D103 通道中。

SCL 指令示例如图 5-135 所示，当 0.01 为 ON 时，将来自 10 通道中的值根据点 A（0000 0200）和 B（0FA0 0800）确定的一次函数进行转换，并将转换后的值存放在 11 通道中，11 通道中即为实际工程值。

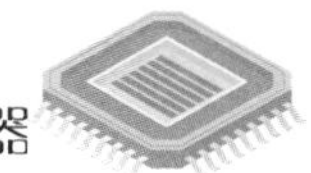

（3）标度 2 指令（SCL2）。SCL2 指令的功能是将带符号的二进制数按照设定偏移量的一次函数转换为对应的带符号的 BCD 码（BCD 数据为绝对值，P_CY 标志表示正、负数，ON 为负数，OFF 为正数），并将结果输出到指定通道（注：P_CY 为进位标志）。

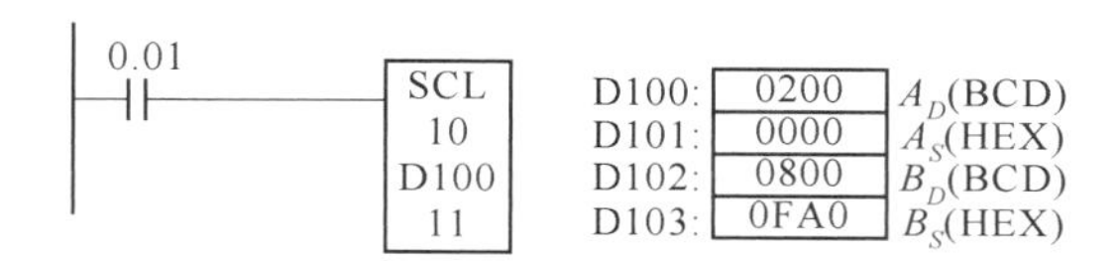

图 5-135　SCL 指令示例

SCL2 指令工作原理如图 5-136 所示，横坐标 S 为 A/D 转换得到的二进制数，纵坐标 D 为对应带符号的实际工程值，由 A、B 两点坐标确定了一条直线，即一次函数，由于该直线与纵坐标轴的负半轴相交，因此在横坐标上产生了偏移，该偏移量是指纵坐标为 0 时对应横坐标的二进制值，计算公式如下：

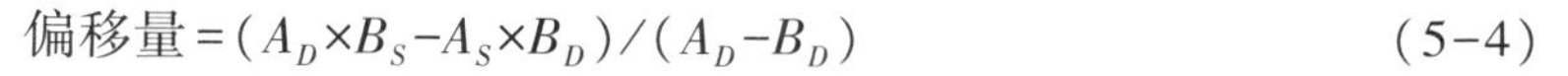

$$偏移量=(A_D \times B_S - A_S \times B_D)/(A_D - B_D) \tag{5-4}$$

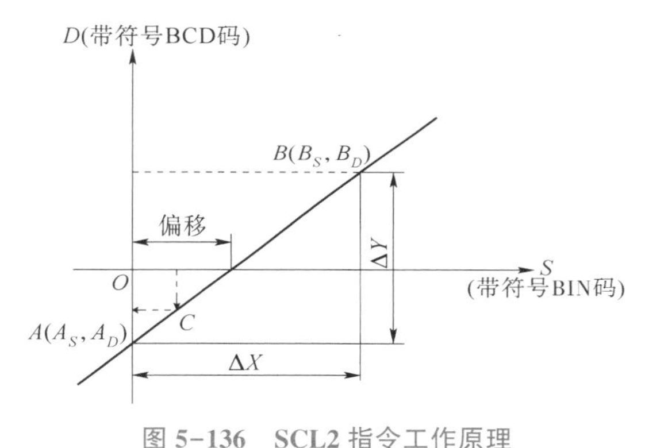

图 5-136　SCL2 指令工作原理

该直线上任意点均可以由其横坐标 S 求得对应的工程值 D，SCL2 指令实现了转换负值的运算，指令具有上微分型指令特性。其梯形图如下：

SCL3	
S	S：转换对象CH编号
C	C：转换存储低位CH编号
D	D：转换结果存储CH编号

操作数区域：

S：CIO、W、H、A、T、C、D、＊D、@ D 或 DR。

C：CIO0000 ~ CIO6141、W000 ~ W509、H000 ~ H509、A000 ~ A957、T0000 ~ T4093、C0000 ~ C4093、D00000 ~ D32765、＊D 或@ D。

D：CIO、W、H、A448 ~ A959、T、C、D、＊D、@ D 或 DR。

SCL2 指令中参数通道内容如下：

通道	内容
C	偏移量(8000~7FFF)
C+1	ΔX值(8000~7FFF)
C+2	ΔY值(BCD码0~9999)

例如，设 A/D 单元输入信号为 1～5 V，经 A/D 转换后对应的十六进制数为 0000～0FA0，并存放在 20 通道中，其对应的实际量程为-200～800 ℃。利用 SCL2 指令求出A/D输入信号对应的温度中，并存放在 21 通道中，而 SCL2 参数值存放在 D200～D202 通道中。

SCL2 指令示例如图 5-137 所示，当 0.02 为 ON 时，将来自 20 通道中的值根据偏移量=0320H、ΔX=0FA0H、ΔY=1000 所确定的一次函数进行转换（缩放），并将转换后的值存放在 21 通道中。

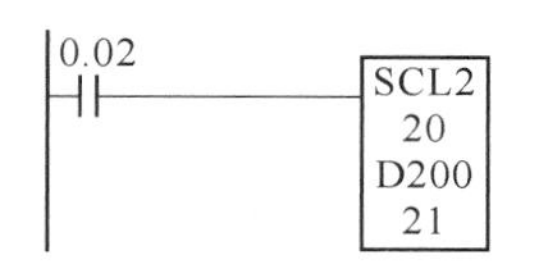

D200	0320	偏移量=(-200×4 000-0×800)/(-200-800)=800(320H)
D201	0FA0	ΔX=FA0-0
D202	1000	ΔY=800-(-200)

图 5-137　SCL2 指令示例

（4）标度 3 指令（SCL3）。SCL3 指令的功能是将带符号的 BCD 码（BCD 数据为绝对值，P_CY 标志表示正、负数，ON 为负数，OFF 为正数）按照设定参数（斜率和偏移量）所确定的一次函数转换（缩放）为二进制数，并将结果输出到指定通道。

SCL3 指令工作原理如图 5-138 所示。偏移量是指横坐标为 0 时对应的纵坐标的二进制值，偏移量的计算公式为

$$偏移量=(A_D \times B_S - A_S \times B_D)/(B_S - A_S) \tag{5-5}$$

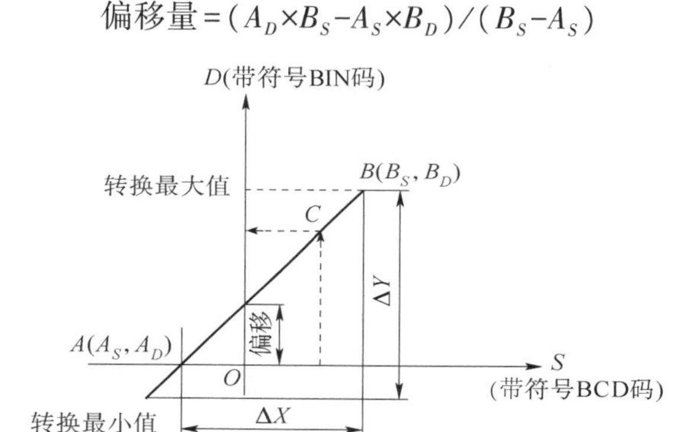

图 5-138　SCL3 指令工作原理

SCL3 具有上微分型指令特性。其梯形图如下：

SCL3	
S	S：转换对象CH编号
C	C：转换存储低位CH编号
D	D：转换结果存储CH编号

操作数区域：

S：CIO、W、H、A、T、C、D、＊D、@ D 或 DR。

C：CIO0000～CIO6139、W000～W507、H000～H507、A000～A955、T0000～T4091、C0000～C4091、D00000～D32763、＊D 或@ D。

D：CIO、W、H、A448～A959、T、C、D、＊D、@ D 或 DR。

参数通道的内容如下：

	15　　　　　　　　　　0
C	偏移量(8000~7FFF)
C+1	ΔX值(BCD码0001~9999)
C+2	ΔY值(8000~7FFF)
C+3	转换最大值(8000~7FFF)
C+4	转换最小值(8000~7FFF)

例如，设实际工程值-200～800 ℃转换为对应的十六进制数 0000～0FA0，利用 SCL3 指令求出某实际温度对应的十六进制数，其中 BCD 码的符号在 P_CY 标志中，SCL3 的参数值存放在 D300～D304 通道中。

SCL3 指令示例如图 5-139 所示，当 0.03 为 ON 时，将来自 30 通道中的值根据偏移量=0320H、$\Delta X=1000$、$\Delta Y=$0FA0H 所确定的一次函数进行转换（缩放），并将转换后的值存放在 31 通道中。

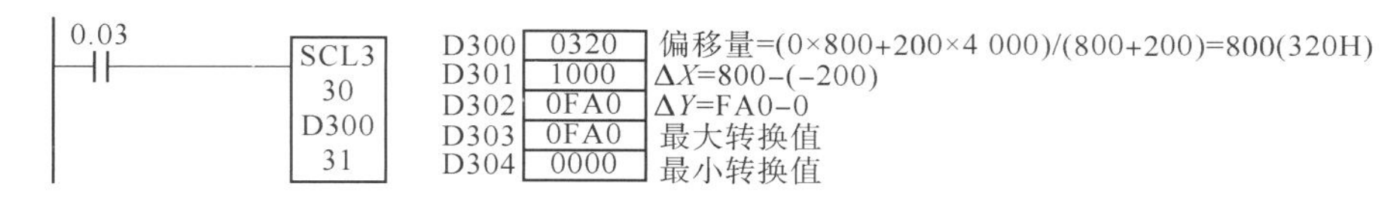

图 5-139　SCL3 指令示例

2. 数据控制指令示例

PID 在过程控制中十分常见。例如，要实现温度控制、流量控制、压力控制和液位控制，特别是精确的过程控制时，PID 几乎不可缺少，目前虽然有很多先进的控制方法，但一时还不能完全取代传统的 PID 控制方法。温度控制是 PID 控制的典型应用，以下用一个例子来讲解 PID 的应用。

【例 5-14】　用固态继电器作为加热控制器件，利用 PID 及 PWM 功能实现对电加热炉温度的控制。

【解】　（1）工作原理：加热系统的组成如图 5-140 所示，由欧姆龙 CP1H 型 PLC、固态继电器、电阻炉、温度变送器等组成一个闭环反馈系统。选用 GTJ48 型固态继电器作为加热控制器件。选用 B 分度号的铂铑 30-铂铑 5 型热电偶温度传感器，量程为 0～1 800 ℃，经过温度变送器转换为 0～20 mA 的电流信号，输入到 CP1H 型 PLC 中内置的 A/D 输入端口，CPU 采样后与温度设定值比较，得到温度误差信号，经 PID 运算得到控制量，将控制量转化为脉冲的占空比，然后 PLC 输出该占空比的 PWM 脉冲，控制与之相连的固态继电器通断，实现对电加热炉加热，从而达到炉温的精确控制。

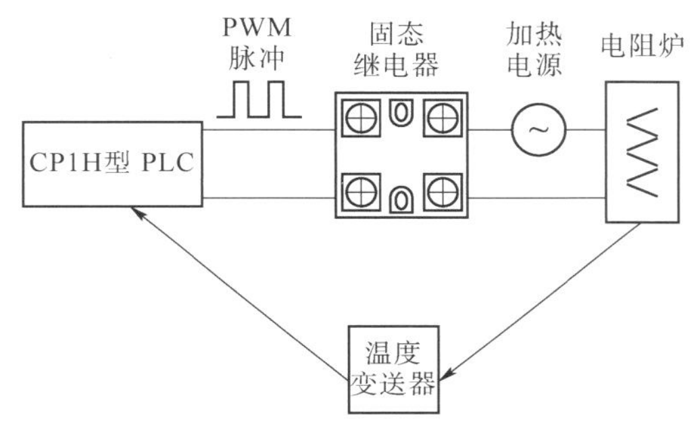

图 5-140　加热系统的组成

（2）PWM 实现的方式：CP1H 可从 CPU 单元内置输出中发出可变占空比的脉冲输出信号，CP1H XA 系列晶体管输出型 PLC 有四对固定脉冲输出端子，两对可变占空比脉冲输出端子，通过 PWM 指令设置脉冲的占空比来进行脉宽调制。PWM 指令中 C 的端口指定 0000，表示输出端口为 100.00；S1 为频率指定，选为 07D0H，表示 PWM 输出频率为200 Hz；S2 为占空比指定，设定范围为 0000~0064H，对应表示 0%~100%。

（3）PID 参数整定。

1）比例带（P）。在调试比例带 P 时，先设 PID 参数初值为 $T_I=9999$，$T_D=0000$，$P=1$，使 PID 成为一个纯比例算法，此时改变 P 值，观察系统输出，直到系统呈衰减振荡，过渡时间较短，得到合适的比例带，经调试确定为 0064H，即比例带为 10%，对应的比例增益 K_P 为 10。

2）积分时间（T_I）。积分作用消除系统稳态误差。在比例带 P 一定的情况下，积分时间 T_I 越小，积分作用越强，T_I 过小有可能使系统不稳定，因此 T_I 应选择合适的值。最后 T_I 确定为 03E8H，即 100 s。

3）微分时间（T_D）。整定微分时应保持 P 值、T_I 值不变，调节 T_D 值，系统为衰减振荡形式比较理想。本例不采用微分调节，因此设为 0。

4）滤波系数（α）。加入目标滤波器后对系统的抑制超调有明显作用，α 值越大，抑制作用越明显，但是加入目标滤波器后系统的过渡时间会明显延长，因此是否需加入 α 应视实际情况具体分析。本例设定为 000，默认值为 0.65。

（4）程序设计。图 5-141 为 PID 运算和 PWM 输出的程序。热电偶量程为 0~1 800 ℃，温度测量值 PV 经变送器转换为 0~20 mA 电流信号，通过 PLC 模拟量输入端口 200 通道输入，A/D 转换值为 0~1770H，对应十进制数为 0~6 000。温度设定值 SV 为 1 200 ℃，对应的十六进制数为 04B0H。程序中第一个 SCL 指令是把采集的电流信号转换为 0~1 800 ℃的温度值。PID 指令里，D130 存放温度测量值；D200~D238 这 39 个字放置 PID 的控制参数，有比例带 P、积分时间 T_I、微分时间 T_D、滤波系数 α 等参数；D300 为计算出来的操作量 MV，范围为 0000~00FFH。第二个 SCL 指令是把 MV 转换为占空比，范围为 0~100。

3. S7-200 SMART 型 PLC 中的 PID 控制

S7-200 SMART 中 PID 功能实现方式有以下 3 种：一是 PID 指令块，该方式通过一个 PID 回路表交换数据，只接受 0.0~1.0 之间的实数（实际上就是百分比）作为反馈，给定与控制输出的有效数值；二是 PID 向导，可以方便地完成输入/输出信号转换/标准化处理，PID 指令同时会被自动调用；三是根据 PID 算法自己编程。本书介绍基于 PID 向导的 PID 控制。

编程软件 STEP 7-Micro/WIN SMART 提供了 PID 向导，可以帮助用户组态 PID 控制和生成 PID 子程序，方便快捷地完成 PID 控制编程任务，支持 8 路 PID 功能、自动/手动切换以及 PID 整定。

（1）PID 向导及其应用。

1）用 PID 向导生成 PID 程序过程。双击项目树“向导”文件夹中的 PID，打开“PID 指令向导”对话框，完成每一步的操作后，单击“下一步”按钮，主要步骤如下。

①设置 PID 回路的编号。有 0~7 共 8 个回路供选择，根据控制模拟量的个数选择回路数。

②设置回路参数。回路参数包括增益（默认值=1.00）、采样时间（默认值=1.00）、积分时间（默认值=10）、微分时间（默认值=0）。如果不想要积分作用，则可将积分时间设

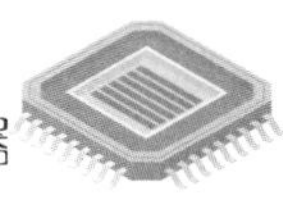

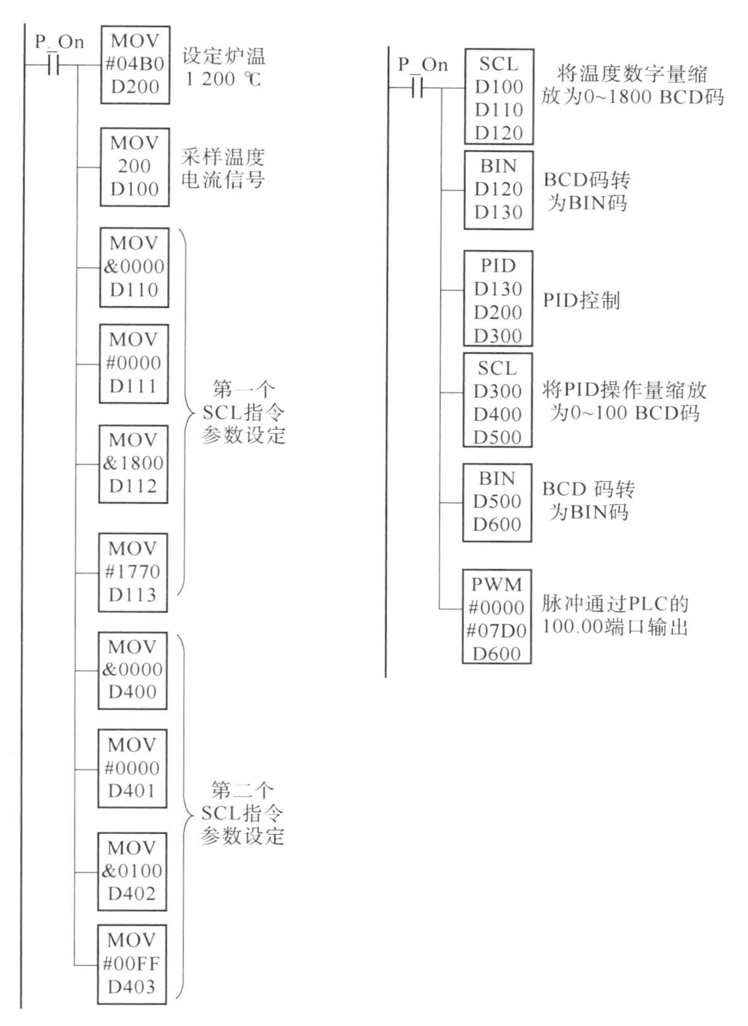

图 5-141 【例 5-14】程序

为很大，如 10 000；如果不想要微分作用，则微分时间设为 0。

③指定回路输入量（过程变量 *PV*）和设定值 *SP* 标定。回路过程变量（*PV*）标定可以从以下选项中选择：单极性（默认值：0～27 648，可编辑）；双极性（默认值：−27 648到27 648，可编辑）；单极性 20%偏移量（范围：5 530～27 648，已设定，不可变更）；温度×10 °C；温度×10 °F。温度×10 °C/°F 是 PT100 的热电阻或热电偶的温度值，°C 表示摄氏度，°F 表示华氏度；选用 20%偏移是在输入为 4～20 mA 时选取，4 mA 是 0～20 mA 信号的20%，所以选 20%偏移，即 4 mA 对应 5 530，20 mA 对应 27 648。回路设定值范围0～100 表示 0%～100%，也可改为实际工程单位。

④输出类型的选择、模拟输出标定和模拟量范围参数设定。输出类型可以选择模拟量输出或数字量输出，模拟量输出用来控制一些需要模拟量给定的设备，如比例阀、变频器等；数字量输出实际上是控制输出点的通、断状态按照一定的占空比变化，可以控制固态继电器、加热棒等。模拟输出标定包括单极性、双极性和单极性偏移 20%，单极性为默认。模拟量范围参数指定了回路输出范围，可能的范围为 −27 648～+27 648，具体取决于标定

选择。

⑤报警下限、报警上限及模拟量输入错误。报警下限：设置 0.00 到报警上限之间的标准化报警下限，默认值是 0.10；报警上限：设置报警下限到 1.00 之间的标准化报警上限，默认值是 0.90；模拟量输入错误：指定将输入模块连接到 PLC 的位置。

⑥代码选择。可以进行手动控制选择，在手动模式下，不执行 PID 运算，回路输出在程序控制下。

⑦存储器分配。PID 功能块使用了一个 120 个字节的 V 区地址来进行控制回路的运算工作；并且 PID 向导生成的输入/输出量的标准化程序也需要运算数据存储区。要保证该地址起始的若干字节在程序的其他地方没有被重复使用。在此界面可指定数据块中放置组态的 V 存储器字节的起始地址。向导可建议一个表示大小正确且未使用的 V 存储器块的地址。

⑧完成。

2）PID 向导应用举例。对电加热炉进行温度控制，炉子采用加热棒加热，采用热电偶测温。用组态温度控制的 PID 回路，手动调节 PID 参数，使被控量 AIW20 基本达到设定值 *SP*。

电加热炉地址分配如表 5-40 所示。根据 PID 向导组态通道，选择 CPU-ST60 和模拟量输入/输出模块 EM AM06（4AI、2AQ），选择 LOOP0 号回路，增益、积分时间、微分时间采用默认值，过程变量标定为单极，回路设定值范围为 0~100，输出类型为数字量输出，循环周期（占空比周期）1 s，启用报警下限、报警上限，均为默认值，启用模拟量输入错误报警，选择添加 PID 手动控制模式，存储器分配在从 VB0 开始的 120 个字节存储区，完成 PID 向导设置配制，生成命名的子程序。然后调用 PID 向导生成的子程序，此处需要注意：必须用 SM0.0（Always_On）进行调用；PID 各参量应按照向导的设置命名。调用 PID 向导子程序如图 5-142 所示。

表 5-40　电加热炉地址分配

地址	注释
AIW20	被控温度
Q1.6	加热器
Q1.0	上限报警
Q1.1	下限报警

（2）PID 参数整定的规则。PID 参数整定的规则包括参数整定方法和初始参数的设定。

1）参数整定方法。

①为了减少需要整定的参数，首先可以采用 PI 控制器。给系统输入一个阶跃给定信号，观察系统输出量 *PV* 的波形。由 *PV* 的波形可以获得系统性能的信息，如超调量和调节时间。

②如果阶跃响应的超调量太大，只有经过多次振荡才能进入稳态或者根本不稳定，则应减小控制器的增益 K_C 或增大积分时间 T_I。如果阶跃响应没有超调量，但是被控量上升过于缓慢，过渡过程时间太长，则应按相反的方向调整上述参数。

③如果消除误差的速度较慢，则应适当减小积分时间，增强积分作用。

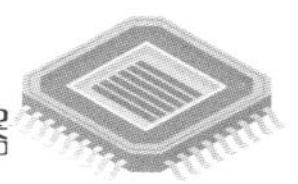

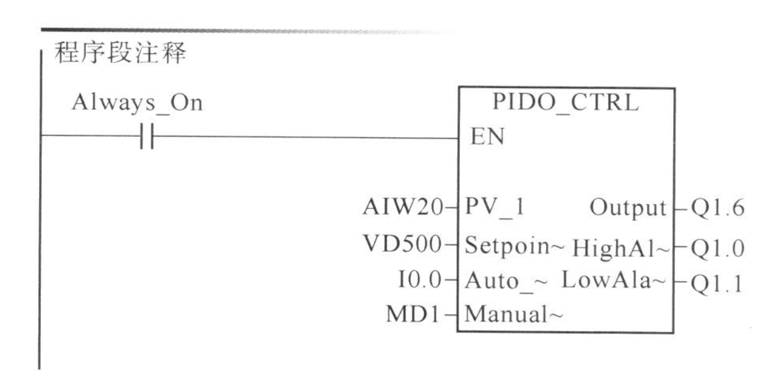

图 5-142　调用 PID 向导子程序

④反复调节增益和积分时间，如果超调量仍然较大，则可以加入微分作用，即采用 PID 控制。微分时间 T_D 从 0 逐渐增大，反复调节 K_C、T_I 和 T_D，直到满足要求。需要注意的是，在调节增益 K_C 时，同时会影响到积分分量和微分分量的值，而不仅仅影响到比例分量。

⑤如果响应曲线第一次到达稳态值的上升时间较长（上升缓慢），则可以适当增大增益 K_C。如果因此使超调量增大，则可以通过增大积分时间和调节微分时间来补偿。

2）初始参数的设定。为了保证系统的安全，避免在首次投入运行时出现系统不稳定或超调量过大的异常情况，在第一次试运行时增益不应太大，积分时间不应太小。试运行后根据响应曲线的特征和调整 PID 控制器参数的规则，来修改控制器的参数。

具体操作：可先将积分和微分关闭，调节比例，在比例差不多时加上积分。一般情况下，比例值越大输出结果越快；积分越大，输出结果越慢；微分在调节温控时使用，一般情况下可不使用。一般来说，比例增益可由小到大单独调节；将调节好的比例系数调整到 50%~80%；由大到小增加积分影响；微分作用由小到大单独调节，并相应调整比例和积分，追求调节偏差的变化率。

（3）PID 整定控制面板。通过 PID 向导创建的 PID 回路，可利用 PID 整定控制面板以图形方式监视 PID 回路、启动自整定序列、中止序列及应用建议的整定值和用户整定值。图 5-143 为“PID 整定控制面板”界面，面板最左侧为 PID 回路号，主界面上半部分为曲线显示窗口，给定值和过程值共用图形左侧的纵轴，输出使用图形右侧的纵轴。主界面下半部分为参数区，包括给定值、设置值、输出值标定；采样时间、设置图形显示区所有显示值的采样更新速率时间；调节参数，可显示增益、积分和微分的当前值，如果选择启用手动调节，则可在计算值中修改 PID 参数。在自动模式下，单击“启动”按钮，启动自整定，自整定完成后，单击“更新”按钮，可把参数写进 CPU 中；单击“选项”按钮可进入“高级选项”界面，如图 5-144 所示。在该界面中，选中复选框，自整定将自动计算死区值和偏差值。其中，滞后值（死区值）规定了允许过程值偏离设定值的最大范围，偏差值决定了允许过程变量偏离设定值的峰-峰值；初始输出步就是输出的变动第一步的变化值，以占实际输出量程的百分比来表示，看门狗时间是过程变量必须在此时间（时基为 s）内达到或穿越设定值，动态响应是根据回路过程（工艺）的要求可选择不同的响应类型。

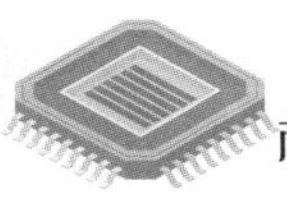

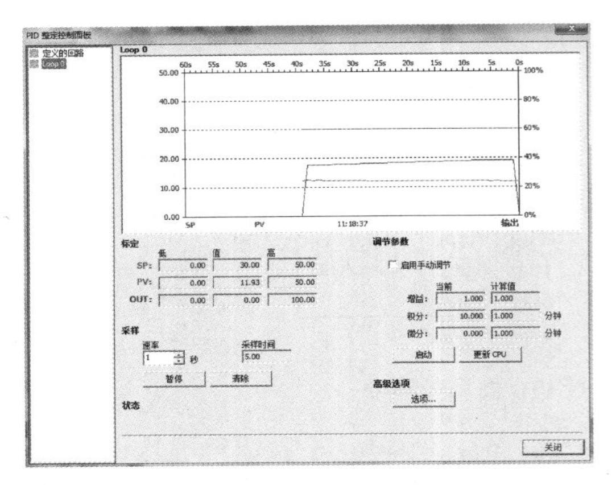

图 5-143 “PID 整定控制面板”界面

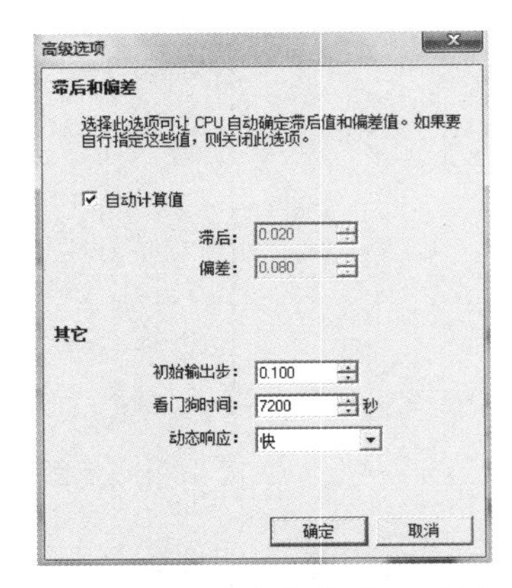

图 5-144 “高级选项”界面

（4）自整定。仪表在初次使用前，通过自整定确定系统的最佳 P、I、D 参数，实现理想的调节控制。进行自整定的条件包括两个：PID处于自动模式；过程变量已经达到设定值的控制范围中心附近，并且输出不会产生不规律的变化。

启用自整定之后，将适当调节输出阶跃值，经过 12 次零相交事件（过程变量超出滞后）后结束自整定状态。根据自整定过程期间采集到的过程的频率和增益的相关信息，能够计算出最终增益和频率值。图 5-145 为完成自整定后的界面，框内出现了 12 次零相交事件，状态显示调节算法正式结束。

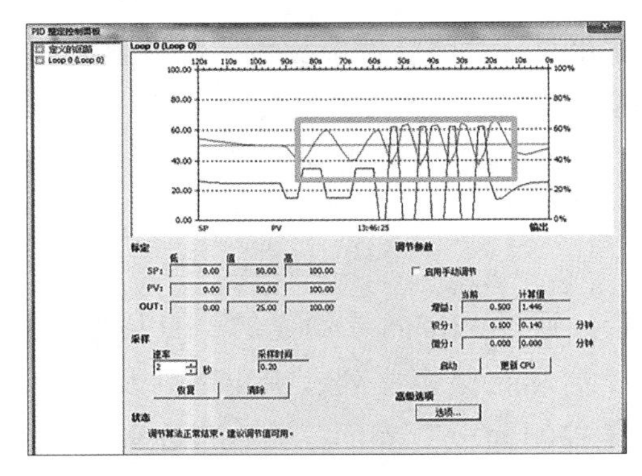

图 5-145 完成自整定后的界面

【拓展阅读】

伺服电动机驱动及其控制，见二维码 5-7。

二维码 5-7 伺服电动机驱动及其控制

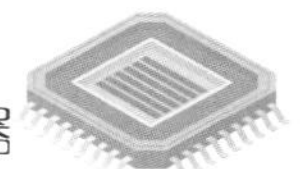

复习思考题

1. 用4个按钮（两个启动，两个停止）实现两台电动机的启动、停止控制，启动时，要求一台电动机启动后，第二台电动机才能启动；停止时，后启动的电动机先停止。编程实现该控制。

2. 用PLC编程实现电动机星–三角形转换控制。

3. 某电炉有1#、2#、3#三个电加热棒，编程实现以下控制要求：按下启动按钮后，1#电加热棒启动，每隔10 s依次启动2#和3#加热棒；停止时，按下停止按钮，先加热的后停止，间隔时间10 s。

4. 低压铸造中，模具温度和液面压力控制是保证生产质量的关键。模具温度通过Pt100传感器检测，当温度超过150 ℃时需要同时开启通风电磁阀和控制冷却水流量的比例阀进行冷却；当温度降到50 ℃时只用通风进行冷却；到30 ℃时，风冷关闭。编程实现控制要求。

5. 实现简单位置控制。控制要求：用多齿凸轮与电动机联动，并用接近开关检测多齿凸轮，产生的脉冲输入PLC的计数器；电动机转动至4 900个脉冲时，电动机减速，到5 000个脉冲时，电动机停止，同时剪板机动作将料切断，并使脉冲计数复位。

第 6 章　机器人技术

【本章导读】

创造一种像人一样的机器，可以模拟人的行为或代替人进行工作，是人类长期以来的一个愿望。我国西周时期，偃师就研制出了能歌善舞的伶人；三国时期，诸葛亮成功制造了木牛流马；1662 年，日本的竹田近江发明了自动机器玩偶；1773 年，瑞士钟表匠德罗斯父子制造了真人大小的写字、绘图、弹风琴人偶。这些都是人们对这一愿望的伟大尝试。

20 世纪 20 年代，科幻电影和科幻小说的出现将“机器人”（Robot）这个名词带入了现实社会。1954 年，美国人乔治・德沃尔研制出世界上第一台电子可编程的关节传送装置，将工业机器人推上历史舞台。20 世纪 70 年代，机器人产业得到蓬勃发展，机器人技术发展成专门学科。现如今机器人技术已成为集机械、电子、自动控制、计算机及人工智能等多学科领域的一项综合性应用技术，并被广泛应用于工业、农业、国防、航天航空、海洋探索、医疗服务等众多领域。

本章知识架构如图 6-1 所示，本章主要从机器人的组成与分类、传感器、控制与驱动系统、编程技术、应用等方面介绍机器人技术，使读者能广泛了解工业生产中的机器人特征。

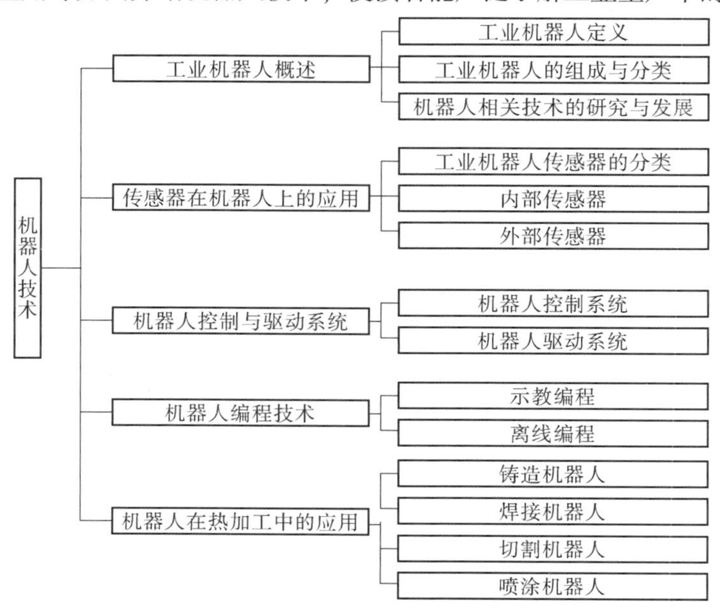

图 6-1　第 6 章知识架构

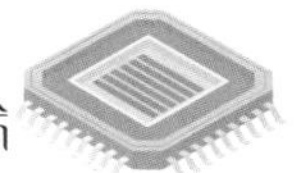

6.1　工业机器人概述

6.1.1　工业机器人定义

工业机器人是机器人的一种，是面向工业领域的多关节机械手或多自由度的机器装置。它能自动执行工作，是靠自身动力和控制能力来实现各种功能的一种机器。它对稳定和提高产品质量、提高生产效率、改善劳动条件和促进产品的快速更新换代起着十分重要的作用。典型的工业机器人如图6-2所示。

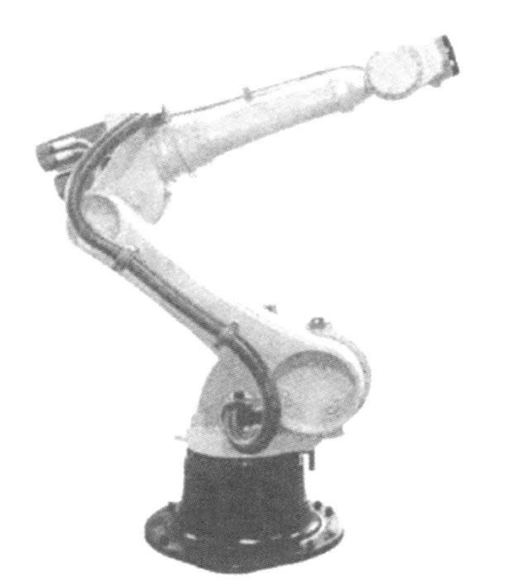

图6-2　典型的工业机器人

工业机器人是集机械、电子、自动控制、传感器及计算机技术等多领域知识于一体的现代自动化装备，已广泛应用于各个领域的工业现场。机器人技术和计算机辅助设计（Computer Aided Design，CAD）系统、计算机辅助制造（Computer Aided Manufacturing，CAM）系统结合在一起应用，是现代制造业自动化的最新发展趋势。这些技术正在引导工业自动化向一个新的领域过渡。

工业机器人主要具有以下基本特点。

（1）可编程。工业机器人可以根据工作需求和环境变化进行编程。因此，它在小批量、多品种，具有均衡高效率的柔性制造过程中能发挥很好的作用，是柔性制造系统中的一个重要组成部分。

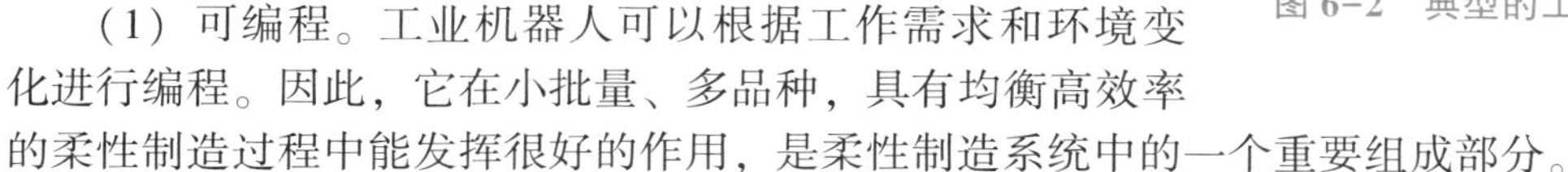

（2）拟人化。工业机器人的多关节机械机构可以完成类似人手臂的工作，其控制系统类似人的大脑。智能化工业机器人还有许多传感器，如接触传感器、力传感器、负载传感器、视觉传感器、声觉传感器，提高了工业机器人对周围环境的感知和自适应能力。

（3）通用性。除了特别设计的专用机器人，一般的工业机器人在执行不同作业任务时具有较好的通用性。可以通过更换工业机器人手部末端操作器（手爪、工具等）来使机器人执行不同的作业任务。例如，将工业机器人手部末端的激光焊接器换成喷涂枪，通过适当的硬件调整和软件编程后，就可以将原来的焊接机器人变成喷涂机器人。

工业机器人技术涉及的学科相当广泛，它是机械学和微电子学的结合，即机电一体化技术。第三代智能机器人不仅具有获取外部环境信息的各种传感器，而且还具有记忆能力、语言理解能力、图像识别能力、推理判断能力等，这些都是微电子技术的应用，特别是与计算机技术的应用密切相关。

6.1.2　工业机器人的组成与分类

1. 工业机器人的组成

现代工业机器人由三大部分、六个子系统组成。三大部分分别是机械部分、控制部分和传感部分。六个子系统分别是驱动系统、机械结构系统、人机交互系统、控制系统、感受（传感）系统、机器人与环境交互系统。三大部分和六个子系统是一个统一的整体。

（1）机械部分。

机械部分相当于人的血肉组成部分，也称为机器人的本体，主要分为两个子系统：驱动系统、机械结构系统。驱动系统在各个关节安装传动装置，用以使执行机构产生相应的动作。它的作用是提供机器人各部分、各关节动作的原动力。驱动系统的传动部分可以是液压传动系统、气压传动系统、电动传动系统，或者是几种系统结合起来的综合传动系统。工业机器人的机械结构主要由三大部分构成：基座、手臂和手部（也称为末端操作器）。每部分具有若干自由度，构成一个多自由度的机械系统。末端操作器是直接安装在手腕上的一个重要部件，它可以是多手指的手爪，也可以是喷漆枪或者焊具等作业工具。

（2）控制部分。

控制部分相当于人的大脑，可以直接或者通过人工对机器人的动作进行控制。控制部分也可以分为两个子系统：人机交互系统和控制系统。人机交互系统是使操作人员参与机器人控制并与机器人进行联系的装置，如计算机的标准终端、指令控制台、信息显示板、危险信号警报器、示教盒等。简单来说，该系统可以分为两大部分：指令给定系统和信息显示装置。控制系统主要是根据机器人的作业指令程序及从传感器反馈回来的信号支配执行机构去完成规定的运动和功能。根据控制原理，控制系统可以分为程序控制系统、适应性控制系统和人工智能控制系统 3 种。根据运动形式，控制系统可以分为点位控制系统和轨迹控制系统两大类。

（3）传感部分。

传感部分相当于人的五官，机器人可以通过传感部分来感觉机器人自身和外部环境状况，帮助机器人工作更加精确。这部分主要分为两个子系统：感受（传感）系统和机器人与环境交互系统。感受系统由内部传感器模块和外部传感器模块组成，用于获取机器人内部和外部环境状态中有意义的信息。智能传感器可以提高机器人的机动性、适应性和智能化的水准。对于一些特殊的信息，传感器的灵敏度甚至可以超越人类的感觉系统。机器人与环境交互系统是实现工业机器人可与外部环境中的设备相互联系和协调的系统。工业机器人可与外部设备集成为一个功能单元，如加工制造单元、焊接单元、装配单元等；也可以是多台机器人、多台机床设备或者多个零件存储装置集成为一个能执行复杂任务的功能单元。

通过以上三大部分、六个子系统的协调作业，工业机器人成为一台高精密度的机械设备，具备工作精度高、稳定性强、工作速度快等特点，为企业提高生产效率和产品质量奠定了基础。

2. 工业机器人的分类

关于工业机器人的分类在国际上还没有统一的标准。工业机器人的分类方法和标准很多，下面主要介绍按机械结构、机器人的机构特性、程序输入方式 3 种分类方法分类。

（1）按机械结构分类。

按机械结构分类，工业机器人可分为串联机器人和并联机器人。

1）串联机器人。串联机器人是一种开式运动链机器人，它是由一系列连杆通过转动关节或移动关节串联形成的。其利用驱动器来驱动各个关节的运动从而带动连杆的相对运动，使机器人末端达到合适的位姿。串联机器人如图 6-3 所示。

2）并联机器人。并联机器人采用了一种闭环机构，一般由上下运动平台和两条或两条以上运动支链构成。运动平台和运动支链之间构成一个或多个闭环机构，通过改变各个支链的运动状态，使整个机构具有多个可以操作的自由度。并联结构和前述的串联结构有本质的

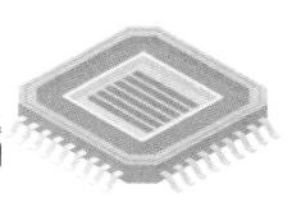

区别，它是工业机器人结构发展史上的一次重大变革。并联机器人如图 6-4 所示。

图 6-3 串联机器人

图 6-4 并联机器人

（2）按机器人的机构特性分类。

按机器人的机构特性分类，工业机器人可分为直角坐标机器人、柱面坐标机器人、球面坐标机器人和多关节坐标机器人。

1）直角坐标机器人。直角坐标机器人具有空间相互垂直的多个直线移动轴，通过直角坐标方向的 3 个独立自由度确定其手部的空间位置，其动作空间为一长方体。该种形式的工业机器人优点是定位精度较高，空间轨迹规划与求解相对较容易，计算机控制也相对较简单；缺点是空间尺寸较大，运动的灵活性相对较差，运动的速度相对较低。直角坐标机器人如图 6-5所示。

2）柱面坐标机器人。柱面坐标机器人主要由旋转基座、垂直移动和水平移动轴构成，具有一个回转和两个平移自由度，其动作空间呈圆柱形。该种形式的工业机器人优点是空间尺寸较小，工作范围较大，末端操作器可获得较高的运动速度；缺点是末端操作器离 Z 轴越远，其切向线位移的分辨精度就越低。柱面坐标机器人如图 6-6 所示。

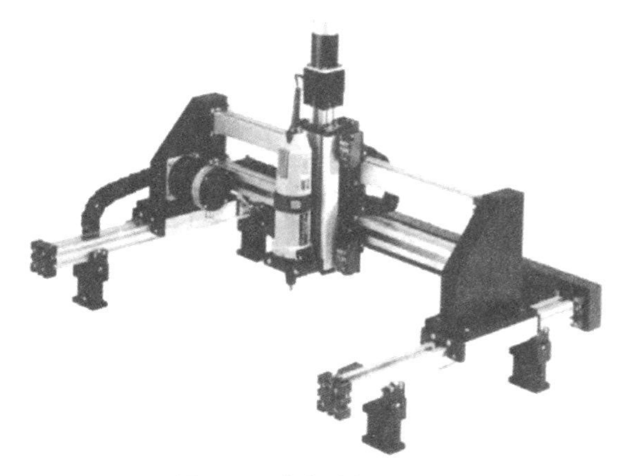

图 6-5 直角坐标机器人

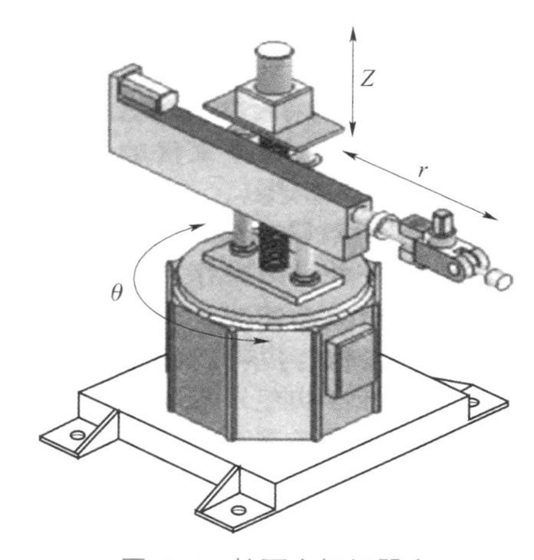

图 6-6 柱面坐标机器人

3）球面坐标机器人。球面坐标机器人的空间位置分别由旋转、摆动和平移3个自由度确定，动作空间形成球面的一部分。该种形式的工业机器人的空间尺寸较小，工作范围较大。球面坐标机器人如图6-7所示。

4）多关节坐标机器人。多关节坐标机器人的空间尺寸相对较小，工作范围相对较大，可以绕过基座周围的障碍物，是目前应用较多的一种机型。这类机器人又可分为两种：垂直多关节机器人和水平多关节机器人。垂直多关节机器人模拟人的手臂功能，由垂直于地面的腰部旋转轴，带动小臂旋转的肘部旋转轴及小臂前端的手腕等组成。手腕通常有2~3个自由度，其动作空间近似一个球面。垂直多关节机器人如图6-8所示。水平多关节机器人结构上具有串联配置的两个能够在水平面内旋转的手臂，自由度可依据用途选择2~4个，动作空间为一圆柱体。水平多关节机器人如图6-9所示。

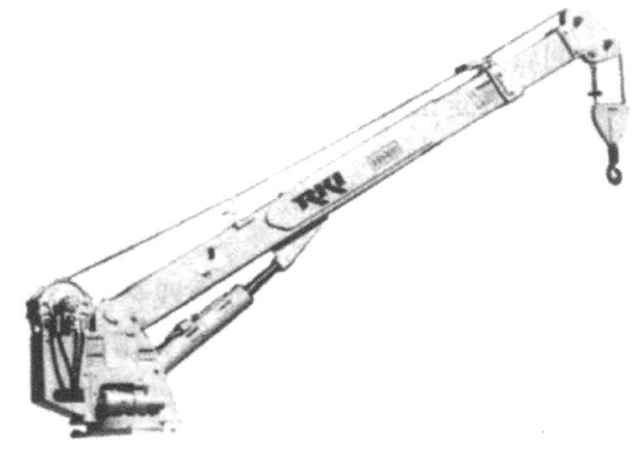

图6-7　球面坐标机器人

图6-8　垂直多关节机器人

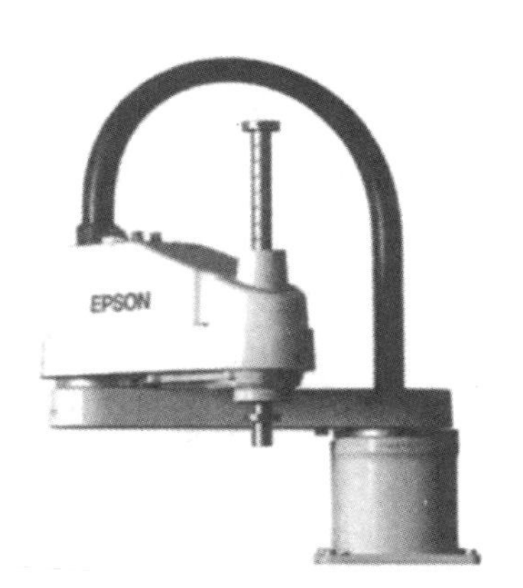

图6-9　水平多关节机器人

（3）按程序输入方式分类。

工业机器人按照程序输入方式的不同可以分为编程输入型机器人和示教输入型机器人。

1）编程输入型机器人。编程输入型机器人是将计算机上已编好的作业程序文件通过串口或者以太网等通信方式传送到机器人控制柜。

2）示教输入型机器人。示教输入型机器人的示教方法有两种，一种是由操作者用手动控制器（示教操纵盒）将机器人发出的信号传给驱动系统，使执行机构按要求的动作顺序和运动轨迹操演一遍；另一种是由操作者直接操作执行机构，按要求的动作顺序和运动轨迹

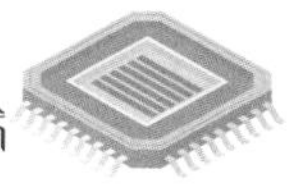

操演一遍。在示教过程的同时，工作程序的信息将自动存入程序存储器。当示教过程结束后，机器人在自动工作时，控制系统从程序存储器中提取保存的程序，将指令信号传给驱动机构，使执行机构再现示教的各种动作。

6.1.3 机器人相关技术的研究与发展

综合国内外工业机器人研究和应用现状，工业机器人正在朝着智能化、模块化、系统化、微型化、多功能化及高性能、自诊断、自修复方向发展，以适应多样化、个性化的需求，以及更大、更宽广的应用领域。

1. 工业机器人的技术指标

工业机器人的技术指标是机器人生产厂商在产品供货时所提供的技术数据，反映了机器人的适用范围和工作性能，是选择机器人时必须考虑的问题。尽管机器人生产厂商提供的技术指标不完全相同，工业机器人的结构、用途和用户的需求也不相同，但其主要的技术指标一般为：自由度、工作精度、工作范围、额定负载、最大工作速度等。

（1）自由度。

自由度是衡量机器人动作灵活性的重要指标。自由度是整台机器人运动链所能够产生的独立运动数，包括直线运动、回转运动、摆动运动，但不包括执行器本身的运动（如刀具旋转等）。机器人的每一个自由度原则上都需要有一个伺服轴驱动其运动，因此在产品样本和说明书中，通常以控制轴数来表示。

（2）工作精度。

机器人的工作精度主要是指定位精度和重复定位精度。定位精度指机器人末端参考点实际到达的位置与所需要到达的理想位置之间的差距。重复定位精度指机器人重复到达某一目标位置的差异程度。重复定位精度也指在相同的位置指令下，机器人连续重复若干次其位置的分散情况。它是衡量一系列误差值的密集程度，即重复度。

（3）工作范围。

工作范围又称工作空间、工作行程，它是衡量机器人作业能力的重要指标。工作范围越大，机器人的作业区域也就越大。产品样本和说明书中所提供的工作范围是指机器人在未安装末端执行器时，其参考点（手腕基准点）所能到达的空间工作范围的大小。它取决于机器人各个关节的运动极限范围，与机器人的结构有关。工作范围应除去机器人在运动过程中可能产生自身碰撞的干涉区域。此外，机器人在实际使用时，还要考虑安装了末端执行器之后可能产生的范围。因此，在机器人实际工作时，设置的安全范围应该比说明书中给定的工作范围数据还要大。

（4）额定负载。

额定负载是指机器人在作业空间内所能承受的最大负载。其含义与机器人类别有关，一般以质量、力、转矩等技术参数表示。例如，搬运、装配、包装类机器人的额定负载指的是机器人能够抓取的物品质量；切削加工类机器人的额定负载是指机器人加工时所能承受的切削力；焊接、切割加工的机器人的额定负载则指机器人所能安装的末端执行器质量等。

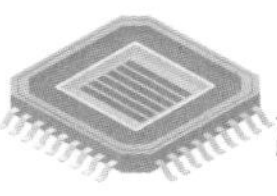

（5）最大工作速度。

最大工作速度是指在各轴联动情况下，机器人手腕中心所能达到的最大线速度。最大工作速度越高，生产效率就越高，对机器人最大加速度的要求越高。

2. 工业机器人技术的发展趋势

工业机器人在许多生产领域的使用实践证明，它在提高生产自动化水平、提高劳动生产率和产品质量及经济效益、改善工人劳动条件等方面有着令人瞩目的作用，引起了世界各国和社会各界人士的广泛关注。

（1）国外发展趋势。

世界工业机器人市场普遍看好，各国都在期待机器人的应用研究在技术上获得突破。从近几年世界机器人推出的产品来看，工业机器人技术正在向智能化、模块化和系统化的方向发展，其发展趋势主要为：结构的模块化和可重构化，控制技术的开放化、PC 化和网络化，伺服驱动技术的数字化和分散化，多传感器融合技术的实用化，工作环境设计的优化和作业的柔性化，系统的网络化和智能化等方面。具体如下。

1）工业机器人性能不断提高，单机价格不断下降，机械结构向模块化、可重构化发展。工业机器人控制系统向基于 PC 的开放型控制器方向发展，便于标准化，网络化器件集成度提高，控制柜日渐小巧，且采用模块化结构，大大提高了系统的可靠性、易操作性和可维修性。

2）机器人中的传感器作用日益重要。装配、焊接机器人采用了位置、速度、加速度视觉、力觉等传感器；而遥控机器人则采用视觉、声觉、力觉、触觉等多传感器的融合技术来进行环境建模及决策控制。当代遥控机器人系统的发展特点不是追求全自治系统，而是致力于操作者与机器人的人机交互控制，即加遥控局部自主系统构成完整的监控遥控操作系统，使智能机器人走出实验室从而进入实用化阶段。多传感器融合配置技术在产品化系统中已有成熟应用。虚拟现实技术在机器人中的作用已从仿真、预演发展到用于过程控制。例如，使遥控机器人操作者产生置身于远端作业环境中的感觉来操纵机器人。

（2）国内发展趋势。

我国工业机器人研究在“七五”“八五”“九五”“十五”期间取得了较大进展，在关键技术上有所突破，应用遍及各行各业，但还缺乏整体核心技术的突破，进口机器人占据绝大多数。中国科学院机器人“十二五”规划研究目标为：开展高速、高精、智能化工业机器人技术的研究工作，建立并完善新型工业机器人智能化体系结构；研究高速、高精度工业机器人控制方法并研制高性能工业机器人控制器，实现高速、高精度的作业；针对焊接、喷涂等作业任务，研究工业机器人的智能化作业技术，研制自动焊接工业机器人、自动喷涂工业机器人样机，并在汽车制造行业、焊接行业开展应用示范。

国家战略：发展以工业机器人为代表的智能制造，以高端装备制造业和重大产业长期发展工程为平台和载体，系统推进智能技术、智能装备和数字制造的协调发展，实现我国高端装备制造的重大跨越。具体分两步进行：第一步，2012—2020 年，基本普及数控化，在若干领域实现智能制造装备产业化，为我国制造模式转变奠定基础；第二步，2021—2030 年，

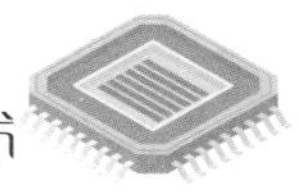

全面实现数字化，在主要领域全面推行智能制造模式，基本形成高端制造业的国际竞争优势。

工业机器人的研究工作需要关注以下技术的发展。

1）工业机器人新型控制器技术。研制具有自主知识产权的先进工业机器人控制器。研究具有高实时性、多处理器并行工作的控制器硬件系统；针对应用需求，设计基于高性能、低成本总线技术的控制和驱动模式。深入研究先进控制方法和策略在工业机器人中的工程实现，提高系统高速、重载、高追踪精度等动态性能，提高系统开放性。通过人机交互方式建立模拟仿真环境，研究开发工业机器人自动离线编程技术，增强人机交互和二次开发能力。

2）工业机器人智能化作业技术。实现以传感器融合、虚拟现实与人机交互为代表的智能化技术在工业机器人上的可靠应用，提升工业机器人操作能力。除采用传统的位置、速度、加速度等传感器外，装配、焊接机器人还应用了视觉、力觉等传感器来进行实现协调和决策控制，基于视觉的喷涂机器人采用姿态反馈控制。研究虚拟现实技术与人机交互环境建模系统。

3）成线成套装备技术。针对汽车制造业、焊接行业等具体行业工艺需求，结合新型控制器技术和智能化作业技术，研究与行业密切相关的工业机器人应用技术，以工业机器人为核心的生产线上的相关成套装备设计技术，开发主要功能部件并加以集成，形成以智能化工业机器人为核心的成线成套自动化制造装备。

4）系统可靠性技术。可靠性技术是与设计、制造、测试和应用密切相关的。建立工业机器人系统的可靠性保障体系是确保工业机器人实现产业化的关键。在产品的设计环节、制造环节和测试环节，研究系统可靠性保障技术，从而为工业机器人广泛应用提供保证。

6.2 传感器在机器人上的应用

机器人是由计算机控制的复杂机器，它具有类似人类的肢体及感官功能，动作程序灵活，有一定程度的智能，在工作时可以不依赖人的操纵。工业机器人技术向智能化发展，传感器在机器人的控制中起了非常重要的作用，正因为有了传感器，机器人才具备了类似人类的知觉功能和反应能力。当机器人具有了触觉、视觉等感官功能，就能有效地认知和把握外界状况，实施对应的动作或决策。

6.2.1 工业机器人传感器的分类

按作用范围，工业机器人传感器可分为内部传感器和外部传感器两大类。

（1）内部传感器：以机器人本身的坐标轴来确定其位置，安装在机器人自身中，用来感知自身的状态，以调整和控制机器人的行动。内部传感器通常由位置、加速度、速度及压力传感器等组成。

（2）外部传感器：用于机器人对周围环境、目标物的状态特征获取信息，使机器人和环境发生交互作用，从而使机器人对环境有自校正和自适应能力。外部传感器通常包括力觉、压觉、触觉、滑觉、视觉等传感器。

6.2.2 内部传感器

位置感觉和位移感觉是机器人最基本的感觉要求，没有它机器人将不能正常工作。实际上所有的操作臂都是伺服控制机构，也就是说，传输给驱动器的力或力矩指令都是根据检测到的关节位置与期望位置之间的差值而给定的。这就要求每个关节都要有一定的位置检测装置，包括行程开关及各类常用的机器人位置、位移传感器，如电位器式位移传感器、光电编码器、角速度传感器、电容式位移传感器、电感式位移传感器、霍尔元件位移传感器、磁栅式位移传感器及机械式位移传感器等。本章只简单介绍 4 种，其他种类可参考第 2 章相关内容。

1. 行程开关

行程开关是用于检测机器人的起始原点、越限位置或确定位置的传感器。行程开关分为两类：一类是有触点的，如限位开关；另一类是无触点的，如接近开关。

限位开关由微型开关、触头或推杆及外壳组成，利用装在机器人运动部件上的机械挡块触动触头或推杆，使微型开关闭合或断开，实现机器人的定位或程序控制。

2. 电位器式位移传感器

电位器是一种常用的机电传感元件。电位器式位移传感器由一个线绕电阻（或薄膜电阻）和一个滑动触点组成，其中滑动触点通过机械装置受被检测量的控制。当被检测的位置量发生变化时，滑动触点也发生位移，从而改变滑动触点与电位器各端之间的电阻值和输出电压值，根据这种输出电压值的变化，可以检测出机器人各关节的位置和位移量。

按照电位器式位移传感器的结构，可以把它分成两大类：一类是直线式电位器，另一类是旋转式电位器。如图 6-10（a）所示，直线式电位器主要用于检测直线的位移，其电阻器采用直线型螺线管或直线型碳膜电阻，滑动触点只能沿电阻的轴线方向做直线运动。直线式电位器的工作范围和分辨率受电阻器长度的限制。线绕电阻、电阻丝本身的不均匀性会造成电位器式位移传感器的输入/输出关系的非线性。如图 6-10（b）所示，旋转式电位器的电阻元件呈圆弧状，滑动触点只能在电阻元件上做圆周运动。旋转式电位器有单圈电位器和多圈电位器两种。由于滑动触点等的限制，单圈电位器的工作范围只能小于 360°，对于分辨率也有一定的限制。对于多数应用情况来说，这并不会妨碍它的使用。假如需要更高的分辨率和更大的工作范围，可以选用多圈电位器。

电位器式位移传感器具有很多优点。它的输入/输出特性（即输入位移量与电压量之间的关系）可以是线性的，也可以根据需要选择其他任意函数关系的输入/输出特性；它的输出信号选择范围很大，只需改变电阻器两端的基准电压，就可以得到各种输出电压信号。这种位移传感器不会因为失电而破坏其已感觉到的信息。当电源因故断开时，电位器的滑动触点将保持原来的位置不变，只需重新接通电源，原有的位置信息就会重新出现。另外，它还

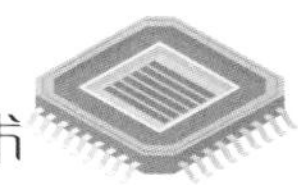

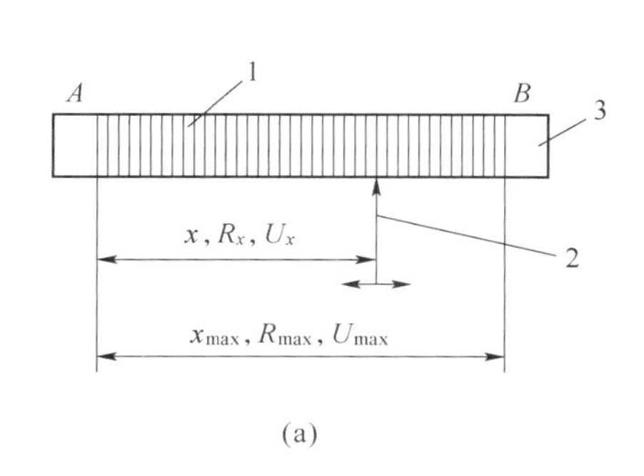

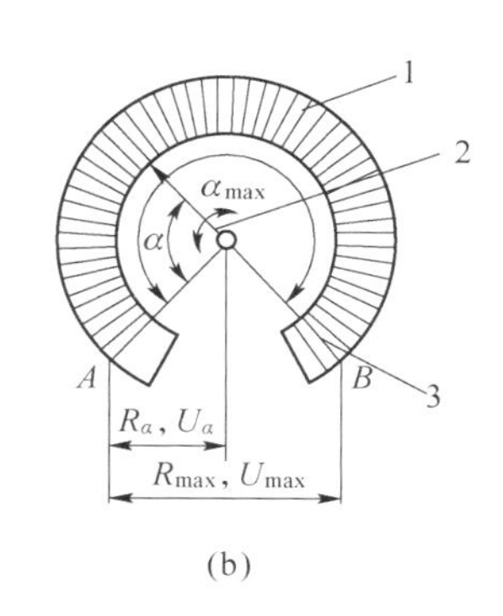

1—电阻元件；2—骨架；3—电刷。

图 6-10　电位器式位移传感器

（a）直线式；（b）旋转式

具有性能稳定、结构简单、尺寸小、质量轻、精度高等优点。

电位器式位移传感器的一个主要缺点是容易磨损，使电位器的可靠性和寿命受到一定的影响。正因如此，电位器式位移传感器在机器人上的应用受到了极大的限制。近年来，随着光电编码器价格的降低而逐渐被其取代。

3. 光电编码器

光电编码器是一种应用广泛的位置传感器，其分辨率完全能满足机器人技术要求。它是一种非接触型传感器，可分为绝对式光电编码器和增量式光电编码器。

（1）绝对式光电编码器。

绝对式光电编码器即使发生电源中断，也能正确地给出角度位置，因此不需要校准。绝对式光电编码器产生供每种轴用的独立的和单值的码字。与增量式光电编码器不同，它的每个读数都与前面的读数无关。

绝对式光电编码器通常由 3 个主要元件构成：多路（或通道）光源（如发光二极管）、光敏元件、光电码盘。

图 6-11 为绝对式光电编码器的编码原理，码盘上有多条码道。所谓码道，就是码盘上的同心圆。按照二进制分布规律，把每条码道加工成透明和不透明区域相同的形式。码盘的一侧安装光源，另一侧安装一排径向排列的光电管，每个光电管对准一条码道。当光源照射码盘时，如果是透明区，则光线被光电管接收，并转变成电信号，输出信号为“1”；如果是不透明区，则光电管接收不到光线，输出信号为“0”。被测工作轴带动码盘旋转时，光电管输出的信息就代表了轴的对应位置，即绝对位置。

（2）增量式光电编码器。

与绝对式光电编码器一样，增量式光电编码器也是由前述 3 个主要元件构成的。两者的工作原理基本相同，不同的是后者的光源只有一路或两路，如图 6-12 所示。码盘上一般只刻有一圈或两圈透明和不透明区域。当光透过码盘时，光敏元件导通，产生低电平信号，代表二进制的“0”；不透明的区域代表二进制的“1”。因此，这种编码器只能通过计算脉冲个数来得到输入轴所转过的相对角度。

由于增量式光电编码器的码盘加工相对容易，因此其成本比绝对式光电编码器的低，而分辨率要高。然而，只有使机器人首先完成校准操作以后才能获得绝对位置信息。若在操作过程中电源意外地消失，那么由于增量式光电编码器没有“记忆”功能，故必须再次完成校准。

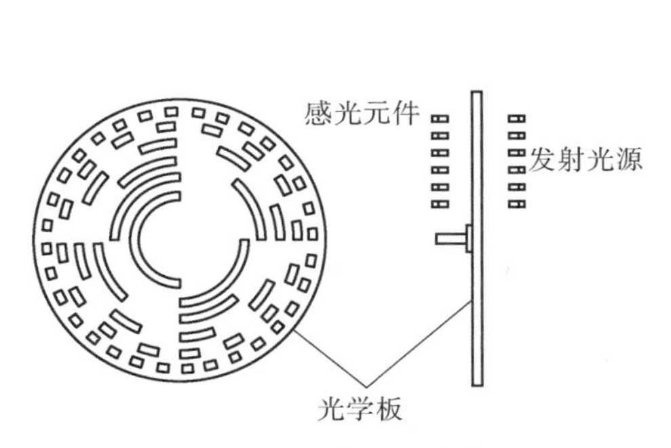

图 6-11　绝对式光电编码器的编码原理

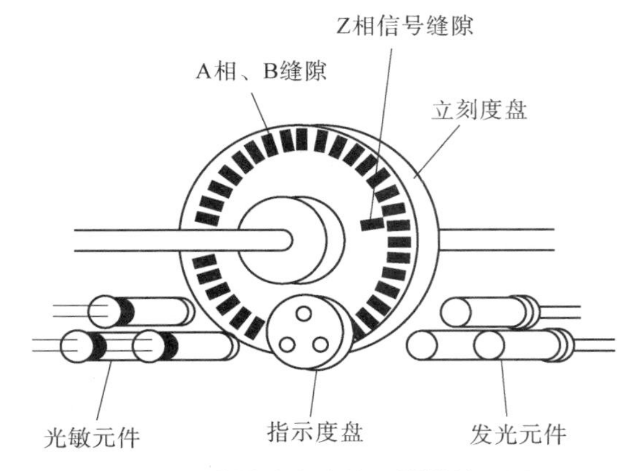

图 6-12　增量式光电编码器的编码原理

4. 角速度传感器

常用的角速度传感器有旋转编码器和测速发电机。

（1）旋转编码器。

使用旋转编码器时，可以用一个传感器检测角度和角速度，比较方便。

1）绝对式旋转编码器检测角速度。因为这种编码器的输出表示的是旋转角度的实际值，所以若对单位时间前的值进行记忆，并取它与现时值之间的差值，就可以求得角速度。

2）增量式旋转编码器检测角速度。这种编码器单位时间内输出脉冲的数目与角速度成比例。

（2）测速发电机。

图 6-13 是直流测速发电机的结构。测速发电机与普通发电机的原理相同，除具有直流输出型测速发电机和交流输出型测速发电机以外，还有感应型测速发电机。

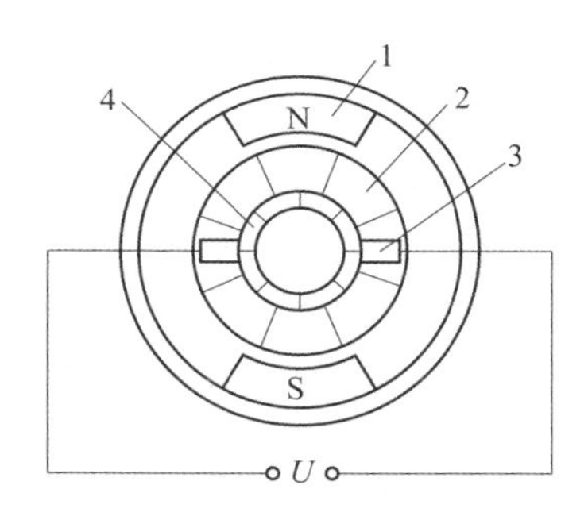

1—永久磁铁；2—转子线圈；3—电刷；4—换向器。

图 6-13　直流测速发电机的结构

对于直流输出型测速发电机，在其定子的永久磁铁产生的静止磁场中，安装着绕有线圈的转子。当转动转子时，就会产生交流电流。因此，经过二极管整流后，就会变换成直流电进行输出。输出电压与转子的角速度 ω 成比例，因此得到

$$u = A\omega$$

式中，A 为常数。通常，转速为 1 000 r/min 时，输出的电压可以达到 7 V。

对于交流输出型测速发电机，在固定线圈的内部安装着用永久磁铁制成的转子。当转动

转子时，定子线圈中会产生交流电流，并且原封不动地作为测速发电机输出。这时，从低速旋转到高速旋转，均可获得稳定的输出。

6.2.3 外部传感器

为了检测作业对象及环境或检测机器人与它们的关系，在机器人上安装触觉传感器、接近觉传感器、压觉传感器、滑觉传感器、力觉传感器和视觉传感器，即可大大改善机器人的工作状况，使其能够完成更复杂的工作。

1. 触觉传感器

触觉传感器通常装于机器人的运动部件或末端执行器（如手爪）上，用以判断机器人部件是否和对象物发生了接触，以解决机器人的运动正确性，实现合理的抓握或防止碰撞。触觉传感器的输出信号是开关量，即逻辑0或1。

（1）微动开关。

图6-14为单向性微动开关的结构原理示意。当开关的滑柱接触到外界物体时，滑柱受压缩移动，导通电路，从而产生输出信号。这种触觉传感器的优点是结构简单、体积小、成本低、安装布置方便。当用多个这种传感器组成阵列时，还可检测对象物的大致轮廓形状。其缺点是接触面积限制在平行于滑柱方向的一个很小范围，即是单方向性的。不平行的接触和过大的接触力都容易损坏这种传感器。另外，它的响应速度低，灵敏度也差。多向性微动开关的工作原理和单向性的相似，但以各种触头取代了单方向移动的滑柱，触头有半圆头式、锥头式和弹簧丝式。其优点是从任何方向触碰触头都能触发开关从而输出信号。

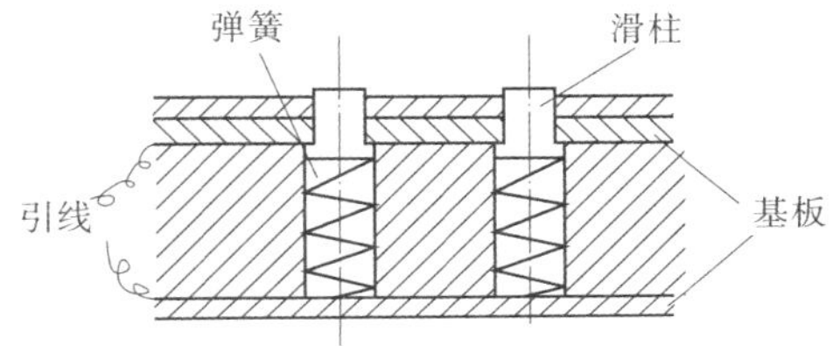

图6-14 单向性微动开关的结构原理示意

（2）柔性触觉传感器。

经过多年的广泛研究，传感材料、新的制造方法和电传感原理的发展使柔性触觉传感器获得显著进步，一些柔性触觉传感器已经表现出高灵敏度、高柔性，甚至大拉伸性、超保形性、低成本及大面积制造。电子皮肤的触觉感知能力可以归结为对压力、应变、剪切力、振动等的测量。在触觉传感器中，将触觉信息转换为电信号的常用方法包括压阻触觉传感、压容触觉传感、压电触觉传感和摩擦电触觉传感，如图6-15所示。

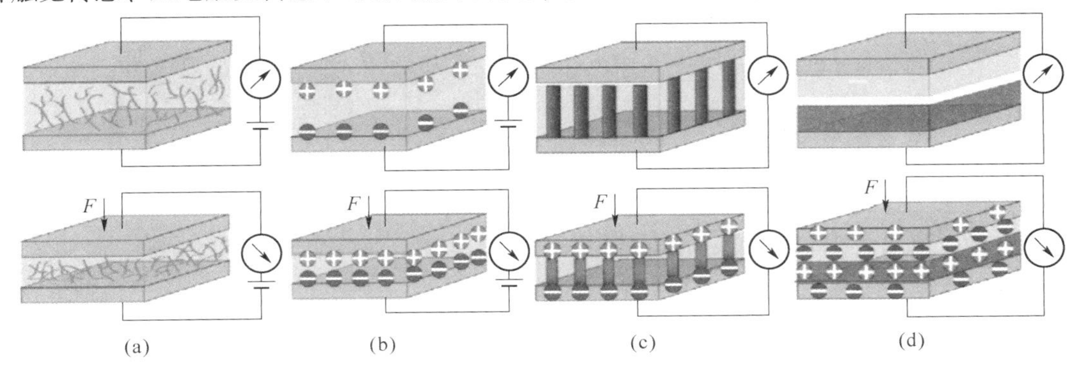

图6-15 柔性触觉传感器的传感机制

（a）压阻触觉传感；（b）压容触觉传感；（c）压电触觉传感；（d）摩擦电触觉传感

压阻触觉传感器的原理基于压阻效应，当界面材料的电阻响应于施加的刺激而变化时，就会发生压阻效应，如图 6-15（a）所示。电容是电容器储存电荷的能力。一般来说，电容器是两个平板的框架，中间夹有电介质。通过使用特殊设计的材料，平板之间电介质层的相对静态介电常数的变化可以用来检测力。两个平板之间距离的变化通常用于测量法向力、剪切力和应变。用于触觉传感的电容装置已经显示出高灵敏度、与静态力测量的兼容性及低功耗，如图 6-15（b）所示。压电是触觉传感的另一种常用的转换方法。响应施加的机械应力而产生的电压称为压电性，这是从材料中的定向永久偶极子获取的，如图 6-15（c）所示。图 6-15（d）显示了摩擦电传感器将机械能转化为电能的一般原理。在原始状态下，这两种材料有很小的间隙。当施加外部压力时，具有不同摩擦电极性的两种材料相互接触，摩擦电效应在表面的两侧感应出相反的电荷。

2. 接近觉传感器

接近觉传感器是机器人用来控制自身与周围物体之间的相对位置或距离的传感器。其目的是在接触对象物前得到必要的信息，以便后续动作。接近觉传感器根据工作原理的不同可分为多种，最常用的有光反射式接近觉传感器、电容式接近觉传感器、感应式接近觉传感器、超声波接近觉传感器。

图 6-16 是电容式接近觉传感器的基本构成。其敏感元件为电容器，它由传感电极和参考电极组成。根据电容的变化来检测接近程度的电子学方法有若干种，其中最简单的是将电容器作为振荡电路的一部分，设计成只有在传感器的电容值超过某一预定阈值时才产生振荡。然后，将起振转换成一个输出电压，用以表示物体的出现。这种方法给出二值输出，其触发灵敏度取决于阈值。

图 6-17 是用于接近觉的一种典型超声传感器（简称超声接近觉传感器）的外观，该传感器的基本元件是电声转换器。这种变换器通常是压电陶瓷变换器，也有用聚偏氟乙烯材料制作的变换器。其树脂层用来保护变换器不受潮湿、灰尘及其他环境因素的影响，同时也起声阻抗匹配器的作用。由于同一变换器通常既用于发射又用于接收，因此，当被检测物体距离很小时，需要声能很快衰减，使用消声器消除变换器与壳体的耦合，可以达到这一目的。壳体的设计应当能形成一狭窄的声束，以实现有效的能量传送和信号定向。

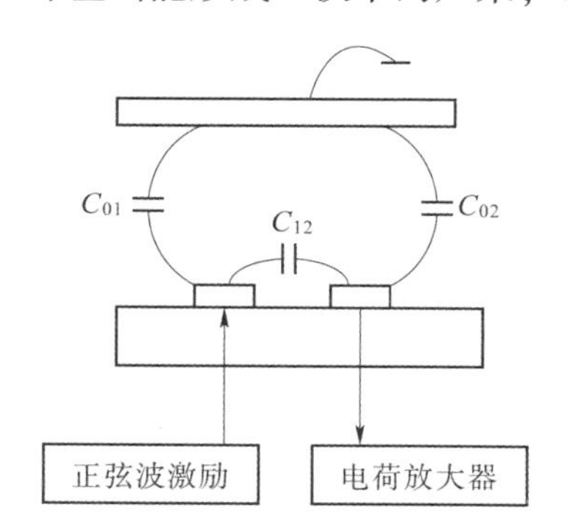

图 6-16　电容式接近觉传感器的基本构成

图 6-17　超声接近觉传感器的外观

3. 压觉传感器

压觉传感器用来检测和机器人接触的对象物之间的压力值。这个压力可能是对象物施加给机器人的，也可能是机器人主动施加在对象物上的（如手爪夹持对象物时的情况）。压觉

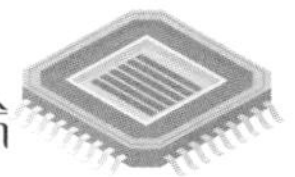

传感器的原始输出信号是模拟量信号。

图6-18为导电橡胶构成压觉传感器的原理示意。导电硅橡胶与金属电极对置接触，当导电硅橡胶受到压力时，其电阻值发生变化，导致输出信号（电压）相应变化，经变换和标定后就可测得相应的压力值。若将导电硅橡胶与集成电路组合（如图6-19所示），则形成高密度分布式压觉传感器。

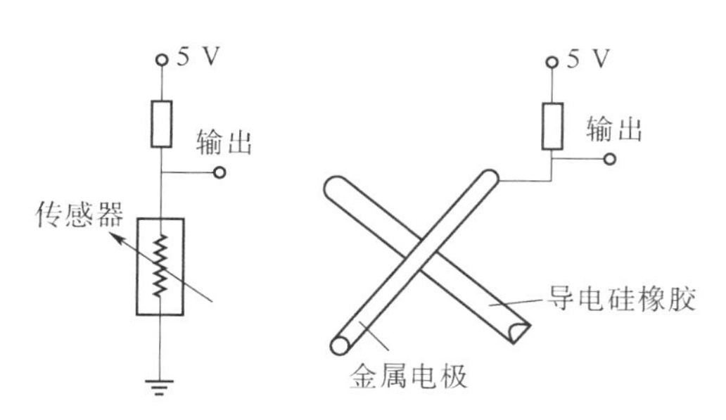

图6-18　导电橡胶构成压觉传感器的原理示意

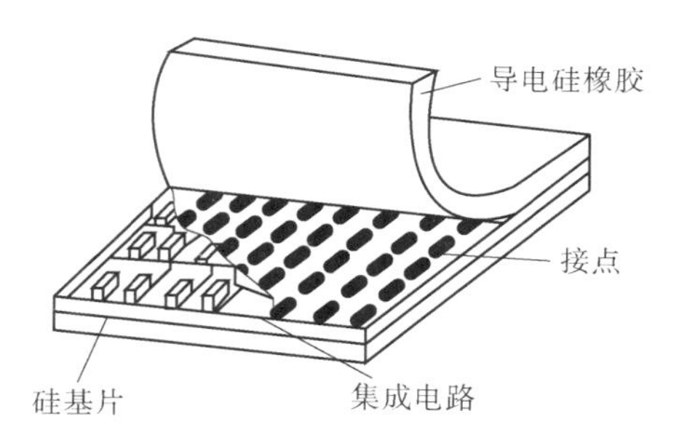

图6-19　导电硅橡胶与集成电路组合

4. 滑觉传感器

滑觉传感器用于检测机器人手部夹持物体的滑移量，以调整其夹持力从而把物体牢固地夹住。光纤滑觉传感器的结构如图6-20所示。传感器壳体中开有一球冠形槽，可使滑球在其中滑动。滑球的一小部分露出并与弹性膜相接触，滑动物体通过弹性膜与滑球发生相互作用。滑球中心平面与一个内嵌平面反射镜的刚性圆板固接。该圆板通过8个仪表弹簧与传感器壳体相连，构成了该滑觉传感器的弹性恢复系统。

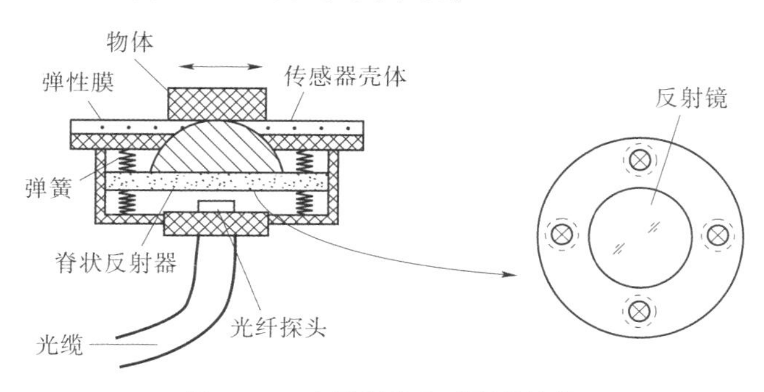

图6-20　光纤滑觉传感器的结构

图6-21是贝尔格莱德大学研制的球形机器人专用滑觉传感器。它由一个金属球和触针组成，金属球表面分成许多个相同排列的导电和绝缘小格。触针头很细，每次只能触及一格。当工件滑动时，金属球也随之转动，在触针上输出脉冲信号。脉冲信号的频率反映了滑移速度，脉冲信号的个数对应滑移的距离。接触器触头面积小于球面上露出的导体面积，它不仅可以做得很小，而且能提高检测灵敏度。球与被握物体相接触，无论滑动方向如何，只要球一转动，传感器就会产生脉冲输出。该球体在冲击力作用下不转动，因此抗干扰能力强。

5. 力觉传感器

力觉传感器是用于检测机器人自身产生的内部力（或力矩）的传感器。

图6-22为一种装在机器人腕部的力和力矩传感器，其弹性体形似圆筒，故称为圆筒式

腕力传感器。它分为上下两层，上层由 4 根竖直梁组成，下层由 4 根水平梁组成。在 8 根梁的相应位置上粘贴应变片作为测量敏感点，传感器两端通过法兰盘与机器人腕部连接。当机器人腕部受力时，8 根弹性梁产生不同性质的变形，使敏感点的应变片发生应变，输出电信号，通过一定的数学关系式就可算出 X、Y、Z 这 3 个坐标上的分力和分力矩。

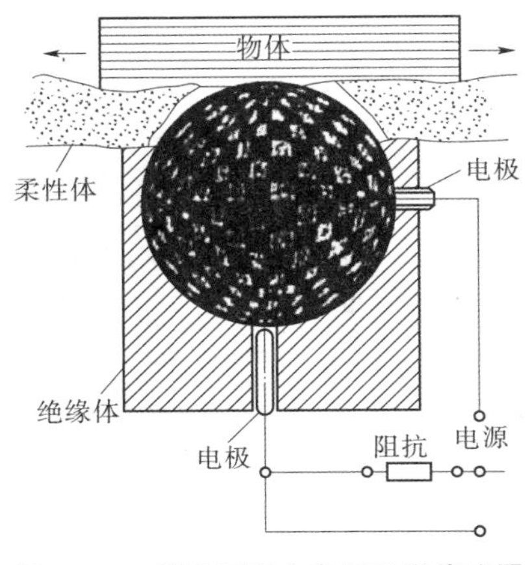

图 6-21　球形机器人专用滑觉传感器

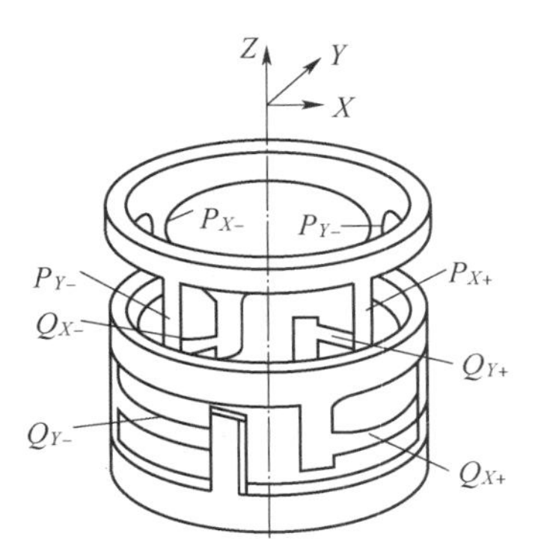

图 6-22　圆筒式腕力传感器

图 6-23 为 Draper 实验室研制的 Wanton 腕力传感器。它将整体金属环周壁铣成按 120°分布的 3 根细梁。其上部圆环有螺孔与手臂相连，下部圆环上的螺孔与手爪连接，传感器的测量电路置于空心的弹性构架体内。该传感器结构比较简单，灵敏度也较高，但六维力（力矩）的获得需要解耦运算，传感器的抗过载能力较差，较易受损。

图 6-24 为日本大和制衡株式会社林纯一在 JPL 实验室研制的腕力传感器基础上提出的一种改进结构。它是一种整体轮辐式结构，传感器在十字梁与轮缘连接处有一个柔性环节，因而简化了弹性体的受力模型（在受力分析时可简化为悬臂梁）。在 4 根交叉梁上总共贴有 32 格应变片（图中以小方块表示），组成 8 路全桥输出，六维力的获得须通过解耦运算。这一传感器一般将十字交叉主杆与手臂的连接件设计成弹性体变形限幅的形式，可有效起到过载保护作用，是一种较实用的结构。

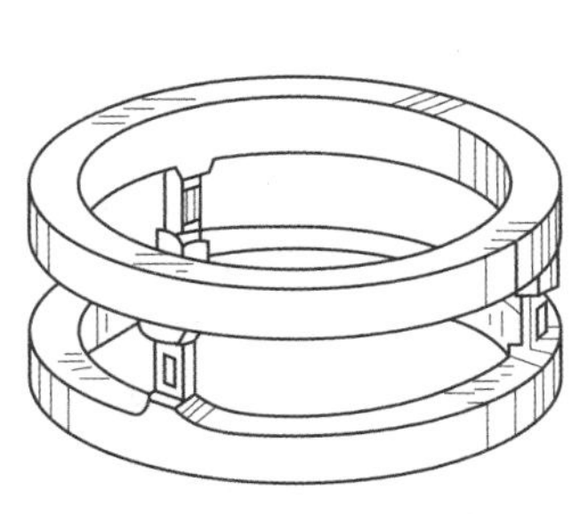

图 6-23　Wanton 腕力传感器

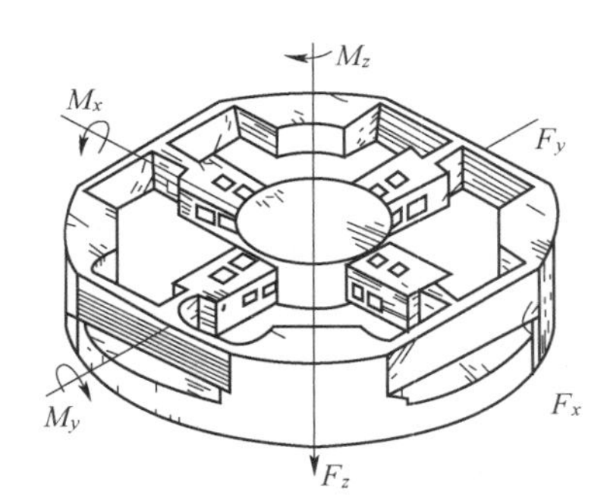

图 6-24　改进后的腕力传感器

图 6-25 是一种非径向三梁中心对称腕力传感器，该传感器的内圈和外圈分别固定于机器人的手臂和手爪，力沿与内圈相切的 3 根梁进行传递。每根梁的上下、左右各贴一对应变片，这样非径向的 3 根梁共贴 6 对应变片，分别组成 6 组半桥，对这 6 组电桥信号进行解耦

可得到六维力（力矩）的精确解。这种力觉传感器结构有较好的刚性，最早由卡内基梅隆大学提出，华中科技大学也曾对此结构的传感器进行过研究。

6. 视觉传感器

视觉传感器是将景物的光信号转换成电信号的器件。大多数机器视觉都不必通过胶卷等媒介物，而是直接把景物摄入，即将视觉传感器所接收到的光学图像转化为计算机所能处理的电信号。通过对视觉传感器所获得的图像信号进行处理，即得出被测对象的特征量（如面积、长度、位置等）。视觉传感器具有从一整幅图像中捕获数以千计的像素（Pixel）的功能。图像的清晰和细腻程度通常用分辨率来衡量，以像素数量表示。在捕获图像之后，视觉传感器将其与内存中存储的基准图像进行比较，以做出分析与判断。

目前，典型的视觉传感器主要有 CCD 图像传感器和 CMOS 图像传感器等固体视觉传感器。固体视觉传感器又可以分为一维线性传感器和二维线性传感器，目前二维线性传感器所捕获图像的分辨率已可达 4 000 像素以上。固体视觉传感器具有体积小、质量轻等优点，因此应用日趋广泛。

CCD 图像传感器是目前机器视觉系统最为常用的图像传感器。它集光电转换及电荷存储、电荷转移、信号读取功能于一体，是典型的固体成像器件。图 6-26 为 CCD 图像传感器原理，它存储由光或电激励产生的信号电荷，当对它施加特定时序的脉冲时，其存储的信号电荷便能在 CCD 图像传感器内定向传输。

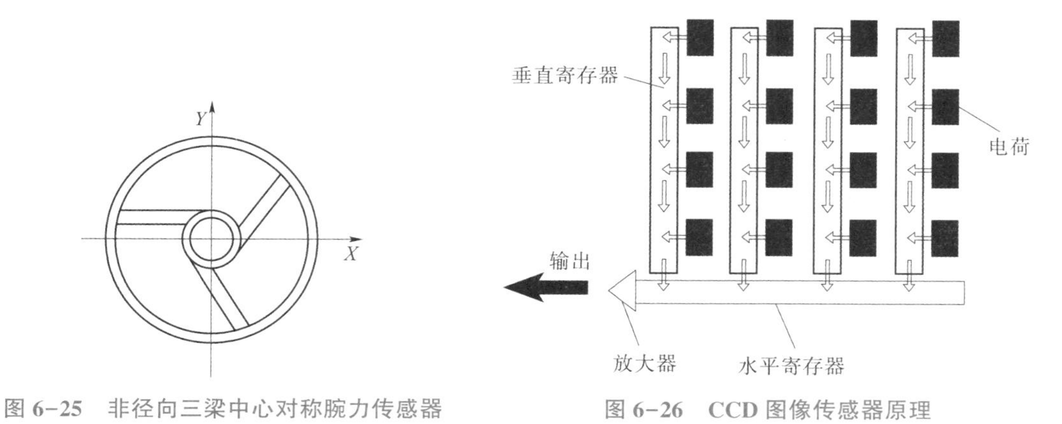

图 6-25　非径向三梁中心对称腕力传感器

图 6-26　CCD 图像传感器原理

6.3　机器人控制与驱动系统

6.3.1　机器人控制系统

工业机器人控制系统的功能是接收来自传感器的检测信号，根据操作任务的要求，驱动机械臂中的各台电动机。就像人的活动需要依赖感官一样，工业机器人的运动控制离不开传感器。工业机器人需要用传感器来检测各种状态。工业机器人的内部传感器信号被用来反映机械臂关节的实际运动状态，外部传感器信号被用来检测工作环境的变化。因此，只有将工业机器人的“神经”与“大脑”组合起来才能形成一个完整的工业机器人控制系统。

1. 工业机器人控制系统的特点

工业机器人的结构是一个空间开链机构，其各个关节的运动是独立的，为了实现末端点的运动轨迹，需要多关节的运动协调。因此，工业机器人的控制系统比普通的控制系统要复杂得多，具体如下。

（1）工业机器人的控制与机构运动学和动力学密切相关。工业机器人手足的状态可以在各种坐标下进行描述，描述工业机器人手足的状态时应根据需要选择不同的参考坐标系，并进行适当的坐标变换，经常要求正向运动学和反向运动学的解，除此之外还要考虑惯性力、外力（包括重力）、哥氏力及向心力的影响。

（2）一个简单的工业机器人至少要有 3 个自由度，一个比较复杂的工业机器人有十几个甚至几十个自由度。每个自由度一般包含一个伺服机构，所有的伺服机构必须协调起来，组成一个多变量控制系统。

（3）从经典控制理论的角度来看，多数工业机器人的控制系统中都包含有非最小相位系统。例如，步行机器人或关节式机器人往往包含有“上摆”系统。由于上摆的平衡点是不稳定的，所以必须采取相应的控制策略。

（4）把多个独立的伺服系统有机地协调起来，使其按照人的意志行动，甚至赋予工业机器人一定的“智能”，这个任务只能由计算机来完成。因此，工业机器人的控制系统必须是一个计算机控制系统。同时，计算机软件担负着艰巨的任务。

（5）描述工业机器人状态和运动的数学模型是一个非线性模型，随着状态的不同和外力的变化，其参数也在变化，各变量之间还存在耦合。因此，仅仅利用位置闭环是不够的，还要利用速度甚至加速度闭环。工业机器人的控制系统中经常使用重力补偿、前馈、解耦或自适应控制等方法。

（6）工业机器人的动作往往可以通过不同的方式和路径来完成，因此存在一个“最优”的问题。较高级的工业机器人可以用人工智能的方法，用计算机建立起庞大的信息库，借助信息库进行控制、决策、管理和操作；根据传感器和模式识别的方法获得对象及环境的工况，按照给定的指标要求，自动地选择最佳的控制规律。

2. 工业机器人控制系统的组成和结构

工业机器人的控制系统主要包括硬件和软件两个部分。

（1）硬件部分。

1）基本组成。工业机器人控制系统的硬件组成如图 6-27 所示。

①控制计算机：控制系统的调度指挥机构；一般为微型计算机、微处理器，有 32 位、64 位等，如奔腾系列 CPU 及其他类型的 CPU。

②示教盒：用于示教机器人的工作轨迹和参数设定，以及实现所有人机交互操作，拥有自己独立的 CPU 及存储单元，与主计算机之间以串行通信方式实现信息交互。

③操作面板：由各种操作按键、状态指示灯构成，只完成基本功能操作。

④硬盘和软盘：存储工业机器人工作程序的外围存储器。

⑤数字量和模拟量输入/输出：各种状态和控制命令的输入或输出。

⑥打印机接口：记录需要输出的各种信息。

⑦传感器接口：用于信息的自动检测，实现工业机器人柔顺控制，一般为力觉、触觉和

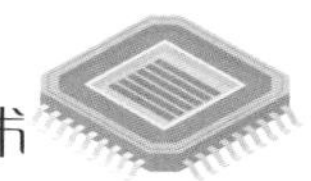

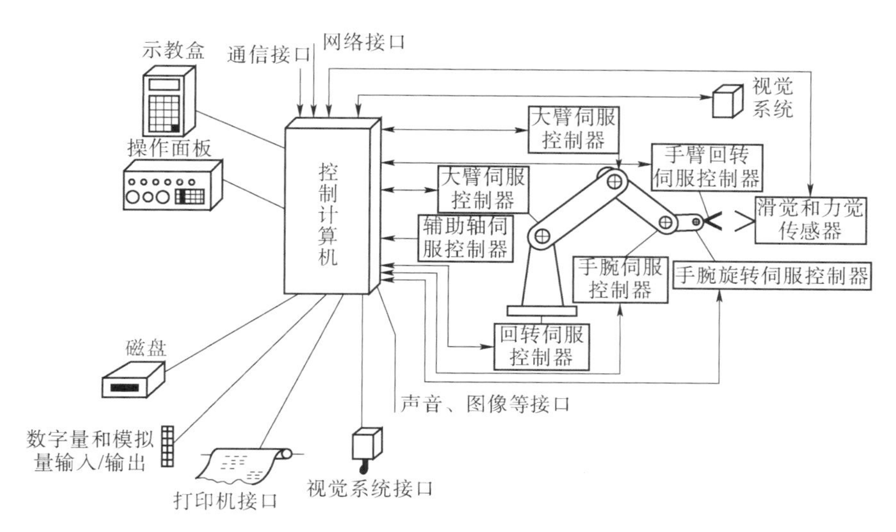

图 6-27　工业机器人控制系统的硬件组成

视觉传感器（系统）接口。

⑧轴控制器：完成工业机器人各关节位置、速度和加速度控制。

⑨辅助设备控制器：用于控制和工业机器人配合的辅助设备，如手爪变位器等。

⑩通信接口：实现工业机器人和其他设备的信息交换，一般有串行接口、并行接口等。

⑪网络接口。

a）Ethernet 接口：可通过以太网实现数台或单台工业机器人与个人计算机的直接通信，数据传输速率高达 10 Mbit/s，可直接在个人计算机上用 Windows 库函数进行应用程序编程之后，通过支持 TCP/IP 的 Ethernet 接口将数据及程序装入各个工业机器人的控制器。

b）FieldBus 接口：支持多种流行的现场总线规格，如 DeviceNet 、AB Remote I/O、InterBus-S、ProfiBus-DP、M-NET 等。

2）基本结构。在控制系统的结构方面通常有集中控制、主从控制（又称两级计算机控制）和分散控制 3 种控制方式。现在大部分工业机器人都采用两级计算机控制。第一级担负系统监控、作业管理和实时插补任务，由于运算工作量大、数据多，所以大都采用 16 位以上的计算机。第一级运算结果作为目标指令传输到第二级计算机，经过计算处理后传输到各执行元件。

①集中控制方式：用一台计算机实现全部控制功能，结构简单、成本低，但系统实时性差，难以扩展，其构成框图如图 6-28 所示。

②主从控制方式：采用主、从两级计算机实现系统的全部控制功能，主计算机实现管理、坐标变换、轨迹生成和系统自诊断等功能，从计算机实现所有关节的动作控制。主从控制方式构成框图如图 6-29 所示。主从控制方式系统实时性较好，适用于高精度、高速度控制场合，但其系统扩展性较差，维修困难。

③分散控制方式：按系统的性质和方式将系统控制分成几个模块，每一个模块各有不同的控制任务和控制策略，各模块之间可以是主从关系，也可以是平等关系。这种控制方式系统实时性好，易于实现高速度、高精度控制，易于扩展，可实现智能控制，是目前流行的控

制方式。其构成框图如图 6-30 所示。

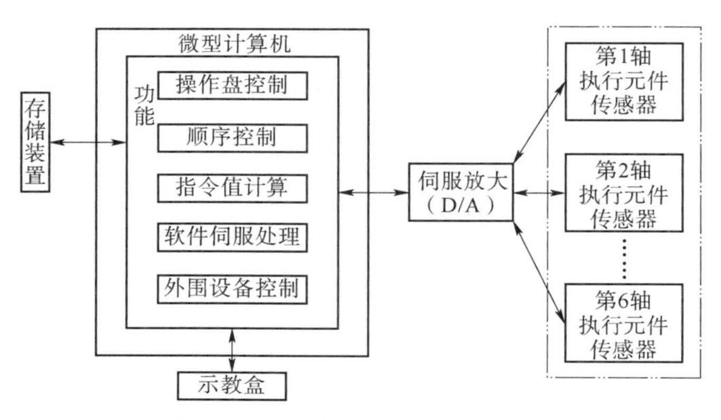

图 6-28　集中控制方式构成框图

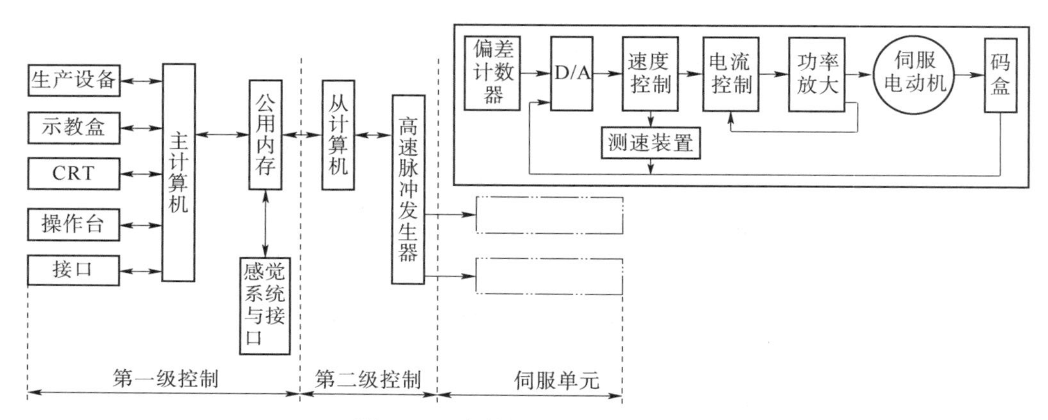

图 6-29　主从控制方式构成框图

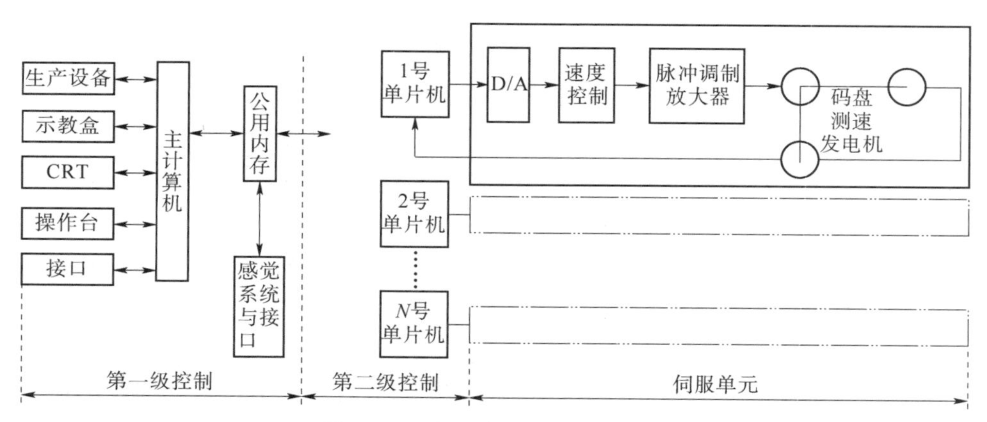

图 6-30　分散控制方式构成框图

（2）软件部分。

软件部分主要指控制软件，包括运动轨迹规划算法和关节伺服控制算法与相应的动作程序。控制软件可以用多种计算机语言来编制，但由于许多工业机器人的控制比较复杂，所以编程工作的劳动强度较大，编写的程序可读性也较差。因此，研发人员通过通用语言的模块化，开发了很多工业机器人的专用语言。把工业机器人的专用语言与工业机器人系统相融合，是当前工业机器人发展的主流。工业机器人控制系统的软件组成如表 6-1 所示。

表 6-1 工业机器人控制系统的软件组成

系统软件	计算机操作系统	个人计算机、微型计算机
	系统初始化程序	单片机、运动控制器
应用软件	动作控制软件	实施动作解释执行程序
	运算软件	运动学、动力学和插补程序
	编程软件	作业任务程序、编制环境程序
	监控软件	实时监视、故障报警程序等

3. 工业机器人的控制方式

工业机器人的控制方式根据作业任务的不同，可分为位置控制方式、速度控制方式、力（力矩）控制方式和智能控制方式。其中，位置控制方式又可分为点位控制方式和连续轨迹控制方式两种。

（1）位置控制方式。

位置控制的目标是使被控工业机器人的关节或末端达到期望的位置。下面以关节位置控制为例来说明工业机器人的位置控制。关节位置控制系统方框图如图 6-31 所示，关节位置给定值与当前值比较得到的误差作为位置控制器的输入量，经过位置控制器的运算后，位置控制器输出作为关节速度控制的给定值。关节位置控制器常采用 PID 算法，也可以采用模糊控制算法。

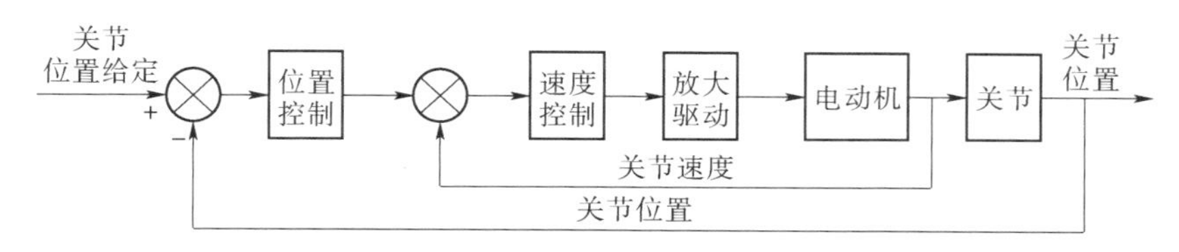

图 6-31 关节位置控制系统方框图

1）点位控制方式。点位控制是指控制工业机器人末端操作器在作业空间中某些规定的离散点上的位姿，如图 6-32 所示。控制时只要求工业机器人快速、准确地实现相邻各点之间的运动，而对达到目标点的运动轨迹则不作任何规定。其主要技术指标是定位精度和运动时间。该控制方式易于实现，但精度不高，因而常被应用在上下料、搬运、点焊和在电路板上安插元件等只要求在目标点处保持末端操作器位姿准确的作业中。一般来说，这种控制方式比较简单，但是要达到 2~3 μm 的定位精度是相当困难的。

2）连续轨迹控制方式。连续轨迹控制是指控制工业机器人末端操作器连续、同步地进行相应的运动，使末端操作器形成连续的轨迹，要求工业机器人严格按照示教的轨迹和速度在一定的精度要求内运动，且速度可控、轨迹光滑、运动平稳，如图 6-33 所示。其主要技术指标是末端操作器位姿的轨迹跟踪精度及平稳性。通常，弧焊、喷漆、切割、去毛边和检测作业机器人都采用这种控制方式。

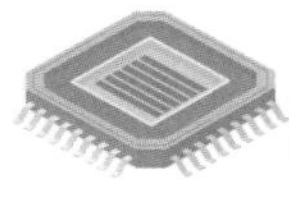

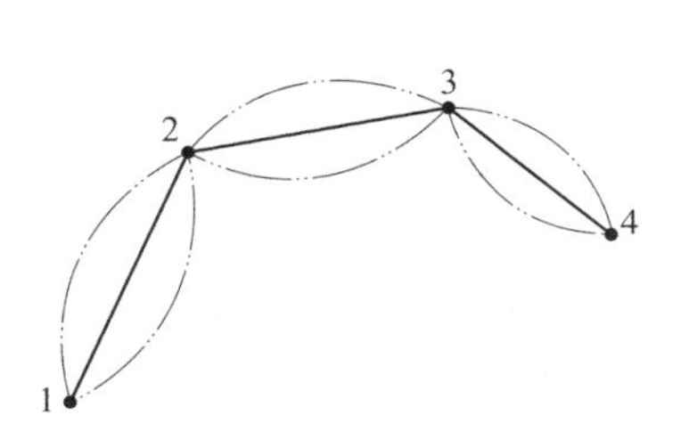

图 6-32　点位控制

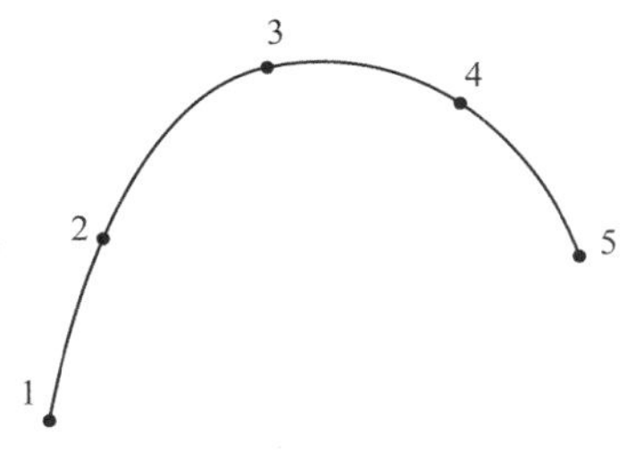

图 6-33　连续轨迹控制

(2) 速度控制方式。

图 6-31 去掉位置外环，即成为工业机器人的关节速度控制系统方框图。在目标跟踪任务中通常采用工业机器人的速度控制。此外，对于工业机器人末端笛卡尔空间的位置、速度控制，其基本原理与关节空间的位置和速度控制类似。

(3) 力（力矩）控制方式。

在完成装配、抓放物体等工作时，除要求定位准确之外，还要求使用适度力（力矩）进行工作，这时就要利用力（力矩）控制方式。这种控制方式的控制原理基本类似于位置伺服控制原理，只是输入量和反馈量不再是位置信号而是力（力矩）信号，因此系统中必须有力（力矩）传感器。有时也利用接近、滑动等功能进行适应式控制。

图 6-34 为关节力（力矩）控制系统方框图。由于关节力（力矩）不易直接测量，而关节电动机的电流能够较好地反映关节电动机的力（力矩），所以常采用关节电动机的电流表示当前力。

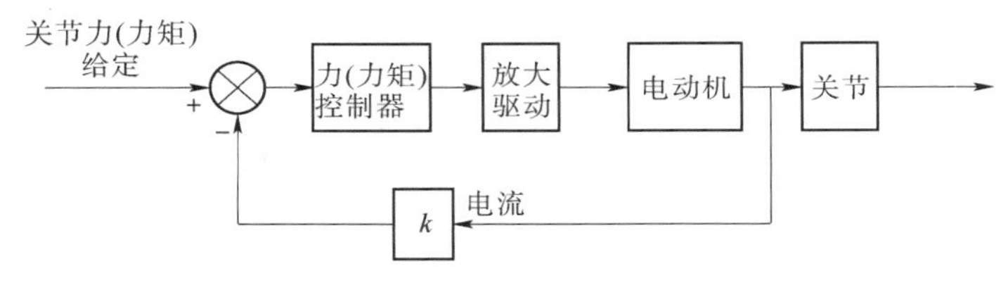

图 6-34　关节力（力矩）控制系统方框图

力（力矩）控制器根据力（力矩）的期望值与测量值之间的偏差，控制关节电动机，使之表现出期望的力/力矩特性。

(4) 智能控制方式。

工业机器人的智能控制是指通过传感器获得周围环境的信息，并根据自身内部的知识库做出相应的决策，采用智能控制技术，使工业机器人具有较强的环境适应性和自学习能力。智能控制技术的发展有赖于人工神经网络、基因算法、遗传算法、专家系统等人工智能的迅速发展。

6.3.2　机器人驱动系统

20 世纪 70 年代后期，日本安川电机研制开发出了第一台全电动的工业机器人。该工业机器人采用伺服电动机驱动，而此前的工业机器人基本上采用液压驱动方式。与采用液压驱

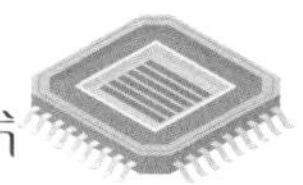

动的工业机器人相比，采用伺服电动机驱动的工业机器人在响应速度、精度、灵活性等方面都有很大提高。因此，它逐步代替了采用液压驱动的工业机器人。同时，伺服电动机驱动也成为工业机器人驱动方式的主流。在此过程中，谐波减速器、RV 减速器等高性能减速机构的发展也功不可没。近年来，交流伺服驱动方式已经逐渐代替传统的直流伺服驱动方式，直线电动机驱动等新型驱动方式在许多应用领域也有了长足发展。

在工业机器人的机械部分中，驱动器按照控制系统发出的指令信号，通过联轴器带动驱动装置，然后通过关节轴带动杆件运动，相当于人的肌肉、经络。

工业机器人的驱动系统是主要用于提供工业机器人各部位、各关节动作的原动力，直接或间接驱动机器人本体，以获得工业机器人的各种运动的执行机构。要使工业机器人运行起来，需要给其各个关节即每个运动自由度安置驱动装置。

1. 工业机器人驱动系统的分类

工业机器人的驱动系统按动力源可分为液压驱动系统、气动驱动系统、电动驱动系统、复合式驱动系统和新型驱动系统。液压驱动系统、气动驱动系统和电动驱动系统为 3 种基本的驱动类型。根据需要，可采用这 3 种基本驱动类型中的一种，或由这 3 种基本驱动类型组合成复合式驱动系统。

2. 各种驱动方式的特点及比较

工业机器人各种驱动方式的特点及比较如表 6-2 所示。

表 6-2　工业机器人各种驱动方式的特点及比较

内容	液压驱动	气动驱动	电动驱动
输出功率	很大 压力范围为 50~1 400 N/cm^2	大 压力范围为 40~60 N/cm^2，最大可达 100 N/cm^2	较大
控制性能	控制精度较高，可无级调速，反应灵敏，可实现连续轨迹控制	气体压缩性大，精度低，阻尼效果差，低速不易控制，难以实现伺服控制	控制精度高；反应灵敏；可实现高速、高精度的连续轨迹控制；伺服特性好，控制系统复杂
响应速度	很高	较高	很高
结构性能及体积	执行机构可标准化、模块化，易实现直接驱动，功率质量比大，体积小，结构紧凑，密封问题较大	执行机构可标准化、模块化，易实现直接驱动，功率质量比较大，体积小，结构紧凑，密封问题较小	伺服电动机易于标准化、结构性能好、噪声低、电动机一般需配置减速装置；除直驱电动机外，难以进行直接驱动，结构紧凑，无密封问题
安全性	防爆性能较好，用液压油作驱动介质，在一定条件下有火灾危险	防爆性能较好，高于1 000 kPa（10 个大气压）时应注意设备的抗压性	设备自身无爆炸和火灾危险；直流有刷电动机换向时有火花，防爆性能较差
对环境的影响	泄露对环境有污染	排气时有噪声	很小

续表

内容	液压驱动	气动驱动	电动驱动
效率与成本	效率中等（0.3~0.6），液压元件成本高	效率低（0.15~0.2），气源方便，结构简单，成本低	效率为0.5左右，成本高
维修及使用	方便，但油液对环境温度有一定要求	方便	较复杂
在工业机器人中的应用范围	适用于重载、低速驱动场合，电液伺服系统适用于喷涂机器人、重载点焊机器人和搬运机器人	适用于中小负载、快速驱动、精度要求较低的有限点位程序控制机器人，如冲压机器人、机器人本体的气动平衡及装配机器人气动夹具	适用于中小负载、要求具有较高的位置控制精度、速度较高的工业机器人，如AC伺服喷涂机器人、点焊机器人、弧焊机器人、装配机器人等

（1）液压驱动。

液压驱动是指以液体为工作介质进行能量传递和控制的一种驱动方式。

液压驱动工业机器人利用油液作为传递的工作介质。电动机带动液压泵输出压力油，将电动机输出的机械能转换成油液的压力能，压力油经过管道及一些控制调节装置等进入油缸，推动活塞杆运动，从而使机械臂产生伸缩、升降等运动。将油液的压力能又转换成机械能。在机械上采用液压驱动技术，可以简化机器的结构，减轻机器质量，减少材料消耗，降低制造成本，减轻劳动强度，提高工作效率和工作的可靠性。

（2）气动驱动。

气动驱动与液压驱动类似，只是气动驱动以压缩气体为工作介质，靠气体的压力传递动力或驱动信息的流体。传递动力的系统是将压缩气体经由管道和控制阀输送给气动执行元件，把压缩气体的压力能转换为机械能；传递信息的系统是利用气动逻辑元件或射流元件来实现逻辑运算等功能。

（3）电动驱动。

电动驱动是指利用电动机产生的力或力矩，直接或经过机械传动机构驱动工业机器人的关节，以获得所要求的位置、速度和加速度，即将电能转换为机械能，以驱动工业机器人工作的一种驱动方式，如步进电动机驱动就是一种将电脉冲信号转换为位移或角位移的驱动方式。因为电动驱动省去了中间的能量转换过程，所以比液压驱动和气动驱动效率高。目前，除了个别运动精度不高、重负载或有防爆要求的采用液压驱动、气压驱动外，工业机器人大多采用电动驱动，驱动器布置方式大都为一个关节一个驱动器。电动驱动无环境污染，响应快、精度高、成本低、控制方便。

6.4 机器人编程技术

早期的机器人只具有简单的动作功能，采用固定程序控制，动作适应性差。随着机器

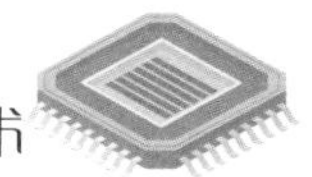

人技术的发展及对机器人功能要求的提高，人们希望同一台机器人通过不同的程序能适应各种不同的作业，即机器人具有较好的通用性。鉴于这样的情况，机器人编程实际上就是针对某项作业任务而设计的程序。

6.4.1 示教编程

1. 示教方式编程

目前大多数工业机器人还是采用示教方式编程。示教方式编程是一项成熟的技术，易于被熟悉工作任务的人员掌握，而且用简单的设备和控制装置即可进行。示教方式编程过程进行得很快，示教过后，马上即可应用。在对工业机器人进行示教时，工业机器人控制系统将示教的工业机器人轨迹和各种操作存入存储器，如果需要，则过程还可以重复多次。在某些系统中，还可以用与示教时不同的速度再现。

如果能够从一个运输装置获得使工业机器人的操作与搬运装置同步的信号，则可以用示教的方法来解决工业机器人与搬运装置配合的问题。

示教方式编程也存在一些缺点：只能在人所能达到的速度下工作；难以与传感器的信息相配合；不能用于某些危险的情况；在操作大型工业机器人时，这种方法不实用；难以获得高速度和直线运动；难以与其他操作同步。

使用示教盒示教可以克服其中的部分缺点，利用装在示教盒上的按钮可以驱动工业机器人按需要的顺序进行操作。在示教盒中，每个关节都有一对按钮，这一对按钮分别控制该关节在两个方向上的运动。有的示教盒还提供附加的最大允许速度控制。虽然为了获得最高的运行效率，人们希望工业机器人能实现多关节合成运动，但在用示教盒示教的方式下，难以同时移动多个关节。虽然游戏手柄上的操作杆可用来提供在几个方向上的关节速度，但是它也有缺点：通过编码器或电位器来控制各关节的速度和方向，难以实现精确控制。

示教盒示教一般用于大型工业机器人或在危险作业条件下的工业机器人。这种方法仍然难以获得高的控制精度，也难以与其他设备同步和与传感器的信息相配合。

2. 示教编程过程

示教再现控制是指控制系统可以通过示教编程器或手把手进行示教，将动作顺序、运动速度、位置等信息用一定的方法预先提供给工业机器人，再由工业机器人的记忆装置将所教的操作过程自动记录在磁盘、磁带等存储器中，当需要再现操作时，重放存储器中存储的内容即可。如果需要更改操作内容，则只需要重新示教一遍或更换预先录好程序的磁盘或其他存储器即可，因而重编程序极为简便和直观。

工业机器人的示教再现过程分为以下4个步骤进行。

步骤一：示教。操作人员把规定的目标动作（包括每个运动部件，每个运动轴的动作）一步一步地教给工业机器人。示教的简繁，标志着工业机器人自动化水平的高低。

步骤二：记忆。工业机器人将操作人员所示教的各个点的动作顺序信息、动作速度信息、位姿信息等记录在存储器中。存储信息的形式、存储量的大小决定工业机器人能够进行的操作的复杂程度。

步骤三：再现。根据需要，将存储器所存储的信息读出，向执行机构发出具体的指令，

工业机器人根据给定顺序或者工作情况，自动选择相应的程序再现，这一功能反映了工业机器人对工作环境的适应性。

步骤四：操作。工业机器人以再现信号作为输入指令，使执行机构重复示教过程规定的各种动作。

在示教再现这一动作循环中，示教和记忆同时进行，再现和操作同时进行。这种方式是工业机器人控制中比较方便和常用的方式之一。

6.4.2　离线编程

早期的工业机器人主要应用于大批量生产，如自动线上的点焊、喷涂，故编程所花费的时间相对比较少，示教编程可以满足这些工业机器人作业的要求。随着工业机器人应用范围的扩大和所完成任务复杂程度的增加，在中、小批量生产中，用示教方式编程就很难满足要求。在 CAD/CAM/Robotics 一体化系统中，由于工业机器人工作环境的复杂性，对工业机器人及其工作环境乃至生产过程的计算机仿真是必不可少的。工业机器人仿真系统的任务就是在不接触实际工业机器人及其工作环境的情况下，通过图形技术，提供一个和工业机器人进行交互作用的虚拟环境。工业机器人离线编程（Off-Line Programming，OLP）系统是工业机器人编程语言的拓展，它利用计算机图形学的成果，建立起工业机器人及其工作环境的模型；再利用一些规划算法，通过对图形的控制和操作，在离线的情况下进行轨迹规划。工业机器人离线编程系统已被证明是一个有力的工具，可以增加安全性，减少工业机器人不工作的时间和降低成本等。

与示教编程相比，离线编程具有以下优点。

（1）减少工业机器人停机的时间，当对下一个任务进行编程时，工业机器人仍可在生产线上工作。

（2）使编程者远离危险的工作环境，改善了编程环境。

（3）离线编程系统使用范围广，可以对各种工业机器人进行编程，并能方便地实现优化编程。

（4）便于和 CAD/CAM 系统结合，实现 CAD/CAM/Robotics 一体化。

（5）可使用高级计算机编程语言对复杂任务进行编程。

（6）便于修改工业机器人程序。

因此，离线编程受到了人们的广泛重视，并成为工业机器人学中一个十分活跃的研究方向。

将工业加工过程中所需要的三维信息通过 CAD 模型、三维测量仪器输入交互式工业机器人离线编程系统。根据输入信息，离线编程系统自动产生工业机器人的运动轨迹和程序，并针对不同的加工过程设置相应的加工过程参数，对生产过程进行控制。与常用的手工在线逐点工业机器人编程法相比较，离线编程系统的使用将大大缩短编程时间。采用离线编程避免了生产过程的中断，提高了工业机器人的使用率。

工业机器人离线编程系统不仅要在计算机上建立起工业机器人系统的物理模型，而且要

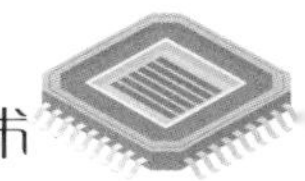

对其进行编程和动画仿真，以及对编程结果进行后置处理。一般来说，工业机器人离线编程系统包括传感器、工业机器人系统CAD建模、离线编程、图形仿真、人机界面及后置处理等主要模块。

离线编程系统的主要任务一般包括工业机器人及设备的作业任务描述（包括路径点的设定）、建立变换方程、求解未知矩阵及编制任务程序等。在进行图形仿真以后，可根据动态仿真的结果，对程序做适当修正，以达到满意效果，最后在线控制工业机器人运动以完成作业。在工业机器人技术发展初期，多采用特定的工业机器人语言进行编程。一般的工业机器人语言采用了计算机高级程序语言中的程序控制结构，并根据工业机器人编程的特点，通过设计专用的工业机器人控制语句及外部信号交互语句来控制工业机器人的运动，从而增强了工业机器人作业描述的灵活性。面向任务的工业机器人编程是高度智能化的工业机器人编程技术的理想目标——使用最适合用户的类自然语言形式描述工业机器人作业，通过工业机器人装备的智能设施实时获取环境的信息，并进行任务规划和运动规划，最后实现工业机器人作业的自动控制。面向对象的工业机器人离线编程系统所定义的工业机器人编程语言把工业机器人几何特性和运动特性封装在一起，并为之提供通用的接口。基于这种接口，工业机器人离线编程系统可方便地与各种对象，包括与传感器“打交道”。由于语言能对几何信息直接进行操作且具有空间推理功能，因此它能方便地实现自动规划和编程；此外，还可以进一步实现对象化任务级语言，这是工业机器人离线编程技术的又一大提高。

6.5 机器人在热加工中的应用

热加工是机械制造领域中的一种重要的生产方式，大多数机械零件都要经过热加工处理。金属铸造、热轧、锻造、焊接和金属热处理等都是热加工工艺。一般热加工车间工作环境十分恶劣，工人常年工作在高温、噪声大、具有强烈刺激性气味的环境中，对人的身体健康造成极大的伤害；而且，热加工后的工件温度一般在1 000 ℃左右，人工搬运困难，安全隐患大，生产效率低。工业机器人的种类繁多，按照不同的功能要求，它可以在不同的环境下工作，尤其是高温、高压、高辐射、多粉尘和噪声大等极端环境中。为了应对热加工车间恶劣的工作环境，引入工业机器人是十分必要的。

6.5.1 铸造机器人

金属铸造属于热加工的一个领域，早在1970年，被称为早期浇铸机器人的铝合金压铸机在瑞士就已经能够实现大批量生产。该设备能够实现无人操作和全自动化生产，是因为其带有比较先进的自动浇铸装置、取件机械臂和自动切边装置。1977年，日本研究人员突破了浇铸机器人的某些关键技术，使其得到了进一步的发展，并将其视作工业机器人中不可缺少的一部分。目前，瑞士ABB公司生产出一种轻金属液浇铸机器人，如图6-35所示。它具有较高的防护等级（IP67），被称作ABB Foundry plus，是一种主要适用于铸造的工业机器人。

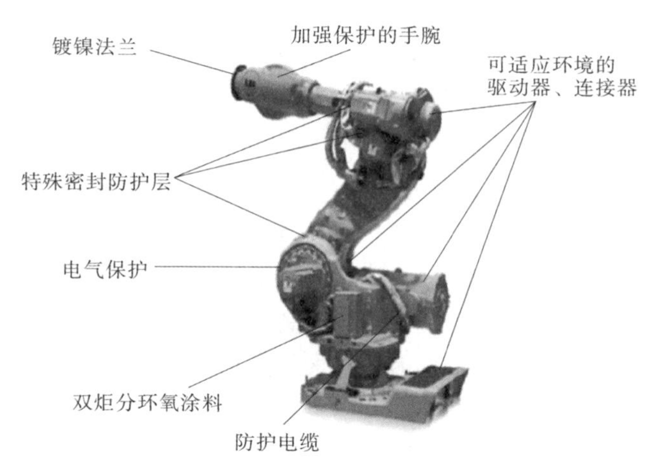

图 6-35　轻金属液浇铸机器人

6.5.2　焊接机器人

焊接机器人通常有弧焊机器人和点焊机器人。

（1）弧焊机器人。如图 6-36 所示，弧焊机器人的应用范围很广，除汽车行业之外，在通用机械、金属结构等许多行业都有应用。这是因为弧焊工艺早已在诸多行业中得到普及。弧焊机器人应是包括各种焊接附属装置在内的焊接系统，而不只是一台以规划的速度和姿态携带焊枪移动的单机。在弧焊作业中，要求焊枪跟踪工件的焊道运动，并不断填充金属形成焊缝。因此，运动过程中速度的稳定性和轨迹精度是两项重要的指标。一般情况下，焊接速度为 550 mm/s，轨迹精度为±0.2~±0.5 mm。由于焊枪的姿态对焊缝质量也有一定的影响，因此希望在跟踪焊道的同时，焊枪姿态的可调范围尽量大。作业时，为了得到优质焊缝，往往需要在动作的示教及焊接条件（电流、电压、速度）的设定上花费大量的劳力和时间，所以除了上述性能方面的要求外，如何使机器人便于操作也是一个重要课题。

（2）点焊机器人。汽车工业是点焊机器人（如图 6-37 所示）非常典型的应用领域。装配每台汽车车体需要完成 3 000~4 000 个焊点，而其中的 60%是由机器人完成的。在有些大批量汽车生产线上，服役的机器人台数甚至高达 150 台。引入机器人会取得下述效益：改善多品种混流生产的柔性；提高焊接质量；提高生产率；把工人从恶劣的作业环境中解放出来。最初，点焊机器人只用于增强焊作业（往已拼接好的工件上增加焊点）；后来，为了保证拼接精度，又让机器人完成定位焊作业。这样，点焊机器人逐渐被要求具有更全面的作业性能，具体来说有：安装面积小，工作空间大；快速完成小节距的多点定位；定位精度高，以确保焊接质量；持重大，以便于携带内装变压器的焊钳；示教简单，节省工时；安全可靠性高。人工施焊时焊接工人经常会受到心理、生理条件变化及周围环境的干扰。在恶劣的焊接条件下，操作工人容易疲劳，难以较长时间保持焊接工作的稳定性和一致性。而焊接机器人的工作状态稳定，不会疲劳，可以 24 h 连续工作。另外，随着高速、高效焊接技术的应用，在汽车工业中使用机器人焊接，效率提高得更加明显。

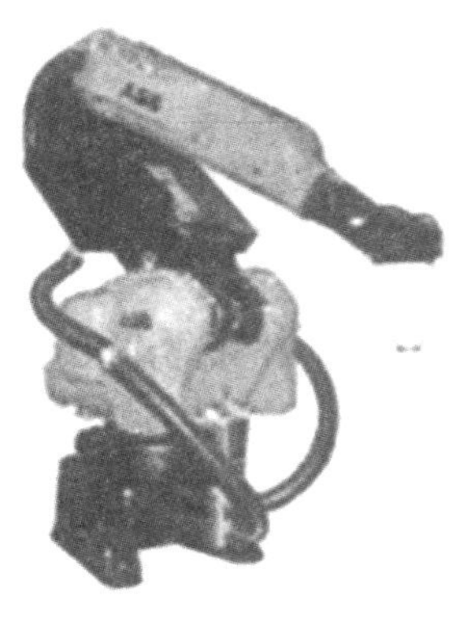

图 6-36 弧焊机器人

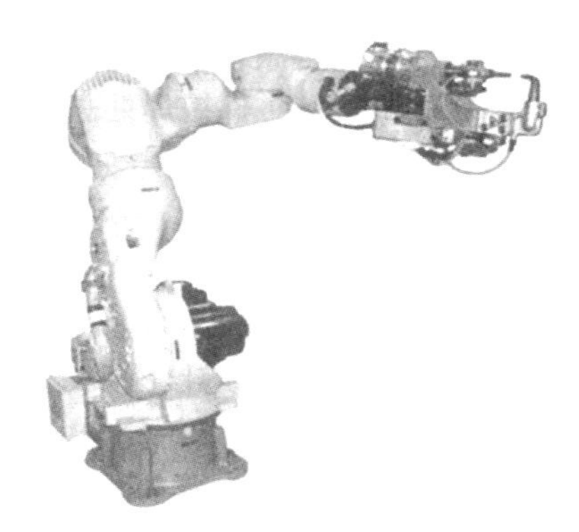

图 6-37 点焊机器人

6.5.3 切割机器人

迄今为止，国外造船厂机器人切割技术应用最普遍和最成功的范例当是“机器人型材切割生产线”。在船舶建造中，由于型材的品种、规格尺寸多种多样，加上变幻无常的切割内容和要求，使型材切割工作无法借助现有的设备和手段实现自动化批量生产。韩国和日本早在20世纪90年代起，就已经在船厂型材切割工段开始使用切割机器人，以达到控制雇用技术劳动力的开支、改变手工切割作业的落后状况、改进产品质量及提高综合效益等目的。历经这些年来的持续滚动开发，离线编程、网络通信、集控、交流伺服驱动、大功率等离子切割和环保除尘等新技术被大量嫁接使用，改变了以往存在的生产线成套性差、程序编制困难、加工能力低、作业效率差及对环境污染大的诸多不足，使机器人型材切割生产线脱胎换骨，达到了一个新水平。火焰切割机器人属于热加工机器人中的一种，它可应用于大型造船厂。图6-38是火焰切割机器人。

图 6-38 火焰切割机器人

6.5.4 喷涂机器人

热喷涂机器人是喷涂机器人的一种，它可以代替工人在高温、有毒性气体环境下工作。

热喷涂机器人热源处的温度高达上千摄氏度，喷射到基体的温度也有 200 ℃左右。在国外，热喷涂机器人已有多年的研究和发展历史。瑞典 Hansbo 等人为了对喷涂机器人的运动轨迹进行优化，利用喷涂机器人对旋转物体热喷涂，然后分析喷涂后旋转物体上涂料的累积情况，得出喷涂机器人的运动轨迹，随后进行优化，并通过试验验证。图 6-39 是热喷涂机器人在汽车行业中的应用。

图 6-39　热喷涂机器人在汽车行业中的应用

【拓展阅读】

《“十四五”机器人产业发展规划》解读（见二维码 6-1）。

二维码 6-1　《“十四五”机器人产业发展规划》解读

复习思考题

1. 机器人系统由哪几部分组成？
2. 机器人内部和外部传感器包含哪些？
3. 工业机器人的驱动方式有哪些？各自的优缺点是什么？
4. 比较示教编程和离线编程的优缺点。

参 考 文 献

[1] 杭争翔. 材料成型检测与控制[M]. 北京：机械工业出版社，2010.
[2] 杨思乾，李付国，张建国. 材料加工工艺过程的检测与控制[M]. 西安：西北工业大学出版社，2006.
[3] 吴建平，传感器原理及应用[M]. 北京：机械工业出版社，2020.
[4] 石德全，高桂丽. 热加工测试技术[M]. 北京：北京大学出版社，2010.
[5] 胡绳荪. 焊接自动化技术及其应用[M]. 2 版. 北京：机械工业出版社，2015.
[6] 吴丰顺. 材料成型装备控制技术[M]. 北京：机械工业出版社，2008.
[7] 李云涛，王志华，李海鹏. 材料成型工艺与控制[M]. 北京：化学工业出版社，2010.
[8] 唐继强. 力检测及 P-Q 图像绘制智能化[J]. 铸造，2019，68（06）：628-633.
[9] 徐德全，康凯娇，李大勇，等. 电容法测量湿型砂水分的非线性分析和校正[J]. 铸造：2015，64（10）：985-988.
[10] 冀孟轩，刘秀苗. 振动监测系统在铸造起重机上的应用[J]. 起重运输机械，2017，（01）：65-67.
[11] 王娴，沈琪. 连铸结晶器信号监测技术[J]. 铸造技术，2018，139（6）：1267-1270.
[12] 余俊，张李超，史玉升，等. 数控液压板料折弯机控制系统的研究与实现[J]. 锻压技术，2013，38（05）：115-118.
[13] 樊自田. 材料成型装备自动化[M]. 2 版. 北京：机械工业出版社，2018.
[14] 廉振芳，苏挺. 自动控制原理及应用[M]. 北京：北京理工大学出版社，2012.
[15] 雷毅. 材料成型自动控制基础[M]. 东营：中国石油大学出版社，2009.
[16] 曹建国，张杰，张少军. 轧钢设备及自动控制[M]. 北京：化学工业出版社，2010.
[17] 余万华. 金属材料成型自动控制基础[M]. 北京：冶金工业出版社，2012.
[18] 丁修堃. 轧制过程自动化[M]. 3 版. 北京：冶金工业出版社，2016.
[19] 帅美荣，刘光明. 塑性力学与轧制原理[M]. 北京：冶金工业出版社，2019.
[20] 朱江，孙家广，邹北骥，等. 电气原理图的自动识别[J]. 计算机工程与科学，2007，29（1）：56-58.
[21] 殷瑞祥，樊利民. 电气控制[M]. 广州：华南理工大学出版社，2006.
[22] 霍罡，樊晓兵. 欧姆龙 CP1H PLC 应用基础与编程实践[M]. 2 版. 北京：机械工业出版社，2018.
[23] 龚运新，杨进民. 欧姆龙 PLC 实用技术[M]. 北京：清华大学出版社，2015.
[24] 王素粉，秦冲，朱有洪. 基于 PLC 的压铸机控制系统设计[J]. 铸造技术：2016，37（04）：790-793.
[25] 韩相争. 触摸屏、变频器、组态软件应用一本通[M]. 北京：化学工业出版社，2018.
[26] 向晓汉. S7-200 SMART PLC 完全精通教程[M]. 北京：机械工业出版社，2019.

[27] 郭艳萍. S7-200 SMART PLC 应用技术[M]. 北京：人民邮电出版社，2019.
[28] 蒋新松. 机器人学导论[M]. 辽宁：辽宁科学技术出版社，1994.
[29] 刘杰，王涛. 工业机器人应用技术基础[M]. 武汉：华中科技大学出版社，2019.
[30] 周方明，陶永宏. 国外舰船先进制造技术——先进切割技术[J]. 中外船舶科技，2008，(2)：27-29，32.
[31] 范凯. 机器人学基础[M]. 北京：机械工业出版社，2019.